Fahrzeugantriebe für die Elektromobilität

Danny Kreyenberg

Fahrzeugantriebe für die Elektromobilität

Total Cost of Ownership, Energieeffizienz, CO_2-Emissionen und Kundennutzen

Danny Kreyenberg
Berlin, Deutschland

Zugl.: Dissertation, Karlsruhe, 2015

ISBN 978-3-658-14283-4   ISBN 978-3-658-14284-1 (eBook)
DOI 10.1007/978-3-658-14284-1

Die Deutsche Nationalbibliothek verzeichnet diese Publikation in der Deutschen National-bibliografie; detaillierte bibliografische Daten sind im Internet über http://dnb.d-nb.de abrufbar.

Springer Vieweg
© Springer Fachmedien Wiesbaden 2016
Das Werk einschließlich aller seiner Teile ist urheberrechtlich geschützt. Jede Verwertung, die nicht ausdrücklich vom Urheberrechtsgesetz zugelassen ist, bedarf der vorherigen Zustimmung des Verlags. Das gilt insbesondere für Vervielfältigungen, Bearbeitungen, Übersetzungen, Mikroverfilmungen und die Einspeicherung und Verarbeitung in elektronischen Systemen.
Die Wiedergabe von Gebrauchsnamen, Handelsnamen, Warenbezeichnungen usw. in diesem Werk berechtigt auch ohne besondere Kennzeichnung nicht zu der Annahme, dass solche Namen im Sinne der Warenzeichen- und Markenschutz-Gesetzgebung als frei zu betrachten wären und daher von jedermann benutzt werden dürften.
Der Verlag, die Autoren und die Herausgeber gehen davon aus, dass die Angaben und Informationen in diesem Werk zum Zeitpunkt der Veröffentlichung vollständig und korrekt sind. Weder der Verlag noch die Autoren oder die Herausgeber übernehmen, ausdrücklich oder implizit, Gewähr für den Inhalt des Werkes, etwaige Fehler oder Äußerungen.

Gedruckt auf säurefreiem und chlorfrei gebleichtem Papier

Springer Vieweg ist Teil von Springer Nature
Die eingetragene Gesellschaft ist Springer Fachmedien Wiesbaden GmbH

Vorwort

Die vorliegende Doktorarbeit entstand während meiner Tätigkeit als Doktorand im Bereich der strategischen Energieprojekte und Marktentwicklung neuer Antriebe bei der Daimler AG in Kirchheim/Teck und in der Zeit als wissenschaftlicher Mitarbeiter beim Deutschen Zentrum für Luft- und Raumfahrt am Institut für Verkehrsforschung in Berlin. Das Anfertigen der Doktorarbeit wäre ohne den hilfreichen Beistand mehrerer Personen nicht möglich gewesen.

Besonderer Dank gilt meinem Doktorvater, Herrn Prof. Martin Wietschel, der mich stets ergebnisoffen und mit viel Weitsicht durch die verschiedenen Phasen dieser Arbeit geführt hat. Für die Übernahme des Zweitgutachtens möchte ich mich bei Herrn Prof. Ulrich Wagner bedanken. Herrn Prof. Hagen Lindstädt danke ich für seine Rolle als Prüfer meiner Arbeit.

Ganz besonders bedanke ich mich bei Herrn Dr. Jörg Wind, meinem Betreuer seitens der Daimler AG, der mich immer wieder an interessante und unerforschte Themengebiete im Umfeld der Arbeit herangeführt hat. Mein herzlicher Dank gilt auch meinen Vorgesetzten, Kollegen und Studenten der Daimler AG, die mir mit ihren vielen Ideen, Denkanstößen und wertvollen Diskussionen geholfen haben, die komplexen Fragestellungen dieser Arbeit zu strukturieren und für die durchgeführten Analysen vorzubereiten. Dieser Dank gilt insbesondere Peter Fröschle und den Mitarbeitern seiner Abteilung. Vielen Dank auch an die Kollegen Dr. Stefan Gnutzmann von der Daimler Mobilitätsforschung und Axel Kümmel von der Deutschen Akkumotive GmbH. Ein ganz besonderer Dank gilt meinen Studenten Thomas Mayer, Fabian Israel, Gerardo Rodriguez Martinez, Dirk Christa, Florian Kleiner und Selcuk Yurt. Ohne Euch wäre diese Arbeit nicht möglich gewesen.

Bei Herrn Prof. Frank Braun von der Hochschule Albstadt-Sigmaringen möchte ich mich insbesondere für seine fachliche Expertise, die den 2-Faktor-Erfahrungskurven-Teil dieser Arbeit maßgeblich verbessert hat, bedanken. Herrn Dr. Bernd Höhlein danke ich für die Unterstützung bei meinen Veröffentlichungen und Konferenzbeiträgen und für die zahlreichen energiesystemanalytischen Diskussionen im Zusammenhang mit Optiresource. Weiterhin möchte ich mich bei der imug GmbH und dort bei Jan Devries und Alexandre Fuljahn für die praktische Umsetzung der Conjoint-Analyse und der dazugehörigen Befragung von 408 potenziellen Kunden von alternativen Fahrzeugantrieben bedanken.

Einzelne Teile dieser Arbeit entstanden im Rahmen der Bearbeitung der Projekte MKS „Mobilitäts- und Kraftstoffstrategie der Bundesregierung" mit dem Aktenzeichen Z14/SeV/288.3/1179/Ul40 und STROM „Schlüsseltechnologien für die Elektromobilität" mit dem Förderkennzeichen 13N11855. So möchte ich mich bei dem Bundesministerium für Verkehr und digitale Infrastruktur (BMVI) bzw. dem Bundesministerium für Bildung und Forschung (BMBF) für die Förderung dieser spannenden Projekte bedanken.

Zu guter Letzt danke ich meiner Familie, die mich mit ihrer unendlichen Geduld und vielfältigen Unterstützung meinen langen Bildungsweg hat gehen lassen.

Danny Kreyenberg

Zusammenfassung

Die Einführung von alternativen elektrischen Antrieben wird momentan sowohl aus der Perspektive des Umwelt- und Klimaschutzes als auch aus der Perspektive der technologischen und ökonomischen Machbarkeit intensiv diskutiert. Neben diesen Gesichtspunkten spielen aber auch Kundenakzeptanzaspekte bei der erfolgreichen Markteinführung der alternativen Antriebe eine wichtige Rolle. Nach der bisherigen Marktentwicklung scheint ein schneller Markthochlauf, im Sinne des Ein-Millionen-Ziels der Bundesregierung bis zum Jahr 2020, in Deutschland ohne staatliche Förderung nicht möglich.

Das Ziel dieser Arbeit ist es, die wichtigsten Stellhebel für eine ökonomisch und ökologisch nachhaltige Elektromobilität in Deutschland von 2010 bis 2030 zu identifizieren. Dazu gibt die Arbeit einen Überblick über die gesetzlichen und fiskalpolitischen Instrumente, die dem Staat zur Förderung der alternativen Antriebe zur Verfügung stehen. Die Wirkung dieser Instrumente ist komplex und noch wenig untersucht, gerade auch im Hinblick auf die verschiedenen Kundengruppen Privat- und Dienstwagennutzer. In dieser Arbeit liegt der Fokus auf den Privatnutzern in Deutschland. Ihre Präferenzen beim Kauf eines Mittelklasse-Pkw wurden anhand einer Conjoint-Analyse von 408 Privatkunden bestimmt. Ferner wurden in der Arbeit die Bedingungen zur Erreichung der ambitionierten Zielkosten für Batterien und Brennstoffzellen mittels einer neuartigen 2-Faktor-Erfahrungskurve untersucht.

Die Ergebnisse der Conjoint-Analyse zeigen, dass die Erwartungen der unterschiedlichen Privatkunden an ein Fahrzeug sehr ähnlich sind. Die Nachteile der alternativen Antriebe wie hohe Kaufpreise, geringe Reichweiten und lange Ladezeiten werden von den Privatkunden weitaus als gewichtiger bewertet als die bessere Beschleunigung, die Möglichkeit der nahezu emissionslosen Mobilität und die geringeren Betriebskosten. Für Plug-In-Hybrid-, Range-Extender- und Brennstoffzellen-Pkw wurde mittels der 2-Faktor-Erfahrungskurve gezeigt, dass die produzierte Stückzahl von etwa 100.000 Einheiten (kumuliert) in Europa die Nettolistenpreise dieser Fahrzeuge signifikant reduziert. Zu Beginn bieten sich daher Kooperationen mit anderen Herstellern bzw. Zulieferern an, um diese Kostenreduktionen schneller zu erreichen. In Bezug auf die Umweltwirkung der alternativen Antriebe wurde gezeigt, dass die Nutzungsphase entscheidend für die CO_2-Bilanz dieser Antriebe ist. So kann bei der Verwendung von regenerativ erzeugtem Strom bzw. Wasserstoff die CO_2-Bilanz für Herstellung, Betrieb und Recycling von Batterie-, Range-Extender- und Brennstoffzellen-Pkw im Vergleich zu Benzin-Pkw um etwa 2/3 reduziert werden (Laufleistung: 150.000 km/Pkw).

Das in dieser Arbeit entwickelte Szenario-Modell (TECK) ermöglicht es, verschiedene Antriebsarten in den Bewertungsgrößen Total Cost of Ownership (TCO), Energieeffizienz, CO_2-Emissionen und Kundennutzen zu untersuchen. Das TECK-Modell stützt sich dabei auf plausible und begründbare Annahmen zur Fahrzeugentwicklung und den externen Rahmenbedingungen. Es richtet sich in erster Linie an Automobilhersteller, welche durch den Einsatz des Modells die verschieden möglichen Fahrzeugantriebe auf ihre Kunden- und Umweltwirkung noch vor der eigentlichen Fahrzeugentwicklung simulieren können. In dieser Arbeit wird das Modell dafür eingesetzt, die Wirkung verschiedener Stellhebel zur Akzeptanzsteigerung von batterieelektrischen Antrieben zu simulieren. Die Analysen mit dem TECK-Modell zeigen anschaulich, dass für sich alleine keiner der hier ausgewählten Stellhebel (Energiedichte der Batterien verdoppeln, Batteriekosten halbieren, Kraftstoffpreise verdoppeln, flächendeckende Schnellladeinfrastruktur oder eine Kaufpreisincentivierung von 5.000 EUR) wirkungsvoll genug ist, um den Kundennutzen von Plug-In-Hybrid-, Range-Extender- und Batteriefahrzeugen signifikant zu erhöhen. Die Stellhebel müssten somit in Kombination und gegebenenfalls zeitlich verzögert eingesetzt werden. Für einen Markterfolg in naher Zukunft stellen Hybrid- und Plug-In-Hybrid-Pkw sehr attraktive elektrische Antriebe dar, welche ohne hohe Kosten in bestehende verbrennungsmotorische Fahrzeugkonzepte integriert werden können, mit einem von Beginn an sehr hohen Kundennutzen. Ferner bieten diese Antriebe die Möglichkeit, den Energieverbrauch und die CO_2-Emissionen signifikant zu senken, ohne die Notwendigkeit einer öffentlichen Lade- bzw. Tankstelleninfrastruktur.

Inhaltsverzeichnis

Vorwort V

Zusammenfassung VII

Abbildungsverzeichnis XIII

Tabellenverzeichnis XVII

Abkürzungsverzeichnis XIX

1 Einleitung 1
    1.1 Motivation 1
    1.2 Zielsetzung 2
    1.3 Vorgehensweise 4

2 Untersuchungsrahmen und Fahrzeugtechnologien 7
    2.1 Externe Einflussfaktoren auf alternative und konventionelle Antriebe 7
        2.1.1 Klimawandel und CO_2-Emissionen des Verkehrs 8
        2.1.2 Energieversorgung und Energieverbrauch des Verkehrs 10
        2.1.3 Gesetzliche Rahmenbedingungen 13
        2.1.4 Gesellschaft und Verkehrsmittelwahl 20
        2.1.5 Geschäftsmodelle und Mobilitätsoptionen 23
    2.2 Der deutsche Pkw-Markt 24
        2.2.1 Flottenzusammensetzung und Neuwagenmarkt 25
        2.2.2 Fahrleistung 27
        2.2.3 Kraftstoffverbrauch 29
    2.3 Alternative und konventionelle Antriebstechnologien 30
        2.3.1 Schlüsseltechnologien 33
        2.3.2 Fahrzeuge mit Verbrennungsmotor 39
        2.3.3 Hybride 40
        2.3.4 Batteriefahrzeuge 43
        2.3.5 Brennstoffzellenfahrzeuge 44
        2.3.6 Systemvergleich 44

2.4 Zusammenfassung und Diskussion der Forschungsfragen 47

3 Kostenanalysen von alternativen Antrieben 51

3.1 Kostenkomponenten der Autonutzung 51

    3.1.1 Fahrzeugkosten 53

    3.1.2 Unterhaltskosten 58

    3.1.3 TCO-Analysen zur Bewertung von Fahrzeugen 68

3.2 Kostenprognosen mittels der 2-Faktor-Erfahrungskurve 71

    3.2.1 Die traditionelle 1-Faktor-Erfahrungskurve 71

    3.2.2 Mögliche Indikatoren zur Messung des technischen Fortschritts 73

    3.2.3 Spezifikation des neuen 2-Faktor-Erfahrungskurven-Ansatzes 75

    3.2.4 Konstruktion eines Modells zur Prognose der Stückkosten von alternativen Antriebskomponenten 77

    3.2.5 Modellanwendung und Modellergebnisse 79

3.3 TCO-Analysen von alternativen Antrieben 95

    3.3.1 Berechnung der Fahrzeugkosten 96

    3.3.2 Berechnung der Unterhaltskosten 101

    3.3.3 Berechnung der TCO 102

    3.3.4 Sensitivitätsanalyse 105

3.4 Zusammenfassung und Diskussion der Forschungsfragen 108

4 Ökobilanzierung von alternativen Antrieben 111

4.1 Theoretische Grundlagen zur Ökobilanzierung von alternativen Antrieben 111

    4.1.1 Methoden zur Ökobilanzierung 111

    4.1.2 Allokationsmethoden 116

    4.1.3 Daten zur Ökobilanzierung 118

    4.1.4 Ergebnisse von Ökobilanzen für alternative Antriebe 120

    4.1.5 Methoden und Daten dieser Arbeit 124

4.2 WtT-Energieverbrauch und CO_2-Emissionen Kraftstoffherstellung 124

    4.2.1 Fossile Kraftstoffe 125

    4.2.2 Kraftstoffe aus erneuerbaren Energien 126

    4.2.3 Kraftstoffe für diese Untersuchung 130

4.3 TtW-Energieverbrauch und CO_2-Emissionen Fahrzeug 131

    4.3.1 Einflussgrößen auf Energieverbrauch und CO_2-Emissionen von Pkw 131

4.3.2 Berechnung des gewichteten Kraftstoff- und Stromverbrauchs von PHEV und REEV nach der UN/ECE-R101 141

4.3.3 Energieverbrauch und CO_2-Emissionen dieser Untersuchung 146

4.4 Well-to-Wheel-Analyse (WtW) von alternativen Antrieben 148

    4.4.1 WtW-Analyse (Realverbrauch) 148

    4.4.2 WtW-Analyse (Realverbrauch) mit CO_2-Emissionen-Pkw-Herstellung 153

4.5 Zusammenfassung und Diskussion der Forschungsfragen 154

5 Kundennutzen von alternativen Antrieben 159

5.1 Theoretische Grundlagen zur Messung von Kundennutzen 159

    5.1.1 Kriterien beim Neuwagenkauf 159

    5.1.2 Kundennutzen von alternativen Antrieben in der Wissenschaft 161

    5.1.3 Methoden zur Messung des Kundennutzens bzw. der Kundenzufriedenheit 163

5.2 Die Conjoint-Analyse 166

    5.2.1 Die Choice-Based-Conjoint-Analyse 166

    5.2.2 Durchführung der Choice-Based-Conjoint-Analyse 168

    5.2.3 Ergebnisse der Choice-Based-Conjoint-Analyse 172

5.3 Bestimmung des Kundennutzens der alternativen Antriebe 176

5.4 Zusammenfassung und Diskussion der Forschungsfragen 178

6 Modellentwicklung und Bewertung der Modellergebnisse 181

6.1 Modellentwicklung 181

    6.1.1 Technische Umsetzung 182

    6.1.2 Einordnung, Modellgüte und Ausbaupotenziale TECK-Modell 185

6.2 Modellanwendung 186

    6.2.1 Basis-Parameter 187

    6.2.2 Szenarien Fahrzeug-Parameter 187

    6.2.3 Szenarien externe Parameter 191

6.3 Modellergebnisse 192

    6.3.1 Sensitivitätsanalysen Fahrzeugparameter 193

    6.3.2 Sensitivitätsanalysen externe Parameter 196

    6.3.3 Reale Fahrzeuge aus dem Jahr 2015 198

6.4 Zusammenfassung und Diskussion der Forschungsfragen 202

7 Zusammenfassung, Schlussfolgerungen und Ausblick 207

7.1 Zusammenfassung und Schlussfolgerungen 207

7.2 Ausblick 214

Anhang 217

Literatur 227

Abbildungsverzeichnis

Abbildung 1: Forschungsfragen, Erkenntnisinteresse und Forschungsmethoden 3
Abbildung 2: Zentrale Datensätze und wissenschaftliche Methoden der Arbeit 5
Abbildung 3: Externe Einflussfaktoren auf alternative und konventionelle Antriebe 7
Abbildung 4: Primärenergieverbrauch in Deutschland nach Energieträgern und Sektoren 11
Abbildung 5: Entwicklung der Verkehrsleistung im Personenverkehr
in Deutschland von 1820 bis 2010 20
Abbildung 6: Entwicklung der Verkehrsleistung nach Wegzwecken und
durchschnittlichen Pkw-Tagesfahrweiten 22
Abbildung 7: Entwicklung Bevölkerungsgröße und Pkw-Bestand 24
Abbildung 8: Entwicklung des durchschnittlichen Kraftstoffverbrauchs
und der CO_2-Emissionen in Deutschland und Europa 30
Abbildung 9: Systemaufbau von alternativen und konventionellen Antriebstechnologien . 31
Abbildung 10: Fahrzeugverbrauch und Reichweitengewicht 45
Abbildung 11: Leistungsdichte von Antriebsstrang und Gesamtfahrzeug 46
Abbildung 12: Energiedichte von Kraftstoff und Kraftstoffsystem 47
Abbildung 13: Entwicklung der Fahrzeug-Restwerte bei
einer Laufleistung von 14.111 km/a 57
Abbildung 14: Zusammensetzung und Prognose von Benzin- und
Dieselpreisen in Deutschland 59
Abbildung 15: Zusammensetzung und Prognose der Haushalts-Strompreise
in Deutschland 60
Abbildung 16: Zusammensetzung und Prognose der Wasserstoffpreise in Deutschland 65
Abbildung 17: Berechnungsschema für die TCO-Analyse 69
Abbildung 18: Schematische Darstellung des Erfahrungskurven-Modells 78
Abbildung 19: Vergleich zwischen 1-Faktor- und 2-Faktor-Preis-
Degressionskurve Photovoltaik 82
Abbildung 20: Kombinationen von Absatz- und Patentwachstum im Bereich des
BZ-Stacks zur Erreichung der Zielkosten von 43 EUR/kW in 2020 85
Abbildung 21: Vergleich zwischen 1-Faktor- und 2-Faktor-Preis-Degressionskurve
Lithium-Ionen-Batterien (Consumer) 88

Abbildung 22: Kombinationen von Absatz- und Patentwachstum im Bereich der HE-Lithium-Ionen-Batterien zur Erreichung der Zielkosten von 300 EUR/kWh in 2020 90

Abbildung 23: Kombinationen von Absatz- und Patentwachstum im Bereich der HP-Lithium-Ionen zur Erreichung der Zielkosten von 32 EUR/kW im Jahr 2020 92

Abbildung 24: Prognose der Nettolistenpreise der untersuchten Antriebe (eigene Berechnung auf Basis Conventionel-Szenario EU-Coalition-Studie)............. 101

Abbildung 25: Prognose der Unterhaltskosten der untersuchten Antriebe bei einer Laufleistung von 14.111 km/a 102

Abbildung 26: TCO der untersuchten Antriebe nach einer Haltedauer von 4a und einer Laufleistung von 14.111 km/a 104

Abbildung 27: Sensitivitätsanalyse ausgewählter Parameter auf die TCO 4a, 14.111km/a [in EUR] 106

Abbildung 28: Produktsytem der alternativen Antriebe 113

Abbildung 29: Aufteilung der CO_2-Emissionen einer KWK-Anlage mit verschiedenen Allokationsmethoden 116

Abbildung 30: Materialverteilung und Gewicht von Fahrzeug und Kraftsoff für den Betrieb als Input für Ökobilanzen 119

Abbildung 31: THG-Emissionen bei der Pkw-Herstellung in der Kompaktklasse für das Jahr 2010 123

Abbildung 32: Technische Biomasse und Strompotenziale für Deutschland 127

Abbildung 33: SNG-Nutzung im ICE-CNG im Vergeich zur direkten Nutzung von H_2 in FCEV 129

Abbildung 34: Fahrwiderstände eines Pkw 132

Abbildung 35: NEFZ- und WLTC-Geschwindigkeit über Zeit 135

Abbildung 36: Fahrwiderstände und Energiebedarf des EUCAR-Basis-Pkw im NEFZ 137

Abbildung 37: Veränderung des Energieverbrauchs im NEFZ unter Variation einzelner Fahrzeug-Parameter 139

Abbildung 38: Ermittlung und Verteilung von Fahrthäufigkeit bzw. Fahrtlänge 144

Abbildung 39: Verteilung der Tagesfahrtlänge verschiedener Erhebungen 145

Abbildung 40: WtW-Energieverbrauch 2010 [in MJ/100km] 150

Abbildung 41: WtW-Energieverbrauch 2020+ [in MJ/100km] 150

Abbildung 42: WtW-CO_2-Emissionen 2010 [in gCO_2/km] 152

Abbildungsverzeichnis

Abbildung 43: WtW-CO_2-Emissionen 2020+ [in gCO_2/km] 152

Abbildung 44: WtW-CO_2-Emissionen und CO_2-Emissionen-Pkw-
Herstellung 2010 [in gCO_2/km] 153

Abbildung 45: Zusammenhang Nutzen eines Pkw und Kriterien beim Neuwagenkauf 160

Abbildung 46: Besipiel Choice-Set dieser CBC-Analyse 170

Abbildung 47: Normierte Teilnutzenwerte verschiedener Kundengruppen 173

Abbildung 48: Relative Wichtigkeit der Fahrzeugeigenschaften 174

Abbildung 49: Kumulierter Kundennutzen 177

Abbildung 50: Vereinfachtes Ablaufschema des TECK-Modells 183

Abbildung 51: Modellergebnisse mit den Basisparametern im NEFZ 193

Abbildung 52: Modellergebnisse mit veränderten Fahrzeugparametern (Realverbrauch).. 194

Abbildung 53: Modellergebnisse mit externen Parameter
im ProEV-Szenario (Realverbrauch) 197

Abbildung 54: TECK-Modellergebnisse reale Fzge. + ext. Parameter im Jahr 2015 (NEFZ).. 199

Abbildung 55: Veränderung des Kundennutzens in den verschiedenen Szenarien 201

Tabellenverzeichnis

Tabelle 1: Vorher veröffentlichte Inhalte dieser Arbeit 6

Tabelle 2: Erneuerbares Strompotenzial für den Pkw-Verkehr 12

Tabelle 3: Einfluss verschiedener regulatorischer, gesetzlicher und fiskalpolitischer Instrumente auf Energieverbrauch, THG-Emissionen und Anteil EE im Verkehr . 14

Tabelle 4: Entwicklung der Verkehrsleistung im Personenverkehr in Deutschland von 1975 bis 2010 21

Tabelle 5: Pkw-Bestand und Neuzulassungen in Deutschland nach Kraftstoffart 25

Tabelle 6: Pkw-Bestand in Deutschland nach Segment im Jahr 2014 und 2008 26

Tabelle 7: Verschiedene Verkehrserhebungen im Vergleich 28

Tabelle 8: Vergleich Pkw-Fahrleistung [in km pro Pkw und Jahr] nach Fahrzeugsegment und Kraftstoffart von MiD 2008 und Fahrleistungserhebung BASt 2002 29

Tabelle 9: Technische Entwicklung Benzin- und Dieselfahrzeuge 39

Tabelle 10: Technische Entwicklung Benzin P1-Parallel-Hybrid (HEV) 40

Tabelle 11: Technische Entwicklung Benzin Plug-In-Hybrid (PHEV) 42

Tabelle 12: Technische Entwicklung Benzin Range-Extender-Electric-Vehicle (REEV) 42

Tabelle 13: Technische Entwicklung Batteriefahrzeug (BEV) 43

Tabelle 14: Technische Entwicklung Brennstoffzellenfahrzeug (FCEV) 44

Tabelle 15: Einflußfaktoren auf die Restwertentwicklung von Pkw 55

Tabelle 16: Berechnung des Wertverlustes aus der ADAC-Autokostendatenbank (2011) 56

Tabelle 17: Überblick der Ladeinfrastrukturkosten 63

Tabelle 18: Berechnung der Kfz-Steuern 67

Tabelle 19: Patentabfrage-Terme für BZ-Stack und Photovoltaik 80

Tabelle 20: Inputdaten für die 2-Faktor-Preis-Degressionsberechnung 81

Tabelle 21: Patent-Publikationen für den BZ-Stack von 2000 bis 2008 83

Tabelle 22: Stückkosten Annahmen BZ-Stack 84

Tabelle 23: Patentabfrage-Terme für Lithium-Ionen-Batterien 86

Tabelle 24: Inputdaten für die 2-Faktor-Preis-Degressionsberechnung der Lithium-Ionen-Batterie 87

Tabelle 25: Stückkosten Annahmen HE-Lithium-Ionen-Batterien 88

Tabelle 26: Patent-Publikationen für HE-Lithium-Ionen-Batterien von 2000 bis 2008 89

Tabelle 27: Stückkosten-Annahmen HP-Lithium-Ionen-Batterien 91
Tabelle 28: Patent-Publikationen für HP-Lithium-Ionen-Batterien von 2000 bis 2008 91
Tabelle 29: Stückzahl EU-Coalition und Komponenten-Stückzahl dieser Untersuchung 95
Tabelle 30: Lernraten der alternativen Antriebs-Komponenten 96
Tabelle 31: Wirkungskategorien für alternative Antriebe nach ihrer
  räumlichen Zuordnung 114
Tabelle 32: Vergleich aktueller Studien zur Ökobilanzierung
  von alternativen Antrieben 120
Tabelle 33: WtT-Kraftstoffvorketten dieser Untersuchung mit Fokus auf Deutschland 130
Tabelle 34: Berechnung der EUCAR-V4-Pkw-Wirkungsgrade im NEFZ 138
Tabelle 35: Anwendung der UN/ECE-R101 auf die EUCAR V4 PHEV und REEV 143
Tabelle 36: TtW-Energieverbrauch und CO_2-Emissionen dieser Untersuchung 147
Tabelle 37: Eigenschaften und ihre Ausprägung für die Conjoint-Analyse 168
Tabelle 38: Soziodemografische Merkmale der Probanden 171
Tabelle 39: Vergleich ADAC-Autokostendatenbank mit
  TECK-Berechnungen für das Jahr 2015 184
Tabelle 40: Basis-Parameter für 2015 und 2020 187
Tabelle 41: Szenarien BEV-Fahrzeug-Parameter 188
Tabelle 42: Szenarien PHEV-Fahrzeug-Parameter 190
Tabelle 43: Szenarien REEV-Fahrzeug-Parameter 191
Tabelle 44: Basis-Annahmen und veränderte externe Parameter im ProEV-Szenario 192
Tabelle 45: Reale Fahrzeuge aus dem Jahr 2015 198
Tabelle 46: Technische Parameter und Kosten ICE-G 2010-2030 217
Tabelle 47: Technische Parameter und Kosten ICE-D 2010-2030 218
Tabelle 48: Technische Parameter und Kosten HEV 2010-2030 219
Tabelle 49: Technische Parameter und Kosten PHEV 2010-2030 220
Tabelle 50: Technische Parameter und Kosten REEV 2010-2030 221
Tabelle 51: Technische Parameter und Kosten BEV 2010-2030 222
Tabelle 52: Technische Parameter und Kosten FCEV 2010-2030 223
Tabelle 53: Normierte Teilnutzwerte nach der Rescaling
  Method: Zero-Centered-Diffs 224
Tabelle 54: Formeln und Berechnungsschema des TECK-Modells 225

Abkürzungsverzeichnis

Akronyme

AC	Alternating Current
AfA	Absetzung für Abnutzung
AKA	Arbeitskreis der Banken und Leasinggesellschaften der Automobilwirtschaft
AP	Versauerungspotenzial
B2B	Business-to-Business
B2C	Business-to-Customer
BCG	Boston Consulting Group
BDL	Bundesverband Deutscher Leasing-Unternehmen
BEV	Battery-Electric-Vehicle
BK	Batteriekosten
BLP	Bruttolistenpreis
BMBF	Bundesministerium für Bildung und Forschung
BMVBS	Bundesministerium für Verkehr, Bau und Stadtentwicklung
BMVI	Bundesministerium für Verkehr und digitale Infrastruktur
BMW	Bayrische Motoren Werke
BRD	Bundesrepublik Deutschland
BRIC	Brasilien, Russland, Indien, China
BTL	Biomass-to-Liquids
BZ	Brennstoffzelle
CADC	Common ARTEMIS Driving Cycle
C_2H_4	Ethen
CBC	Choice Based Conjoint
CD	Charge Depleting
CEP	Clean Energy Partnership
CFK	Carbon- Faserverstärkter Kunststoff
CH_4	Methan
CNG	Compressed Natural Gas
CO	Kohlenstoffmonooxid
CO_2	Kohlenstoffdioxid
CONCAWE	Conservation of Clean Air and Water in Europe
CS	Charge Sustaining
DAT	Deutsche Automobil Treuhand
DC	Direct Current
DCA	Discrete Choice Analyse
DICI	Direct Injection Compression Ignition
DISI	Direct Injection Spark Ignition
DLR	Deutsches Zentrum für Luft und Raumfahrt
ED	Energiedichte
EE	Erneuerbare Energien
EEG	Erneuerbare-Energien-Gesetz
EmoG	Elektromobilitätsgesetz
EP	Eutrophierungspotenzial

EUCAR	European Council for Automotive R&D
EVU	Energieversorgungunternehmen
FAME	Fettsäuremethylester
F&E	Forschung und Entwicklung
FC	Fuel Cell
FCEV	Fuel-Cell-Electric-Vehicle
FCKW	Fluorchlorkohlenwasserstoffe
FQD	Fuel Quality Directive
GWP	Treibhauspotenzial
HE	High Energy
HEV	Hybrid-Electric-Vehicle
HP	High Power
HR	Hubraum
ICE	Internal Combustion Engine
IEA	International Energy Agency
IFW	Institut für Fertigungstechnik und Werkzeugmaschinen
JRC	Joint Research Centre
KBA	Kraftfahrtbundesamt
KEA	Kumulierter Energieaufwand
Kfz	Kraftfahrzeug
KfW	Kreditanstalt für Wiederaufbau
KiD	Kraftfahrzeugverkehr in Deutschland
KIT	Karlsruher Institut für Technologie
KN	Kundennutzen
KWK	Kraft-Wärme-Kopplungs-Anlage
LCA	Life Cycle Assessment
LIS	Ladeinfrastruktur
LNG	Liquid Natural Gas
LPG	Liquefied Petroleum Gas
LR	Lernrate
MEA	Membran-Elektrolyt-Anordnung
MiD	Mobilität in Deutschland
MIPS	Material-Input pro Serviceeinheit
MIV	Motorisierter Individualverkehr
MOP	Deutsches Mobilitätspanel
MS	Microsoft
N_2O	Lachgas
NAFTA	North American Free Trade Agreement
NE	Nutzeneinheiten
NEFZ	Neuer Europäischer Fahrzyklus
NO_x	Stickoxide
ODP	Ozonabbaupotenzial
OECD	Organisation for Economic Cooperation and Development
OEM	Original Equipment Manufacturer
OPEC	Organisation Erdölexportierender Länder
ÖSPV	Öffentlicher Straßenpersonenverkehr

Abkürzungsverzeichnis

ÖV	Öffentlicher Verkehr
PEM	Proton Exchange Membrane
PHEV	Plug-In-Hybrid-Vehicle
PM_{10}, $PM_{2,5}$	Feinstaub
PO_4	Phosphat
POCP	Versauerungspotenzial
PSM	Permanetmagnet-Synchron-Motor
R&D	Researching and Development
RED	Renewable Energy Directive
REEV	Range-Extender-Electric-Vehicle
RME	Rapsmethylester
RW	Restwert
SNG	Synthetic Natural Gas
SO_2	Schwefeldioxid
SOH	State of Health
SOP	Start of Production
SrV	System repräsentativer Verkehrsbefragungen
TBO	Total Benefit of Ownership
TCBO	Total Cost and Benefit of Ownership
TCO	Total Cost of Ownership
TEHG	Treibhausgas-Emissionshandelsgesetz
THG	Treibhausgase
TSECC	TÜV Süd E-Car Cycle
TtW	Tank-to-Wheel
TYO	Toyota
UBA	Umweltbundesamt
UF	Utility Factor
UNO	United Nations Organization
VKM	Verbrennungskraftmaschine
VW	Volkswagen
WI	Wuppertal Institut für Klima, Umwelt und Energie
WLTC	Worldwide harmonized Light vehicles Test Cycle
WtT	Well-to-Tank
WtW	Well-to-Wheel
ZEV	Zero Emission Vehicle
Z	Fahrzyklus

Einheiten

a	Jahr
cm	Zentimeter
EUR	EURO
g	Gramm
h	Stunden
kg	Kilogramm
km	Kilometer
km/h	Stundenkilometer

kW	Kilowatt
kWh	Kilowattstunde
l	Liter
m^2	Quadratmeter
m^3	Kubikmeter
min	Minute
MJ	Megajoule
MW	Megawatt
MWh	Megawattstunde
N	Newton
pkm	Personenkilometer
s	Sekunde
TWh	Terrawattstunde
Wp	Wattpeak

Variablen und Formelzeichen

α	Regressionsparameter Haltedauer, mit $\alpha < 0$
β	Regressionsparameter Laufleistung, mit $\beta < 0$
β_S	Steigungswinkel [°]
β_{kl}	Teilnutzenwert der Ausprägung l bei Eigenschaft k
ρ	Luftdichte [kg/m^3]
$\eta_{A,Z}$	Wirkungsgrad des Fahrzeugantriebs A im Fahrzyklus Z
a	Degressionsparameter, mit $a < 0$
a_B	Beschleunigung [m/s^2]
b	Degressionsfaktor des F&E-bedingten Erfahrungseffektes, mit $b < 0$
c	Degressionsfaktor des Allgemeinen Erfahrungseffektes, mit $c < 0$
c_W	Luftwiderstandsbeiwert [-]
f_R	Rollwiderstandsbeiwert [-]
g	Fallbeschleunigung [m/s^2]
k_1	Selbstkosten pro Stück der 1. Produkteinheit [EUR]
$k_{halb-\"offentl.}^{S,I}$	Strommehrkosten (AC/kW) halb-öffentl. Ladeinf.[EUR/kWh]
$k_{\"offentl.}^{S,I}$	Strommehrkosten (AC,DC/kW) öffentliche Ladeinf.[EUR/kWh]
k_A^K	Kraftstoffkosten (Benzin, Diesel) eines Fahrzeugantriebs [EUR]
$k^{BZ-Periph.}$	Kosten BZ-Peripherie [EUR]
$k^{BZ-Stack}$	Kosten BZ-Stack [EUR]
$k^{E-Motor,LE,L}$	Kosten E-Motor, Leistungselektronik und Lader [EUR]
k^{ESM}	Kosten Effizienzsteigerungsmaßnahmen [EUR]
k^G	Kosten Generator [EUR]
$k^{H2,T+I}$	Kosten für Tankstellen und Infrastrukturaufbau [EUR/kgH$_2$]
$k^{H2,I}$	Wasserstoffinfrastrukturkosten [EUR]
$k^{H2,P+D}$	Wasserstoff Produktions- und Distributionskosten [EUR/kgH$_2$]
k^{H2}	Wasserstoffkosten eines Fahrzeugantriebs [EUR]
$k^{H2-Tank}$	Kosten H$_2$-Tank [EUR]

Abkürzungsverzeichnis XXIII

k^{HE-B}	Kosten HE-Batterie [EUR]
k^{HM}	Kosten Hybridmodul [EUR]
k^{HP-B}	Kosten HP-Batterie [EUR]
k^K	Kraftstoffpreis (Benzin, Diesel) an der Tankstelle [EUR/l]
k^{KT}	Kosten konventionelle Teile [EUR]
k^M	Kosten Montage [EUR]
k^{PT}	Kosten Powertrain [EUR]
$k^{S,H}$	Haushaltsstrompreis [EUR/kWh]
$k^{S,I}$	Ladeinfrastrukturkosten [EUR]
k^S	Stromkosten eines Fahrzeugantriebs [EUR]
k^{S+V}	Kosten für Steuern und Versicherung eines Fahrzeugantriebs [EUR]
k^{So}	Sonstige Kosten für Haupt-, Abgasuntersuchungen und Parken [EUR]
k^{W+R}	Wartungs-und Reparaturkosten eines Fahrzeugantriebs [EUR]
k_n	Stückkosten der n-ten Produkteinheit [EUR]
$k^{S,I}_{privat}$	Strommehrkosten (AC/kW) private Ladeinfrastruktur [EUR/kWh]
k_t	Durchschnittliche Selbstkosten pro Stück in Periode t [EUR]
$kumP$	Kumulierte veröffentlichte Patente am Ende einer Periode
$kumX$	Kumulierte Produktionsmenge am Ende einer Periode
$kumX_n$	Kumulierte Produktionsmenge bis zur n-ten Produkteinheit
l	Laufleistung eines Fahrzeugs [km]
m	Fahrzeugmasse [kg]
$p^{S,I}$	Anteil der Ladungen [%]
t	Zeit; Haltedauer eines Fahrzeugs [a]
v	Anströmgeschwindigkeit [m/s]
v_A^{H2}	Wasserstoffverbrauch eines Fahrzeugantriebs [kgH$_2$/km]
v_A^K	Kraftstoffverbrauch (Benzin, Diesel) eines Fahrzeugantriebs [l/km]
v_A^S	Stromverbrauch eines Fahrzeugantriebs [kWh/km]
A	Fahrzeug Querschnittsfläche [m^2]
BLP	Bruttolistenpreis [EUR] bzw. [%]
$E^{CO2}_{A,TtW}$	TtW CO$_2$-Emissionen der Antriebsart A mit dem Kraftstoff K [gCO$_2$/km]
$E^{CO2}_{K,WtT}$	WtT CO$_2$-Emissionen zur Kraftstoffherstellung K [gCO$_2$/MJ]
$E^{CO2}_{A,WtW}$	WtW CO$_2$-Emissionen der Antriebsart A [gCO$_2$/km]
E^{HE-B}	Energieinhalt der HE-Batterie [kWh]
E_{min}	Arbeit zur Überwindung der Fahrwiderstände [Wh/km]
EA_K	Energieaufwand zur Kraftstoffherstellung K [MJ/MJ]
$EV_{A,WtW}$	WtW Energieverbrauch der Antriebsart A [MJ/100km]
$EV_{K,WtT}$	WtT Energieverbrauch zur Kraftstoffherstellung K [MJ/100km]
F_B	Beschleunigungswiderstand [N]
F_L	Luftwiderstand [N]
F_R	Rollwiderstand [N]
F_S	Steigungswiderstand [N]

F_W	Gesamtfahrwiderstand [N]
G	Gewinn [EUR]
$MwSt$	Mehrwertsteuer [%]
NLP	Nettolistenpreis eines Fahrzeugs [EUR]
$P^{BZ-Stack}$	Leistung des BZ-Stack [kW]
$P^{E-Motor}$	Leistung des E-Motors [kW]
P^{HP-B}	Leistung der HP-Batterie [kW]
R_{CD}	Elektr. Reichweite im CD-Mode [km]
RW	Restwert eines Fahrzeugantriebs [EUR] bzw. [%]
TCO	TCO eines Fahrzeugs [EUR]
U_i	Gesamtnutzen des Produktkonzepts i [-]
V_t	Verzögerungszeit der Technologiewirkung [a]
VWK	Vertriebs- und Verwaltungskosten [EUR]
W	Arbeit zur Überwindung der Fahrwiderstände [Wh/km]
WVL	Wertverlust eines Fahrzeugantriebs [EUR] bzw. [%]
X_{CD}	Energieverbrauch bzw. CO_2-Emissionen im CD-Mode [l, kWh, gCO_2/100km]
X_{CS}	Energieverbrauch bzw. CO_2-Emissionen im CS-Mode [l, kWh, gCO_2/100km]

Allgemeine Abkürzungen

ä.q. (Ä.q.)	äquivalent
bzw.	beziehungsweise
ca.	zirka
d. h.	das heißt
DE	Deutschland
e. V.	eingetragener Verein
e. A.	eigene Annahme
e. B.	eigene Berechnung
engl.	englisch
et al.	et alii (und andere)
etc.	et cetera
EU	European Union
f.	folgende
ff.	fortfolgende
inkl.	inklusive
Jg.	Jahrgang
max.	maximal
Mio.	Millionen
S.	Seite
u. a.	unter anderem
vgl.	vergleiche
z. B.	zum Beispiel

1 Einleitung

1.1 Motivation

Der Klimawandel, die Versorgung der Menschheit mit Wasser, Nahrung, Energie und Mobilität, die soziale Gerechtigkeit sowie die Erhaltung der Biodiversität sind die globalen Herausforderungen, denen der Mensch derzeit gegenübersteht.[1]

Ein erheblicher Anteil dieser Herausforderungen ist auf die noch nicht nachhaltige Energienutzung der menschlichen Zivilisation zurückzuführen. Energie wird in modernen Gesellschaften im Wesentlichen in Form von Wärme und Licht benötigt, um verfahrenstechnische Prozesse durchzuführen oder Strom herzustellen. Zum anderen benötigen wir Energie in Form von Arbeit zum Antrieb unserer Verkehrs- und Transportmittel (Pkw, Lkw, Motorräder, Busse, Schienenfahrzeuge, Flugzeuge und Schiffe) sowie zum Betrieb von Maschinen.[2] Die dazu notwendigen Energieträger können in Primär- und Sekundärenergieträger eingeteilt werden. Primärenergieträger sind zum Beispiel fossile Energieträger wie Erdöl, Erdgas oder Kohle; Kernbrennstoffe wie Uran oder Plutonium sowie Biomasse. Sekundärenergieträger werden erst durch Umwandlung erzeugt. Zu ihnen zählen die Erdölraffinate Schweröl, Benzin, Diesel oder Kerosin; Ethanol sowie Wasserstoff. Die Ausbeutung und Nutzung der eben genannten Primärenergieträger ist aus zweierlei Gründen problematisch. (I) Ihr Abbau übersteigt bei Weitem ihre Neubildung, und (II) ihre Energiewandlung und Nutzung geschieht durch Verbrennung unter der Freisetzung von Treibhausgasen und Schadstoffen.[3]

In diesem Spannungsfeld wird die Einführung von alternativen Antrieben momentan sowohl aus der Perspektive des Umwelt- und Klimaschutzes als auch aus der Perspektive der technologischen und ökonomischen Machbarkeit intensiv diskutiert. Zu den alternativen Antrieben dieser Untersuchung zählen Hybrid- und Plug-In-Hybrid-Vehicle (HEV und PHEV), Range-Extender-Electric-Vehicle (REEV), Battery-Electric-Vehicle (BEV) und Fuel-Cell-Electric-Vehicle (FCEV). Ein großer Vorteil dieser Fahrzeugantriebe[4] ist, dass sie im rein elektrischen Betrieb keine Treibhausgas- und Schadstoffemissionen verursachen. Im Sinne einer nachhaltigen Mobilität sollte dann jedoch die Herstellung von Strom und Wasserstoff aus erneuerbaren Energien erfolgen. In einer ganzheitlicheren Betrachtung, im Sinne einer Ökobilanz[5], muss zudem der Energieaufwand und die Emissionen, die bei der Produktion und dem Recycling des Fahrzeugs anfallen, in den Bilanzrahmen mit aufgenommen werden.

Neben diesen ökologischen Gesichtspunkten spielen aber auch Kundenakzeptanz-Aspekte eine wichtige Rolle bei der erfolgreichen Markteinführung der alternativen Antriebe. Der deutsche Pkw-Markt ist in seiner jetzigen Beschaffenheit sehr komplex und über mehrere Jahrzehnte gewachsen. Aktuell werden den Kunden in Deutschland über 8.200 verschiedene Grundfahrzeug-Antriebskombinationen von 50 Herstellern angeboten.[6] Die Kunden haben

---

[1] Vgl. Sentker (2012).
[2] Vgl. Lucas (2006), S .2. und Duschl, Mauch, et al. (2003), S. 1.
[3] Vgl. Zahoransky (2007), S .2.
[4] Im Vergleich zu den verbrennungsmotorisch angetriebenen Fahrzeugen ICE-Benzin, ICE-Diesel, ICE-Gas; ICE steht für Englisch „Internal Combustion Engine".
[5] Englisch: Life-Cycle-Assessment (LCA).
[6] Abfrage aus ADAC (2012).

dabei nicht nur die Wahl zwischen dem Hersteller und der Motorisierung des Fahrzeugs. Zusätzlich können sie zwischen unzähligen Ausstattungs- und Farbvarianten der Neufahrzeuge auswählen. Die individuelle Wahl jedes Kunden hängt von einer Vielzahl von Bedürfnissen und Motiven ab.[7] Was den Kunden bei der Wahl eines alternativen Antriebs wichtig ist, ist erst in den Anfängen erforscht. Aktuelle Studien belegen, dass ihnen technologische Eigenschaften wie die Reichweite und die Ladezeit bei batterieelektrischen Antrieben sehr wichtig sind. Weiterhin spielt die Infrastruktur-Verfügbarkeit von Ladesäulen bzw. Wasserstofftankstellen eine wichtige Rolle bei der Kaufentscheidung der Kunden.[8] Um sich am Markt durchzusetzen, muss eine neue Technologie den Kunden allerdings auch Vorteile gegenüber dem bisherigen Stand der Technik bieten. Von Vorteil sind sicherlich das elektrische Fahrerlebnis und die Möglichkeit der nahezu emissionslosen Mobilität.

Das Spannungsfeld bei alternativen Antrieben ist unter den genannten Faktoren komplexer als die einfache Hersteller-Kunden Beziehung. Weitere wichtige Impulsgeber finden sich in den Bereichen Gesellschaft, Anbieter und Wettbewerb, Gesetzgebung, Energieversorgung und Klimawandel.[9] In den letzten Jahren wurden deshalb weltweit eine Vielzahl an Studien, die das technologische, ökologische und ökonomische Potenzial von alternativen Antrieben und deren Marktdurchdringung abschätzen, veröffentlicht. Eine vergleichende Bewertung der verschiedenen alternativen Antriebssysteme, auf Basis der unterschiedlichen Fahrzeugkonzepte in Wissenschaft und Praxis, gestaltet sich durch die Unterschiedlichkeit und Komplexität der jeweiligen Prognosen zur technologischen und ökonomischen Entwicklung als äußerst schwierig. Sie ist jedoch notwendig, um die Wechselwirkungen zwischen Technik, Ökologie, Kosten und Kundenwünschen in dem noch jungen Forschungsgebiet der alternativen Antriebe abzubilden und mithilfe von Sensitivitätsanalysen zu untersuchen. Erst dann können systematische und fundierte Handlungsempfehlungen für die Industrie, Politik und Gesellschaft gegeben werden.

1.2 Zielsetzung

Die Fragestellungen dieser Arbeit zur Einführung der alternativen Antriebe (im Weiteren auch Elektromobilität genannt) in Deutschland orientieren sich an den folgenden drei Hauptlinien: (I) Ist sie ökonomisch und ökologisch nachhaltig? (II) Ist sie finanzierbar? (III) Welchen Nutzen stiftet sie für die Kunden/Nutzer?

In der weiteren Detaillierung ist das Ziel dieser Arbeit, die wichtigsten Stellhebel für eine ökonomisch und ökologisch nachhaltige Elektromobilität in Deutschland von 2010 bis 2030 zu identifizieren. Dabei wird besonderes Augenmerk auf die Ursache und Wirkung der Kostendegression neuer Technologien gelegt, da die Bezahlbarkeit der neuen Fahrzeugantriebe ihre Marktdurchdringung wahrscheinlich positiv beeinflusst. Des Weiteren wird die Kundenakzeptanz, gerade im Hinblick auf die technischen Restriktionen der alternativen Antriebe, anhand einer empirischen Befragung ermittelt. Ferner finden in der Arbeit zahlreiche energiesystemanalytische Untersuchen statt, die die verschiedenen alternativen Antriebe und deren Kraftstoffoptionen immer wieder in den Kontext des Energiesystems in Deutschland

---

[7] Vgl. Herfurth, Peters, et al. (2007) S. 5.
[8] Wietschel, Dütschke, et al. (2012). und Kreyenberg, Wind, et al. (2013), S. 46.
[9] Vgl. Böcker (2011), S. 5.

1.2 Zielsetzung

stellen. Abbildung 1 zeigt die zentralen Forschungsfragen, das Erkenntnisinteresse und die Forschungsmethoden dieser Arbeit.

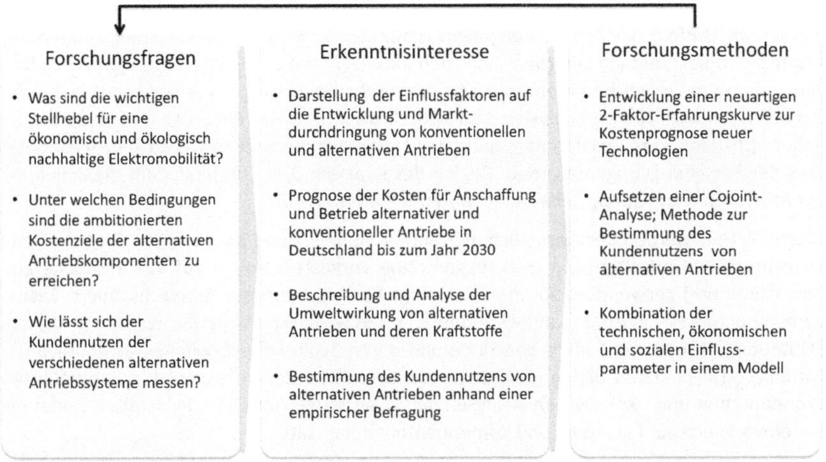

Forschungsfragen	Erkenntnisinteresse	Forschungsmethoden
• Was sind die wichtigen Stellhebel für eine ökonomisch und ökologisch nachhaltige Elektromobilität?	• Darstellung der Einflussfaktoren auf die Entwicklung und Marktdurchdringung von konventionellen und alternativen Antrieben	• Entwicklung einer neuartigen 2-Faktor-Erfahrungskurve zur Kostenprognose neuer Technologien
• Unter welchen Bedingungen sind die ambitionierten Kostenziele der alternativen Antriebskomponenten zu erreichen?	• Prognose der Kosten für Anschaffung und Betrieb alternativer und konventioneller Antriebe in Deutschland bis zum Jahr 2030	• Aufsetzen einer Cojoint-Analyse; Methode zur Bestimmung des Kundennutzens von alternativen Antrieben
• Wie lässt sich der Kundennutzen der verschiedenen alternativen Antriebssysteme messen?	• Beschreibung und Analyse der Umweltwirkung von alternativen Antrieben und deren Kraftstoffe	• Kombination der technischen, ökonomischen und sozialen Einflussparameter in einem Modell
	• Bestimmung des Kundennutzens von alternativen Antrieben anhand einer empirischer Befragung	

Abbildung 1: Forschungsfragen, Erkenntnisinteresse und Forschungsmethoden

Der wissenschaftliche Schwerpunkt der Arbeit liegt auf der Entwicklung und Anwendung einer Methode, die es erlaubt, die ambitionierten Kostenziele der alternativen Antriebskomponenten zu bewerten. Hierzu soll das bestehende Wissen zur 2-Faktor-Erfahrungskurve erweitert und für die Untersuchung von Schlüsseltechnologien der Elektromobilität angewendet werden. Weiterhin wird eine Methode entwickelt, die es ermöglicht, den Kundennutzen der verschiedenen alternativen Antriebssysteme objektiv zu messen und zu bewerten.

Im Ergebnis der Dissertation soll ein Modell die Komplexität des betrachteten Systems abbilden und dabei helfen die in Abbildung 1 formulierten Forschungsfragen zu beantworten. Das Modell gibt dabei Aufschluss über die verschiedenen alternativen Antriebe in den Bewertungsgrößen Total Cost of Ownership (TCO), Energieeffizienz, CO_2-Emissionen und Kundennutzen für private Pkw-Halter. Im Verlauf der Analyse werden reale Daten des deutschen Fahrzeugmarkts bis zum Jahr 2013 und in der Prognose bis zum Jahr 2030 verwendet. In seiner Form ist das Modell aber auch auf andere Absatzmärkte übertragbar. Das Modell ist kein Flottenmodell[10] und soll nicht das Kaufverhalten von alternativen Antrieben in Deutschland oder einem anderen Markt abbilden. Absatzprognosen und Marktochlaufszenarien von alternativen Antrieben können somit nicht berechnet werden. Die hier erarbeiteten Grundlagen und Methoden können aber als Input für zukünftige Flottenmodelle dienen.

---

[10] Gängige deutsche Pkw-Flotten-Modelle sind VECTOR 21 vom DLR und TREMOD vom IFEU-Institut.

1.3 Vorgehensweise

Die vorliegende Arbeit gliedert sich in fünf Hauptkapitel (Kapitel 2-6) sowie einer Einleitung, der Definition des Untersuchungsrahmens und einem Schlussteil mit einer Zusammenfassung der zentralen Erkenntnisse der Arbeit und einem Ausblick auf zukünftige Forschungsthemen im Umfeld der Arbeit. Vor jedem Hauptkapitel werden die Forschungsfragen des Kapitels definiert und ein Überblick über den aktuellen Stand des Wissens gegeben. Außerdem werden die möglichen Methoden und die zur Beantwortung der jeweiligen Forschungsfrage verwendeten Daten analysiert und kritisch diskutiert. Am Ende der fünf Hauptkapitel findet sich dann eine Zusammenfassung der Untersuchungsergebnisse und die Beantwortung der Forschungsfragen aus dem Beginn des Kapitels. Das 1. Kapitel stellt die Einleitung der Arbeit mit Motivation, Zielsetzung und Vorgehensweise dar.

Kapitel 2: Hier werden der Untersuchungsrahmen definiert und die externen Einflüsse[11] auf konventionelle und alternative Fahrzeugantriebe vorgestellt sowie auf ihre mögliche Einflussnahme und Verwendung für die Technologiebewertung dieser Arbeit diskutiert. Besonderes Augenmerk liegt dabei auf dem deutschen Pkw-Markt. Weiterhin werden in diesem Kapitel die alternativen Fahrzeugantriebe und deren Schlüsseltechnologien ausführlich beschrieben. Diese Daten bilden gleichzeitig die Grundlage der im weiteren durchgeführten ökonomischen und ökologischen Analysen dieser Antriebe. Am Ende des Kapitels findet ein Systemvergleich auf Fahrzeug- und Komponentenebene statt.

Kapitel 3: Dieses Kapitel soll zwei Fragestellungen nachgehen. Zum einen soll der Frage nachgegangen werden, ob und unter welchen Bedingungen die ambitionierten Zielkosten der alternativen Antriebskomponenten zu erreichen sind. Dazu werden die Batterie und der Brennstoffzellen-Stack als ausgewählte Schlüsseltechnologien der Elektromobilität mit einer neuartigen 2-Faktor-Erfahrungskurve untersucht. Zum anderen sollen die verschiedenen alternativen Antriebe in einer TCO-Analyse bis zum Jahr 2030 untersucht werden. Hier liegt ein besonderes Augenmerk auf dem Wertverlust der Fahrzeuge.

Kapitel 4: Hier werden die theoretischen Grundlagen, die bei einer Ökobilanzierung von alternativen Antrieben notwendig sind, erarbeitet. Weiterhin werden am Beispiel der Herstellung von Strom aus Erdgas verschiedene Allokationsmethoden diskutiert, um den Einfluss der Allokationsmethode auf das Ergebnis einer Ökobilanzierung zu bewerten. Eine vollständige Ökobilanzierung würde den Rahmen dieser Arbeit übersteigen und wird deshalb nicht durchgeführt. Stattdessen werden die Ergebnisse verschiedener LCA und einer Materialintensitätsanalyse zu den auch hier verwendeten Fahrzeugantrieben aus Kapitel 2 dargestellt.[12] Ein weiterer Schwerpunkt der Arbeit liegt in der systematischen Bewertung des Fahrzeugverbrauchs von Elektrofahrzeugen unter Einfluss von Gewicht, Rollwiderstand, c_w-Wert und der Nebenverbraucher. Am Ende des Kapitels wird die derzeit umstrittene Gesetzgebung[13] der zertifizierungspflichtigen Verbrauchsermittlung von PHEV und REEV näher beleuchtet und auf ihren Einfluss in den hier durchgeführten Untersuchungen diskutiert.

---

[11] Klimawandel, Energieversorgung, Gesetzliche Rahmenbedingungen, Gesellschaft und Verkehrsmittelwahl, Geschäftsmodelle und Mobilitätsoptionen.
[12] DLR und Wuppertal-Institut (2015).
[13] UN/ECE (2010).

1.3 Vorgehensweise

Kapitel 5: Hier werden Möglichkeiten und Methoden, den Kundennutzen der verschiedenen alternativen Antriebstechnologien zu bestimmen, beschrieben. Da für den vorliegenden Untersuchungsfall wenig empirische Daten zur Verfügung standen, wurde für die hier verwendete Conjoint-Analyse eine Befragung von 408 potenziellen Kunden von alternativen Antrieben durchgeführt.

Kapitel 6: Hier wird das für die Untersuchungen dieser Arbeit entwickelte Modell beschrieben. Das Modell greift dabei als Input die in den vorherigen Kapiteln erarbeiteten TCO-, Energieeffizienz-, CO_2-Emissions- und Kundennutzen-Parameter auf. Der Erkenntnisgewinn entsteht in der Kombination der verschiedenen Einflussparameter unter Berücksichtigung derer Wechselwirkungen.

Kapitel 7: Hier werden die Forschungsfragen aus Abbildung 1 nochmals aufgeworfen und diese mit den gewonnenen Erkenntnissen beantwortet. Weiterhin wird in diesem Kapitel ein Ausblick auf zukünftige Forschungsthemen und Vertiefungen im Umfeld der Arbeit gegeben.

Abbildung 2 (links) zeigt die zentralen Datensätze auf denen die Untersuchungen dieser Arbeit beruhen. Diese Datensätze wurden für die Analysen der Arbeit ausgewertet bzw. eigens dafür erhoben und anschließend so aufbereitet, dass sie als geeignete Input-Daten für die wissenschaftlichen Methoden (2-Faktor-Erfahrungskurve und Conjoint-Analyse) dienen. Die Ergebnisse der wissenschaftlichen Methoden, sowie die aufbereiteten Daten aus den Datensätzen dienen wiederum als Input für das TECK-Modell aus Kapitel 6. Die genauen Berechnungsschritte der wissenschaftlichen Methoden und die der Datenanalyse, werden im Weiteren in den einzelnen Kapiteln detailliert beschrieben. Abbildung 2 soll lediglich als Überblick dienen, um den Einstieg in die Arbeit zu erleichtern.

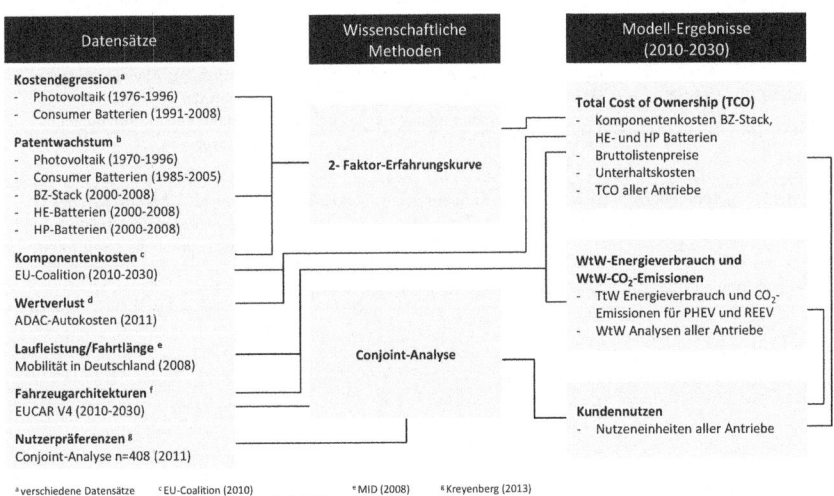

Abbildung 2: Zentrale Datensätze und wissenschaftliche Methoden der Arbeit

Teile dieser Arbeit entstanden aus schon vorher veröffentlichten Beiträgen, die sich aus der Zusammenarbeit des Autors mit der Daimler AG und dem Deutschen Zentrum für Luft- und Raumfahrt ergeben haben. Die daraus verwendeten Forschungsergebnisse sind in Tabelle 1 nach ihrer Verwendung in der Doktorarbeit kenntlich gemacht. Ferner finden sich die Literaturhinweise auch an den entsprechenden Textstellen.

Tabelle 1: Vorher veröffentlichte Inhalte dieser Arbeit

Textstelle	Autor [a]	Titel der Veröffentlichung [a]	Übernahme von
Kapitel 2, 2.1.2 2.1.3 2.3	Kreyenberg, Lischke et al. (2015)	Erneuerbare Energien im Verkehr: Potenziale und Entwicklungsperspektiven verschiedener Erneuerbarer Energieträger und Energieverbrauch der Verkehrsträger, *Studie für das BMVI*	Textstellen Analog der Veröffentlichung. Alleinige Autorenschaft der verwendeten Textstellen. Review durch die Co-Autoren.
Kapitel 2, 2.4	Propfe, Kreyenberg et al. (2013)	Market penetration analysis of electric vehicles in the German passenger car market towards 2030, *in International Journal of Hydrogen Energy*	Ergebnisse Analog der Veröffentlichung. Keine Übernahme von Text.
Kapitel 3, 3.2	Mayer, Kreyenberg et al. (2012)	Feasibility study of 2020 target costs for PEM fuel cells and lithium-ion batteries: A two-factor experience curve approach, *in International Journal of Hydrogen Energy*	Textstellen Analog der Veröffentlichung. Kein Anspruch auf alleinige Autorenschaft.
Kapitel 4, 4.2.2	Kreyenberg, Wind (2012)	Erneuerbare Energien für die Mobilität, *Konferenzbeitrag auf dem 5. Deutschen Wasserstoff Congress in Berlin*	Abbildung Analog der Veröffentlichung. Alleinige Autorenschaft. Review durch LBST GmbH.
Kapitel 4, 4.1.4 Kapitel 2, 2.1	DLR und Wuppertal-Institut (2015)	Begleitforschung zu Technologien, Perspektiven und Ökobilanzen der Elektromobilität im Rahmen der Förderung des Themenfeldes „Schlüsseltechnologien für die Elektromobilität (STROM)" *Studie für das BMBF*	Textstellen angelehnt an Veröffentlichung. Alleinige Autorenschaft der verwendeten Textstellen. Review durch die Co-Autoren.
Kapitel 5 5.3	Kreyenberg, Wind et al. (2013)	Bewertung des Kundennutzens von Elektrofahrzeugen, *in ATZ Journal*	Alleinige Autorenschaft der verwendeten Textstellen. Review durch die Co-Autoren.

[a] Der vollständige Literaturhinweis kann dem Literaturverzeichnis entnommen werden.

2 Untersuchungsrahmen und Fahrzeugtechnologien

Forschungsfragen

1. Welchen Einfluss hat der Pkw-Verkehr auf den Energieverbrauch und die CO_2-Emissionen?
2. Welche externen Einflussfaktoren wirken auf die Entwicklung und die Marktdurchdringung von alternativen und konventionellen Fahrzeugantrieben?
3. Wie ist der Entwicklungsstand von alternativen und konventionellen Fahrzeugantrieben und deren Schlüsseltechnologien?

2.1 Externe Einflussfaktoren auf alternative und konventionelle Antriebe

In Abbildung 3 sind die fünf großen externen Einflussfaktoren, die auf die alternativen und konventionellen Antriebe wirken dargestellt. Im Folgenden werden diese Einflussfaktoren ausführlich diskutiert und wichtige Parameter für die weiteren Untersuchungen identifiziert.

Klimawandel
- Internationale Klimaschutzziele
- → Senkung der CO_2-Emissionen im Verkehr

Energieversorgung
- Verknappung fossiler Ressourcen
- Zunehmend erneuerbare Energien
- → Zusätzliche Kraftstoffoptionen (z.B. Strom, Wasserstoff) für den Verkehr

Gesetzliche Rahmenbedingungen
- Senkung Energieverbrauch und CO_2-Emissionen im Verkehr
- Erhöhung Erneuerbare Energien im Verkehr
- → Regulatorische Instrumente (z.B. EU-Flottengrenzwerte, ZEV, Biokraftstoffe)

Gesellschaft und Verkehrsmittelwahl
- Steigende Verkehrsleistung und veränderte Verkehrsmittelwahl
- Pkw-Besetzungsgrad, Tagesfahrweiten und Wegzwecke
- → Veränderte Pkw-Nutzungsmuster

Geschäftsmodelle und Mobilitätsoptionen
- Car Sharing
- Neue Marktteilnehmer für Fahrzeug und Lade- bzw. Tankstelleninfrastruktur
- Abwägung der Mobilitätsoptionen und veränderte Verkehrsmittelwahl
- → Veränderte Pkw-Nachfrage und Infrastruktur

Abbildung 3: Externe Einflussfaktoren auf alternative und konventionelle Antriebe

2.1.1 Klimawandel und CO_2-Emissionen des Verkehrs

„Die Menschen führen momentan ein großangelegtes geophysikalisches Experiment aus, das so weder in der Vergangenheit hätte passieren können noch in der Zukunft wiederholt werden kann", Roger Revelle (1957) New York Times

Nach dem zweiten Weltkrieg hatte Roger Revelle die Dimensionen des Klimawandels durch die weltwirtschaftliche Entwicklung und das von Menschen dadurch vermehrt ausgestoßene Kohlenstoffdioxid untersucht und mit diesem Satz in der New York Times bereits 1957 auf den Punkt gebracht. Der Mensch hat jedoch schon vor Jahrtausenden begonnen, Wälder zu roden und Sümpfe trockenzulegen und damit weit vor der industriellen Revolution nachhaltig in das Klimasystem der Erde eingegriffen. Der Begriff Klima ist in seiner heutigen Verwendung ein mathematisches Konstrukt, was das über längere Zeiträume gemittelte Wetter an einem Ort bezeichnet. Die Ermittlung von Klimadaten erfolgt bestenfalls standardisiert nach den Vorgaben der World Meteorological Organization (WMO), wonach meteorologische Kenngrößen wie Luftdruck, Temperatur oder Niederschlag alle sechs Stunden an verschiedenen Orten der Erde erhoben und archiviert werden.[14]

Unter dem vom Menschen verursachten Klimawandel wird die globale Erwärmung infolge der in der Atmosphäre ansteigenden Konzentration von Treibhausgasen gesehen. Die wichtigsten Treibhausgase der Atmosphäre sind Wasserdampf, Kohlenstoffdioxid (CO_2), Methan (CH_4), Lachgas (N_2O) und halogenierte Kohlenwasserstoffe (HKW). Treibhausgase lassen die kurzwellige Sonnenstrahlung bis zur Erdoberfläche durch, absorbieren aber die langwellig zurückgestrahlte Wärmestrahlung, um sie später in alle Richtungen gleichmäßig wieder abzustrahlen. Dadurch kommt ein Teil der Wärmestrahlung wieder zurück zur Erde und erwärmt dort die Oberfläche.[15] Dieser Effekt wird als Treibhauseffekt bezeichnet. Ohne diesen natürlichen Treibhauseffekt würde die durchschnittliche Temperatur auf der Erdoberfläche bei -18 °C liegen, anstelle der 14 °C heute.[16] Man geht davon aus, dass die CO_2-Konzentration in der Atmosphäre vor der Industrialisierung bei 280 ppm[17] lag. Im Jahr 2010 lag sie schon bei ungefähr 390 ppm[18], obwohl etwa die Hälfte des seit der Industrialisierung vom Menschen in die Atmosphäre entlassene CO_2 wieder durch Pflanzen und Meere aufgenommen und gebunden wurde. Die Entfernung des CO_2 aus der Atmosphäre erfolgt durch den sogenannten Kohlenstoffkreislauf, sowohl auf biologischen als auch auf chemischem Weg.[19] Eine erhöhte CO_2-Konzentration in der Luft bedeutet für die Pflanzen tendenziell mehr Ausgangsmaterial für die Photosynthese, was wiederum das Pflanzenwachstum und die damit verbundene CO_2-Aufnahme beschleunigt. Dort wird der Kohlenstoff allerdings nach dem Absterben der Pflanze wieder freigesetzt oder langfristig in Böden oder Sedimenten eingelagert. Auf geologischem Wege wird bei der Gesteinsverwitterung CO_2 gebunden, was über die Flüsse langfristig in die Ozeane gelangt und dort in Kalkablagerungen wie Korallenriffen oder Sedimenten gebunden wird.[20] Bei Meerwasser ändert sich allerdings auch die Löslichkeit von Gasen bei der Erwärmung. Bei steigender Temperatur nimmt die Aufnahme-

---

[14] Vgl. Latif (2012), S. 6ff.
[15] Vgl. GeoForschungsZentrum (2012), S. 6.
[16] Jones, New, et al. (1999), S. 173.
[17] Englisch: parts per million, Deutsch: Teile pro einer Millionen.
[18] Das entspricht einer Steigerung um 40 %.
[19] Vgl. Latif (2012), S. 12f.
[20] GeoForschungsZentrum (2012), S. 5.

2.1 Externe Einflussfaktoren auf alternative und konventionelle Antriebe 9

fähigkeit für Kohlenstoffdioxid ab. Weitere klimabeeinflussende Faktoren der globalen Erwärmung sind die veränderte Wolken- und Windbildung oder eine mögliche Destabilisierung gefrorener Kontinental-Methanvorkommen. Die Zerstörung der auch als UV-Filter wirkenden stratosphärischen Ozonschicht ist ebenso klimabeeinflussend wie die über längere Zeiträume veränderte Strahlungsintensität der Sonne. Weitere Faktoren, die das Klimasystem antreiben, sind die schwankenden orbitalen Bahnparameter der Erde und die Veränderung geologisch- tektonischer Prozesse, die das Verhältnis der Landmasse zum Wasser ändern oder einen erhöhten Vulkanismus bedingen.[21] Im Vergleich zu physikalischen Vorgängen existieren für diese Phänomene aber keine allgemeingültigen Gesetze, welche in Form von mathematischen Gleichungen in die Klimamodelle zur exakten Vorhersage der globalen Erwärmung übernommen werden können. Dennoch führt die Wissenschaft die derzeitige globale Erwärmung auf die in den letzten 800.000 Jahren noch nie so hohe Konzentration an CO_2 in der Atmosphäre zurück. Der dadurch ausgelöste Temperaturanstieg in der Nähe der Erdoberfläche beträgt derzeit ungefähr 0,85 °C, gemittelt bis zum Jahr 1880. Über der Nordhalbkugel und der Arktis beträgt der Temperaturanstieg sogar über 1 °C. Während des gleichen Zeitraums ist der Meeresspiegel um knapp 20 cm im weltweiten Durschnitt gestiegen.[22]

Sollte die globale Erwärmung nicht gestoppt werden, könnte es auch zu einer Häufung extremer Wetterereignisse, eines noch schnelleren Meeresspiegelanstiegs oder einer Versauerung der Weltmeere kommen. Neben diesen ökologischen Phänomenen kann eine globale Erwärmung auch mit tiefen ökonomischen Einschnitten in den betroffenen Regionen einhergehen, was wiederum die globale Sicherheitslage verschlechtern kann. Es geht also um den Erhalt der über die letzten Jahrhunderte so günstigen und mehr oder weniger stabilen Lebensbedingungen auf unserer Erde.[23] Um die Erderwärmung auf ein erträgliches Maß zu begrenzen, wurde im November 1988 ein wissenschaftliches zwischenstaatliches Gremium unter dem Namen Intergovernmental Panel on Climate Change (IPCC) gegründet. Das IPCC wurde von der Weltorganisation für Meteorologie (WMO) und dem Umweltprogramm der Vereinten Nationen (UNEP) ins Leben gerufen, um Entscheidungsträgern und anderen am Klimawandel Interessierten eine objektive Informationsquelle über Klimaänderungen zur Verfügung zu stellen. Das IPCC betreibt selbst keine Klimaforschung, es stellt aber den aktuellen Stand des Wissens dar, um daraus Handlungsempfehlungen für die Gesellschaft abzuleiten.[24] Eine Empfehlung ist die viel zitierte Halbierung der weltweit ausgestoßenen Treibhausgasemissionen bis zur Jahrhundertmitte im Jahr 2050, bezogen auf die Emissionswerte von 1990. Dadurch würde die globale Erwärmung nach heutiger Erkenntnis auf 2 °C reduziert werden.[25]

Auf den Verkehr (weltweit) entfiel im Jahr 2010 ein Anteil von 22 Prozent der globalen CO_2-Emissionen. Damit ist er nach der Strom- und Wärme-Produktion (41 Prozent) der zweitgrößte Emittent, gefolgt von der Industrie mit 20 Prozent. Etwa zwei Drittel der Verkehrsemissionen entfallen auf den Straßenverkehr von Pkw, Lkw, Motorrädern und Bussen.[26] In Deutschland schwankt der Anteil, durch den Straßenverkehr verursachter CO_2-

---

[21] Vgl. Emmermann (2008).
[22] IPCC (2013a).
[23] Vgl. Latif (2012), S. 15f.
[24] IPCC (2013b).
[25] IPCC (2013a).
[26] IEA (2012).

Emissionen an den Gesamtemissionen, in den vergangenen 20 Jahren mehr oder weniger unverändert zwischen 17 bis 20 Prozent.[27] Derzeit gelten aber weder für den Verkehr noch für einen anderen Sektor weltweit einheitliche und verbindliche Vorschriften die zu einer Verringerung der CO_2-Emissionen führen sollen. In den verschiedenen Ländern wurden in den vergangenen Jahrzehnten aber zahlreiche gesetzliche Rahmenbedingungen in Form von regulatorischen und fiskalpolitischen Instrumenten verankert, die die CO_2-Emissionen bis zum Jahr 2050 signifikant reduzieren sollen. Auf diese Rahmenbedingungen wird im Gliederungspunkt 2.1.3 „Gesetzliche Rahmenbedingungen" näher eingegangen.

2.1.2 Energieversorgung und Energieverbrauch des Verkehrs[28]

Die Versorgung der Menschheit mit Energie stellt seit jeher einen wichtigen Baustein zur menschlichen Daseinsvorsorge dar. Sie ist notwendig zur Nahrungszubereitung, zum Wohnen, zum Transport, zur Kommunikation, in Industrie und Technik und zur Freizeitgestaltung. Dabei sind die natürlich vorkommenden Energieträger und der Energiebedarf weltweit ungleich verteilt.[29] Energieträger können in fossile und erneuerbare Energieträger unterteilt werden. Fossile Energieträger sind über erdgeschichtlich sehr lange Zeiträume als Abbauprodukte von Pflanzen und Tieren unter besonderen geologischen Bedingungen entstanden. Zu ihnen zählt man Erdöl, Erdgas, Braunkohle und Steinkohle. Erneuerbare Energien sind erdgeschichtlich viel jünger und verhältnismäßig schnell erneuerbar. Zu ihnen zählen Windenergie, Sonneneinstrahlung, Wasserkraft, Erdwärme, Müll und nachwachsende Rohstoffe.

In Deutschland entfällt ein Großteil des Primärenergieverbrauchs[30] auf fossile Energieträger, wenngleich der Anteil an erneuerbaren Energien am Primärenergieverbrauch von 1990 bis 2012 von einem Prozent auf zwölf Prozent gestiegen ist (Abbildung 4, links). Der gesamte Primärenergieverbrauch ist von 1990 bis 2012 um 7,7 Prozent gesunken. Auf den Verkehrssektor[31] entfiel im Jahr 2012 ein Anteil von 19 Prozent am Primärenergieverbrauch in Deutschland. Damit ist der Verkehrssektor neben den Haushalten der Sektor, der in den letzten Jahren mehr Energie verbraucht hat (Abbildung 4, rechts). Die Gründe dafür werden im Gliederungspunkt 2.1.4 Gesellschaft und Verkehrsmittelwahl näher erläutert.

Im Jahr 1990 stammte fast die gesamte erneuerbare Stromerzeugung in Deutschland mit 20 TWh/a aus der Wasserkraft. Mit der Einführung des Stromeinspeisungsgesetzes und dem nachfolgenden Erneuerbare-Energien-Gesetz (EEG) verfünffachte sich die erneuerbare Stromerzeugung nahezu bis zum Jahr 2012. Der Ausbau basierte insbesondere auf Windkraftanlagen an Land (51 TWh/a in 2012) und Photovoltaik (26 TWh/a in 2012). Die Wasserkraft hat sich mit 22 TWh/a (2012) nur unwesentlich vergrößert. Windkraftanlagen auf See sowie Strom aus Geothermie kommen im Jahr 2012 zusammen nur auf einen Anteil von unter 1 TWh/a. Das langfristig, technisch-nachhaltig erzeugte Strompotenzial schwankt in verschiedenen Studien nach Kreyenberg et al. (2015) zwischen 400 TWh/a und 4.000 TWh/a.

---

[27] Eigene Auswertung von 1992 bis 2012 aus BMWI (2013b).
[28] Dieser Abschnitt basiert im Wesentlichen auf Kreyenberg, Lischke, et al. (2015), S. 20 ff.
[29] Vgl. Zahoransky (2007), S. 1.
[30] Als Primärenergien werden alle Energiearten (Stoffe und Prozesse) bezeichnet, die von der Natur bereitgestellt und vom Menschen genutzt werden. Ziesing, Görgen, et al. (2012) S. 16.
[31] Der Energieverbrauch des Verkehrs umfasst die Sektoren Schienenverkehr, Straßenverkehr, Luftverkehr sowie die Küsten- und Binnenschifffahrt. Ziesing, Görgen, et al. (2012) S. 30.

2.1 Externe Einflussfaktoren auf alternative und konventionelle Antriebe

Hier wird im Weiteren, wie in der eben zitierten Studie, von einem langfristig, technisch-nachhaltigen Stromerzeugungs-Potenzial von 1.000 TWh/a für Deutschland ausgegangen.[32]

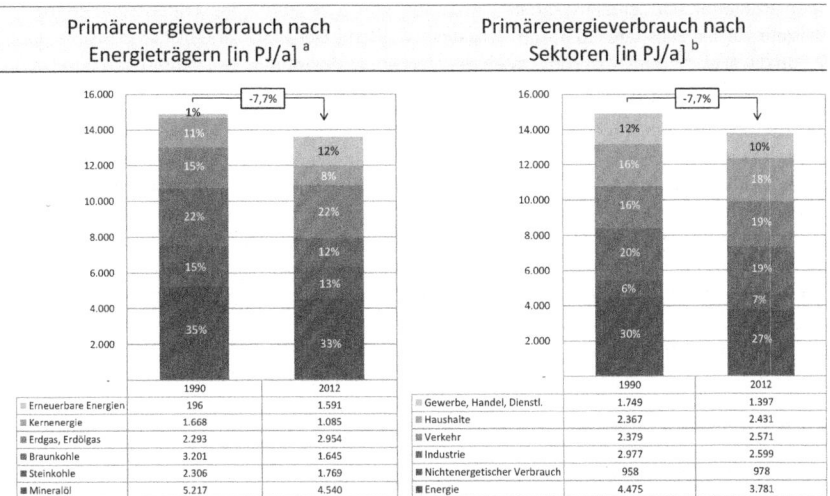

[a] BMWI (2013) Erneuerbare Energien sind hier u. a. Brennholz, Brenntorf, Klärgas, Müll, Photovoltaik, Windenergie und Wasserkraft. Das Außenhandelssaldo von Strom und sonstigen Primärenergieverbräuchen (z. B. Grubengas und nicht erneuerbarer Müll) sind nicht dargestellt.
[b] BMWI (2013) Energie = Strom und Fernwärme

Abbildung 4: Primärenergieverbrauch in Deutschland nach Energieträgern und Sektoren

Tabelle 2 zeigt den theoretischen Vergleich, das gesamte erneuerbare Strompotenzial im Jahr 2012 (100 TWh/a) und das technisch-nachhaltige Stromerzeugungs-Potenzial von 1.000 TWh/a, abzüglich der Stromnachfrage von 535 TWh/a (in 2012) = 465 TWh/a, für den Verkehr zu nutzen. Im Jahr 2012 könnten unter den in Tabelle 2 gezeigten Prämissen somit schon 41 Mio. BEV aus dem erneuerbaren Strom in Deutschland betrieben werden. Technisch möglich sind langfristig sogar 191 Mio. BEV. Nutzt man die gleichen Strommengen für die Herstellung und Distribution von Wasserstoff, könnten immer noch 18 Mio. bzw. 86 Mio. FCEV damit betrieben werden. Bei einem Pkw-Bestand von 43 Mio. Fahrzeugen im Jahr 2012[33] scheint es langfristig möglich, den gesamten Pkw-Verkehr in Deutschland aus strombasierten erneuerbaren Energien, die sogar in Deutschland hergestellt werden, zu bedienen. Dabei muss nicht auf die umstrittene Nutzung von biomassebasierten Kraftstoffen wie Ethanol oder Biodiesel zurückgegriffen werden.[34]

---

[32] Vgl. Kreyenberg, Lischke, et al. (2015), S. 76.
[33] Statistisches Bundesamt (2013).
[34] Siehe dazu auch Gliederungspunkt 2.1.3 Gesetzliche Rahmenbedingungen und 4.2 Well-to-Tank (WtT) Kraftstoffherstellung.

In einer Analyse mit realistischeren Annahmen zum Fahrzeugverbrauch in verschiedenen Pkw-Segmenten und unterer Berücksichtigung der weiteren Verkehrsträger (Schiene, Schiff, Flugzeug, Lkw) mit dem Flottenmodell TREMOD kommen Kreyenberg et al. in unterschiedlichen Szenarien auf eine maximale Reduktion von 33 Prozent des Endenergiebedarfs im Verkehr für bis zum Jahr 2050 (im Vergleich zu 2010). Der Pkw-Verkehr kompensiert dabei schon die erwarteten Steigerungsraten des Verkehrsaufkommens von Flugzeugen und Lkw.[35]

Um den Energieverbrauch einer Gesellschaft weiterhin nachhaltig zu senken, müssen neben der Hebung von Verbrauchs- und den Einsparpotenzialen in den jeweiligen Sektoren auch andere Einflussfaktoren wie die Energieinfrastruktur näher beleuchtet werden. An dieser Stelle ist die Infrastrukturproblematik der bisher erst geringfügig vorhandenen Strom- und Wasserstofftankstellen erwähnenswert. Weiterhin muss das schwankende Angebot von erneuerbaren Energien im Netz, der dazu zukünftig nötige Ausbau der Netze und die Schaffung von geeigneten Energiespeichern näher untersucht werden.[36] Weitere wichtige Einflussfaktoren auf den Energieverbrauch bzw. die Energieversorgung sind Witterung, Bevölkerungsentwicklung, Haushaltsgröße, Siedlungs- und Verkehrsstruktur, Konjunktur, Energiepreise, Industriestruktur, Energieproduktivität und rechtliche Rahmenbedingungen.[37]

Tabelle 2: Erneuerbares Strompotenzial für den Pkw-Verkehr[38]

Kraftstoff	η [a]	Kraftstoffpotenzial ‚ceteris paribus'		Anzahl Pkw ‚ceteris paribus'			
		Potenzial [b] „100 TWh"	Potenzial [c] „465 TWh"	Antrieb	Verbrauch [d]	Anzahl Pkw [e] „100 TWh"	Anzahl Pkw [e] „465 TWh"
Strom	89 %	89 TWh/a	415 TWh/a	BEV	0,15 kWh/km	41 Mio.	191 Mio.
Wasserstoff	58 %	58 TWh/a	268 TWh/a	FCEV	0,21 kWh/km	18 Mio.	86 Mio.
CNG	41 %	41 TWh/a	191 TWh/a	ICE-CNG	0,59 kWh/km	5 Mio.	22 Mio.
Benzin	35 %	35 TWh/a	163 TWh/a	ICE-G	0,57 kWh/km	4 Mio.	19 Mio.
Diesel	35 %	35 TWh/a	163 TWh/a	ICE-D	0,45 kWh/km	5 Mio.	24 Mio.

[a] Wirkungsgrad zur Kraftstoffherstellung und Distribution, Wasserstoffherstellung über Elektrolyse, CNG-Herstellung über Methanisierung, Benzin- und Diesel-Herstellung über Methanolsynthese. Siehe Kreyenberg, Lischke et al. (2015), S. 57.
[b] auf Basis des erneuerbaren Strompotenzials von 100 TWh/a im Jahr 2012.
[c] auf Basis des technisch möglichen erneuerbaren Strompotenzials von 1.000 TWh/a minus der Stromnachfrage im Jahr 2012 von 535 TWh/a = 465 TWh/a.
[d] NEFZ-Verbräuche der 2010er Fahrzeuge nach JEC (2013).
[e] Pkw-Laufleistung: 15.000 km/a.

Aus volkswirtschaftlicher Sicht trägt die Energieversorgung auch maßgeblich zum Wohlstand einer Gesellschaft bei. Dabei lassen sich (I) Versorgungssicherheit (II) Preisentwicklung

---

[35] Vgl. Kreyenberg, Lischke, et al. (2015), S. 16ff.
[36] Stolzenburg, Hamelmann, et al. (2014).
[37] Aus BMWI (2013a) und BMWI (2012).
[38] Vgl. Kreyenberg, Lischke, et al. (2015), S. 16.

2.1 Externe Einflussfaktoren auf alternative und konventionelle Antriebe

(III) Energieeffizienz und (IV) Emissionsminderung als die wichtigsten und nachhaltigsten Kriterien zukünftig erfolgreicher Energiepolitik identifizieren.[39]

Der Verkehrssektor kann durch die oben skizzierten Zusammenhänge als integrativer Bestandteil der Energiewende gesehen werden. In ihm finden die Produzenten von erneuerbaren Energien einen Abnehmer, der mit den entsprechenden Technologien diese auch sehr energieeffizient nutzen kann. Zwingende Voraussetzung dafür ist die weitere Elektrifizierung der Fahrzeugflotte und die Bereitstellung von erneuerbaren Energien für den Verkehr mit der entsprechenden Infrastruktur.[40]

2.1.3 Gesetzliche Rahmenbedingungen[41]

Um die im Punkt 2.1.1 erläuterten Klimaschutzziele zu erreichen, bedienen sich die Europäische Union und Deutschland verschiedenster regulatorischer und fiskalpolitischer Instrumente.[42] Tabelle 3 zeigt die wichtigsten regulatorischen, gesetzlichen und fiskalpolitischen Instrumente, die installiert wurden, um den Energieverbrauch und die Treibhausgasemission im deutschen Pkw-Verkehr zu reduzieren. Außerdem werden ausgewählte Instrumente anderer Länder dargestellt und im Weiteren diskutiert.

Energie-/Mineralölsteuer: Die Mineralölsteuer wird in Deutschland nach dem Energiesteuergesetz (EnergieStG), welches die Besteuerung fossiler Energieträger (Mineralöle, Gase und Kohle) und nachwachsender Energieträger (Pflanzenöle, Biodiesel, Bioethanol) regelt, erhoben. Die Mineralölsteuer ist eine Verbrauchssteuer, die über den Warenpreis auf die Verbraucher umgelegt wird. Dabei werden die einzelnen Kraftstoffe für den Straßenverkehr unterschiedlich stark besteuert. Der Unterschied zwischen Dieselkraftstoff und Benzin beträgt derzeit 0,18 EUR/l.[43] Dieser Unterschied wird oft als versteckte Subvention gesehen und war ursprünglich der Schonung des gewerblichen Straßengüterverkehrs gedacht. Die Mineralölsteuer wird als eines der wichtigsten Instrumente zur Beeinflussung des Energieverbrauchs und der durch den Straßenverkehr verursachten Emissionen gesehen. In diesem Zusammenhang wird sie als Instrument zur Reduzierung der Fahrleistungen als auch als Instrument zur langfristigen Verbrauchsreduzierung von Pkw-Antrieben gesehen.[44]

Ökosteuer: Die Ökosteuer ist eine Energiesteuer auf Brenn- und Treibstoffe sowie Strom. Unter dem Begriff Ökosteuer wurden ab dem Jahr 1999 eine Reihe steuerpolitischer Maßnahmen gruppiert, die alle die Besteuerung des knappen Gutes Energie mit dem Ziel der Effizienzsteigerung haben. Im Wesentlichen besteht die Ökosteuer aus der Stromsteuer und einem Aufschlag zur Mineralölsteuer bzw. Energiesteuer. Strom- und Energiesteuer sind Mengensteuern. Auf Strom entfallen durch die Ökosteuer 0,02 EUR/kWh, auf Benzin und Diesel entfallen 0,15 EUR/l.[45]

---

[39] Statistisches Bundesamt (2009).
[40] Vgl. Kreyenberg, Lischke, et al. (2015), S. 138.
[41] Dieser Abschnitt basiert im Wesentlichen auf Kreyenberg, Lischke, et al. (2015), S. 31 ff.
[42] Vgl. dazu Kreyenberg, Lischke, et al. (2015) und im speziellen KOM (2011); Bundesregierung (2010); EU (2009a) 2009/28/EG; EU (2009b) 2009/30/EG; BImSchG (2009) § 37a.
[43] EnergieStG (2012). Das EnergieStG hat das Mineralölsteuergesetz (MinöStG) im Jahr 2006 abgelöst. Benzin (gleich welcher Sorte) wird mit einer Mineralölsteuer von 0,65 EUR/l und Diesel mit 0,47 EUR/l besteuert.
[44] Mehlin, Nobis, et al. (2002), S. 53.
[45] IHK (2013).

2 Untersuchungsrahmen und Fahrzeugtechnologien

Tabelle 3: Einfluss verschiedener regulatorischer, gesetzlicher und fiskalpolitischer Instrumente auf Energieverbrauch, THG-Emissionen und Anteil EE im Verkehr

	Instrument	Land	Zeitraum	Einfluss auf Energieverbrauch und THG-Emissionen im Verkehr wirkt auf Endkunde [a]	wirkt auf Anbieter [b]	Einfluss auf Anteil Erneuerbare Energien im Verkehr
Kraftstoff	Energie-/Mineralölsteuer [c]	DE	seit 1930	X	O	-
	Ökosteuer [d]	DE	seit 1999	X	O	-
	Beimischung von Biokraftstoffen [e]	DE	seit 2004	X	X	X
	Erneuerbare-Energien-Gesetz [f]	DE	seit 2000	-	O	O
	Emissionshandel [g]	DE	seit 2005	O	X	O
Fahrzeug	Dienstwagen Besteuerung [h]	DE	seit 2006	X	O	-
	Kfz-Steuer [i]	DE	seit 2009	X	O	-
	EU-Flottengrenzwerte [j]	DE	seit 2012	O	X	-
	Umweltprämie [k]	DE	2009 - 2010	X	O	-
	Elektromobilitätsgesetz [l]	DE	seit 2015	X	O	-
	Kaufprämien [m]	FR, NOR	seit 2008	X	O	-
	Maut- und Parkgebühren [n]	DE, GB	seit 2003	X	O	-
	ZEV-Gesetzgebung [o]	USA	seit 1990	O	X	-

[a] Fahrzeugkäufer, Fahrer
[b] OEM, EVU, Mineralölwirtschaft
[c] EnergieStG (2012)
[d] EnergieStG (2012) § 2 und StromStG (2012) § 3
[e] BImSchG (2013) und BImSchV (2010)
[f] EEG (2000)
[g] TEHG (2011)
[h] EStG (2013) §6
[i] KraftStG (2012)
[j] EU (2009) 443/2009
[k] BAFA (2009)
[l] DeutscherBundestag (2014)
[m] ACEA (2013)
[n] IEA (2013)
[o] ARB (2008)

Legende: X = Direkte Wirkung
O = Indirekte Wirkung
- = Keine Wirkung

Beimischung von Biokraftstoffen: In den letzten Jahren hatte Biodiesel den mit Abstand größten Anteil von Biokraftstoffen[46] im Verkehr. Dieser erreichte durch die Mineralölsteuerbefreiung von reinem Biodiesel im Jahr 2007 seinen vorläufigen Höhepunkt, mit einem Marktanteil von 7,4 Prozent.[47] Die Steuerbefreiung wurde bis Januar 2013 fast vollständig zurückgefahren, wodurch sich die Kosten von Biodiesel konventionellem Diesel nahezu angeglichen haben.[48] Dadurch ist Biodiesel in Reinform ab dem 01.01.2013 praktisch nicht mehr als Kraftstoff interessant. Im Gegenzug wurde aber durch die gesetzliche Regel zur Beimischung von Biodiesel zu herkömmlichen Diesel (B7) immerhin noch 70 Prozent der im

---

[46] Als Biokraftstoffe werden hier Biodiesel, Bioethanol und Pflanzenöl gesehen.
[47] Adolf, Fehrenbach, et al. (2013), S. 125.
[48] EnergieStG (2012). Ab 01.01.2013 beträgt die Energiesteuer für Biodiesel und Pflanzenöl 0,45 EUR/l.

2.1 Externe Einflussfaktoren auf alternative und konventionelle Antriebe 15

Jahr 2007 abgesetzten Menge an Biodiesel im Jahr 2012 abgesetzt. Bioethanol in Benzin als E5- bzw. E10-Gemisch trägt seit 2004 immer mehr zum Biokraftstoffabsatz in Deutschland bei. Im Jahr 2012 betrug der Bioethanol-Anteil am gesamten Biokraftstoffabsatz 27 Prozent. Der Anteil der Biokraftstoffe am gesamten Kraftstoffabsatz in Deutschland lag im Jahr 2012 bei 5,5 Prozent.[49]

Erneuerbare-Energien-Gesetz: Das Erneuerbare-Energien-Gesetz (EEG) steuert seit dem Jahr 2000 den Ausbau an erneuerbaren Energien in Deutschland. Die grundlegenden Strukturelemente des EEG sind (I) Die Verpflichtung der Netzbetreiber zum Netzanschluss und gegebenenfalls Netzausbau für EEG-Anlagen (II) Der Einspeisevorrang von erneuerbarem Strom gegenüber Strom aus konventionellen Energieträgern (III) Die Vergütung des erneuerbaren Stroms zu einem festen Vergütungssatz (in der Regel über 20 Jahre). Die Höhe des Vergütungssatzes ist technologie- und standortspezifisch (bei Windenergie) verschieden und wird im Laufe der Jahre immer wieder angepasst. Mit der EEG-Umlage werden die sich daraus ergebenen Kosten auf die Stromendverbraucher verteilt. Auf Antrag können sich bestimmte Stromnutzer von der EEG-Umlage befreien lassen. Die Höhe der EEG-Umlage wird jedes Jahr neu berechnet. Sie ergibt sich aus dem Unterschied zwischen den Einnahmen aus dem Stromverkauf an der Strombörse (Sportmarkt, Merit Order) und den Ausgaben zur Vergütung der Stromerzeugung aus erneuerbaren Energien. Dabei wirken die steigenden EE-Beiträge im Mittel dämpfend auf die Strompreise am Spot- und Base-Markt. Im Jahr 2012 lag die EEG-Umlage für den Haushaltsstrompreis bei 3,6 ct/kWh.[50] Seit Inkrafttreten des EEG in Deutschland hat sich der erneuerbare Bruttostromverbrauch von 6,4 Prozent im Jahr 2000 auf 16,8 Prozent im Jahr 2010 erhöht.[51] Der für den Verkehr entnommene Netzstrom unterliegt somit indirekt auch dem EEG.

Emissionshandel: Der Emissionshandel ist ein marktbasiertes Instrument, das dafür sorgen soll, dass sich am Markt ein Preis für Treibhausgas-Emissionen (THG) bildet.[52] In Deutschland ist der Emissionshandel über das Treibhausgas-Emissionshandelsgesetz (TEHG) geregelt.[53] Pro ausgestoßener Tonne THG wird dabei für Anlagen der Stromerzeugung und der Industrie ein Berechtigungsschein (Emissionszertifikat) ausgegeben. Die Summe an Zertifikaten entspricht der Summe der durch den Gesetzgeber[54] in dem Zeitraum festgelegten Ausstoßmenge an THG-Emissionen in die Atmosphäre. Stößt ein Unternehmen weniger THG aus, kann es die Zertifikate an ein Unternehmen verkaufen, das mehr THG emittiert, als es Zertifikate besitzt. Für alle emittierten THG, die über der vorher definierten Gesamtmenge liegen, werden Ausgleichszahlungen fällig. Die Einnahmen aus dem Verkauf der Zertifikate und den Ausgleichszahlungen stehen laut THG dem Bund als Sondervermögen des Energie- und Klimafonds zur Verfügung.[55] Die Produzenten des Netzstroms für den Verkehr sind durch den

---

[49] BMU (2013), S. 8.
[50] BMU (2012), S. 6.
[51] Vgl. BMU (2011), S. 3f.
[52] Die Verpflichtungen betreffen die folgenden sieben Treibhausgase: Kohlendioxid (CO_2), Methan (CH_4) Distickstoffoxid/Lachgas (N_2O), Teilhalogenierte Fluorkohlenwasserstoffe (H-FKW/HFC), Perfluorierte Kohlenwasserstoffe (FKW/PFC), Schwefelhexafluorid (SF_6), Stickstofftrifluorid (NF_3).
[53] TEHG (2011).
[54] In Europa: European Union Emission Trading System (EU ETS).
[55] Vgl. Schachtschneider (2013), S. 6ff. Aus den Einnahmen des Energie- und Klimafonds ist zukünftig auch eine monetäre Förderung der Elektromobilität vorstellbar.

Emissionshandel somit zukünftig gezwungen, entweder die THG-Emissionsgrenzwerte einzuhalten oder durch den Zukauf von Zertifikaten andere klimafreundliche Technologien zu fördern. Die Lenkungswirkung des Emissionshandels hängt von den THG-Emissionsgrenzen in den Handelsrunden und der Höhe und Verwendung der Ausgleichszahlungen ab.

Dienstwagen-Besteuerung: In den letzten Jahren wurden in Deutschland weit über die Hälfte der Pkw-Neuzulassungen von Unternehmen, öffentlichen Einrichtungen und sogenannten freien Berufen als Firmenwagen durchgeführt.[56] Ein Großteil dieser Firmenwagen[57] steht den Arbeitnehmern auch privat zur Verfügung. Der ihnen daraus entstehende geldwerte Vorteil muss entweder pauschal, mit einem Prozent des Anschaffungs-Listenpreises jeden Monat zum steuerpflichtigen Einkommen dazugerechnet und versteuert werden oder anhand der tatsächlichen Kosten mittels eines dann zu führenden Fahrtenbuches. Das Finanzwirtschaftliche Forschungsinstitut der Universität Köln sieht in seiner Studie „Steuerliche Behandlung von Firmenwagen in Deutschland"[58] einen Zusammenhang, der für die Arbeitnehmer vergleichsweise günstigen Ein-Prozent-Regelung und der Anschaffung größerer, klimaschädlicher Fahrzeuge. Laut Studie schafft diese Regelung damit Anreize zur Verlagerung des Mobilitätsverhaltens auf die Straße und zur übermäßigen privaten Nutzung, da die tatsächliche Fahrleistung bei der Ein-Prozent-Regel nicht besteuert wird. Für die Unternehmen wird die volle Absetzbarkeit der Anschaffungs- und Betriebsausgaben der Dienstwagen ebenfalls als falscher Anreiz für energie- und emissionsarme Fahrzeuge gesehen.[59] Für die derzeit noch vergleichsweise teureren alternativen Antriebe würde die Ein-Prozent-Regel sogar einen Nachteil bedeuten, da mit höherem Listenpreis auch der zu versteuernde Privatanteil steigt. Der Gesetzgeber hat deshalb für BEV, REEV und PHEV eine Regelung erlassen, bei der die Batteriekosten dieser Fahrzeuge gestaffelt bis höchstens 10.000 EUR vom Anschaffungspreis abgezogen werden. Die Batteriekosten errechnen sich aus einem festen Kostensatz von 500 EUR/kWh (bis 31.12.2013), der dann jährlich um 50 EUR/kWh erniedrigt wird.[60] Eine Regelung für Brennstoffzellenfahrzeuge befindet sich noch in der Diskussion.

Kfz-Steuer: Mit der Zulassung eines Fahrzeugs zum Straßenverkehr muss der Fahrzeughalter in Deutschland für dieses eine Kfz-Steuer auf Jahresbasis entrichten. Die Kfz-Steuer bemisst sich bei Pkw mit einem Hubkolben-Verbrennungsmotor ab dem 01.07.2009 nach den CO_2-Emissionen und dem Hubraum. Für Ottomotoren werden 2,00 EUR je angefangene 100 cm³ Hubraum und für Dieselmotoren 9,50 EUR je angefangene 100 cm³ Hubraum bemessen. Hinzu kommt ein CO_2-abhängiger Steuerbetrag von 2,00 EUR je Gramm CO_2 pro Kilometer im NEFZ.[61] Für Fahrzeuge, die ausschließlich mit einem Elektromotor angetrieben werden, entfällt die Kfz-Steuer für zehn Jahre bei den Fahrzeugen, die zwischen dem 18.05.2011 und dem 31.12.2015 erstmals zugelassen wurden sowie werden und für fünf Jahre für Fahrzeuge, die zwischen dem 01.01.2016 und dem 31.12.2020 zugelassen werden.[62]

---

[56] KBA (2013b).
[57] Als Firmenwagen werden hier alle nicht privat zugelassenen Fahrzeuge bezeichnet. Als Dienstwagen werden die Firmenwagen bezeichnet, die auch privat genutzt werden können.
[58] Thöne, Diekmann, et al. (2011).
[59] Vgl. Thöne, Diekmann, et al. (2011), S. 5f.
[60] Vgl. Bundesrat (2013), S. 16
[61] Oberhalb eines steuerfreien Grenzwertes. Dieser liegt bis zum 31.12.2011 bei 120 g/km, ab dem 01.01.2012 bei 110 g/km und ab dem 01.01.2014 bei 95 g/km.
[62] KraftStG (2012).

2.1 Externe Einflussfaktoren auf alternative und konventionelle Antriebe

EU-Flottengrenzwerte: Im Vergleich zu dem Schadstoffausstoß von Kohlenstoffmonoxid (CO), Kohlenwasserstoffen (C_mH_n), Stickstoffoxiden (NO_x) und Feinstaub, welcher seit Anfang der 1970er Jahre in der EU reguliert wird, galten für die CO_2-Emissionen von Pkw lange Zeit keine Grenzwerte.[63] Seit dem Jahr 1995 hat die europäische Kommission erstmals eine Strategie zur Minderung der CO_2-Emissionen im Pkw-Verkehr angenommen. Diese beinhaltete (I) Die Selbstverpflichtung der Automobilhersteller zur Senkung der Emissionen (II) Bessere Informationen für die Verbraucher (III) Die Förderung von Fahrzeugen mit niedrigerem Kraftstoffverbrauch durch steuerliche Maßnahmen. Die in Punkt (I) genannte Selbstverpflichtung wurde ab dem 01.01.2012 mit der Verordnung (EG) Nr. 443/2009 für alle Hersteller, die in Europa Fahrzeuge verkaufen, bindend.[64] Durch die Verordnung werden Flottengrenzwerte neu zugelassener Pkw in der EU für jeden Hersteller definiert. Dieser herstellerspezifische Grenzwert hängt vom durchschnittlichen Gewicht der Neufahrzeugflotte und dem Durchschnittsgewicht der gesamten europäischen Neufahrzeugflotte ab. Der Durchschnittswert pro abgesetztem Fahrzeug liegt im Jahr 2015 bei 130 gCO_2/km.[65] Dieser verringert sich bis 2020 auf 95 gCO_2/km. Pkw, die weniger als 50 gCO_2/km emittieren, werden mehrfach angerechnet.[66] Mit diesen Maßnahmen soll zum einen die Erhöhung der Effizienz konventioneller Fahrzeuge und zum anderen der Anteil von alternativen Antrieben in der europäischen Flotte erhöht werden. Bei Nichteinhaltung der Verordnung werden Strafzahlungen in Abhängigkeit der Zielverfehlung für die Automobilhersteller fällig.[67] Die genaue Ausgestaltung der Verordnung und Umsetzung ist aktuell noch in der Diskussion. Auch die Wirkung der Verordnung auf die tatsächliche Einsparung an Energie und Treibhausgasen im Pkw-Verkehr wird derzeit noch kritisch diskutiert.

Umweltprämie: Die Umweltprämie wurde in Deutschland als Teil des Konjunkturpaketes II für die Verschrottung eines Kraftfahrzeugs und die Neuzulassung eines Neu- bzw. Jahreswagens in Höhe von 2.500 EUR zwischen dem 14.01.2009 und dem 30.06.2010 gewährt. Die Umweltprämie sollte zum einen den durch die Finanzkrise rückläufigen Absatz von Pkw wieder beleben; zum anderen sollten alte Fahrzeuge mit einem hohen Verbrauch und hohen CO_2- und Schadstoffemissionen durch effizientere, schadstoffärmere Fahrzeuge ersetzt werden.[68] Das ifeu-Institut aus Heidelberg kommt in seiner Studie „Umweltprämie und Umwelt – eine erste Bilanz"[69] zu dem Schluss, dass durch die Umweltprämie vor allem ältere Fahrzeuge, die sowieso kurz vor der Ersetzung standen, ersetzt wurden.[70] Diese Fahrzeuge unterlagen aufgrund ihres Alters noch keiner bzw. einer geringen Schadstoffregulierung. Die neuen Fahrzeuge wiesen eine signifikant bessere Energieeffizienz auf, mit deutlich verbesserten Schadstoffemissionen. Somit kann durch die Umweltprämie ein positiver Effekt auf

---

[63] Vgl. Wansert (2012), S. 19.
[64] EU (2009c).
[65] Dieser Wert beruht auf einem Normzyklus, dem Neuen Europäischen Fahrzyklus (NEFZ). Eine ausführliche Diskussion über den NEFZ findet sich im Gliederungspunkt 4.3 Tank-to-Wheel Energieverbrauch von alternativen Antrieben.
[66] Diese Möglichkeit wird auch als Supercredits bezeichnet. Derzeit steht in der Verordnung eine Staffelung von 3,5 Fahrzeuge im Jahr 2012; 3,5 Fahrzeuge im Jahr 2013; 2,5 Fahrzeuge im Jahr 2014; 1,5 Fahrzeuge im Jahr 2015; 1 Fahrzeug ab 2016.
[67] Vgl. Peters, Doll, et al. (2012), S. 118ff.
[68] BAFA (2009).
[69] Höpfner, Hanusch, et al. (2009).
[70] Das Durchschnittsalter lag im Untersuchungszeitraum bei 14,4 Jahren.

die Umwelt durch den Betrieb der Fahrzeuge attestiert werden, wenngleich die Aufwendungen für die Herstellung und Entsorgung nicht bilanziert wurden.[71]

Elektromobilitätsgesetz: Das Elektromobilitätsgesetz (EmoG) soll die Verbreitung von elektrisch betriebenen Fahrzeugen fördern. Durch das Gesetz bekommen Kommunen das Recht, Elektrofahrzeugen (BEV, FCEV, REEV und PHEV[72]) Sonderrechte im öffentlichen Raum einzuräumen. Dazu zählen Parkbevorrechtigungen und Parkgebührenbefreiungen sowie eine dafür erforderliche Kennzeichnung der Fahrzeuge. Außerdem können gesonderte Fahrspuren (zum Beispiel Busspuren) für Elektrofahrzeuge freigegeben werden. Das Gesetz ist bis 2026 befristet und nicht verpflichtend.[73] Eine verbindliche Anwendung der Kommunen ist also nicht vorgeschrieben. Es schafft lediglich die rechtliche Legitimation, um Elektrofahrzeuge bevorzugt zu den restlichen Pkw zu behandeln.

Kaufprämien: In Deutschland gibt es derzeit kein Instrument, was den Kauf von Elektrofahrzeugen finanziell bezuschusst. Generell wäre diese Förderung als Mehrwertsteuer-Erlass oder als direkte Kaufprämie (ähnlich einer Umweltprämie) vorstellbar. In Europa sind Norwegen und Frankreich die populärsten Märkte mit einer Kaufprämie. In Frankreich wird der Kauf eines Fahrzeugs seit dem Jahr 2008 nach einem Bonus-Malus-System besteuert. Fahrzeugkäufer, die ein Auto mit einem CO_2-Ausstoß von weniger als 20 gCO_2/km anschaffen, bekommen den maximalen Bonus von 7.000 EUR. Dieser Bonus wird bis zu einer Emission von 110 gCO_2/km kontinuierlich geringer.[74] Fahrzeuge, die über 135 gCO_2/km emittieren, werden mit einem Malus von 100 EUR belegt. Dieser Malus wird gestaffelt größer und beträgt ab 231 gCO_2/km schon 6.000 EUR.[75] In Norwegen wird der Kauf eines Elektrofahrzeugs mit dem Erlass der Mehrwertsteuer von 25 Prozent belohnt. Außerdem entfallen die sonst üblichen Einfuhrsteuern von Pkw bei Elektrofahrzeugen.[76] Beim Kauf eines VW e-up beträgt der Prämienvorteil zwischen Norwegen und Deutschland insgesamt über 9.000 EUR.[77] Während der Kaufprämie in Norwegen eine große Wirkung auf den Absatz von Elektrofahrzeugen zugesprochen wird, ist ihre Wirkung in Frankreich jedoch noch sehr gering. Hier sind zukünftig weitere Forschungen wünschenswert.

Maut- und Parkgebühren: In Deutschland existierte vor dem EmoG keine Regelung, die Elektrofahrzeuge generell von Parkgebühren befreit. In Stuttgart können Besitzer von Elektrofahrzeugen aber einen Sonderparkausweis beantragen, der das gebührenfreie Parken im gesamten Stadtgebiet ermöglicht. In London entfällt für Elektrofahrzeuge die sogenannte „London congestion charge" eine Innenstadtmaut mit einer Tagesgebühr von 10 GBP.[78] Eine weitere Möglichkeiten zur Förderung von Elektrofahrzeugen besteht in der Nutzung von Sonderfahrspuren, auf die hier nicht näher eingegangen wird.

ZEV-Gesetzgebung: Die ZEV-Gesetzgebung[79] hat ihren Ursprung im US-Bundesstaat Kalifornien. Das ZEV-Mandat aus dem Jahr 1990, wonach zehn Prozent aller Personenwagen (rund

---

[71] Höpfner, Hanusch, et al. (2009).
[72] Mit einem CO_2-Ausstoß kleiner/gleich 50 gCO_2/km und einer elektrischen Reichweite von mind. 40 km.
[73] DeutscherBundestag (2014).
[74] ACEA (2013b).
[75] GTAI (2012).
[76] AVERE (2012).
[77] Schwarzer (2013).
[78] IEA (2013).
[79] Englisch: Zero Emission Vehicle (ZEV) regulation.

200.000 Stück) ab 2003 Nullemissionsfahrzeuge (Zero Emission Vehicles: ZEV) sein sollten, wird heute als Initialzündung der neueren Entwicklung von alternativen Antrieben gesehen. Als Reaktion auf das Gesetz haben bis Ende der 1990er Jahre alle großen OEM die Entwicklung von Batteriefahrzeugen vorangetrieben, welche danach durch die Entwicklung der aussichtsreicher erscheinenden Brennstoffzellenfahrzeuge ersetzt wurde.[80] Mittlerweile wurde das ursprüngliche Gesetz immer weiter verändert. So hat sich die kalifornische Behörde bereiterklärt, ein Punktesystem für emissionsarme Fahrzeuge einzuführen, weil sich das ursprüngliche Ziel als unerreichbar herausgestellt hat. In der aktuellen ZEV-Gesetzgebung errechnet sich der verbindliche Zielwert für die Absatzmenge von ZEV-Fahrzeugen eines Herstellers aus dem durchschnittlichen Absatz von konventionellen Fahrzeugen, multipliziert mit einem über die Jahre ansteigenden ZEV-Prozentsatz. Die Produktion und der Verkauf von Fahrzeugen mit alternativen Antrieben wird mit sogenannten ZEV-Credits belohnt. Diese ZEV-Credits werden einem Konto gutgeschrieben und verhindern bei einer entsprechenden Höhe Strafzahlungen des Herstellers an die Regierung.[81] Aufgrund ihres Vorbildcharakters wurde die ZEV-Gesetzgebung bereits in zwölf weiteren US-Bundesstaaten implementiert.[82]

Zusammenfassung und Diskussion

In der zusammenfassenden Analyse der untersuchten Instrumente fällt auf, dass eine Vielzahl der Instrumente auf den Endkunden (Fahrzeugkäufer und Fahrer) ausgerichtet sind. Die Anbieter von Fahrzeugen und Kraftstoffen werden bei den meisten Instrumenten bestenfalls indirekt zu handelnden. Die direkt auf die Anbieter wirkenden Instrumente wie die Beimischung von Biokraftstoffen, die EU-Flottengrenzwerte und die ZEV-Gesetzgebung zwingen die Anbieter jedoch zu einem direkten Handeln auf das jeweilige Instrument. Die Verwendung von erneuerbaren Energien im Verkehr wird bis auf die Gesetze zur Beimischung von Biokraftstoffen in keinen der bisher in Deutschland installierten und hier diskutierten Instrumente forciert. Neben der hier verwendeten Einteilung der Instrumente in direkte und indirekte Wirkung auf Endkunden und Anbieter erscheint eine Gliederung der Instrumente in die Kategorien (I) Forschung und Entwicklung (II) Verkauf und (III) Fahrzeugbetrieb für weitere Forschungen von Interesse.

Um aus den hier aufgezeigten Ansätzen Empfehlungen für eine zukünftige Förderpolitik von alternativen Antrieben zu geben, können die vorgestellten Instrumente nach Enzensberger und Wietschel (2003)[83] in zukünftigen Forschungen nach den Bewertungskriterien (I) Effektivität (II) Effizienz und (III) Praktikabilität bewertet werden. Ein effektives Instrument würde zum Beispiel die Anzahl von zusätzlich abgesetzten Elektrofahrzeugen oder die Menge der durch das Instrument vermiedenen CO_2-Emissionen messbar verändern. Mit dem Kriterium der Effizienz könnte man dann ermitteln, mit welchen Instrumenten diese Ziele am effizientesten, das heißt mit den geringsten Mitteleinsätzen erreicht werden können. Letztlich muss der Einsatz möglicher Förderinstrumente auf ihre politische und gesellschaftliche Praktikabilität und Akzeptanz geprüft werden. So könnten Instrumente, die zu viel administ-

---

[80] Vgl. Braess und Seiffert (2011), S. 112.
[81] Vgl. Wansert (2012).
[82] Vgl. Wallentowitz, Freialdenhoven, et al. (2010), S. 20.
[83] Enzensberger und Wietschel (2003), S. 36ff.

rativen Aufwand bedeuten, durch Ablehnung der Stakeholder sogar einen gegenteiligen Effekt bewirken, der bis zur Technologievermeidung gehen kann.

2.1.4 Gesellschaft und Verkehrsmittelwahl

Der Mensch hat von jeher das Bedürfnis, sich schneller, weiter und mit größeren Lasten bewegen zu können, und hat dafür bis heute die unterschiedlichsten Verkehrs- und Transportmittel erfunden.[84] Im volkswirtschaftlichen Kontext sind Staaten und Kulturen in einer globalisierten Welt sogar auf den räumlichen Austausch von Personen und Gütern angewiesen. Der Verkehr gewährleistet das Funktionieren eines solchen Austauschs und bildet dabei einen wichtigen Baustein zum zivilisatorischen, wirtschaftlichen und kulturellen Fortschritt einer Gesellschaft.[85] Der Personenverkehr unterlag in Deutschland in den letzten 200 Jahren gravierenden Veränderungen. Ende des 19. Jahrhunderts bis Mitte des 20. Jahrhunderts war die Eisenbahn das mit Abstand meist genutzte Verkehrsmittel. Mit der Entwicklung des Automobils, vor mehr als 125 Jahren, wurde ein individuelles und flexibles Verkehrsmittel geschaffen, welches den Personenverkehr seit Mitte des letzten Jahrhunderts dominiert (vgl. Abbildung 5, links). Die genaue Analyse der Verkehrsleistung im motorisierten Personenverkehr der letzten Jahre zeigt, dass der prozentuale Anteil des motorisierten Individualverkehrs (MIV) an der Verkehrsleistung seit den 1970er Jahren auf sehr hohem Niveau nahezu stagniert.[86] Der Anteil des öffentlichen Straßenpersonenverkehrs (ÖSPV) am Gesamtverkehr war in diesem Zeitraum stark rückläufig. Dafür konnte sich der Eisenbahnverkehr stabilisieren und der Luftverkehr nahezu verfünffachen (Vgl. Abbildung 5, rechts).

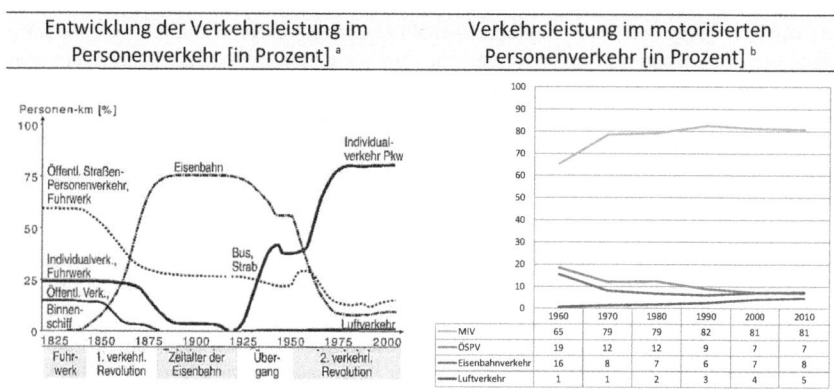

Abbildung 5: Entwicklung der Verkehrsleistung im Personenverkehr in Deutschland von 1820 bis 2010

---

[84] Vgl. Braess und Seiffert (2011), S. 1f.
[85] Vgl. Merki (2008), S. 8. und Vgl. Braess und Seiffert (2011), S. 1.
[86] Als MIV wird der Verkehr von Pkw und motorisierten Zweirädern bezeichnet, wobei heute in Deutschland nahezu die gesamte Verkehrsleistung des MIV auf den Pkw-Verkehr entfällt.

2.1 Externe Einflussfaktoren auf alternative und konventionelle Antriebe 21

In absoluten Zahlen hat sich die Verkehrsleistung im motorisierten Personenverkehr (ÖV + MIV) von 556,4 Mrd. pkm im Jahr 1975 auf 1.117 Mrd. pkm im Jahr 2010 erhöht.[87] Bei einer Bevölkerungsgröße von 61,8 Mio. Einwohnern im Jahr 1975 entspricht das einer jährlich zurückgelegten Strecke von rund 9.000 km pro Einwohner im motorisierten Personenverkehr. Für die 81,8 Mio. im vereinigten Deutschland lebenden Menschen im Jahr 2010 hat sich diese Strecke auf rund 13.700 km/a pro Einwohner erhöht (Tabelle 4). Außerdem ist in Tabelle 4 der bisher unberücksichtigte nichtmotorisierte Verkehr von Fußgängern und Fahrradfahrern zu sehen. Im Jahr 1975 hat jeder Bürger in der BRD durchschnittlich 421 km/a zu Fuß zurückgelegt. Dieser Wert lag im Jahr 2010 nahezu unverändert bei 423 km/a. Die mit dem Fahrrad zurückgelegte Strecke hat sich von 1975 bis 2010 jedoch von 220 km/a auf 396 km/a signifikant erhöht.[88]

Tabelle 4: Entwicklung der Verkehrsleistung im Personenverkehr in Deutschland von 1975 bis 2010

Jahr	Verkehrsleistung gesamt [a]					Verkehrsleistung pro Einwohner [a]				
	ÖV	MIV	Fuß-wege	Fahrrad	Bevölkerung	ÖV	MIV	Fuß-wege	Fahrrad	Summe
	[Mrd.pkm]	[Mrd.pkm]	[Mrd.pkm]	[Mrd.pkm]	[Mio.]	[km/a]	[km/a]	[km/a]	[km/a]	[km/a]
1975	115,3	441,1	26	13,6	61,8	1.865	7.134	421	220	9.639
2000	195,5	849,6	30	23,9	82,3	2.377	10.328	365	291	13.360
2010	214,9	902,4	34,6	32,4	81,8	2.629	11.038	423	396	14.486

[a] Eigene Auswertung aus BMVBS (2000), S. 105 und S. 216; BMVBS (2013), S. 96, S. 219 und S. 224.
Öffentlicher Verkehr (ÖV) = ÖSPV + Eisenbahnverkehr + Luftverkehr

Die Wahl des Verkehrsmittels hängt dabei neben der technologischen Entwicklung auch von den Reisekosten, der Länge des Wegs, der Transportaufgabe und dem gewünschten Reisekomfort ab.[89] Die individuelle Mobilität einer Person ist aber auch eng verbunden mit der jeweiligen Lebenssituation, der vorliegenden Siedlungsstruktur und dem dort verfügbaren Angebot an öffentlichen Verkehrsmitteln. Bei durchschnittlich über 1.200 Wegen[90] pro Jahr und Person im Jahr 2010 legten Teilzeit-Erwerbstätige (≈ 1.500 Wege/a) rund doppelt so viele Wege zurück wie Rentner über 75 Jahre (≈ 750 Wege/a). Bei der zurückgelegten Wegstrecke im motorisierten Personenverkehr führen die Vollzeit erwerbstätigen die Statistik mit über 21.000 km/a pro Person an. Rentner und Kleinkinder liegen mit deutlich unter 10.000 km/a und Person am wenigsten Strecke zurück[91]. Betrachtet man die Entwicklung der fahrtzweckspezifischen Verkehrsleistung über alle Bevölkerungsgruppen und Verkehrsmittel,

---

[87] 1975 ohne die Bevölkerung der DDR. Die Einheit Personenkilometer (pkm) steht für das Produkt der transportierten Personen mit der von ihnen zurückgelegten Strecke.
[88] Eigene Auswertung aus BMVBS (2000) und BMVBS (2013).
[89] Vgl. PWC (2012), S. 33.
[90] Das Kriterium für einen Weg ist die Aktivität am Zielort. In der für diese Analyse zugrunde liegende Datenquelle BMVBS (2013) wird unterschieden in Freizeit, Beruf, Einkauf, Geschäfts- und Dienstreise, Urlaub, Begleitung und Ausbildung.
[91] Vgl. Kunert und Radke (2012), S. 4.

so ist festzustellen, dass in der Freizeit die mit Abstand meisten Personenkilometer zurückgelegt werden (Abbildung 6, links). Weiter untersuchenswert in dem Zusammenhang ist die Frage nach der Auslastung der benutzten Verkehrsmittel für diese Wege. Im Weiteren wird nur der Pkw-Besetzungsgrad diskutiert, obwohl für das gesamte Verkehrssystem auch die Auslastung der öffentlichen Verkehrsmittel von Interesse wären. Laut MiD (2008) sitzt bei fast zwei Drittel aller von Pkw zurückgelegten Inlandswege nur der Fahrer im Fahrzeug. Unter Zunahme der Mitfahrwege ergibt sich ein durchschnittlicher Pkw-Besetzungsgrad von 1,5 Personen pro Pkw im Jahr 2008. Dabei wiesen Geschäfts- und Arbeitswege die geringsten Besetzungsgrade (1,1 bzw. 1,2 Personen pro Pkw) auf. Die höchsten Besetzungsgrade wurden bei Freizeitwegen mit 1,9 Personen pro Pkw erzielt.[92] Bei einem Sitzplatzangebot von in der Regel vier bis fünf Sitzplätzen in einem Pkw ist aber auch dieser Wert sehr gering.

Ein weiterer für den Einsatzzweck von alternativen Antrieben oft herangezogener Untersuchungsgegenstand ist die Verteilung der Pkw-Tagesfahrweiten nach deren Häufigkeit. Abbildung 6 (rechts) zeigt die durchschnittliche Pkw-Tagesfahrweite über ihre kumulierte Häufigkeit in Prozent. Ausgewertet wurden aus der Studie Mobilität in Deutschland (MiD) 2008 die Anzahl aller Fahrten mit dem Pkw und deren dazugehöriger Weglänge.[93]

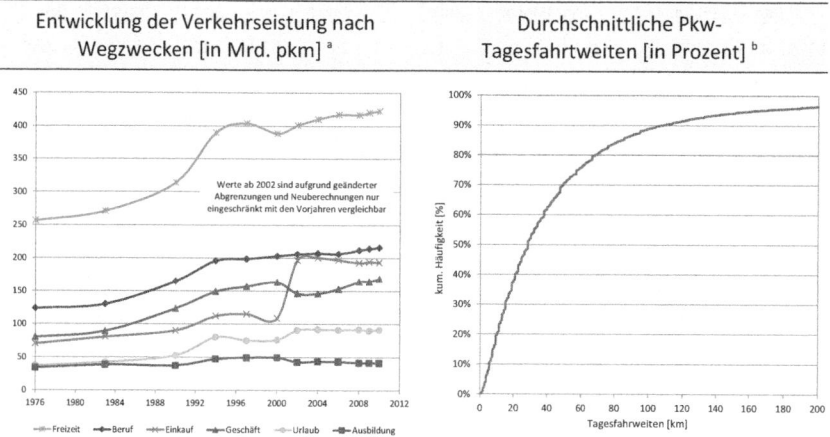

[a] BMVBS (2013), S. 225. Nicht dargestellt ist der Wegzweck Begleitung. Dieser macht im Jahr 2010 60 Mrd. pkm aus.
[b] MiD-Auswertung aus infas und DLR (2008), ausgewertet wurden 16.546 Fahrten

Abbildung 6: Entwicklung der Verkehrsleistung nach Wegzwecken und durchschnittlichen Pkw-Tagesfahrweiten

---

[92] infas und DLR (2008), S. 90f.
[93] Weitere Informationen zur Studie Mobilität in Deutschland (MID) 2008 finden sich im Gliederungspunkt 2.2.2 Fahrleistung.

2.1 Externe Einflussfaktoren auf alternative und konventionelle Antriebe

Daraus lässt sich zum Beispiel ablesen, dass rund 80 Prozent aller Fahrten eine Tagesfahrweite von kleiner als 60 km haben, was in verschiedenen Studien wiederum ein Beleg dafür zu sein scheint, dass ein Großteil der Pkw-Tagesfahrtweiten schon heute innerhalb der begrenzten Reichweite von batterieelektrischen Antrieben liegt.[94] Nähere Untersuchungen dazu finden im Gliederungspunkt 4.3 Tank-to-Wheel-Energieverbrauch (TtW) von Elektrofahrzeugen statt.

Wie sich das Mobilitätsbedürfnis der Menschen in Deutschland zukünftig auf die verschiedenen Verkehrsträger verteilt, ist schwer vorherzusehen und soll nicht Gegenstand dieser Arbeit sein. Vor dem Hintergrund des demografischen Wandels, steigender Kraftstoffpreise und eines durch technologische Möglichkeiten breiteren Angebots unterschiedlicher Mobilitätsoptionen[95] ist davon auszugehen, dass zum Beispiel der Pkw-Besetzungsgrad und die Verkehrsmittelwahl zukünftig von besonderem Interesse für weitere Forschungen sind.

2.1.5 Geschäftsmodelle und Mobilitätsoptionen

Lange Zeit war der Verkauf von Pkw an den Endkunden das bestimmende Geschäftsmodell der Automobilhersteller. In den letzten Jahren haben sich die Finanzierung von Pkw und der Handel mit Ersatzteilen als ebenso wichtige Ertragssäulen bei allen Automobilherstellern etabliert.[96] In der jüngeren Vergangenheit entwickeln sich Carsharing-Angebote wie car2go oder DriveNow in städtischen Gebieten immer mehr. Deutschland ist im Jahr 2012 nach den USA der Markt mit den am meisten angemeldeten Carsharing-Nutzern.[97] Hierzulande teilen sich im Schnitt 39 Nutzer ein Fahrzeug. Den niedrigsten Wert im internationalen Vergleich verzeichnet Tschechien mit sieben Nutzern/Fahrzeug und den höchsten Israel mit 72 Nutzern/Fahrzeug.[98] Zusätzlich etablieren sich immer mehr Internetplattformen, die sowohl Privat-Fahrzeuge als auch Privat-Mitfahrten auf einer bestimmten Strecke auf einem Marktplatz anbieten.[99] Wie weit diese Transformation von „Nutzen statt Besitzen" gehen wird, ist derzeit noch nicht absehbar. Sicherlich wird es in der Zukunft aber größere Unterschiede zwischen Märkten und Regionen/Städten in der Pkw-Nutzung geben als heute. In gesättigten oder stark regulierten Gebieten könnte der eben beschriebene Trend sogar zu einem höheren Besetzungs- und Nutzungsgrad der Fahrzeuge führen und damit den Pkw-Bestand bei gleicher Beförderungsleistung verringern. Die Wirkung dieses Trends auf die Elektromobilität ist zwar nicht Gegenstand dieser Arbeit, es ist aber davon auszugehen, dass die langen Ladezeiten batterieelektrischer Fahrzeuge und die noch fehlende Infrastruktur für FCEV einer Pkw-Nutzung mit so wenig wie möglich Standzeiten entgegensteht. Diese ist wiederum notwendig, damit sich die Investition in die Fahrzeuge und Infrastruktur so schnell wie möglich amortisiert.

Die Strom- und Wasserstoffinfrastruktur könnte aber auch ein wichtiger Treiber der Zukunft darstellen. Wie in 2.1.2 Energieversorgung erwähnt ist damit zu rechnen, dass in einem auf erneuerbare Energien basierenden Energiesystem erhebliche Mengen an Überschussstrom

---

[94] Vgl. Propfe und Schmid (2011) und Sammer, Meth, et al. (2008).
[95] Siehe dazu Gliederungspunkt 2.1.5 Geschäftsmodelle und Mobilitätsoptionen.
[96] VDA (2013).
[97] Deutschland: 220.000; USA: 806.332 angemeldete Carsharing-Mitglieder im Jahr 2012. Im Jahr 2014 waren in Deutschland bereits 757.000 Teilnehmer registriert. Breitinger (2014).
[98] Breitinger (2014), Werte für das Jahr 2012.
[99] z. B. Mitfahrgelegenheit.de, autonetzer.de oder Nachbarschaftsauto.

anfallen. Für diese müssen neben dem Ausbau der Netze auch Stromspeicher geschaffen werden.[100] Die Traktionsbatterien der Elektrofahrzeuge könnten dabei die Rollen der Stromabnehmer und Stromspeicher einnehmen. Wasserstoff könnte in diesem System durch seine positiven Eigenschaften als Langzeitspeichermedium erhebliche Mengen an Überschussstrom chemisch speichern und wiederum für die Mobilität von FCEV genutzt werden.[101]

2.2 Der deutsche Pkw-Markt [102]

Der deutsche Pkw-Markt erreichte mit 42 Mio. zugelassenen Pkw im Jahr 2010 nach den USA, Japan und China den viertgrößten Pkw-Landesbestand in der Welt. Am weltweiten Bestand von 842 Mio. Pkw im Jahr 2010 waren in der Bundesrepublik Deutschland jedoch nur fünf Prozent des Pkw-Weltbestandes zugelassen. Abbildung 7 (links) zeigt den prognostizierten Pkw-Bestand im Vergleich zur Prognose der weltweiten Bevölkerung bis zum Jahr 2050. Demnach wird der Pkw-Bestand in den nächsten Jahren vor allem in Indien und China wachsen, Europa und die USA bleiben auf nahezu konstantem Niveau. Abbildung 7 (rechts) zeigt eine IEA-Prognose des weltweiten Pkw-Bestandes nach der Antriebsart. Das hier dargestellte Szenario stellt den optimistischen Fall mit einem sehr hohen Flottendurchsatz von alternativen Antrieben dar. Nach der IEA-Prognose findet bis zum Jahr 2050 wohl eine Verdoppelung des weltweiten Pkw-Bestandes im Vergleich zu heute statt. Bei einer durchschnittlichen Pkw-Lebensdauer von 15 Jahren ist dadurch in der Zukunft mit einer erheblichen Produktionssteigerung von Pkw zu rechnen.

Pkw-Bestand und Bevölkerungsgröße [in Mio.] [a]							Prognose weltweiter Pkw-Bestand nach Antriebsart [in Mio.] [b]
	2010		2030		2050		
	Pkw-Bestand	Bevölkerung	Pkw-Bestand	Bevölkerung	Pkw-Bestand	Bevölkerung	
Welt	842	6.909	1.382	8.309	1.810	9.150	
EU27	239	733	269	723	256	691	
Lateinamerika	48	589	70	690	85	729	
Afrika	21	1.033	36	1.524	41	1.998	
Deutschland	42	82	46	79	43	73	
China	53	1.354	318	1.462	400	1.417	
Indien	13	1.214	92	1.485	311	1.614	
Japan	58	.	127	60	117	56	102	
USA	210	318	227	370	202	404	

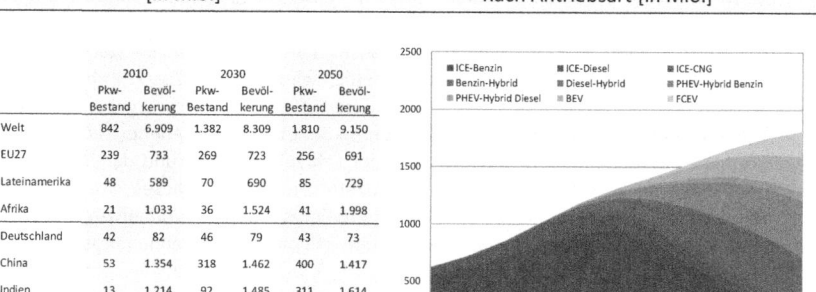

[a] Pkw-Bestand aus IEA (2012), Basisdaten, Bevölkerungsprognose aus Eurostat (2010)
[b] IEA (2012), S. 443 Improved Case bzw. 2 °C-Szenario: Im Jahr 2050 beträgt der weltweite Pkw-Bestand 1,8 Mrd. Pkw. Im weniger optimistischen 4°C-Szenario werden 2,3 Mrd. Pkw für 2050 prognostiziert.

Abbildung 7: Entwicklung Bevölkerungsgröße und Pkw-Bestand

---

[100] Vgl. Genose und Wietschel (2011).
[101] Vgl. dazu Gliederungspunkt 4.2 Well-to-Tank-Kraftstoff-Herstellung (WtT).
[102] Dieser Abschnitt basiert im Wesentlichen auf DLR und Wuppertal-Institut (2015), S. 301ff.

2.2 Der deutsche Pkw-Markt

Im Jahr 2012 wurden weltweit 63 Mio. Pkw produziert. Davon wurden in Europa 23 Prozent, in der NAFTA[103] elf Prozent, in Japan und Südkorea 20 Prozent und in den BRIC-Staaten[104] bereits 37 Prozent produziert. In Deutschland wurden 2012 5,4 Mio. Pkw produziert, was knapp neun Prozent der weltweiten Produktion entspricht. Das Durchschnittsalter der in der EU zugelassenen Pkw lag im Jahr 2010 bei 8,3 Jahren. Irland hat dabei die jüngste Flotte mit einem Durchschnittsalter von 6,3 Jahren. Der deutsche Durchschnitt liegt bei 8,3 Jahren. Die ältesten Fahrzeuge befinden sich mit einem Durchschnittsalter von zwölf Jahren in Estland. Die europäische Flotte teilt sich dabei etwa zu jeweils 1/3 auf Fahrzeuge ≤ fünf Jahre, fünf bis zehn Jahre und ≥ zehn Jahre auf.[105]

2.2.1 Flottenzusammensetzung und Neuwagenmarkt

Der Fahrzeugbestand ist in den letzten Jahren in Deutschland stetig gewachsen und hat bis zum 01.01.2015 eine Größe von 44,4 Mio. Pkw erreicht. Im Vergleich dazu waren im Jahr 2000 nur 39 Mio. Pkw in Deutschland zugelassen. Das entspricht einer Steigerung von 14 Prozent im Vergleich zur Jahrtausendwende.[106] Tabelle 5 gibt einen Überblick über den Pkw-Bestand am 01.01.2015 und die Anzahl der Neuzulassungen im Jahr 2014. Dabei ist auffällig, dass der Anteil von neu zugelassenen Diesel-Pkw mit 47,8 Prozent deutlich über dem Bestand von 31,2 Prozent liegt – ein Trend, der schon über mehrere Jahre anhält und langfristig auch den Flottenbestand signifikant verändern wird. Hingegen liegt der Anteil von neu zugelassenen Hybrid- und Elektro-Pkw nur bei 1,2 Prozent.

Tabelle 5: Pkw-Bestand und Neuzulassungen in Deutschland nach Kraftstoffart

	Pkw-Bestand 2015 [a]		Neuzulassungen 2014 [b]	
	Anzahl	Anteil [in %]	Anzahl	Anteil [in %]
Insgesamt	44.403.124	100	3.036.773	100
Benzin	29.837.614	67,2	1.533.726	50,5
Diesel	13.861.404	31,2	1.452.565	47,8
Flüssiggas (LPG)	494.148	1,1	6.234	0,2
Erdgas (CNG)	81.423	0,2	8.194	0,3
Hybrid (HEV, PHEV)	107.754	0,2	27.435	0,9
Elektro (REEV, BEV, FCEV)	18.948	0,0	8.522	0,3

[a] Bestand am 01.01.2015 KBA (2015a); Hybrid = HEV und PHEV, Elektro = Fahrzeuge mit ausschließlich elektrischem Antrieb (BEV, REEV und FCEV) nach KBA (2015b)
[b] KBA (2015c)

---

[103] NAFTA steht für North American Free Trade Agreement. Die NAFTA-Staaten sind USA, Kanada und Mexico.
[104] BRIC steht für die Staaten Brasilien, Russland, Indien und China.
[105] ACEA (2013a). Nach den hier dargestellten Zulassungsdauern wird ein Großteil der europäischen Pkw in anderen Märkten weiter betrieben (z. B. Russland oder Afrika). Die Lebensdauer eines Pkw ist damit höher.
[106] Statistisches Bundesamt (2013).

Tabelle 6 zeigt die Verteilung des Pkw-Bestands nach dem Segment[107] in den Jahren 2008 und 2014. In diesem Zeitraum hat vor allem der Bestand an kleinen Fahrzeugen und Geländewagen zugenommen. Bei den kleinen Fahrzeugsegmenten Minis (zum Beispiel smart) und Kleinwagen (zum Beispiel VW Polo) ist der Bestand von 9,8 Mio. auf 11,7 Mio. Fahrzeuge um knapp 20 Prozent gestiegen. Ein Effekt, der sicherlich mit der in der Bundesrepublik in den Jahren 2009 und 2010 gezahlten Umweltprämie in Verbindung steht.[108] Das mittlere Fahrzeugsegment, bestehend aus den Kompaktwagen (zum Beispiel VW Golf) und der Mittelklasse (zum Beispiel Mercedes-Benz C-Klasse) macht 2014 43 Prozent des Pkw-Bestands aus. Damit hat sich dieses Segment im Vergleich zu den 49 Prozent aus dem Jahr 2008 um sechs Prozent verkleinert. Hingegen ist der Geländewagen und SUV-Bestand um 130 Prozent zwischen 2008 und 2014 auf 2,8 Mio. Pkw gestiegen. Hier ist von einer Abwanderungsbewegung von Mittelklasse-Kunden bzw. Obere-Mittelklasse-Kunden auszugehen.

Tabelle 6: Pkw-Bestand in Deutschland nach Segment im Jahr 2014 und 2008[109]

	Pkw-Bestand 2014		Pkw-Bestand 2008	
	Anzahl [in Mio.]	Anteil [in %]	Anzahl [in Mio.]	Anteil [in %]
Insgesamt	43,8	100	41,2	100
Minis	2,8	6	1,6	4
Kleinwagen	8,8	20	8,2	20
Kompaktwagen	11,6	26	11,5	28
Mittelklasse	7,4	17	8,6	21
Obere Mittelklasse	2,2	5	2,5	6
Geländewagen + SUV	2,8	6	1,2	3
sonstige[a]	7,4	17	7,5	18

[a] Oberklasse, Sportwagen, Mini-Vans, Großraum-Vans, Wohnmobile, Nutzfahrzeuge

Weit über die Hälfte der Pkw-Zulassungen (62 Prozent) im Jahr 2012 wurde nicht von privaten Käufern, sondern von Unternehmen, öffentlichen Einrichtungen und sogenannten freien Berufen als Firmenwagen durchgeführt. Somit wurden nur 38 Prozent der Fahrzeuge von Privatkäufern zugelassen.[110] Die Privatkäufer halten aber wiederum knapp 90 Prozent der zugelassenen Fahrzeuge im gesamten Pkw-Bestand. Das erklärt sich durch die kürzere Haltedauer der Firmenwagen, die nach ihrer Nutzung wieder dem Gebrauchtwagenmarkt und damit größtenteils den Privatkunden zur Verfügung stehen.[111] Der Gebrauchtwagenmarkt ist mit einer durchschnittlichen Größe von 6,5 Mio. Fahrzeugen etwa doppelt so groß wie der Neuwagenmarkt von 3,3 Mio. neu zugelassenen Pkw pro Jahr.[112] Die Addition von Neuzulas-

---

[107] Das KBA teilt die zugelassenen Personenwagen in 13 Fahrzeugsegmente. Die Segmentierung erfolgte in Absprache mit der deutschen Automobilindustrie anhand optischer, technischer und marktorientierter Merkmale. KBA (2013a), S. 39.
[108] BAFA (2009).
[109] Statistisches Bundesamt (2013) und KBA (2014).
[110] KBA (2013b).
[111] Gnann, Plötz, et al. (2012), S.10.
[112] DAT (2013), S. 21. Mittelwert der Pkw-Neuzulassungen und Besitzumschreibungen von 2003 bis 2012.

2.2 Der deutsche Pkw-Markt

sungen und Besitzumschreibungen gebrauchter Fahrzeuge der letzten zehn Jahre in Deutschland ergibt einen Durchschnitt von 9,8 Mio. Pkw-Zulassungen pro Jahr.

2.2.2 Fahrleistung

In Deutschland gibt es keine zentrale Stelle, die die reale Fahrleistung der einzelnen Pkw-Antriebe dokumentiert und für wissenschaftliche Untersuchungen nutzbar macht. Verkehrsmodelle und Wirtschaftlichkeitsuntersuchungen von alternativen und konventionellen Antrieben unterliegen deshalb oft Annahmen über die tatsächliche Fahrleistung der zu untersuchenden Fahrzeuge. Denkbare Institutionen, um die reale Fahrleistung der Fahrzeuge zu erfassen, wären der TÜV oder die DEKRA, die bei ihren regelmäßigen Hauptuntersuchungen der Fahrzeuge[113] auch den Kilometerstand dokumentieren müssten.[114]

Um dennoch gesicherte Daten für Verkehrspolitik und Verkehrsplanung zu erhalten, bedient man sich der Methode der Verkehrsbefragung. In Deutschland existieren derzeit mehrere größer angelegte Verkehrsbefragungen.[115] Die wohl umfangreichste wurde von der Bundesanstalt für Straßenwesen (BASt) letztmalig im Jahr 2002 durchgeführt. Dort wurde auf Basis unterschiedlicher Erhebungen (Halterbefragung nach dem Tachostand, Erhebung zum grenzüberschreitenden Verkehr) die Kfz-Fahrleistung empirisch ermittelt. Die Erhebung stützt sich auf eine Befragung von 127.000 Fahrzeughaltern mit einer Rücklaufquote von etwa 70 Prozent.[116] Da die Fahrleistungserhebung schon älter als zehn Jahre ist, werden hier im Weiteren auch neuere Erhebungen betrachtet und mit den Ergebnissen der BASt verglichen.

Nobis und Luley geben in ihrer Veröffentlichung „Bedeutung und gegenwärtiger Stand von Verkehrsdaten in Deutschland" einen ausführlichen Überblick über die verschiedenen Verkehrserhebungen.[117] Tabelle 7 gibt einen Überblick über Art und Umfang der für diese Arbeit näher untersuchten Verkehrsbefragungen. Beim Mobilitätspanel (MOP) werden Personen in Haushalten über insgesamt drei Jahre einmal im Jahr über ihr Mobilitätsverhalten befragt. Die befragten Personen müssen dabei Auskunft über die Fahrleistung und den Benzinverbrauch der im Haushalt vorhandenen Pkw geben. Eine weitere Spezifikation der Pkw nach Typ oder Segment findet in der Erhebung nicht statt. Die Studie Mobilität in Deutschland (MiD) wurde bisher in den Jahren 2002 und 2008 durchgeführt. Sie basiert auf einer komplexen Kombination aus schriftlicher, telefonischer und Online-Erhebung. Im Ergebnis werden die Weghäufigkeit und die Verteilung der Verkehrsmittelnutzung der befragten Personen ausgegeben. Dabei können die berichteten Wege und deren Weglänge direkt einem Pkw zugeordnet werden. In der Studie Kraftfahrzeugverkehr in Deutschland (KiD) werden eine statistisch relevante Menge an Fahrzeugen und Haltern zufällig aus dem zentralen Fahrzeug-

---

[113] Bei Pkw: erstes Untersuchungsintervall 36 Monate nach der Erstzulassung. Alle weiteren Untersuchungen alle 24 Monate. Weiterhin müssen Taxis und Mietwagen, Motorräder und Leichtkrafträder, Lkw und Omnibusse im Abstand von zwölf bis 24 Monaten untersucht werden.
[114] BGBl (2012).
[115] MiD – Mobilität in Deutschland, MOP – Deutsches Mobilitätspanel, SrV – System repräsentativer Verkehrsbefragungen, KiD – Kraftfahrzeugverkehr in Deutschland, Fahrleistungserhebung der BASt.
[116] BASt (2002). Die BASt führt im Zeitraum von September 2013 bis Ende 2015 ein Forschungsprojekt zur Ermittlung der Fahrleistung von in Deutschland zugelassenen Kfz (Inländerfahrleistung) mit dem Titel „Fahrleistungserhebung 2014" durch. Ergebnisse dazu liegen für diese Arbeit noch nicht vor.
[117] Nobis und Luley (2005).

register des KBA gezogen und der Fahrer gebeten, an einem Tag ein Wegtagebuch zu führen. Die Wegtagebücher verteilen sich über alle Wochentage. Die Ergebnisse der letzten Erhebung wurden erst im Frühjahr 2012 vorgestellt. Fahrleistungsdaten verschiedener Antriebsarten sind in der öffentlichen Version nicht gedruckt. Die Fraunhofer ISI REM2030 Daten beziehen sich ausschließlich auf den Wirtschaftsverkehr. In der weiteren Analyse wird daher nur auf die Daten der Erhebung Mobilität in Deutschland (MiD 2008) und der Fahrleistungserhebung (BASt 2002) zurückgegriffen.

Tabelle 7: Verschiedene Verkehrserhebungen im Vergleich

	Mobilitätspanel (MOP)[a]	Mobilität in Deutschland (MiD)[b]	Kraftfahrzeugverkehr in Deutschland (KiD)[c]	Fraunhofer ISI (REM2030)[d]
Durchführung	1994-2011	2002, 2008	2002, 2010	2012
Erhebungszeitraum	3 x in 3 Jahren	1 Jahr	1 Jahr	1 Jahr
Auftraggeber	BMVBS	BMVBS	BMVBS	-
Auftragnehmer	KIT	Infas, DLR	WVI, IVT, DLR, KBA	Fraunhofer ISI
Umfang	1.000 HH	50.000 HH	100.000 Fzge.	354 Fzge.
Berichtsperiode	7 Tage	1 Tag	1 Tag	3 Wochen

[a] KIT (2012)
[b] infas und DLR (2008)
[c] KiD (2012)
[d] Fraunhofer ISI REM (2030)

Die Datensätze der MiD lassen sich auch nach Fahrzeugsegmenten auswerten, da die Fahrzeuge in der Erhebung eindeutig den Fahrzeugsegmenten des KBA zugeordnet werden können (Tabelle 8). In der Analyse fällt auf, dass Fahrzeuge mit einem Diesel- und Gasmotor (CNG/LPG) signifikant mehr fahren als Benzinfahrzeuge. Diese Erkenntnis deckt sich auch mit den Ergebnissen der Fahrleistungserhebung der BASt aus dem Jahr 2002. Dort liegt die durchschnittliche Fahrleistung von Benzin-Pkw bei 11.934 km/a und von Diesel-Pkw bei 20.925 km/a[118] im Vergleich zu den 11.793 bzw. 21.104 km/a aus der MiD 2008 (Tabelle 8). Im Vergleich zu den eben genannten Zahlen geht das DIW in seiner alljährlich erscheinenden Veröffentlichung „Verkehr in Zahlen" für das BMVBS von einer durchschnittlichen Laufleistung von 11.900 km/a für Benzinfahrzeuge und 21.100 km/a für Dieselfahrzeuge aus dem Jahr 2008 aus.[119] Die aus der MiD 2008 errechneten Zahlen scheinen somit plausibel und werden im Weiteren verwendet. Für alternative Antriebe lagen die Fallzahlen in der MiD 2008 bei nur 30 Fahrzeugen, welche hier aufgrund der geringen Stichprobengröße nicht dargestellt werden.[120] In dieser Arbeit werden im weiteren Annahmen zur Laufleistung von alternativen Antriebe getroffen, da weder in der MiD 2008 noch in den anderen hier untersuchten Studien belastbare Zahlen zu ihrer Fahrleistung vorliegen. Erhebungen und Datensammlungen zur Fahrleistung von alternativen Antrieben aus Flottenversuchen werden in der vorliegenden Arbeit nicht ausgewertet.[121] Für zukünftige Untersuchungen sind sie aber wünschenswert.

---

[118] IVT (2004).
[119] BMVBS (2013), S. 303.
[120] Redelbach (2012); Stichprobengröße der Untersuchung 29.166; Die Gesamtlaufleistung wurde mit den aus der MiD hinterlegten Gewichtungsfaktoren für die Fahrzeug-Segmente berechnet.
[121] Denkbar sind hier die Fraunhofer ISI REM 2030-Daten.

2.2 Der deutsche Pkw-Markt

Tabelle 8: Vergleich Pkw-Fahrleistung [in km pro Pkw und Jahr] nach Fahrzeugsegment und Kraftstoffart von MiD 2008 und Fahrleistungserhebung BASt 2002

	MiD 2008 [a]				BASt 2002 [b]
	Benzin	Diesel	CNG/LPG	Gesamt	Gesamt
Minis	10.428	19.257	19.800	10.985	11.325
Kleinwagen	10.904	19.135	15.789	11.534	11.238
Kompaktklasse	11.964	20.843	23.530	13.720	13.298
Mittelklasse	12.847	23.591	23.746	16.065	15.468
Obere Mittelklasse	12.551	24.251	20.538	17.422	16.730
Oberklasse	14.785	22.114	15.000	16.407	18.664
Geländewagen	11.721	19.813	16.700	16.171	16.010
Sportwagen	9.774	13.036	15.000	9.880	-
Mini-Vans	11.847	19.321	21.380	13.853	-
Großraum-Vans	13.588	20.401	20.839	17.075	-
Utilities	12.060	18.445	18.190	16.690	18.320
Wohnmobile	15.000	11.452	-	11.461	-
nicht zuzuordnen	11.193	19.784	16.533	13.323	-
Gesamtergebnis	11.793	21.104	20.452	14.111	13.397

[a] Redelbach (2012) aus MiD (2008)
[b] BASt (2002) aus IVT (2004) Tabelle 9, S. 187

2.2.3 Kraftstoffverbrauch

Der Kraftstoffverbrauch eines Pkw hängt neben seinem Gewicht, der Beladung des Fahrzeugs, dem Streckenprofil und der individuellen Fahrweise des Fahrers auch von den innermotorischen Verlusten, den Nebenverbrauchern (über Riementrieb: Klimaanlage, Wasserpumpe, Lichtmaschine) und der Bauform (Rollwiderstand, Luftwiderstand) des Fahrzeugs ab. Um vergleichbare Daten für die Kunden, die CO_2-Regulierung und die CO_2-basierten Fahrzeugsteuer zu erhalten, erfolgt die Ermittlung des Kraftstoffverbrauchs in der EU seit dem 01.01.1996 im „Neuen Europäischen Fahrzyklus" (NEFZ).[122] Dabei wird auf einem Rollenprüfstand ein definierter Fahrzyklus abgefahren, bei ansonsten konstant gehaltenen Rahmenbedingungen zu Umgebungstemperatur, Zuladung, Schaltpunkten, Beginn der Messung und ausgeschalteter Nebenverbraucher (zum Beispiel Klimaanlage).

Abbildung 8 zeigt auf der linken Seite die Entwicklung des Kraftstoffverbrauchs und auf der rechten Seite die Entwicklung der dazugehörigen CO_2-Emisssionen. Kraftstoffverbrauch und CO_2-Emissionen lassen sich unter einem konstant angenommenen Kohlenstoffgehalt der jeweiligen Kraftstoffe generell auch in einem Diagramm darstellen.[123] Hier werden sie aber aus Gründen der Übersichtlichkeit getrennt aufgeführt. Die oberen Kurven zeigen jeweils den gemittelten Kraftstoffverbrauch von Benzin und Diesel für Deutschland (DE) von 2002 bis 2012.

---

[122] EG (2013).
[123] 1 l Benzin ≈ 2,36 kg CO_2, 1 l Diesel ≈ 2,62 kg CO_2 siehe dazu JEC (2013), S. 12.

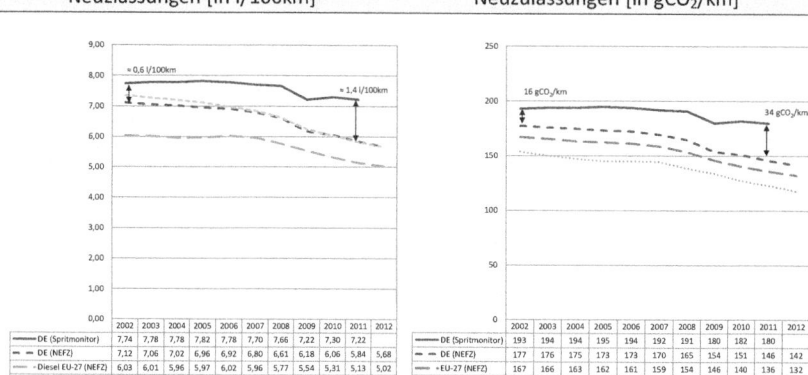

[a] Kraftstoffverbrauch bzw. CO_2-Emissionen: Im NEFZ aus EEA (2013); Spritmonitor aus Mock et al. (2013)

Abbildung 8: Entwicklung des durchschnittlichen Kraftstoffverbrauchs und der CO_2-Emissionen in Deutschland und Europa

Die Kurve DE (Spritmonitor)[124] zeigt den gemittelten Realverbrauch für Deutschland an, der sich immer weiter von den NEFZ-Werten entfernt hat. Außerdem sind der Verbrauchsunterschied zwischen Benzin und Diesel-Kraftstoff zu sehen sowie die CO_2-Emissionen der portugiesischen Flotte, welche die niedrigsten in der EU darstellen.

2.3 Alternative und konventionelle Antriebstechnologien [125]

Elektrisch angetriebenen Pkw wurde in den vergangen Jahrzehnten mehrfach der Durchbruch prophezeit[126], dennoch war der Hubkolben-Verbrennungsmotor[127] mit einem Drehzahl-/Drehmomentwandler (Getriebe) und einer Anfahr-/Schaltkupplung das Antriebskonzept, was sich weltweit als Pkw-Antrieb durchgesetzt hat. Die Gründe sind die hohe Energiedichte von Benzin und Diesel, das gute Verhältnis zwischen Bauraum und Gewicht von Antriebsstrang[128] und mitgeführtem Kraftstoff und nicht zuletzt die hohe Robustheit des Verbrennungsmotors gegenüber Wärme, Kälte und Erschütterungen. Neben diesen technischen Eigenschaften können Fahrzeuge mit einem Verbrennungsmotor auch zu ökonomisch vertretbaren Kosten gebaut und betrieben werden.[129] Nachteile dieses Antriebssystems sind die Emissionen von Treibhausgasen, Schadstoffen und Lärm, die bei der Verbrennung von Benzin, Diesel und Erdgas auftreten, sowie die Endlichkeit dieser Ressourcen. Nachfolgend

---

[124] Ausgewertet wurden von Mock, German, et al. (2013), S. 3, S. 12. die Internetdatenbank Spritmonitor.de. Von 2001 bis 2011 durchschnittlich 5.000 Einträge/a von vornehmlich Privatkunden. Diese wurden dann zu gleichen Teilen auf Benzin- und Diesel-Fahrzeuge verteilt.
[125] Dieser Abschnitt basiert im Wesentlichen auf Kreyenberg, Lischke, et al. (2015), S. 89ff.
[126] Hoffman (1969); Biedermann, Birnbaum, et al. (2002).
[127] Welcher nach dem Prinzip des Otto- oder Dieselmotors arbeitet.
[128] Zum Antriebstrang zählen Motor, Getriebe und die Antriebsachsen.
[129] Vgl. Braess und Seiffert (2011), S. 158.

2.3 Alternative und konventionelle Antriebstechnologien

werden die für die vorliegende Arbeit untersuchten Fahrzeugantriebe vorgestellt und deren Schlüsselkomponenten kritisch diskutiert (Abbildung 9).

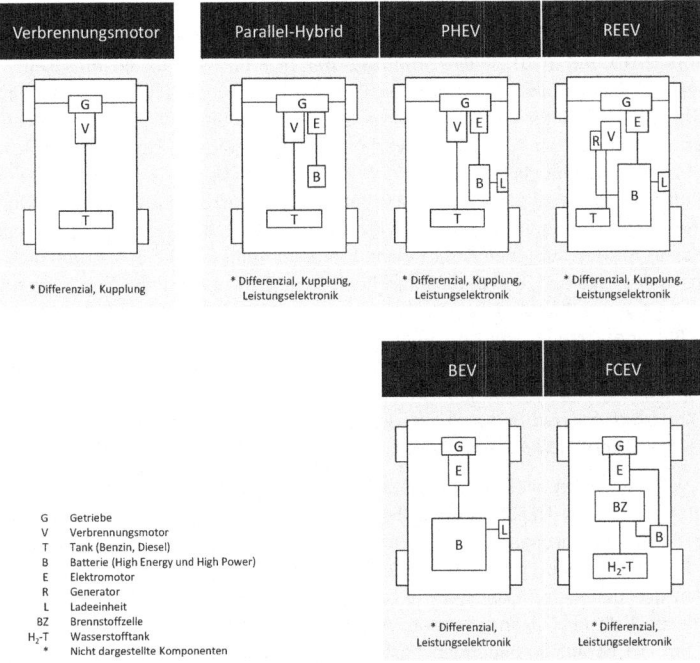

Abbildung 9: Systemaufbau von alternativen und konventionellen Antriebstechnologien

Da sich die in Abbildung 9 gezeigten Fahrzeugantriebe noch nicht in größerer Stückzahl von verschiedenen Herstellern auf dem Markt befinden, besteht eine große Unsicherheit über die Leistungsfähigkeit und den Verbrauch dieser Fahrzeugantriebe. Wissenschaftliche Untersuchungen mit ökonomischem und ökologischem Fokus mussten sich in der Vergangenheit deshalb diese komplexen Fahrzeugantriebe aus einer Vielzahl von Annahmen und Studien zusammenstellen.[130]

Vor einem ähnlichen Problem stand die Wissenschaft und Industrie Mitte der Nullerjahre, als diverse Biokraftstoffe für Verbrennungsmotoren und das Brennstoffzellenfahrzeug, betrieben mit Wasserstoff aus verschiedenen Primärenergiequellen, im Fokus der öffentlichen Diskussionen standen. Daraufhin wurden in Europa umfangreiche Untersuchungen von einem Konsortium aus EUCAR[131], CONCAWE[132] und dem JRC[133] der Europäischen Kommissi-

---
[130] Siehe dazu z. B. TNO, AEA, et al. (2011), S. 60.; Kley (2011), S. 61; Mock (2010), S. 95.
[131] European Council for Automotive R&D.
[132] Conservation of Clean Air and Water in Europe.
[133] Joint Research Centre.

on durchgeführt, die es ermöglichen, die verschiedenen alternativen und konventionellen Antriebe im Hinblick auf Energieverbrauch und Treibhausgasemissionen in sogenannten Well-to-Wheel-Analysen[134] zu untersuchen.[135]

Das im Juli 2013 erschienene Update der Tank-to-Wheel-Studie zur Version 4 mit den zu den vorherigen Versionen noch fehlenden alternativen Fahrzeugantrieben (BEV, PHEV und REEV) für die Jahre 2010 und 2020 ist die Grundlage der hier durchgeführten Analysen.[136] Die EUCAR Tank-to-Wheel-Studie V4 wurde von Experten der europäischen Automobilindustrie[137] in einem Projekt unter Leitung der Firma AVL durchgeführt. Ziel der Untersuchungen des Konsortiums war es, wie schon in den vorherigen Versionen, die verschiedenen Antriebe von ihrer Performance möglichst vergleichbar auszulegen. Das dort modellierte Referenzfahrzeug entspricht der Größe eines VW Golf. Vor der Verbrauchssimulation wurden von den europäischen OEM[138] und AVL-Performance-Kriterien definiert, die das Referenzfahrzeug mit dem jeweiligen Antrieb auf jeden Fall erreichen muss. So müssen alle EUCAR-V4-Fahrzeuge mindestens in der Lage sein, von 0-100 km/h in elf Sekunden zu beschleunigen, eine Höchstgeschwindigkeit von 180 km/h und eine Reichweite von 500 km erreichen. Eine Ausnahme bildet das Batteriefahrzeug, welches aufgrund der schweren Batterie nur eine Höchstgeschwindigkeit von 130 km/h und eine Reichweite von 120 km für das Jahr 2010 bzw. 120 km/h und 200 km für das Jahr 2020 erreichen muss. Der Antriebsstrang und die Energiespeicher (Kraftstofftank und Batterie) aller Fahrzeuge wurden so ausgelegt, dass diese Performance-Kriterien erfüllt werden können.

Die Verbrauchssimulation aller untersuchten EUCAR-V4-Fahrzeugantriebe wurde im Neuen Europäischen Fahrzyklus (NEFZ) durchgeführt, welcher auch für die Zertifizierung des Fahrzeugs und damit der europäischen Abgasnormung zugrunde liegt.[139] Die Studie simuliert dabei nur Fahrzeugantriebe der Jahre 2010 und 2020+. Ein weiterer Ausblick auf das Jahr 2030 ist laut den beteiligten Experten mit zu großen Unsicherheiten behaftet. Für das Jahr 2030 wurde deshalb im Folgenden keine Veränderung der technischen Parameter vorgenommen, um die darauf aufbauenden Kostenberechnungen in Kapitel 3 und 6 nicht mit diesen Unsicherheiten zu beaufschlagen. Es wird jedoch unterstellt, dass bis zum Jahr 2030 eine Verbrauchsverbesserung von zehn Prozent bei allen Fahrzeugantrieben stattfindet. Das entspricht einer Verbesserung von einem Prozent pro Jahr und kann zum Beispiel durch Leichtbau erreicht werden.

---

[134] Siehe dazu auch Kapitel 4 Energiesystemanalysen von alternativen Antrieben.
[135] EUCAR/CONCAWE/JRC (2011) WtT and TtW Reports.
[136] JEC (2013), im Folgenden EUCAR V4 genannt.
Die Fahrzeuge von 2010 entsprechen der Technologie von Fahrzeugen der Jahre 2008 bis 2012, im Folgenden 2010 genannt. Die Fahrzeuge des Jahres 2020 entsprechen der Technologie von 2020+, im Folgenden 2020 genannt.
[137] Daimler, BMW, VW, Porsche, Opel, Ford, PSA, Renault, Fiat, Volvo und Scania.
[138] Original Equipment Manufacturer: Hier sind die Automobilhersteller gemeint.
[139] Eine ausführliche Diskussion über den NEFZ findet sich im Gliederungspunkt 4.3 Tank-to-Wheel-Energieverbrauch von alternativen Antrieben.

2.3 Alternative und konventionelle Antriebstechnologien

2.3.1 Schlüsseltechnologien

Verbrennungsmotoren

In den letzten Jahren wurde von der Automobilindustrie eine Reihe von Verbesserungsmaßnamen an Verbrennungsmotoren umgesetzt, die signifikante Reduktionen des Kraftstoffverbrauchs und der Schadstoffemissionen zur Folge hatten. Dazu zählen zum Beispiel die Reduzierung von Reibungsverlusten und Motorgewicht, die Abgasrückführung und die Anpassung der Kraftstoff-Luftverhältnisse bei Lastwechselvorgängen oder die verbesserte Katalysatoren-Technik. Weiterhin wurde unter dem Begriff „Downsizing" die hubraumbezogene Leistung durch folgende Maßnahmen erhöht: Auflading, variable Ventilsteuerung, Kraftstoff-Direkteinspritzung, kontrollierte Selbstzündung und die Erhöhung des Verdichtungsverhältnisses. So konnte der Gesamtwirkungsgrad[140] des Motors durch die Umsetzung der genannten Maßnahmen auf 0,36 bei Pkw-Ottomotoren und bis zu 0,43 bei Dieselmotoren gesteigert werden.[141] Cornal Stan gibt in seinem Buch „Alternative Antriebe für Automobile" einen umfassenden Überblick über diese Verbesserungsmaßnahmen.[142]

Batterien

Um ein Fahrzeug anzutreiben, muss die dafür notwendige Energie entweder kontinuierlich zugeführt[143] oder in einem Speicher[144] mitgeführt werden. Wenn der Speicher über einen elektrisch-chemischen Wandler wieder aufgeladen werden kann, spricht man von einem Akkumulator. Der Begriff Batterie bezeichnete ursprünglich die Zusammenschaltung mehrerer Zellen[145], und als Akkumulator wurden mehrere wiederaufladbare zusammengeschaltete Zellen bezeichnet.[146] Im heutigen Sprachgebrauch wird für Akkumulator häufig der Oberbegriff Batterie gewählt. Darum werden im Folgenden auch hier Akkumulatoren als Batterien bezeichnet. Diese Batterien sind elektrochemische Energiespeicher, bei denen die Energie durch chemische Stoffumwandlung gespeichert (Laden der Batterie) und durch die Umkehrung der Redaktion (Entladen der Batterie) wieder freigesetzt werden kann.[147]

Traktionsbatterien für Fahrzeuge bestehen aus Zellen, dem Batteriemanagement, einschließlich Zellmonitoring, der Elektrik/Elektronik, der Sensorik, den Sicherheitselementen, der Kühlperipherie und dem Gehäuse. Wobei 60 bis 80 Prozent der Wertschöpfung auf die Zellen entfallen.[148] Für den Einsatz von Batterien als Traktionsbatterie im Fahrzeug lassen sich die Anforderungen an die Batterien in fünf Kategorien einteilen: (I) Sicherheit (II) Zyklen- und Alterungsbeständigkeit (III) Kosten (IV) Energiedichte und (V) Leistungsdichte.[149] Die derzeit diskutierten Traktionsbatterien für alternative Antriebe unterscheiden sich zum Teil erheb-

---

[140] Auch effektiver Wirkungsgrad: Ist das Produkt aus thermischem Wirkungsgrad (idealer Vergleichsprozess), Gütegrad (Unterscheid zwischen dem idealen und realen Kreisprozess) und mechanischem Wirkungsgrad (Verluste aus Reibung in Zylinderkopf und Triebwerk sowie Antriebsleistung der Nebenaggregate).
[141] Vgl. Braess und Seiffert (2011), S. 162.
[142] Vgl. Stan (2008), S. 53ff.
[143] Z. B. in Form einer elektrischen Netzanbindung wie bei Straßenbahnen und Zügen.
[144] Als Speicher für elektrische Energie in Pkw kommen Batterien, Hochenergiekondensatoren und Schwungräder infrage. In dieser Arbeit werden nur Batterien weiter untersucht.
[145] Eine Zelle ist ein galvanisches Element, das aus Elektrodenpaar, Elektrolyt, Separator und Gehäuse besteht.
[146] Vgl. Jossen und Weydanz (2006), S. 5f.
[147] Vgl. Böcker (2011), S. 49.
[148] Vgl. NPE (2010), S. 2.
[149] Vgl. Wallentowitz, Freialdenhoven, et al. (2010), S. 85.

lich in der Ausprägung der Eigenschaften in den Kategorien. Nicht jede Batterie ist auch für jeden Einsatzzweck geeignet. Das Fraunhofer ISI gibt in den Veröffentlichungen „Technologie-Roadmap-Energiespeicher für die Elektromobilität"[150] und „Energiespeicher-Monitoring für die Elektromobilität (EMOTOR)"[151] einen ausführlichen Überblick über das Potenzial der einzelnen Batterietechnologien. In dieser Arbeit werden im Folgenden die Besonderheiten von sogenannten Hochleistungs- und Hochenergiebatterien herausgearbeitet, da diese die Grundlage der im weiteren dazu durchgeführten Analysen bilden.

Hochleistungs-Batterien (HP)[152] werden in HEV und FCEV eingesetzt. Die Anforderungen an den Energieinhalt der Batterie sind dort gering. An das Batteriesystem werden jedoch hohe Leistungsanforderungen beim Anfahren und Beschleunigen sowie beim Bremsen gestellt. Der Betriebspunkt einer HP-Batterie muss deshalb so gewählt werden, dass ausreichend Entladeleistung beim Beschleunigen zur Verfügung steht. Außerdem muss die beim Bremsen vom Generator erzeugte Energie innerhalb weniger Sekunden gespeichert werden. In der Regel liegt dieser Betriebspunkt bei einem Ladezustand[153] von 50 bis 60 Prozent. Somit bleibt ein Großteil der in einer HP-Batterie gespeicherten Energiemenge ungenutzt. Sie ist aber notwendig, um eine Tiefenentladung der Zellen zu vermeiden und somit eine entsprechende Zyklenbeständigkeit der Zellen und die damit verbundene hohe Lebensdauer der Batterie zu erreichen.[154]

Hochenergie-Batterien (HE)[155] werden in REEV und BEV eingesetzt. Die Auslegung und das Nutzungsprofil von HE-Batterien unterscheidet sich deutlich von HP-Batterien. Um eine möglichst hohe Reichweite zu erzielen, wird hier ein wesentlich größerer Teil der Batterie-Gesamtkapazität auch tatsächlich genutzt. Durch die zunehmende Tiefe der Entladung sinkt jedoch die Zyklenbeständigkeit, aufgrund dadurch verstärkt auftretender Degradationseffekte[156] in den Zellen. Weitere wichtige Kenngrößen sind die Energie- und Leistungsdichte des Batteriesystems, die maßgeblich das Gewicht bzw. das Bauvolumen beeinflussen. Außerdem müssen für ein schnelles Wiederaufladen entsprechend hohe Ladeleistungen vorgesehen werden.[157] Batterien in PHEV stellen von ihrem Nutzungsprofil und der Auslegung einen Kompromiss beider Batteriesysteme (HP- und HE-Batterien) dar. Sie werden in dieser Arbeit im Weiteren vereinfachend als HE-Batterien betrachtet.

Lithium-Ionen-Batteriesystemen wird aufgrund ihrer hohen Energiedichte und der Vielfalt der möglichen Aktivmaterialien das größte Potenzial für HP- und HE-Batteriesysteme zugeschrieben. Die Herausforderungen der Zukunft liegen neben den Kosten in der Serienreife neuer Aktivmaterialien, die die Energiedichte, die Sicherheit, das Hochstromverhalten und die Lebensdauer dieser Systeme noch weiter steigern können.[158]

---

[150] Fraunhofer-ISI (2012).
[151] Sauer und Thielmann (2013).
[152] Englisch: High Power (HP) Batteries werden im Folgenden als HP-Batterien bezeichnet.
[153] Englisch: State of Charge (SOC).
[154] Vgl. Ketterer, Karl, et al. (2009), S. 43f.
[155] Englisch: High Energy (HE) Batteries werden im Folgenden als HE-Batterien bezeichnet.
[156] Als Degradation wird die Verschlechterung der Materialeigenschaften, ausgelöst durch physikalische Effekte (z. B. Rekristallisation), mechanische Belastung (z. B. Schwingungen) und chemische Prozesse (z. B. Korrosion) bezeichnet. Wenzl (2007).
[157] Vgl. Ketterer, Karl, et al. (2009), S. 44f.
[158] Vgl. Jossen und Weydanz (2006), S. 151.

2.3 Alternative und konventionelle Antriebstechnologien

Elektromotoren

Elektrische Maschinen stellen in ihrer Ausführung als Generator für Wärme-, Wasser- und Windkraftanlagen die Grundlage der Stromerzeugung auf der ganzen Welt dar.[159] Als Elektromotoren sind sie ein entscheidendes Betriebsmittel in Industrie und Gewerbe sowie Bestandteil vieler Konsumgüter.[160] Im Automobilbau fanden sie in der Vergangenheit vor allem als Scheibenwischermotor, Sitzversteller und als Schiebe- bzw. Cabriodachöffner Anwendung. In der Lichtmaschine werden elektrische Maschinen im Generatorbetrieb zur Stromversorgung im Pkw genutzt. In alternativen Antrieben sollen Elektromotoren nun Anwendung als Traktionsmotor für Pkw finden.

Elektromotoren sind sehr leise und emittieren keine Schadstoffe. Im Vergleich zu Verbrennungsmotoren sind sie in weiten Drehzahlintervallen mit hohen Wirkungsgraden einsetzbar. Außerdem können sie im Generatorbetrieb beim Bremsen kinetische Energie in elektrische Energie umwandeln.[161] Sie bestehen aus einem feststehenden Teil (dem Stator oder Ständer) und einem rotierenden Teil (dem Rotor, Läufer oder Anker). Über den Stator wird die elektrische Leistung zu- oder abgeführt und über den Rotor wird die mechanische Leistung ab- oder zugeführt. Die Energiewandlung findet dabei im Luftspalt zwischen Stator und Rotor statt. Eine Gliederung der verschiedenen Elektromotoren kann einerseits nach der verwendeten Stromart in Gleichstrom-, Wechselstrom- oder Drehstrommaschinen erfolgen, andererseits ist eine Einteilung nach der Wirkungsweise in Asynchron- oder Synchronmaschinen üblich.[162] Innerhalb dieser Bautypen gibt es eine ganze Reihe von Untertypen auf die hier nicht näher eingegangen wird.

Von den gennannten Bauformen ist die Permanenterregte Synchronmaschine (PSM) die derzeit am häufigsten eingesetzte Bauform für Hybrid- und reine Elektrofahrzeuge. Ihre Vorteile liegen in den sehr hohen Wirkungsgraden im Teillastbereich, einem einfachen mechanischen und elektrischen Aufbau bei kleinen Bauvolumina und ihrer guten Regel- und Steuerbarkeit.[163]

Nachteilig ist die Verwendung von seltenen Erden[164] in den Permanentmagneten der PSM. Diese Materialien machen die Magneten hitzebeständiger und stabiler gegen Entmagnetisierung durch mechanische Stöße oder andere Magnetfelder. Vor allem verstärken sie aber das Magnetfeld der eingesetzten Dauermagnete, was sich wiederum positiv auf den Wirkungsgrad der PSM auswirkt.[165] Durch die begrenzte Verfügbarkeit der seltenen Erden befinden sich fremderregte Synchronmaschinen, Asynchronmaschinen und Transversalflussmaschinen

---

[159] Die einzige Ausnahme ist die Photovoltaik, wo der Strom durch den photoelektrischen Effekt in Solarzellen hergestellt wird.
[160] Vgl. Fischer (2004); S. 11.
[161] Vgl. Gerl (2002), S. 73.
[162] Vgl. Fischer (2004), S. 15.
[163] Vgl. Hofmann (2010), S. 122ff.
[164] Unter dem Begriff „seltene Erden" sind seltene Erdmetalle gemeint. Also chemische Elemente aus dem Periodensystem. Sie werden für die Herstellung von Konsumgütern (z. B. Computern, Handys und Digitalkameras) sowie in Elektromotoren eingesetzt. Zu ihnen gehören Elemente wie Neodym, Dysprosium oder Yttrium. Öko-Institut (2011).
[165] Vgl. Berkel (2013), S. 10f.

verstärkt in der Entwicklung für Hybrid- und reine Elektrofahrzeuge.[166] In dieser Arbeit finden sie jedoch noch keine Berücksichtigung.

Leistungselektronik

Die Leistungselektronik[167] wird dazu benötigt, den aus der Batterie kommenden Gleichstrom für die Bedürfnisse im Fahrzeug anzupassen. Dafür muss sie den im Elektromotor benötigten und durch Rekuperation erzeugten Wechselstrom aus bzw. in Gleichstrom umrichten. Das geschieht durch schnell schaltende Leistungshalbleiter, welche die Aufgabe haben, den Strom entweder zu leiten oder zu sperren. Weiterhin wird die Leistungselektronik dazu benötigt, den Hochvoltstrom der Batterie in die 12V-Spannung des Bordnetzes über Gleichstromwandler (DC/DC Wandler) umzuwandeln.[168] Im Vergleich zu der bei Verbrennungsmotoren eingesetzten Lichtmaschine zur 12V-Stromerzeugung hat der DC/DC Wandler eine höhere Effizienz sowie ein geringeres Gewicht und benötigt weniger Wartungsaufwand. Zukünftig soll die Leistungselektronik vor allem kompakter, leichter, leistungsfähiger und günstiger werden.[169] Von zentraler Bedeutung dafür ist die Entwicklung neuer Leistungshalbleiter, deren Packaging und Kühlung.[170] Auf die verschiedenen Arten heutiger und zukünftig möglicher Leistungshalbleiter wird hier nicht näher eingegangen.

Brennstoffzellen-Stack

Im Gegensatz zu Batterien wird bei Brennstoffzellen das Reduktionsmittel (der Brennstoff) und das Oxidationsmittel ständig zugeführt. Dadurch liefert die Brennstoffzelle im Prinzip unbegrenzt Energie, solange Reduktions- und Oxidationsmittel vorhanden sind. Als Brennstoffe gängiger Brennstoffzellentypen für Pkw-Anwendungen kommen vor allem Wasserstoff, aber auch Erdgas oder Methanol infrage.[171]

Die elektrische Energie wird in einer Brennstoffzelle durch Oxidation des chemischen Energieträgers Wasserstoff direkt[172] erzeugt. Der Wasserstoff und der Luftsauerstoff werden dabei durch jeweils eine poröse und eine mit einem Katalysator beschichtete Elektrode geleitet. Zwischen den beiden Elektroden befindet sich ein Elektrolyt, der aus verschiedenen Materialien bestehen kann. Im Betrieb der Brennstoffzelle reagiert der Luftsauerstoff mit den Wasserstoffprotonen zu Wasser und bildet dabei ein positives Potenzial. So entsteht eine Potenzialdifferenz (elektrische Spannung) zwischen den beiden Elektroden. Der Elektrolyt dient dabei als Isolator, der verhindert, dass die beiden Gase in direkten Kontakt kommen und stattdessen ihre Elektroden über den äußeren Stromkreis austauschen. Die verschiedenen Brennstoffzellentypen können nach der Art ihres Elektrolyts (zum Beispiel Polymer-Elektrolyt-Brennstoffzelle – PEMFC; Oxidkeramische-Brennstoffzelle – SOFC) unterschieden

---

[166] Vgl. Hofmann (2010), S. 129.
[167] Auch Stromrichter genannt.
[168] Vgl. Hofmann (2010), S. 139f.
[169] Continental (2012).
[170] Vgl. Braess und Seiffert (2011), S. 145.
[171] Vgl. Gerl (2002), S. 89. Im Weiteren wird nur noch auf Brennstoffzellen mit dem Brennstoff Wasserstoff eingegangen, da sie für Pkw-Anwendungen am aussichtsreichsten sind.
[172] D. h. ohne thermische Expansionsprozesse, wie sie bei der Verbrennung von Wasserstoff in einer Verbrennungskraftmaschine (VKM) auftreten würden. Brennstoffzellen unterliegen somit nicht dem schlechten Wirkungsgrad von VKM. Die Reaktion in der Brennstoffzelle wird auch als kalte Verbrennung bezeichnet.

2.3 Alternative und konventionelle Antriebstechnologien

werden oder nach ihrer Arbeitstemperatur (Nieder-, Mittel- oder Hochtemperatur). Die für Pkw-Anwendungen favorisierte Anwendung stellt die PEMFC dar.[173] Bei der PEMFC handelt es sich um eine Niedertemperatur-Brennstoffzelle, mit einer Betriebstemperatur von 40 bis 100 °C. Als Elektrolyt kommt eine sehr dünne mit leitfähigem Grafit beschichtete Polymermembran zum Einsatz. Diese Membran ist sehr empfindlich gegenüber Verunreinigung der Gase, insbesondere gegenüber Verunreinigung des Wasserstoffs mit Kohlenmonoxid (CO), was eine gründliche Wasserstoffreinigung vor dem Betanken notwendig macht. Auf den Elektroden wirkt eine dünne Platinbeschichtung als Katalysator, der die Reaktionsgeschwindigkeit, mit der die Wasserstoffatome in Elektronen und Protonen zerlegt werden, beschleunigt. Nachteilig an Platin sind die hohen Kosten dieses Edelmetalls und der hohe Aufwand der Platinförderung. Die kleinste Einheit einer Brennstoffzelle ist die Zelle als Membran-Elektrolyt-Anordnung (MEA). Die in praktischen Anwendungen erreichte Spannung einer Zelle liegt bei 0,5 V bis 1 V. Um höhere Spannungen zu erreichen, werden mehrere dieser Zellen oder MEA zu einem Stapel (engl. Stack) zusammengeschaltet.[174] Die Entwicklungsziele für Brennstoffzellen lassen sich auf die folgenden drei Punkte zusammenfassen: (I) Vergrößerung der Leistungsfähigkeit bei gleichzeitiger Reduzierung der Kosten (II) Steigerung von Robustheit und Zuverlässigkeit und (III) Verlängerung der Lebensdauer und Dauerhaltbarkeit.[175]

Brennstoffzellen-Peripherie

Als Brennstoffzellen-Peripherie werden alle Komponenten bezeichnet, die der Brennstoffzellen-Stack zusätzlich benötigt, um aus Wasserstoff und Luftsauerstoff Strom herzustellen. Dazu zählen die Luftversorgung und Luftbefeuchtung, die Wasserstoffzufuhr und die Kühlung. Die Luftversorgung erfolgt über ein sogenanntes Luftmodul. Das Luftmodul hat die Aufgabe, die Umgebungsluft zu filtern und zu komprimieren.[176] Die Kompression erfolgt heute hauptsächlich mit elektrischen Schraubenturboladern, die in den Anforderungsbereichen den höchsten Wirkungsgrad haben. Zur Befeuchtung der angesaugten Luft wird das Wasser aus dem Abgas kondensiert und der Zuluft wieder zugeführt. Die Wasserstoffzufuhr erfolgt mit dem sogenannten Anodenmodul. Das Anodenmodul befeuchtet den Wasserstoff und dosiert den Kraftstoffmassenstrom in die Brennstoffzelle. Die Betriebstemperatur der PEM-Brennstoffzelle liegt heute bei max. 95 °C. Das hat den Vorteil, dass die Abwärme der Brennstoffzelle im Winter zum Heizen der Fahrgastzelle genutzt werden kann, aber auch den Nachteil, dass die relativ geringe Temperaturdifferenz des Kühlmittels zur Umgebung hohe Anforderungen an das Kühlsystem stellt. Zukünftig ist eine Temperaturanhebung der Betriebstemperatur der Brennstoffzelle wünschenswert, um den Kühlaufwand zu reduzieren. Ein vereinfachter Befeuchtungsaufwand sowie die Vereinfachung der Wasserstoffzuführung sind weitere wichtige Schritte hin zu einer Kommerzialisierung der Brennstoffzellentechnologie in Pkw-Antrieben.[177]

---

[173] Vgl. Gerl (2002), S. 92f.
[174] Vgl. Böcker (2011), S. 63. und vgl. Braess und Seiffert (2011), S. 121.
[175] Vgl. Braess und Seiffert (2011), S. 124.
[176] Das geschieht zu einem Druck von 1,1 bar im Teillast- und 2,5 bar im Vollastbereich.
[177] Vgl. Braess und Seiffert (2011), S. 124f.

Wasserstofftank

Wasserstoff ist unter Normaldruck ein sehr leichtes Gas. Im Pkw kann Wasserstoff in Form des reinen Elements, in verdichteter gasförmiger oder in tiefkalter flüssiger Form und in Form von physikalischen oder chemischen Verbindungen gespeichert werden. Gasförmig kann der Wasserstoff auf Drücke von 200 bar bis 900 bar verdichtet und in Druckgasbehältern gespeichert werden.[178] Druckgasbehälter können in vier Typen unterschieden werden. Typ-1-Behälter bestehen aus dickwandigem Stahl oder Aluminium. Dadurch sind sie sehr robust und druckbeständig, aber auch verhältnismäßig schwer.[179] Aufgrund der besseren Gewichtsverhältnisse wurden in den letzten Jahren Typ-1-Behälter durch Composite-Werkstoffe[180] ergänzt. Bei Typ-2- und Typ-3-Behältern werden die Innenbehälter (Liner) aus Metall teilweise oder vollständig von einem Netz aus Kohlenstofffasern ummantelt, was zu einer höheren Festigkeit bei gleichzeitiger Gewichtsreduktion des Tanksystems führt. Typ-4-Behälter bestehen vollständig aus Kunststoff-Linern und Kunststoff-Drucktanks. In Typ-4-Behältern wird schon heute gasförmiger Wasserstoff mit Speicherdrücken von 700 bar nahezu verlustfrei in Pkw gespeichert. Aufgrund der günstigen Spannungsverteilung werden bei diesen hohen Drücken vor allem Zylinder oder kugelförmige Tankformen verwendet.[181] Mittel- und langfristig bieten fahrzeugspezifische Speichereigenschaften wie die Reduktion von Gewicht und Einbaumaßen, Robustheit gegen mechanische Beschleunigungskräfte, hohe Lebensdauern und die Kostenreduzierung weiteres Verbesserungspotenzial mobiler Wasserstoffspeicher.[182] Auf Flüssigwasserstoffspeicher und die Speicherung in physikalischen oder chemischen Verbindungen wird hier nicht weiter eingegangen. Sie können mit zunehmender technischer Entwicklung aber interessante Speicheroptionen für Wasserstoff in Pkw-Anwendungen werden.

Leichtbau[183]

In den letzten Jahren sind die Fahrzeuge aufgrund zunehmend technischer Möglichkeiten und damit einhergehend steigender Kundenanforderungen nach mehr Sicherheit und Komfort immer schwerer geworden. Bei konventionellen Antrieben beträgt der Anteil der Karosserie am Gesamtfahrzeuggewicht in etwa 40 Prozent. Auf Antriebstrang und Kraftstofftank entfallen weitere 40 Prozent des Gewichts. Das restliche Gewicht gehört zur Innenausstattung.

Der Begriff Leichtbau bezieht sich im Sprachgebrauch oft auf die Reduzierung des Karosseriegewichts. Eine umfassende Leichtbauweise muss aber auch alle anderen Gewichtsanteile wie die Komponenten des Antriebsstrangs, der Energiespeicher und der Innenausstattung abzielen. Für alternative Antriebe ist der Leichtbau besonders interessant, da mit jedem eingesparten Kilo die Batterie bzw. das BZ-System entsprechend kleiner ausgelegt werden kann, was wiederum Kosten spart.

BMW geht mit seinen Modell i3 und i8 derzeit einen Sonderweg und verlässt das Konzept der selbsttragenden Karosserie in Mischbauweise. Die beiden Fahrzeuge bestehen aus zwei

---

[178] Eichlseder und Klell (2008), S. 85ff.
[179] Vgl. Gerl (2002), S. 135.
[180] Auf Deutsch Verbundwerkstoffe.
[181] Vgl. Eichlseder und Klell (2008), S. 91ff.
[182] Vgl. Braess und Seiffert (2011), S. 125.
[183] Die Ausführungen zum Leichtbau stammen im Wesentlichen aus Friedrich (2013).

2.3 Alternative und konventionelle Antriebstechnologien 39

Modulen. Einem „Drive-Modul", welches Fahrwerk, Antriebsstrang und Energiespeicher integriert, und einem „Life- Modul", welches die Fahrgastzelle aus CFK- Verbundwerkstoff[184] darstellt. Kritische Punkte der CFK-Bauweise sind neben der Wirtschaftlichkeit die Gesamtenergiebilanz dieses Werkstoffs und die Reparaturproblematik.

2.3.2 Fahrzeuge mit Verbrennungsmotor

In Verbrennungsmotoren wird die im Kraftstoff gebundene chemische Energie in Wärme und mechanische Arbeit über Kolben, Pleuel und Kurbelwelle umgewandelt. Für Pkw-Antriebe haben sich die Bauformen Otto- und Dieselmotor durchgesetzt. Wesentliches Unterscheidungsmerkmal dieser beiden Antriebe ist die Art der Zündung, die bei Dieselmotoren durch das höhere Verdichtungsverhältnis als Selbstzündung funktioniert. Bei Ottomotoren ist das Verdichtungsverhältnis durch die Klopffestigkeit des Benzins begrenzt, was eine Fremdzündung notwendig macht.[185]

Tabelle 9 zeigt die in der EUCAR V4 simulierten Benzin- und Dieselfahrzeuge. Die Verbrauchsverbesserungen von 2010 auf 2020 sind dabei im Wesentlichen auf die im Gliederungspunkt 2.3.1 beschriebenen Verbrauchssenkungs-Maßnahmen zurückzuführen.

Tabelle 9: Technische Entwicklung Benzin- und Dieselfahrzeuge[186]

Antrieb/Parameter	Einheit	2010	2020	2030
Ottomotor	-	DISI	DISI	DISI
Hubraum	[l]	1,4	1,4	1,4
Leistung	[kW]	90	85	85
Anzahl Zylinder	-	4	3	3
Simulation				
Verbrauch (NEFZ)	[l/100km]	6,33	4,43	3,99[a]
CO_2-Emissionen (NEFZ)	[gCO_2 eq./km]	150	105	95[a]
Dieselmotor	-	DICI	DICI	DICI
Hubraum	[l]	1,6	1,6	1,6
Leistung	[kW]	85	85	85
Anzahl Zylinder	-	4	4	4
Simulation				
Verbrauch (NEFZ)	[l/100km]	4,53	3,30	2,97[a]
CO_2-Emissionen (NEFZ)	[gCO_2 eq./km]	120	88	79[a]

[a] Es wird eine Verbrauchsverbesserung von zehn Prozent im Vergleich zum Jahr 2020 angenommen.
DISI – Direct Injection Spark Ignition (Benzindirekt-Einspritzung)
DICI – Direct Injection Compression Ignition (Dieseldirekt-Einspritzung)

---

[184] CFK steht für Carbon-Faserverstärkter Kunststoff. Englisch: carbon-fiber-reinforced plastic (CFRP).
[185] Vgl. Braess und Seiffert (2011); S. 158.
[186] JEC (2013) für die Jahre 2010 und 2020. Für 2030 eigene Fortschreibung.

2.3.3 Hybride

Das Wort Hybrid kommt aus dem Griechischen und bedeutet so viel wie „gemischt" oder „von zweierlei Herkunft". Ein Hybridfahrzeug besitzt per Definition mindestens zwei Energiespeicher und zwei Energiewandler. Dabei sind die Energiewandler der Verbrennungsmotor sowie der Elektromotor und die Energiespeicher der Tank sowie die Batterie. Die verschiedenen Hybridkonzepte unterscheidet die Literatur in Mikro-, Mild-, Voll- und Plug-In-Hybride. Diese Unterteilung richtet sich in der Regel nach der Leistung des Elektromotors sowie nach den elektrisch realisierten Nebenfunktionen.[187] Aufseiten der Fahrzeughersteller hat sich in den letzten Jahren auch eine Unterteilung nach der Fahrzeugarchitektur in Parallel-Hybride, Serielle-Hybride und Misch-Hybride durchgesetzt. Diese Unterteilung wird im Folgenden anhand der hier verwendeten EUCAR-V4-Fahrzeuge näher erläutert.

Parallel-Hybride (HEV)

Bei einem Parallel-Hybrid (HEV) sind sowohl der Elektro- als auch der Verbrennungsmotor mechanisch über das Getriebe mit den Rädern verbunden. Es liegt eine Parallelschaltung der Energiewandler vor, deren Leistung sich auf diese Weise addieren lässt.[188]

Tabelle 10: Technische Entwicklung Benzin P1-Parallel-Hybrid (HEV) [189]

Parameter	Einheit	2010	2020	2030
Verbrennungsmotor		DISI	DISI	DISI
Hubraum	[l]	1,4	1,3	1,3
Leistung	[kW]	90	70	70
Anzahl Zylinder	-	4	3	3
Elektromotor		PSM	PSM	PSM
Leistung (Peak)	[kW]	24	24	24
Batterie		HP Li-Ionen	HP Li-Ionen	HP Li-Ionen
Energieinhalt	[kWh]	1,4	1	1
Leistung	[kW]	30	30	30
Simulation				
Verbrauch (NEFZ)	[l/100 km]	4,44	2,92	2,63 [a]
CO_2-Emissionen (NEFZ)	[gCO_2 eq./km]	106	70	63 [a]

[a] Es wird eine Verbrauchsverbesserung von zehn Prozent im Vergleich zum Jahr 2020 angenommen.

Generell sind die Komponenten von Parallel-Hybriden relativ einfach in bestehende verbrennermotorische Antriebssysteme integrierbar, ohne Änderungen am Karosseriebau vornehmen zu müssen. Die größten Änderungen entfallen auf die Integration des Hybridgetriebes mit Elektromotor, der Batterie und der Betriebsstrategie in das verbrennermotorische Antriebssystem. Tabelle 10 zeigt die technische Auslegung des Parallel-Hybriden aus

---

[187] Vgl. Wallentowitz, Freialdenhoven, et al. (2010), S. 52ff.
[188] Vgl. Gerl (2002), S. 76.
[189] JEC (2013) für die Jahre 2010 und 2020. Für 2030 eigene Fortschreibung.

2.3 Alternative und konventionelle Antriebstechnologien

der EUCAR-V4. Dargestellt und weiter untersucht wird nur das Benzin-Hybrid-Fahrzeug, um die Komplexität nicht zusätzlich zu erhöhen. Diesel-Hybride sind grundsätzlich technisch umsetzbar und auch Gegenstand der EUCAR-V4. Aufgrund des höheren Preises des Diesel-Antriebsstrangs wird in der Praxis bis auf wenige Ausnahmen bisher auch von Diesel-Hybriden abgesehen.

Bei Parallel-Hybriden kann konzeptabhängig rein verbrennermotorisch, rein elektrisch oder kombiniert gefahren werden. Je nach Anordnung des Verbrennungsmotors haben sich die Bezeichnungen P1 bis P4 etabliert.[190]

P1-Hybrid: Hier ist der Elektromotor drehfest mit dem Verbrennungsmotor verbunden. Die Hybridfunktionen sind größtenteils als Start-/Stopp-, Bremsrückgewinnungs- und Beschleunigungsunterstützungsfunktionen ausgeführt. Prominentester Vertreter eines P1-Hybriden ist der Mercedes-Benz-S400-Hybrid.

P2-Hybrid: Hier ist der Elektromotor am Getriebeeingang durch eine Kupplung vom Verbrennungsmotor getrennt. Dadurch wird eine rein elektrische Fahrt und die volle Rekuperation[191] ohne Motorschleppverluste möglich. Diese Anordnung findet sich zum Beispiel im VW-Touareg-Hybrid.

P3-Hybrid: Hier ist Elektromotor hinter dem Getriebe. Während der Schaltphasen kann so die Zugkraft erhalten werden, was vor allem eine Komfortsteigerung bedeutet. Außerdem können bei geöffneter Kupplung rein elektrische Fahrleistungen erbracht werden.

P4-Hybrid: Hier ist der Elektromotor an einer Achse und der Verbrennungsmotor an der anderen Achse angebracht. Dadurch kann der Elektromotor die Traktion zusätzlich unterstützen. Nachteilig an diesem Konzept ist, dass die Start-/Stopp-Funktion und Lastpunktverschiebungen des Verbrennungsmotors nur mit einem zusätzlichen Elektromotor am Verbrennungsmotor realisiert werden können.[192]

Plug-In-Hybride (PHEV)

Plug-In-Hybrid-Electric-Vehicle (PHEV) gehören zu der Gruppe der Mischhybride. Sie sind den Parallel-Hybriden strukturell sehr ähnlich, besitzen aber eine größere Batterie, die auch extern über einen Netzanschluss (Plug-In) geladen werden kann. Durch die größere Batterie und einem leistungsstärkeren Elektromotor können mit PHEV schon kleinere Strecken rein batterieelektrisch gefahren werden (Tabelle 11).

Die aktuelle EU-Gesetzgebung begünstigt dieses Fahrzeugkonzept zusätzlich, weil bei PHEV die CO_2-Emissionen aus der Verbrennung der Kraftstoffe gewichtet in Abhängigkeit von der elektrischen Reichweite und dem elektrischen Verbrauch des Fahrzeugs, den Fahrzeugemissionen im Normzyklus abgezogen werden können.[193] Durch diese „Nicht-Anrechnung" des elektrischen Stroms für die Traktion können OEMs zukünftig ihre Flottenemissionen signifikant senken.[194]

---

[190] Vgl. Braess und Seiffert (2011), S. 133ff.
[191] Beim Bremsen wird der Elektromotor als Generator (Stromerzeuger) verwendet.
[192] Vgl. Reif, Noreikat, et al. (2012), S. 36.
[193] Im Gliederungspunkt 4.4 Tank-to-Wheel-Energieverbrauch von alternativen Antrieben werden dazu umfangreiche Untersuchungen durchgeführt.
[194] Braess und Seiffert (2011), S. 140.

Tabelle 11: Technische Entwicklung Benzin Plug-In-Hybrid (PHEV) [195]

Parameter	Einheit	2010	2020	2030
Verbrennungsmotor		DISI	DISI	DISI
Hubraum	[l]	1,4	1,4	1,4
Leistung	[kW]	90	70	70
Anzahl Zylinder	-	4	3	3
Elektromotor		PSM	PSM	PSM
Leistung (Peak)	[kW]	40	38	38
Batterie		HE Li-Ionen	HE Li-Ionen	HE Li-Ionen
Energieinhalt	[kWh]	3,7	2,7	2,7
Leistung	[kW]	50	50	50
Simulation				
El. Reichweite (NEFZ)	[km]	20	20	22 [a]
Verbrauch ECE-R101	[l +	3,17	2,11	1,90 [a]
El. Verbrauch ECE-R101 [b]	kWh/100 km]	4,07	2,70	2,43 [a]
CO_2-Emissionen ECE-R101	[gCO_2 eq./km]	75	50	45 [a]

[a] Es wird eine Verbrauchsverbesserung von zehn Prozent im Vergleich zum Jahr 2020 angenommen.
[b] Inklusive Ladeverluste.

Tabelle 12: Technische Entwicklung Benzin Range-Extender-Electric-Vehicle (REEV) [196]

Parameter	Einheit	2010	2020	2030
Verbrennungsmotor		DISI	DISI	DISI
Hubraum	[l]	1,4	1,2	1,2
Leistung	[kW]	55	47	47
Anzahl Zylinder	-	4	3	3
Generator				
Leistung	[kW]	57	50	50
Elektromotor		PSM	PSM	PSM
Leistung (Peak)	[kW]	90	75	75
Batterie		HE-Li-Ionen	HE-Li-Ionen	HE-Li-Ionen
Energieinhalt	[kWh]	14,9	11,8	11,8
Leistung	[kW]	100	90	90
Simulation				
El. Reichweite (NEFZ)	[km]	80	80	88 [a]
Verbrauch ECE-R101	[l +	1,09	0,85	0,77 [a]
El. Verbrauch ECE-R101 [b]	kWh/100 km]	11,58	9,12	8,21 [a]
CO_2-Emissionen ECE-R101	[gCO_2 eq./km]	26	20	18 [a]

[a] Es wird eine Verbrauchsverbesserung von zehn Prozent im Vergleich zum Jahr 2020 angenommen.
[b] Inklusive Ladeverluste.

---

[195] JEC (2013) für die Jahre 2010 und 2020. Für 2030 eigene Fortschreibung.
[196] JEC (2013) für die Jahre 2010 und 2020. Für 2030 eigene Fortschreibung.

2.3 Alternative und konventionelle Antriebstechnologien

Range-Extender

Range-Extender-Electric-Vehicle (REEV) gehören zu der Gruppe der Seriellen-Hybride. Serielle-Hybride nutzen für die Traktion ausschließlich den Elektromotor, der mit einer entsprechend großen Leistung ausgestattet ist (Tabelle 12).

Der Verbrennungsmotor wird nicht für die Traktion verwendet, er dient nur dazu, über einen Generator die Batterie wieder aufzuladen, wenn diese unter einen bestimmten SOC fällt. Bei der Batterie handelt es sich um eine Energie-Batterie (HE), mit deutlich größerem Energieinhalt als bei PHEV. Dadurch können, wie in Tabelle 12 zu sehen ist, schon beachtliche Reichweiten von 80 km rein batterie-elektrisch zurückgelegt werden. Der Vorteil dieses Konzepts ist, dass der Verbrennungsmotor zum Laden der Batterie in einem unter Verbrauchs- und Emissionsgesichtspunkten günstigen Drehzahlbereich betrieben werden kann.[197] Um den Effizienzvorteil des elektrischen Antriebsstrang nutzen zu können, sollte aber ein Großteil der Strecken innerhalb der elektrischen Reichweite abgedeckt werden und der Verbrennungsmotor nur im „Notfall" eingesetzt werden.

2.3.4 Batteriefahrzeuge

Im Vergleich zu allen anderen hier untersuchten Fahrzeugantrieben zeichnet sich das Batteriefahrzeug (BEV) durch einen relativ einfachen Systemaufbau aus, welcher im wesentlich nur aus den Komponenten Energiespeicher, Elektromotor und Steuergeräten besteht.[198] Der Strom wird dabei in der Ladeeinheit über einen Wechselrichter in Gleichstrom umgewandelt und in die Batterie geladen. Ein anderer Energiespeicher wie bei den Hybriden befindet sich nicht an Bord. Außerdem werden aus der Batterie noch Nebenverbraucher wie Heizung und Klimatisierung sowie die Lenk- und Bremsunterstützung gespeist. In Tabelle 13 ist der NEFZ-Verbrauch zu sehen, ohne die eben genannten Nebenverbraucher.[199]

Tabelle 13: Technische Entwicklung Batteriefahrzeug (BEV) [200]

Parameter	Einheit	2010	2020	2030
Batterie		HE-Li-Ionen	HE-Li-Ionen	HE-Li-Ionen
Energieinhalt	[kWh]	17,8	22,1	22,1
Leistung	[kW]	100	90	90
Elektromotor		PSM	PSM	PSM
Leistung (Peak)	[kW]	90	70	70
Simulation				
El. Reichweite (NEFZ)	[km]	120	200	220 [a]
Verbrauch (NEFZ) [b]	[kWh/100 km]	14,49	10,59	9,53 [a]
CO_2-Emissionen (NEFZ)	[gCO_2 eq./km]	0	0	0

[a] Es wird eine Verbrauchsverbesserung von zehn Prozent im Vergleich zum Jahr 2020 angenommen.
[b] Inklusive Ladeverluste.

---

[197] Vgl. Gerl (2002), S. 75.
[198] Vgl. Wallentowitz, Freialdenhoven, et al. (2010), S. 59.
[199] Siehe dazu Gliederungspunkt 4.3 Tank-to-Wheel-Energieverbrauch von alternativen Antrieben.
[200] JEC (2013) für die Jahre 2010 und 2020. Für 2030 eigene Fortschreibung.

2.3.5 Brennstoffzellenfahrzeuge

Streng genommen sind Brennstoffzellenfahrzeuge (FCEV) auch Serielle-Hybride mit zwei Energiespeichern und zwei Energiewandlern. Die beiden Energiespeicher eines FCEV sind der H_2-Tank und die Batterie. Als Energiewandler fungieren die Brennstoffzelle und der Elektromotor. In der Brennstoffzelle wird die chemische Energie des Wasserstoffs mithilfe von Sauerstoff in einer kalten Verbrennung in Wasser und elektrische Energie umgewandelt, die wiederum direkt für die Traktion des Elektromotors verwendet wird. Weiterhin wird der in der Brennstoffzelle erzeugte Gleichstrom für Nebenverbraucher wie dem Luftverdichter oder dem Klimakompressor verwendet. Mit einem Teil des Gleichstroms wird aber auch die HP-Li-Ionen Batterie aufgeladen, die zur Leistungsüberbrückung bzw. kurzfristigen Deckung von Spitzenlastanforderungen aus dem Elektromotor dient. Außerdem speichert die Batterie die Rekuperationsenergie des Elektromotors beim Bremsen des Fahrzeugs. Diese Energie wird dann wiederum für die Traktion in bestimmten Fahrphasen (zum Beispiel beim Anfahren) genutzt, was eine Verbrauchssenkung nach sich zieht.

Tabelle 14: Technische Entwicklung Brennstoffzellenfahrzeug (FCEV) [201]

Parameter	Einheit	2010	2020	2030
BZ-Stack		PEM	PEM	PEM
Leistung	[kW]	70	55	55
Batterie		HP-Li-Ionen	HP-Li-Ionen	HP-Li-Ionen
Energieinhalt	[kWh]	1,4	1	1
Leistung	[kW]	30	30	30
Elektromotor		PSM	PSM	PSM
Leistung (Peak)	[kW]	85	70	70
H_2-Tank				
Energieinhalt	[kg H_2]	3,0	2,3	2,3
Simulation				
El. Reichweite (NEFZ)	[km]	500	500	550 [a]
Verbrauch (NEFZ)	[kg H_2/100 km]	0,624	0,448	0,403 [a]
CO_2-Emissionen (NEFZ)	[gCO_2 eq./km]	0	0	0

[a] Es wird eine Verbrauchsverbesserung von zehn Prozent im Vergleich zum Jahr 2020 angenommen.

2.3.6 Systemvergleich

Da sich die oben beschriebenen Fahrzeugkonzepte zum Teil signifikant in der Wahl ihrer Antriebssysteme und Energiespeicher unterscheiden, erfolgt im Folgenden ein Systemvergleich anhand verschiedener Kennzahlen auf Gesamtfahrzeug-, Antriebsstrang- und Energiespeicherebene.[202]

---

[201] JEC (2013) für die Jahre 2010 und 2020. Für 2030 eigene Fortschreibung.
[202] Der Vergleich erfolgt auf Basis der in der EUCAR V4 (2013) verwendeten Daten und bezieht sich auf die Jahresscheiben 2010 und 2020+. Das Jahr 2030 wurde in der Studie noch nicht betrachtet.

2.3 Alternative und konventionelle Antriebstechnologien

Fahrzeugverbrauch und Reichweitengewicht

Abbildung 10 zeigt auf der linken Seite den Fahrzeugverbrauch der verschiedenen Antriebsstrang-Kraftstoff-Kombinationen im NEFZ normiert auf die Einheit kWh/100km. Das BEV ist der energieeffizienteste der hier untersuchten Antriebe. REEV und FCEV liegen in etwa gleich auf. Bis zum Jahr 2020 machen die verbrennermotorisch angetriebenen Antriebe durch die vorher beschriebenen Effizienzsteigerungsmaßnahmen noch einmal einen signifikanten Effizienzsprung. Das Reichweitengewicht (Abbildung 10, rechts) ist der Quotient aus dem Fahrzeug-Leergewicht (inklusive 90 Prozent Kraftstoffinhalt) und der Reichweite im NEFZ. An dieser Kennzahl kann man ablesen, wie sich das Verhältnis der Fahrzeugmasse zur Reichweite für die verschiedenen Antriebe aufteilt. Idealerweise ist das Verhältnis so klein wie möglich. Das BEV hat bei dieser Auswertung aufgrund der schweren Batterie das mit Abstand meiste Gewicht, bezogen auf seine Reichweite.

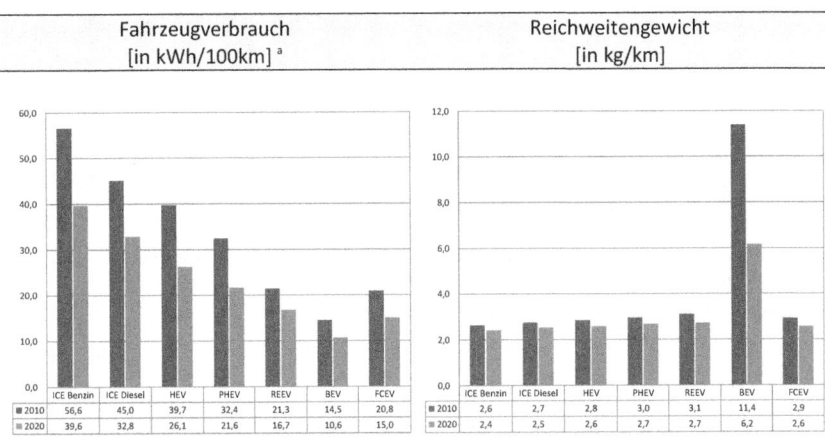

a Verbrauch im NEFZ. Bei PHEV und REEV Aufteilung elektr. und verbr. Fahrleistung nach ECE-R101; Fahrzeuggewicht: siehe Tabelle 46 bis Tabelle 52 im Anhang. Alle Zahlen aus EUCAR (2013).

Abbildung 10: Fahrzeugverbrauch und Reichweitengewicht

Leistungsdichte von Antriebsstrang und Gesamtfahrzeug

Der Antriebsstrang besteht bei den verschiedenen Fahrzeugantrieben aus unterschiedlichen Komponenten. Für ICE-Benzin und ICE-Diesel besteht der Antriebsstrang nur aus dem Verbrennungsmotor und dem Getriebe[203]. Bei den elektrifizierten Antriebssystemen (HEV, PHEV und REEV) kommt zusätzlich ein Elektromotor bzw. Generator zum Einsatz. Bei BEV und FCEV erfolgt die Traktion ausschließlich über Elektromotor und Getriebe. Bei FCEV wird das BZ-System auch noch zum Antriebsstrang gezählt, da es die Energie für den E-Motor herstellen muss. Abbildung 11 zeigt auf der linken Seite das Verhältnis zwischen der für die Traktion installierten Leistung des Verbrennungs- bzw. Elektromotors und dem Gewicht des gesam-

---

[203] Antriebsachsen gehören ebenfalls zum Antriebsstrang. Sie werden in dieser Analyse nicht berücksichtigt.

ten Antriebsstrangs, bestehend aus Verbrennungsmotor, Getriebe, E-Motor, Generator und BZ-System – wenn vorhanden. Das BEV hat in dieser Analyse die mit Abstand höchste Leistungsdichte. Bezogen auf das Gesamtfahrzeuggewicht ist die Leistungsdichte des BEV durch die schwere Batterie wieder signifikant schlechter im Vergleich zu den hier am besten abschneidenden Fahrzeugen HEV und PHEV (Abbildung 11, rechts).

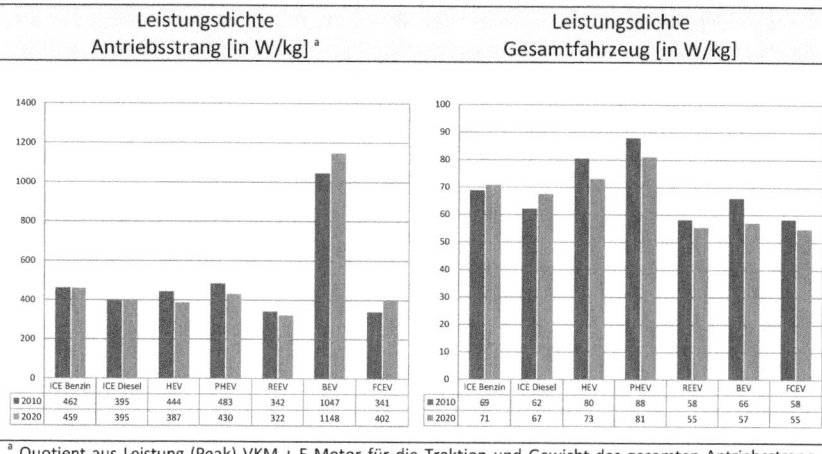

[a] Quotient aus Leistung (Peak) VKM + E-Motor für die Traktion und Gewicht des gesamten Antriebsstrang (VKM, E-Motor, Generator, Getriebe, BZ-System). Alle Zahlen aus EUCAR (2013).

Abbildung 11: Leistungsdichte von Antriebsstrang und Gesamtfahrzeug

Energiedichte Kraftstoff und Kraftstoffspeicher

Die Energiedichte verschiedener flüssiger und gasförmiger Kraftstoffe für Pkw ist in Abbildung 12 links dargestellt. Da die Ein- bzw. Auslagerung beim Be- bzw. Entladen von Li-Ionen in einer Li-Ionen-Batterie mit keiner Gewichtsänderung einhergeht, wird hier die gravimetrische Energiedichte der gesamten Batterie aus der EUCAR V4 dargestellt. Üblich in diesem Zusammenhang ist auch die Darstellung der Energiedichte auf Batteriezellen-Ebene. Dort ist die Energiedichte durch das Fehlen des BMS[204], des Batteriegehäuses und der Kühlung etwas höher. Sie liegt für das Jahr 2011 bei etwa 0,14 kWh/kg.[205]

Abbildung 12 rechts zeigt die Energiedichte von Kraftstoff und dazugehörigem Kraftstoffsystem.[206] Die Abbildung zeigt zugleich eines der zentralen Probleme batterieelektrischer Antriebe – in REEV und BEV kann durch die geringe Energiedichte der HE-Batterien nur ein Bruchteil der Energie von flüssigen oder gasförmigen Energieträgern gespeichert werden. Nicht dargestellt ist die volumetrische Energiedichte. Sie ist für die Integration des Kraft-

---

[204] Batteriemanagementsystem. Gemeint ist hier die Elektronik die für das Be- bzw. Entladen und das Überwachen des Batterieladezustands notwendig ist.
[205] Fraunhofer Fraunhofer-ISI (2012), S. 8 Wert für das Jahr 2011.
[206] Mit Kraftstoffsystem sind der Benzin- sowie Dieseltank, der H_2-Tank und die HP- und HE-Batterien gemeint.

2.4 Zusammenfassung und Diskussion der Forschungsfragen

stoffsystems in das Fahrzeug ebenfalls von zentraler Bedeutung. So haben Gase wie Wasserstoff oder CNG zwar eine hohe gravimetrische Energiedichte (Abbildung 12, links), bezogen auf ihr Volumen nehmen sie aber einen relativ großen Raum ein.

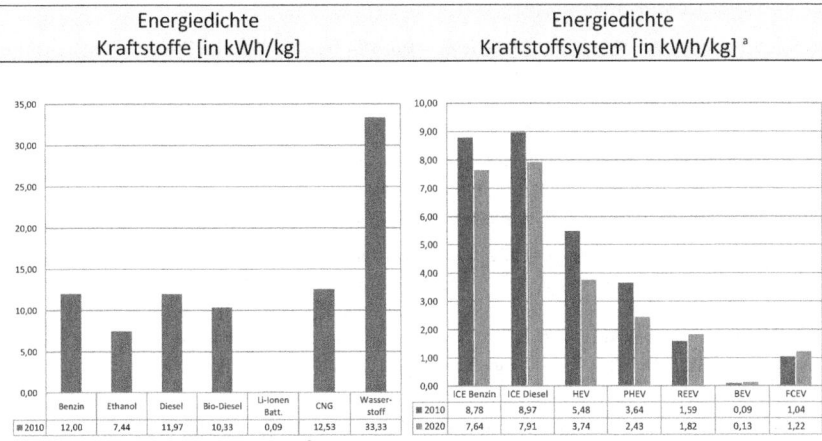

[a] Quotient aus dem Energieinhalt der mitgeführten Kraftstoffmenge und dem Gewicht des gesamten Kraftstoffsystems (gefüllter Benzin-Dieseltank, H_2-Tank, HP- und HE-Batterie). Alle Zahlen aus EUCAR (2013).

Abbildung 12: Energiedichte von Kraftstoff und Kraftstoffsystem

2.4 Zusammenfassung und Diskussion der Forschungsfragen

In diesem Punkt werden die Untersuchungsergebnisse des Kapitels noch einmal zusammenfassend dargestellt. Dabei werden die Forschungsfragen aus dem Beginn des Kapitels wieder aufgenommen und in Form von Stichpunkten beantwortet.

1. *Welchen Einfluss hat der Pkw-Verkehr auf den Energieverbrauch und die CO_2-Emissionen?*

    - Auf den Verkehrssektor entfiel im Jahr 2012 ein Anteil von 19 Prozent am Primärenergieverbrauch in Deutschland. Damit ist der Verkehrssektor neben den Haushalten der Sektor, der in den letzten Jahren mehr Energie verbraucht hat. Der gesamte Primärenergieverbrauch in Deutschland hat sich seit 1990 allerdings um 7,7 Prozent verringert. Das ist neben Effizienzverbesserungen in den Sektoren auch auf die Ersetzung von Kohle hin zu Erdgas und erneuerbaren Energien zurückzuführen.

    - Im Jahr 2010 verursachte der Verkehr 22 Prozent der globalen CO_2-Emissionen. Damit ist der Verkehr nach der Strom- und Wärme-Produktion (41 Prozent) der zweitgrößte Emittent, gefolgt von der Industrie mit 20 Prozent. Etwa zwei Drittel der weltweiten Verkehrsemissionen entfallen auf den Straßenverkehr von Pkw, Lkw, Motorrädern und Bussen. In Deutschland schwankt der Anteil durch den Straßenverkehr verursachter CO_2-Emissionen an den Gesamtemissionen in den vergangenen 20 Jahren mehr oder weniger unverändert zwischen 17 bis 20 Prozent. Kritisch ist in diesem Zusammenhang der drastische Zuwachs des weltweiten Pkw-Bestandes (bis 2050 vermutlich Verdopplung zu 2010) zu sehen. In Deutschland sind in 2010 nur fünf Prozent der weltweiten Pkw-Flotte zugelassen. Dieser Anteil wird sich bis zum Jahr 2030 weiter verringern.

- Erneuerbare Energie und Materie steht uns in Deutschland im Prinzip in ausreichender Menge für den Verkehr zur Verfügung, allerdings nicht in der Form, wie wir sie benötigen oder heute gewohnt sind, zu verarbeiten. Im Jahr 2012 könnten mit dem erneuerbar erzeugten Strom von 100 TWh/a in Deutschland schon 41 Mio. BEV und 18 Mio. FCEV betrieben werden. Mittel- bis langfristig scheint es sogar möglich, den gesamten Pkw-Verkehr in Deutschland aus strombasierten erneuerbaren Energien, die sogar in Deutschland hergestellt werden, zu bedienen.

- Es wurde gezeigt, dass der Kraftstoffverbrauch von Pkw im NEFZ in den letzten Jahren kontinuierlich gesunken ist. Die Realverbräuche sind dagegen nur geringfügig gesunken. Gleichzeitig hat sich auch die Fahrleistung vergrößert, was den Energieverbrauch im Gesamtverkehr hat steigen lassen. Ohne den Einsatz von alternativen Antrieben ist dieser Entwicklung nur schwer entgegenzuwirken.

2. *Welche externen Einflussfaktoren wirken auf die Entwicklung und die Marktdurchdringung von alternativen und konventionellen Fahrzeugantrieben?*

- Untersucht wurde der Einfluss von Klimawandel, Energieversorgung, Gesetzliche Rahmenbedingungen, Gesellschaft und Geschäftsmodelle und Mobilitätsoptionen. Um die Klimaschutzziele zu erreichen, hat der Gesetzgeber eine Vielzahl von regulatorischen Rahmenbedingungen und fiskalpolitischen Instrumenten erlassen. Dabei wirkt der Großteil der untersuchten Instrumente auf den Endkunden (Fahrzeugkäufer und Fahrer). Die Anbieter von Fahrzeugen und Kraftstoffen werden bei den meisten Instrumenten bestenfalls indirekt zu handelnden. Die direkt auf die Anbieter wirkenden Instrumente wie die Beimischung von Biokraftstoffen, die EU-Flottengrenzwerte und die ZEV-Gesetzgebung zwingt die Anbieter jedoch zu einem direkten Handeln auf das jeweilige Instrument. Die Verwendung von erneuerbaren Energien im Verkehr wird bis auf die Gesetze zur Beimischung von Biokraftstoffen in keinen der bisher in Deutschland installierten und hier diskutierten Instrumente forciert.

- In den letzten Jahren hat der Anteil an Diesel-Pkw in der deutschen Flotte signifikant zugenommen. Genaue Ursachen dieses Effekts wurden nicht untersucht. In dem Zusammenhang ist der geringere Kraftstoffverbrauch und der geringere Kraftstoffpreis von Diesel- gegenüber Benzinfahrzeugen zu betrachten. Außerdem ist zu beobachten, dass Diesel-Pkw deutlich höhere Laufleistungen haben als Benzin-Pkw.

- Der Firmenwagenmarkt ist mit einer Größe von über 60 Prozent im Jahr 2012 maßgeblich an den Zulassungen von Neufahrzeugen in Deutschland beteiligt. Er stellt damit auch einen wichtigen Markt für alternative Antriebe dar.

2.4 Zusammenfassung und Diskussion der Forschungsfragen

3. *Wie ist der Entwicklungsstand von alternativen und konventionellen Fahrzeugantrieben und deren Schlüsseltechnologien?*

- Die untersuchten Fahrzeugantriebe HEV, PHEV, REEV, BEV und FCEV unterscheiden sich zum Teil erheblich in ihren technischen Eigenschaften. BEV sind zwar die energieeffizientesten Antriebe; aufgrund der sehr geringen gravimetrischen Energiedichte der Traktionsbatterien ist ihre Reichweite auch in Zukunft nicht mit der für Pkw gewohnten Reichweite zu vergleichen.

- Die vorgestellten Fahrzeugantriebe aus der EUCAR-V4 beinhalten noch keine Kosten, sind aus technischer Sicht aber fundierter ermittelt und aktueller als die EU-Coalition-Fahrzeuge (2010). Im Kapitel 3 werden die EUCAR-V4-Fahrzeuge mit den spezifischen Komponentenkosten der EU-Coalition-Studie berechnet. Die Fahrzeugkosten gehen dann in die weiteren Untersuchungen ein.

4. *Weiterer Forschungsbedarf*

- Weiterer Forschungsbedarf liegt in der Wirkung der verschiedenen regulatorischen und fiskalpolitischen Instrumente auf ihren Einfluss auf die Flottendurchdringung von alternativen Antrieben. Ihre Wirkung könnte nach Enzensberger und Wietschel (2003) nach den Kriterien Effektivität, Effizienz sowie Praktikabilität analysiert werden. Von besonderem Interesse ist dabei die Wirkung der geplanten Super-Credits für Elektrofahrzeuge. Nach Propfe, Kreyenberg et al. spielen dafür aber auch die Kraftstoffpreise von Benzin/Diesel, Wasserstoff und Strom eine besondere Rolle.[207]

- Ferner ist die Untersuchung des Mobilitätsverhaltens der Menschen von besonderem Interesse. Unter dem Stichwort „Nutzen statt Besitzen" könnte sich der Besetzungs- und Nutzungsgrad der Pkw zukünftig signifikant erhöhen und damit den Pkw-Bestand bei gleicher Beförderungsleistung verringern. Die weitere Verbreitung des mobilen Internets in Smartphones und die genaue Positionsbestimmung von multimodalen Mobilitätsoptionen (Fahrrad, ÖPNV, Pkw) bilden dabei die technologische Grundlage.

---

[207] Propfe, Kreyenberg, et al. (2013).

3 Kostenanalysen von alternativen Antrieben

Forschungsfragen:

1. Welche Kostenarten sind für die Kostenanalyse von alternativen Antrieben von besonderem Interesse und welche Unsicherheiten ergeben sich in der Prognose der Kosten bis 2030?
2. Unter welchen Bedingungen sind die ambitionierten Zielkosten von Batterien und Brennstoffzellen zu erreichen?
3. Auf welche Kostenarten-Veränderung reagieren die TCO von alternativen Antrieben am sensitivsten und was bedeutet das für Hersteller bzw. Anbieter und Kunden dieser Fahrzeuge?

3.1 Kostenkomponenten der Autonutzung

Aus der Sicht eines Individuums[208] übersteigt der Nutzen eines Pkw die für ihn anfallenden Kosten für Anschaffung, Unterhalt und Betrieb. Grundsätzlich ist eine Anschaffung eines Pkw jedoch nicht zwingend erforderlich, um ihn zu nutzen. Die Mobilität, die ein Pkw bietet, kann auch durch Car-Sharing, Mitfahrgelegenheiten oder Taxis wahrgenommen werden.[209] Aus dem Blickwinkel der Gesellschaft entstehen aber noch andere externe Kosten wie die Kosten für den Bau und die Instandhaltung von Straßen und Brücken; Lärmkosten für die Anwohner, die sich gegen Pkw-Lärm schützen; Luftverschmutzungskosten für Menschen, die durch Pkw-Abgase krank werden; Unfallkosten für die Heilung der Menschen, die im Straßenverkehr zu Schaden kommen, und Kosten für künftige Generationen, die durch die THG-Emissionen des Pkw-Verkehrs verursacht werden. In einer ganzheitlicheren Analyse der Kosten für die Autonutzung müssten diese externen Kosten für die Gesellschaft dem Nutzen der jeweiligen Fahrten gegenübergestellt werden.[210] Diese Art von Untersuchungen sind nicht Bestandteil dieser Arbeit und werden im Weiteren nicht untersucht. In diesem Kapitel werden ausschließlich die Kosten für die Pkw-Anschaffung sowie dessen Unterhalt und Betrieb der verschiedenen alternativen wie auch konventionellen Antriebe betrachtet.

Die Anschaffung und darauffolgende Zulassung eines Pkw beim KBA lässt sich in private und gewerbliche Käufer bzw. Halter gliedern.[211] Bei den Pkw-Neuzulassungen liegen die Privatkäufer/Halter in den letzten Jahren hinter den von gewerblich zugelassenen Pkw zurück. Im Jahr 2012 lag der Anteil der privaten Pkw-Neuzulassungen bei nur 38 Prozent. Die restlichen

---

[208] Hier private oder gewerbliche Halter und Fahrer.
[209] Diese wurden bereits im Gliederungspunkt 2.1.5 Geschäftsmodelle und Mobilitätsoptionen näher beleuchtet.
[210] Vgl. Becker, Becker, et al. (2013), S. 5f. Die Autoren geben in ihrer Arbeit einen Überblick über existierende Studien und den Forschungsstand der externen Autokosten in der EU-27.
[211] Hier wird vorausgesetzt, dass der Pkw-Käufer auch Halter des von ihm erworbenen Pkw wird.

62 Prozent entfielen auf gewerbliche Zulassungen.[212] Die Deutsche Automobil Treuhand (DAT) erstellt seit vielen Jahren eine nach Aussage der DAT repräsentative Umfrage von über 1.000 privaten Käufern und Haltern neuer und gebrauchter Pkw.[213] Seit 1992 sind laut DAT-Report 2012 die durchschnittlichen Neuwagenpreise um 67 Prozent gestiegen; die durchschnittlichen Haushaltseinkommen der privaten Neuwagenkäufer hingegen nur um 46 Prozent. Diese Lücke wird von den Kunden vermutlich durch eine Fahrzeugfinanzierung durch Leasing oder Kredite geschlossen.[214] Der Anteil von Leasing bei privaten Neufahrzeugkunden lag in den letzten Jahren in den Auswertungen des DAT um die 20 Prozent. Im Jahr 2012 haben laut DAT 70 Prozent der Neuwagenkäufer ihr Fahrzeug ganz (acht Prozent) oder teilweise (62 Prozent) durch einen Kredit finanziert. Damit liegt der Anteil von Barzahlern aus Eigenmitteln bei den Privat-Käufern bei ca. zehn Prozent.[215] Bei den gewerblich zugelassenen Pkw ist der Finanzierungsanteil vermutlich noch höher. Der Arbeitskreis der Banken und Leasinggesellschaften der Automobilwirtschaft (AKA)[216] gibt alljährlich eine Pressemitteilung über das Neu- und Gebrauchtwagengeschäft der Herstellerbanken aus. Dort wurde bis zum Jahr 2010 auch noch eine Unterteilung in private und gewerbliche Halter durchgeführt. Im Jahr 2010 entfielen auf die 14,5 Mrd. EUR monetären Leasingzugang der Herstellerbanken 12,5 Mrd. EUR (86 Prozent) auf gewerbliche Halter.[217] Nach Angaben des Bundesverband Deutscher Leasing-Unternehmen (BDL) liegt der Anteil geleaster Fahrzeuge[218] nach dem Anschaffungswert aller Fahrzeuge im Jahr 2012 in Summe bereits bei 68 Prozent.[219] Im Folgenden werden die Vor- und Nachteile der verschiedenen Anschaffungsmöglichleiten eines Pkw aus Sicht der unterschiedlichen Kundengruppen diskutiert.

Barkauf: Wer seinen Pkw bar bezahlt, erlangt die Verfügungsgewalt über dieses Fahrzeug. Der Käufer kann das Fahrzeug beliebig selbst nutzen, verleihen oder weiter verkaufen. Dem Barkäufer entstehen auch keine Kosten der Finanzierung. Allerdings ist der entgangene Zins- und Liquiditätsverlust zu beachten. Demgegenüber bekommt man als Barzahler oft einen höheren Preisnachlass.[220]

Finanzierung: Die Fahrzeugfinanzierung erfolgt in der Regel durch einen Kredit über ein unabhängiges Geldinstitut oder über eine Herstellerbank. Wird der Pkw über ein unabhängiges Geldinstitut finanziert, kann man gegenüber dem Händler als Barzahler auftreten, was einen höheren Preisnachlass erwarten lässt. Kredite der Herstellerbanken können wiederum für einzelne Modelle günstiger sein als die Händlerpreise. Am Ende der Finanzierung steht bei beiden der Eigentumserwerb am Fahrzeug. Das ist auch der große Unterschied zum Leasing.[221]

---

[212] KBA (2013b) Allerdings sind hier auch Tageszulassungen der Händler enthalten, um die Fahrzeuge mit hohen Rabatten als Gebrauchtwagen zu verkaufen.
[213] DAT-Report (2014).
[214] Stenner (2012), S. 71f.
[215] Eigene Auswertung aus DAT Report Autohaus 2008 bis 2012.
[216] Der AKA fungiert als gemeinsames Sprachrohr für die Banken der Automobilwirtschaft. Ihre Mitglieder sind die Banken der größten Automobilhersteller, die in Deutschland Pkw vertreiben.
[217] AKA (2010) Nicht berücksichtigt in den Kennzahlen des AKA ist die Finanzierung durch herstellerunabhängige Banken.
[218] Hier private oder gewerbliche Halter.
[219] Vgl. BDL (2013), S. 2.
[220] Vgl. ADAC (2013b), S. 7.
[221] Vgl. ADAC (2013b), S. 9ff.

3.1 Kostenkomponenten der Autonutzung

Leasing: Hier steht nicht der Eigentumserwerb am Fahrzeug im Vordergrund, sondern dessen Nutzung. Der Leasingnehmer wählt dabei sein Wunschfahrzeug bei einem Hersteller nach der Konfiguration seiner Wahl aus. Eine Leasinggesellschaft erwirbt dann dieses Fahrzeug vom Hersteller/Lieferanten. Das Fahrzeug befindet sich nun im Eigentum der Leasinggesellschaft, die es dem Leasingnehmer wieder über eine meist monatlich festgeschriebene Leasingrate für Nutzung, Wertverlust, Kreditzins und Verwaltungskosten bereitstellt. Nach der vereinbarten Nutzungszeit geht das Fahrzeug dann wieder an die Leasinggesellschaft zurück.[222] Gewerbliche Kunden können den Leasingaufwand als Betriebsaufwendungen geltend machen und damit ihre Steuerlast senken. Privatkunden haben diesen Vorteil nicht, hier steht die Nutzung des Fahrzeugs, ohne dafür lange sparen zu müssen, im Vordergrund.[223]

Der hohe Anteil der Neufahrzeug-Fremdfinanzierung bei privaten und gewerblichen Haltern deutet darauf hin, dass von den Kunden die monatliche Belastung der Zins- und Tilgungsbzw. Leasingrate bewusst in die Kaufentscheidung mit einbezogen wird. Neben der eigentlichen Fahrzeugfinanzierung sind laut einer Erhebung des AKA sieben von zehn Kunden, die ihr Fahrzeug durch einen Kredit finanzieren oder leasen, bereit, für Wartung, Kfz-Versicherung und Garantieverlängerung eine monatliche Pauschalrate zu zahlen.[224]

Auch wenn gezeigt wurde, dass gewerbliche Käufer und Halter eine interessante Kundengruppe für alternative Antriebe darstellen, werden sie in dieser Arbeit im weiteren nicht betrachtet. Hierzu müssten detaillierte Analysen zur Fahrzeugfinanzierung, Abschreibung und Haltedauer von gewerblichen Käufern/Haltern durchgeführt werden. Gegenstand dieser Untersuchungen müssten dann auch die Auswirkungen der Dienstwagenbesteuerung für die private Nutzung auf die Anschaffung dieser Fahrzeuge sein.[225] In dieser Arbeit liegt der Fokus auf den Kosten der Privatkunden, differenziert nach der Haltedauer der Fahrzeuge. Nachfolgend wird für diese Kundengruppe eine Analyse der Fahrzeugkosten (Wertverlust, Finanzierungskosten) und ihrer Unterhalts- und Betriebskosten (Versicherung, Steuern, Kraftstoffkosten, Wartung/Reparatur und Reifen) durchgeführt.

3.1.1 Fahrzeugkosten

Da es sich bei den hier untersuchten alternativen Fahrzeugantrieben um noch wenig etablierte Technologien[226] handelt, existieren auch noch keine oder sehr wenig belastbare Marktpreise dieser Fahrzeuge. Im Folgenden müssen deshalb fundierte Annahmen zu der Kostenentwicklung der Komponenten bzw. Technologien und letztlich für das gesamte Fahrzeug getroffen werden. Der Produktlebenszyklus von Technologien erfolgt in der Literatur nach einem Phasenmodell, welches sich in die Phasen (I) Einführung, (II) Wachstum, (III) Reife, (IV) Sättigung und (V) Rückgang einteilen lässt. Die Anbieter neuer Technologien wollen und können bei der Einführung eines neuen Produktes in der Regel nicht die gesamten Entwicklungs- und Markteinführungskosten auf die ersten Kunden übertragen. Daher verursachen neue Technologien vor und während der Markteinführungsphase oft einen

---

[222] Vgl. BDL (2013), S. 2f.
[223] Vgl. BBE (2010), S. 139.
[224] Vgl. Stenner (2012), S. 72.
[225] Siehe hierzu auch Gliederungspunkt 2.1.3 Gesetzliche Rahmenbedingungen.
[226] Die auch noch nicht in größerer Stückzahl auf dem Markt erhältlich sind.

Verlust, welcher in der Wachstums- und Reifephase wieder ausgeglichen wird.[227] Es ist davon auszugehen, dass sich die bisher auf dem Markt erhältlichen Elektrofahrzeuge noch in der Markteinführungsphase befinden und Verluste erwirtschaften. Wie hoch diese Verluste sind und wie lange sie von den Unternehmen zu tragen sind, hängt von der zukünftigen Absatzmenge und den am Markt zu erzielenden Preisen für diese Fahrzeuge ab.

Wie in 3.1 Kostenkomponenten der Autonutzung beschrieben entstehen dem Käufer eines Pkw durch dessen Anschaffung neben dem Anschaffungspreis auch Kosten für die Kapitalbindung (bei Barkauf) oder bei einer Fremdfinanzierung, Kosten für Kreditzins und Bearbeitung. Wird das Fahrzeug nach seiner Nutzung wieder verkauft, ergibt sich in der Regel ein Wertverlust aus der Veralterung und dem Verschleiß vom Fahrzeug. Betriebswirtschaftlich betrachtet handelt es sich dabei um die Abschreibung.[228]

Tabelle 15 gibt einen Überblick über die verschiedenen Ursachen, die den Wertverlust bzw. Restwert von Pkw beeinflussen, und zeigt Beispiele ihrer Wirkung im Markt. Die hier gewählte Unterteilung in exogene und endogene Ursachen wurde in Anlehnung an eine Veröffentlichung vom Institut für Automobilwirtschaft vorgenommen.[229] Exogene Ursachen werden von außen, unabhängig vom Zutun der Hersteller bzw. Anbieter, bestimmt. Dazu zählen zum Beispiel wirtschaftliche und rechtliche Rahmenbedingungen oder die Kundennachfrage nach bestimmten Modellen. Die endogenen Ursachen können hingegen vom Hersteller bzw. Anbieter aktiv beeinflusst werden. Hierzu zählen zum Beispiel Rabatte oder Garantieverlängerungen. Wie diese Ursachen in der Prognose zusammenspielen, ist allerdings erst in den Anfängen erforscht. In ihrer Doktorarbeit beschäftigt sich Nau[230] ausführlich mit Ursachen des Wertverlustes von Pkw, um damit den Restwert vorhersagen zu können, wobei sie sich auf die drei Kategorien (I) Gesamtwirtschaftliche Lage, (II) Situation auf dem Neu- und Gebrauchtwagenmarkt und (III) Charakteristika eines bestimmten Fahrzeuges begrenzt. Nach ihrer Analyse haben Modellwechsel und Facelifts einen signifikanten Einfluss auf den Restwert. Der Einfluss der Kraftstoffpreise konnte nur bei wenigen Modellen festgestellt werden. Neben dem allgemein bekannten Sachverhalt, dass Kleinwagen in der Regel wertstabiler sind als Oberklasse-Fahrzeuge, zeigt die Arbeit, dass Kleinwagen-Restwerte mehr von der wirtschaftlichen Entwicklung beeinflussbar sind als die Restwerte von Fahrzeugen der Oberklasse.[231]

---

[227] Vgl. Hermann (2010a), S. 70ff. und Piëch (2013), S. 60.
[228] Vgl. DEKRA/IFA (2008), S. 11.
[229] IFA (2010).
[230] Nau (2012).
[231] Nau (2012), S. 83f.

3.1 Kostenkomponenten der Autonutzung

Tabelle 15: Einflußfaktoren auf die Restwertentwicklung von Pkw

	Auslöser	Beispiel	Wirkung
Exogene Ursachen	Wirtschaftliche und rechtliche Rahmenbedingungen	Umweltprämie	Die Umweltprämie hat das Angebot an gebrauchten Pkw reduziert, gleichzeitig ist die Nachfrage nach Neu- und Jahreswagen angestiegen. Für kleine Pkw war das restwertstützend. [a]
	Kundennachfrage und Verhalten	Ausstattungswünsche der Kunden	Lederausstattung wirkt bei Kleinwagen restwertmindernd, bei Oberklasse-Fahrzeugen restwert- steigernd. [b]
Endogene Ursachen	Handelsebene	Rabatt-Aktionen	Die Basis für den späteren Restwert ist nicht der Listenpreis, sondern der Rabattpreis. Bei hohen Rabatten verfallen die späteren Restwerte. [c]
	Finanzdienstleiser	Günstige Finanzierung	Überkapazitäten bestimmter Modelle werden von Finanzdienstleister günstig vermarktet. Dadurch sinken aber auch die Restwerte. [d]
	Hersteller	Mengensteuerung	Werden weniger Neufahrzeuge auf den Markt gebracht als der Gebrauchtwagenmarkt nachfragt, können die Restwerte sogar höher als die Verkaufs-preise liegen (Beispiel: seltene Sportwagen oder Fahrzeuge in der DDR). [e]
		Garantieverlängerung	Durch verlängerte Garantien können Hersteller die technischen und damit finanziellen Risiken der Kunden bei z. B. Batterieversagen absichern. [f]

[a] DieWelt (2009)
[b] Handelsblatt (2013)
[c] DieWelt (2009)
[d] Flottenmanagement (2010), S. 69
[e] AMS (2010)
[f] Schwacke (2014)

Die im Weiteren durchgeführten Wertverlust-Analysen basieren auf einem Datensatz der ADAC-Autokostendatenbank aus dem Jahr 2011, mit knapp 18.000 Grundfahrzeug- Antriebskombinationen.[232] Diese ADAC-Daten leiten sich aus dem DAT-SylverDAT-Datensatz ab, welcher auf den tatsächlich erlösten Händlerverkaufspreisen, den sogenannten VEMs (Verkaufserlösmeldungen) basiert.[233] Die DAT-SylverDAT-Daten dienen unter anderem Autobanken, Leasinggesellschaften, Kfz-Werkstätten, Versicherungen und Flottenbetreibern zur Ermittlung ihrer Fahrzeugrestwerte. Die in Tabelle 16 und Abbildung 13 ausgewählten Fahrzeuge stellen in ihrer Restewertentwicklung Extreme in der Datenbasis dar, was die weiteren Analysen zeigen werden. Aus der ADAC-Datenbank wurden für diese Fahrzeuge der Bruttolistenpreis (BLP) und die Restwerte (RW) nach einer Haltedauer von drei Jahren und 45.000 km bzw. 90.000 km (Tabelle 16, links) entnommen.[234]

---

[232] Hier als Auszug für die Daimler AG.
[233] Vgl. Stenner (2010), S. 47.
[234] Eine detailliertere Restwertangabe ist in der vorliegenden Datenbasis nicht vorhanden.

Die in Tabelle 16 rechts dargestellten Wertverluste (EUR/d) errechnen sich aus dem Bruttolistenpreis, minus den Restwerten unterschiedlicher Laufleistung, dividiert durch die Anzahl von Tagen in drei Jahren. Demnach verliert der Porsche 911 bei einer Haltedauer von 3a und einer Laufleistung von 45.000 km in den ersten drei Jahren durchschnittlich 50 EUR/d. Das ist absolut gesehen zwar deutlich mehr als beispielsweise der Dacia Logan mit 6 EUR/d, relativ auf den Anschaffungspreis gesehen aber deutlich weniger, wie Abbildung 13 zeigt. Relativ gesehen ist der Porsche sogar das Wertstabilste in der zugrunde liegenden Datenbasis und der BMW 7er das Wertinstabilste aller Fahrzeuge.

Tabelle 16: Berechnung des Wertverlustes aus der ADAC-Autokostendatenbank (2011)

Fahrzeug	ADAC-Autokostendatenbank [a]			Berechnung Wertverlust (WVL)			
	BLP	RW 3a, 45tkm	RW 3a, 90tkm	WVL^b 3a, 45tkm	WVL^b 3a, 90tkm	α^c	β^c
	[EUR]	[EUR]	[EUR]	[EUR/d]	[EUR/d]		
Porsche 911 Speedster PDK	173.042	118.406	105.566	50	62	0,9156	0,9999974
BMW 7er 760Li Automatic	126.571	41.069	37.180	78	82	0,7103	0,9999978
Mercedes Benz B200 BlueE.	25.195	13.544	11.762	11	12	0,8522	0,9999969
Toyota Prius 1.8 Hybrid	25.093	14.016	12.172	10	12	0,8632	0,9999969
Dacia Logan MCV 1.6 MPI	10.656	4.247	3.688	6	6	0,7714	0,9999969

[a] ADAC-Autokostendatenbank (2011), abgeleitet aus der Gebrauchtwagennotierung der DAT. Zusätzlich beaufschlagt der ADAC die unverbindliche Preisempfehlung des Herstellers mit einer Ausstattungspauschale für Klimaanlage, Lackierung, Fahrdynamikregelung u. v. m. Die Kosten für Überführung und Zulassung werden Pauschal mit 500 EUR angesetzt. ADAC (2013)
[b] $WVL_{t, km}$ = (BLP - $RW_{t, km}$) / (365d/a * 3a)
[c] Die Berechnung der Regressionsparameter erfolgte durch die RGP-Funktion (multivariate lineare Regression) nach Linearisierung der beiden Terme in MS-Excel, welche die Regression unter Verwendung der Methode der kleinsten Quadrate durchführt.

Die in Tabelle 16 aufgeführten Werte für die Regressionsparameter α und β stellen das Ergebnis einer in MS-Excel durchgeführten Regressionsanalyse mit den in der ADAC-Datenbank geführten Werten für Bruttolistenpreis und Restwert, bei verschiedener Laufleistung, auf Basis der Formel 1 dar. Der Restwert (RW) eines Fahrzeugs ergibt sich demnach aus der Multiplikation des Bruttolistenpreises (BLP) mit einem fahrzeugspezifischen Regressionsparameter α, potenziert mit der Haltedauer (in Jahren) und einem fahrzeugspezifischen Regressionsparameter β, potenziert mit der Laufleistung (in Kilometern).

3.1 Kostenkomponenten der Autonutzung

Die nun vorhandene Formel 1 ermöglicht eine von der Haltedauer und Laufleistung abhängige Betrachtung des Restwerts der Fahrzeuge.

$$RW_{t,l} = \alpha^t * \beta^l * BLP \qquad \text{Formel 1}$$

$RW_{t,l}$: Restwert des Fahrzeugs nach der Haltedauer t und der Laufleistung l [EUR] bzw. [%]
α: Regressionsparameter Haltedauer, mit $\alpha < 0$
β: Regressionsparameter Laufleistung, mit $\beta < 0$
t: Haltedauer des Fahrzeugs [a]
l: Laufleistung des Fahrzeugs [km]
BLP: Bruttolistenpreis [EUR] bzw. [%]

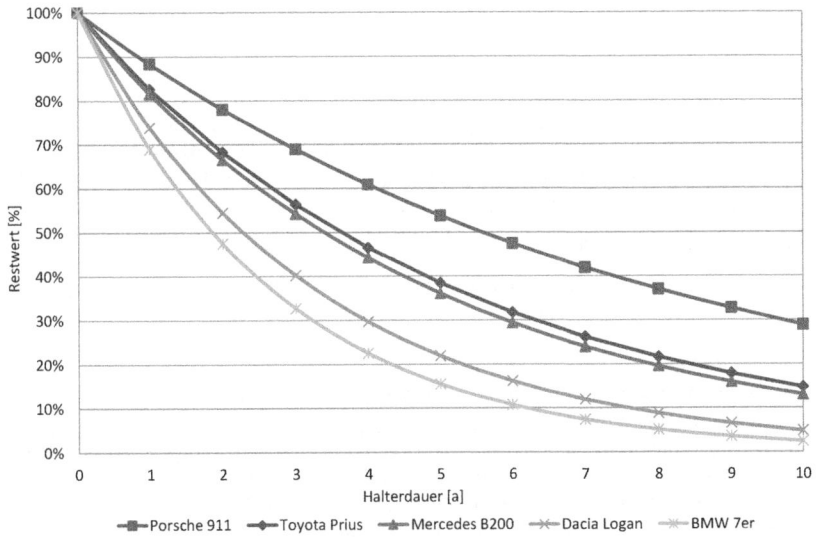

Abbildung 13: Entwicklung der Fahrzeug-Restwerte bei einer Laufleistung von 14.111 km/a[235]

In der rückblickenden Analyse des Regressionsparameters für die Haltedauer α fällt auf, dass sich dieser im Vergleich zu β bei den verschiedenen Fahrzeugen stark unterscheidet (Tabelle 16). Der Wertverlust eines Fahrzeugs ist dabei umso geringer, je größer α ist. Der Wert für β ist bei den untersuchten Fahrzeugen dabei nahezu unverändert. Der Wert α vereint höchstwahrscheinlich die eben aufgezeigten endogenen und exogenen Ursachen in einem Parameter. Diese Ursachen üben demnach einen größeren Einfluss auf den Wertverlust aus als die

---

[235] Eigene Berechnung aus Formel 1 und Tabelle 16. Die Fahrleistung 14.111 km/a = durchschnittliche Pkw Laufleistung für einen deutschen Pkw-Fahrer aus MID (2008). Vgl. Gliederungspunkt 2.2.2.

mit dem Fahrzeug gefahrene Strecke.[236] Wie sich α und β bei den hier zu untersuchenden alternativen Antrieben verhalten, kann aus der ADAC-Datenbank nicht beantwortet werden.[237] Insbesondere könnte sich der Wert β signifikant verändern, sollten die Hersteller keine Garantien auf die verbauten Komponenten geben und diese ein Problem in ihrer Dauerhaltbarkeit haben. Eines der wenigen elektrifizierten Antriebe in der Datenbank ist der Toyota Prius, welcher einen vergleichsweise geringen Wertverlust aufweist (Abbildung 13).

Für die hier untersuchten alternativen und konventionellen Antriebe wird im Weiteren der Wertverlust des Toyota Prius für alle zu untersuchenden Antriebe zugrunde gelegt, um den zukünftigen Wertverlust möglichst unverfälscht zu bewerten. Die zur Berechnung der Wertverluste erarbeitete Formel 1 weist aber noch andere Unsicherheiten auf. Sie unterliegt der Annahme, dass der jährliche, prozentuale Wertverlust konstant ist und dass jeder gefahrene Kilometer einen konstanten, prozentualen Wertverlust verursacht. Um dieser Unsicherheit zu begegnen, wird die Wirkung des Wertverlustes auf die TCO im Gliederungspunkt 3.3.4 Sensitivitätsanalyse kritisch untersucht.

3.1.2 Unterhaltskosten

Als Unterhaltskosten werden hier die Kosten bezeichnet, die dem Fahrzeughalter bzw. Fahrer in der Zeit der Nutzung entstehen. Dazu zählen vor allem die Kraftstoffkosten, Fixkosten aus Steuern und Versicherungen sowie die Wartungs- und Reparaturkosten. Im Folgenden wird die Zusammensetzung dieser Kostenarten näher beleuchtet und deren Kostenentwicklung für die weiteren Untersuchungen prognostiziert.

Kraftstoffkosten (Benzin, Diesel)

Für die Benzin- und Dieselproduktion wird der Rohstoff Rohöl benötigt. Dieser findet sich häufig nicht an den Orten, an denen er verbraucht wird, was wiederum großen Einfluss auf die Versorgung und Preisbildung hat. So waren neben den tatsächlichen Kosten für Rohölförderung, Raffination und Transport in der Vergangenheit auch andere Faktoren für die Preisschwankungen von Benzin und Diesel an den Tankstellen verantwortlich. Hierzu zählen Maßnahmen, die das Angebot bzw. die Fördermenge reduzieren sollen. Als Beispiele seien an dieser Stelle die Förderquoten der OPEC-Staaten[238] und Abschottungs- und Verstaatlichungsmaßnahmen von Ölquellen gegenüber privaten Investoren genannt. Ferner wirken Handelsembargos, Rohstoffhandel und Spekulationen an den Börsen und die Furcht vor Angebotsverknappung durch politische Unruhen oder Terroranschläge ebenfalls auf den Rohölpreis.[239]

Abbildung 14 (links) zeigt die Zusammensetzung der Benzin- und Dieselpreise in Deutschland im Jahr 2013. Der Produktpreis entspricht dabei der Notierung von Benzin und Diesel an der Börse in Rotterdam. Dieser Preis beinhaltet bereits die eben genannten Einflussfaktoren. Beide Kraftstoffe werden in Deutschland nach dem EnergieStG mit 65,5 EURcent/l für Benzin

---

[236] Hierzu sind weitere Analysen nötig, da die Regression mit zwei Datenpaaren nach jeweils drei Jahren und unterschiedlicher Laufleistung durchgeführt wurde. Die weiteren Faktoren wie wirtschaftliche Lage verzerren bzw. beeinflussen beide Wertepaare gleichermaßen.

[237] In der ADAC-Datenbasis aus dem Jahr 2011 liegen noch keine bzw. keine belastbaren Werte zur Restwertentwicklung der hier untersuchten alternativen Antriebe vor.

[238] OPEC = Organisation erdölexportierender Länder.

[239] Vgl. MWV (2004).

3.1 Kostenkomponenten der Autonutzung   59

und mit 47 EURcent/l für Diesel besteuert.[240] Der in Abbildung 14 ausgewiesene Betrag für den Deckungsbeitrag beinhaltet die Kosten für Transport, Lagerung, Abschreibung der Tankstelle und den Gewinn für die Beteiligten. Die Summe aus Produktpreis, Mineralölsteuer und Deckungsbeitrag wird dann vor dem Verkauf an den Endkunden noch einmal mit 19 Prozent Mwst. besteuert.

Für die Prognose der Benzin- und Dieselpreise wird hier angenommen, dass bis zum Jahr 2030 die Mineralölsteuer, der Deckungsbeitrag und der Mehrwertsteuersatz konstant bleiben. Es wird aber, analog der Verkehrsprognose 2030 vom BMVI, eine reale Preissteigerung des Produktpreises von Benzin und Diesel von 2,1 Prozent/p. a. angenommen.[241]

Zusammensetzung der Benzin- und Dieselpreise im Jahr 2013 [in EURcent/l] [a]	Prognose der Benzin- und Dieselpreise [in EURcent/l] [b]

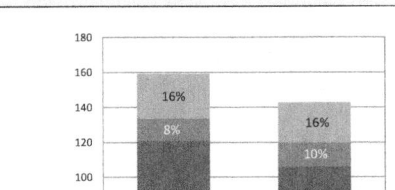
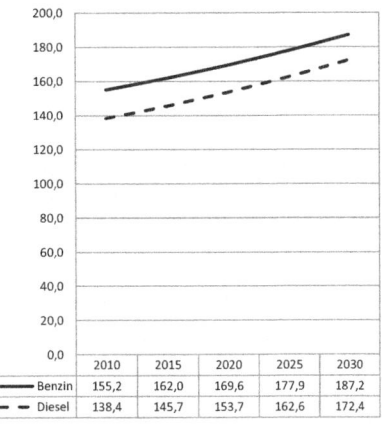

[a] MWV (2014b) Benzin = Superbenzin (95 Oktan, E5); MWV (2014a). Die Werte für die Mineralölsteuer sind inkl. Ökosteuer von 15,3 EURcent/l ausgewiesen.
[b] Basisjahr 2013 mit 2,1 Prozent/p. a. reale Preissteigerung von Benzin- und Diesel-Produktpreis. BMVI (2013), S. 3.

Abbildung 14: Zusammensetzung und Prognose von Benzin- und Dieselpreisen in Deutschland

---

[240] Vgl. Gliederungspunkt 2.1.3 Gesetzliche Rahmenbedingungen.
[241] BMVI (2013), S. 3.

Die Kraftstoffkosten der jeweiligen Antriebsart ICE-Benzin, ICE-Diesel, PHEV und REEV berechnen sich wie folgt.

$$k_A^K = v_A^K * k^K * l_A \qquad \text{Formel 2}$$

k_A^K: Kraftstoffkosten (Benzin, Diesel) eines Fahrzeugantriebs [EUR]
v_A^K: Kraftstoffverbrauch (Benzin, Diesel) eines Fahrzeugantriebs [l/km]
k^K: Kraftstoffpreis (Benzin, Diesel) an der Tankstelle [EUR/l]
l_A: Laufleistung eines Fahrzeugantriebs [km]

Kraftstoffkosten (Strom)

Der Strompreis für private Haushalte setzt sich zum einen aus den tatsächlichen Kosten für die Stromerzeugung, die Netznutzung und dem Vertrieb zusammen. Im Jahr 2013 betrug dieser Anteil 50 Prozent. Zum anderen beaufschlagt der Gesetzgeber in Deutschland den Strompreis mit diversen staatlichen Umlagen und Steuern, welche die restlichen 50 Prozent bilden (Abbildung 15, links). In den letzten Jahren sind vor allem die staatlich verordneten Umlagen und Abgaben signifikant gestiegen, um den Ausbau der erneuerbaren Energieerzeugung und deren Netzanschluss zu finanzieren.[242] Wie sich der Strompreis bis zum Jahr 2030 entwickelt, ist von einer Vielzahl von Faktoren und Mechanismen abhängig, die an dieser Stelle nicht ausreichend beleuchtet werden können.

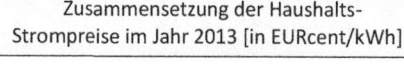

Zusammensetzung der Haushalts-Strompreise im Jahr 2013 [in EURcent/kWh] [a]   Prognose der Haushalts-Strompreise [in EURcent/kWh] [b]

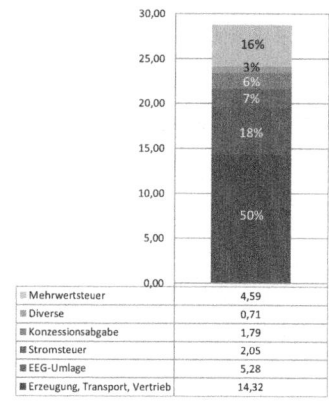
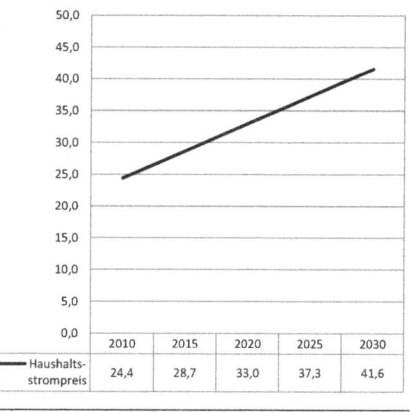

[a] BDEW (2013), S. 6 für einen Drei-Personen-Haushalt mit Jahresverbrauch von 3.500 kWh
[b] Basisjahr 2010; Werte für 2010 und 2020 aus BCG (2013), S. 18. Alle anderen Werte linear interpoliert.

Abbildung 15: Zusammensetzung und Prognose der Haushalts-Strompreise in Deutschland

---

[242] Müller (2012).

3.1 Kostenkomponenten der Autonutzung

Die Unternehmensberatung Boston Consulting Group (BCG) beschäftigt sich in ihrer im März 2013 erschienenen Trendstudie 2030+ ausführlich mit diesen Faktoren und Mechanismen, um die Kosten der Energiewende zu berechnen.[243] Aus dieser Studie stammen die hier verwendeten Haushaltsstrompreise (Abbildung 15, rechts).

Da nicht davon ausgegangen werden kann, dass jeder Kunde sein Fahrzeug ausschließlich zu Haushaltsstrompreisen an der Steckdose lädt, werden im Weiteren auch die anderen Möglichkeiten der Ladung an einer öffentlichen bzw. halb-öffentlichen Ladestation unterschiedlicher Anschlussleistung und Ladebetriebsart untersucht. Für das Ziel dieser Arbeit von besonderem Interesse ist dabei die Fragestellung: Wo wird zukünftig, mit welcher Ladeleistung/Ladebetriebsart und zu welchen Kosten geladen? Im ersten Schritt werden dazu die verschiedenen Ladeoptionen nach ihren räumlichen und technologischen Unterscheidungsmerkmalen gegliedert.

Auf räumlicher Ebene werden die verschiedenen Ladeoptionen im Allgemeinen nach ihrem Standort in die Kategorien (I) private, (II) halb-öffentliche und (III) öffentliche Ladeinfrastruktur unterteilt. Die private Ladeinfrastruktur erfolgt über den eigenen Hausanschluss an der Garage bzw. an einem Stellplatz. Die halb-öffentliche Ladeinfrastruktur befindet sich beim Arbeitgeber oder auf Kundenparkplätzen von zum Beispiel Einkaufs- u. Sportzentren oder Restaurants. Hier erfolgt der Anschluss über den Netzanschluss des jeweiligen Inhabers. Die öffentliche Ladeinfrastruktur steht auf Gemeinde- oder städtischem Eigentum und ist allgemein zugänglich, zum Beispiel an Straßen, Plätzen oder Bahnhöfen. Betreiber der öffentlichen Infrastruktur können privatwirtschaftliche Unternehmen, zum Beispiel EVU oder Investoren, aber auch Städte und Gemeinden sein. Technologisch lassen sich die unterschiedlichen Ladeoptionen nach ihrer Anschlussleistung und ihrer Ladebetriebsart in AC (Wechselstrom) und DC (Gleichstrom) unterscheiden.[244] Die verschiedenen kabelgebundenen Ladetechnologien sind in der Norm DIN EN 61851 ausführlich beschrieben.[245]

Nutzer der privaten Ladeinfrastruktur werden ihrem Energieversorger die tatsächlich verbrauchte Strommenge in kWh bezahlen. Zusätzlich ist davon auszugehen, dass sich die Kunden aus Sicherheits- und Komfortgründen für eine ein oder dreiphasig betriebene Wallbox mit 3,7 bzw. 11,1 kW Anschlussleistung entscheiden werden. Für die halb-öffentliche und öffentliche Ladeinfrastruktur erfolgt die Abrechnung derzeit fast ausschließlich nach Zeittarifen, was eichrechtliche, aber auch technische und wirtschaftliche Gründe der Infrastruktur-Betreiber zur Ursache hat. Halb-öffentliche Ladestromanbieter haben den Stromverkauf in der Regel nicht als primäres Geschäftsmodell. Sie nutzen die Möglichkeit, mit der Ladeinfrastruktur Kunden für ihr eigentliches Geschäftsmodell anzuziehen. Hier kann es sein, dass der Strom sogar günstiger als der Haushaltsstrompreis abgegeben wird. Betreiber einer öffentlichen Ladeinfrastruktur haben hingegen gleich mehrere Hürden zu überwinden. Die Hardware mit Abrechnungssystem und Leistungselektronik ist vergleichsweise teuer. Ferner sind mit erheblichen Kosten für die Montage und die Wartung der öffentlichen Ladestationen zu

---

[243] BCG (2013).
[244] In dieser Arbeit werden nur kabelgebundene Ladesysteme betrachtet. Alternativ sind noch Batteriewechsel und induktive Ladesysteme möglich. Diese werden aufgrund ihres hohen Investitionsbedarfs nicht betrachtet.
[245] NPE (2013).

rechnen. Zusätzlich steht die öffentliche Ladeinfrastruktur in Konkurrenz zur relativ einfachen und kostengünstigen Parkraumbewirtschaftung von Städten.

In seiner Doktorarbeit beschäftigt sich Kley mit der ökonomischen Bewertung der verschiedenen Ladeoptionen.[246] Dort werden unter anderem auch detaillierte Annahmen zu den Anschaffungskosten und Betriebsausgaben unterschiedlicher DC- und AC-Ladestationen getroffen. Diese werden dann von ihm mit einer angenommenen Ladeinfrastrukturauslastung auf 15 Jahre Nutzungszeit verteilt. Tabelle 17 zeigt die Strom-Mehrkosten (in EURcent/kWh) dieser Berechnung, welche im Weiteren auch für diese Arbeit verwendet werden. Einschränkend zu dieser Methode ist zu berücksichtigen, dass die Infrastrukturbetreiber öffentlicher Ladeinfrastruktur in Deutschland fast einheitlich eine handyähnliche Grundgebühr sowie eine Zeitkomponente für das Laden an ihren Ladesäulen erheben. Der hier gewählte Ansatz kommt den tatsächlichen Kosten der Infrastrukturbetreiber näher als die derzeit an die Kunden weitergegebenen Tarife. Da sich der Markt für Ladeinfrastruktur aber noch im Aufbau befindet, ist dieses Vorgehen praktikabler als die Vielzahl der verschiedenen Tarifoptionen zu vergleichen. Weiterhin ist zu berücksichtigen, dass die Anbieter von halböffentlicher und öffentlicher Ladeinfrastruktur ihren Strom unter Umständen zu Industriestrompreisen beziehen können. Dadurch entfallen viele der sonst üblichen Umlagen aus Abbildung 15. Wie damit in Zukunft aufseiten der Gesetzgebung umgegangen wird, ist unklar. Ebenfalls wird an dieser Stelle das Erlöspotenzial durch Netzdienstleistungen wie die Energierückspeisung aus den Traktionsbatterien in das Netz oder die Bereitstellung von Regelleistung durch die Traktionsbatterien noch nicht berücksichtigt. Derzeit ist nicht absehbar, dass sowohl Elektrofahrzeuge als auch Ladestationen für diese Optionen ausgelegt werden, obwohl die technische Machbarkeit bereits in Pilotprojekten realisiert wurde.[247]

Tabelle 17 zeigt die Strom-Mehrkosten, die für die Benutzung der unterschiedlichen Ladeoptionen in dieser Arbeit verwendet werden. Die für die private Ladeinfrastruktur anfallenden Mehrkosten sind am geringsten. Die im Vergleich dazu höheren Kosten für die halböffentliche Ladeinfrastruktur ergeben sich vor allem aus den höheren Anschaffungs- und Betriebskosten für Mess- und Abrechnungssysteme in den Ladesäulen. Am höchsten liegen die Mehrkosten im öffentlichen Raum, und zwar aufgrund höherer Anschaffungs- und Baukosten, zum Beispiel durch etwaige Stellplatzmieten und den Schutz vor Beschädigung und Vandalismus. Die DC-Stationen können durch ihre schnelle Ladung mehr Fahrzeuge abfertigen, was sich trotz ihrer sehr hohen Anschaffungs- und Betriebskosten wiederum positiv auf ihre Wirtschaftlichkeit auswirkt.[248] Da es sich bei den Komponenten der Ladeinfrastruktur um gängige elektronische Bauteile handelt und die Kosten für Montage und Betrieb auch in Zukunft anfallen werden, wird hier im Weiteren keine Kostenregression der Ladsäulen für die Untersuchungen bis zum Jahr 2030 angenommen.

---

[246] Kley (2011), S. 29-43.
[247] NPE (2013), S. 55.
[248] Kley (2011), S. 42f.

3.1 Kostenkomponenten der Autonutzung

Tabelle 17: Überblick der Ladeinfrastrukturkosten

Ort	Ladebetriebsart/ Anschlussleistung [a]		Anschaffungskosten [b] [EUR]	Betriebskosten [b] [EUR/a]	Mehrkosten [b] [EURcent/kWh]	Mehrkosten dieser Arbeit [c] [EURcent/kWh]
Privat	AC	3,7 kW	230V 16A	150-350	5-15	1–2	1,5
	AC	11,1 kW	230V 3x16A	350-800	13-50	2-5	3,5
Halb-Öffentlich	AC [d]	11,1 kW	400V 16A	1.500-3.600	375-930	4-11	7,5
		22,2 kW	400V 32A				
Öffentlich	AC [d]	11,1 kW	400V 16A	2.800-11.250	700-2.445	9-34	21,5
		22,2 kW	400V 32A				
	DC	50 kW	450V$_{dc}$ 100A	25.950-45.500	1.808-5.670	10-21	15,5

[a] NPE (2011), S. 19.
[b] Kley (2011), S. 42. Verwendet wurden die Szenarios K1, K2, K4, K5 und K7.
[c] Die hier verwendeten Mehrkosten sind der Mittelwert aus den Mehrkosten aus [c]
[d] Die Anschlussleistung eines dreiphasigen Drehstromanschlusses berechnet sich aus P=U$_{eff}$*I=U*Wurzel(3)*I

In welcher Häufigkeit die in Tabelle 17 aufgeführten Ladetechnologien verwendet werden, hängt stark von dem jeweiligen Kunden und dessen Nutzungsmuster ab. Ein Kunde mit Zugang zu einer privaten Ladeoption wird nur im Notfall auf die öffentliche Ladeinfrastruktur zurückgreifen. Ein Kunde ohne Zugang zu einer geeigneten privaten Ladeoption wird sein Fahrzeug dementsprechend nur an halb-öffentlichen oder öffentlichen Ladepunkten laden können.

Die allgemeine Form der Stromkostenberechnung für die Antriebe BEV, PHEV und REEV lautet somit:

$$k_A^S = v_A^S * k^{S,H} * l_A + k^{S,I} \qquad \text{Formel 3}$$

k_A^S: Stromkosten eines Fahrzeugantriebs [EUR]
v_A^S: Stromverbrauch eines Fahrzeugantriebs [kWh/km]
$k^{S,H}$: Haushaltsstrompreis [EUR/kWh]
l_A : Laufleistung eines Fahrzeugantriebs [km]
$k^{S,I}$: Kosten Strominfrastruktur [EUR]

$$k^{S,I} = v_A^S * l_A * (k_{privat}^{S,I} * p^{S,I} + k_{halb-öffentl.}^{S,I} * p^{S,I} + k_{öffentl.}^{S,I} * p^{S,I}) * MwSt \quad \text{Formel 4}$$

$k_{privat}^{S,I}$: Strommehrkosten (AC/kW) private Ladeinfrastruktur [EUR/kWh]
$k_{halb-öffentl.}^{S,I}$: Strommehrkosten (AC/kW) halb – öffentl. Ladeinf. [EUR/kWh]
$k_{öffentl.}^{S,I}$: Strommehrkosten (AC, DC/kW) öffentliche Ladeinf. [EUR/kWh]
$p^{S,I}$: Anteil der Ladungen [%]
$MwSt$: Mehrwertsteuer [%]

Kraftstoffkosten (Wasserstoff)

Für Wasserstoff gibt es derzeit noch keinen Marktpreis an den Tankstellen, da sich Brennstoffzellenfahrzeuge noch in der Erprobungsphase mit relativ geringen Stückzahlen und dementsprechend geringen Abnahmemengen von Wasserstoff befinden. Innerhalb des Demonstrationsprojektes Clean Energy Partnership (CEP) wird der Wasserstoff zu einem Preis von 9,50 EUR/kg H_2 (inkl. MwSt) an die Kunden abgegeben. Bei diesem Preis handelt es sich um einen politisch motivierten Preis, der 2011 von den Projektpartnern der CEP festgelegt wurde. Dieser wurde von dem ursprünglich festgelegten Preis von 8,00 EUR/kg H_2 abgelöst, um den seit 2011 zu 50 Prozent regenerativ erzeugten und an den CEP-Tankstellen angebotenen Wasserstoff symbolisch aufzuwerten.[249] Abbildung 16 (links) zeigt den CEP-Preis für das Jahr 2013 im Vergleich zu dem Preis, der in der EU-Coalition-Studie für das gleiche Jahr prognostiziert wurde. Laut EU-Coalition-Studie verursacht der Aufbau und Betrieb der Tankstellen/Infrastruktur in den ersten Jahren den Großteil der Wasserstoffkosten an der Tankstelle. Das ist den nicht genutzten Kapazitäten der Tankstellen und der Tatsache, dass zu Beginn nur kleine Stationen gebaut werden, geschuldet. Bis zum Jahr 2020 werden die Stationen dann größer – bei gleichzeitig steigender Auslastung, was sich wiederum positiv auf die Infrastrukturkosten auswirkt (Abbildung 16, rechts). Die Preisentwicklung von Wasserstoff als Kraftstoff hängt demnach stark von der Größe und Auslastung der zukünftigen Tankstellen ab. Interessanterweise verändern sich die Produktionskosten für Wasserstoff bis zum Jahr 2030 kaum, obwohl im Jahr 2010 der Wasserstoff fast ausschließlich aus der Erdgasreformierung kommt und dieser bis zum Jahr 2020 fast vollständig durch Wasserstoff aus der zentralen und dezentralen Elektrolyse ersetzt wird.[250] Weiter vertiefende Analysen zu den Wasserstoffkosten werden in dieser Arbeit nicht vorgenommen. Für die Infrastrukturkosten wäre ein Vergleich mit dem derzeit schon bestehenden CNG-Tankstellennetz von besonderem Interesse. Für die Produktionskosten von Wasserstoff müssten aktuelle Studien zu den Anschaffungs- und Betriebsausgaben von Elektrolyseuren ausgewertet werden.

Bis auf die Mehrwertsteuer ist Wasserstoff als Kraftstoff bisher auch noch von jeglichen Energiesteuern befreit. Wie der Gesetzgeber, gerade im Hinblick auf die eventuell wegfallenden Einnahmen aus der Mineralölsteuer, zukünftig Wasserstoff besteuert, ist derzeit unklar. In dieser Arbeit wird von der weiteren Steuerbefreiung von Wasserstoff als Kraftstoff bis zum Jahr 2030 ausgegangen.

---

[249] CEP (2013).
[250] EU-Coalition (2010), S. 38f.

3.1 Kostenkomponenten der Autonutzung

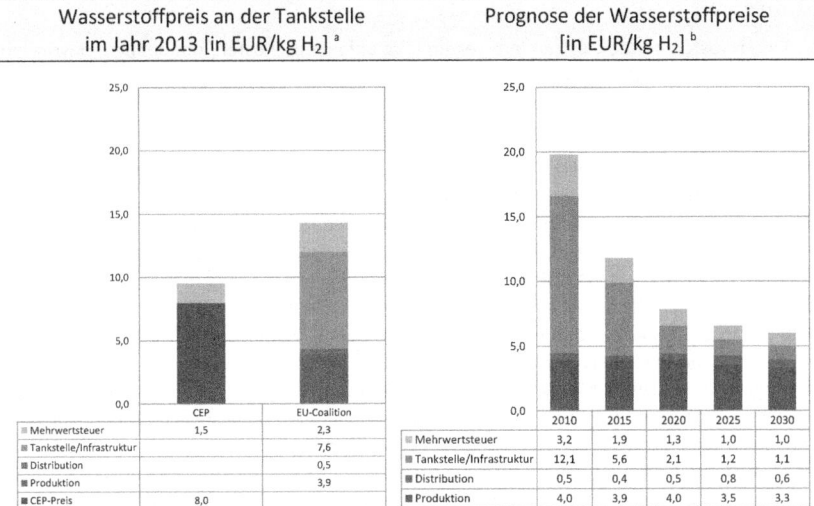

^{a} EU-Coalition (2010), S. 38. Werte für 2013 aus Diagramm ermittelt. CEP-Preis aus CEP (2013)
^{b} Basisjahr 2010. Werte 2010 bis 2030 aus EU-Coalition (2010), S. 38 + 19 Prozent MwSt.

Abbildung 16: Zusammensetzung und Prognose der Wasserstoffpreise in Deutschland

Die allgemeine Form der Wasserstoffkostenberechnung für FCEV lautet somit:

$$k_A^{H2} = v_A^{H2} * k^{H2,P+D} * l_A * MwSt + k^{H2,I} \qquad \text{Formel 5}$$

k_A^{H2}: Wasserstoffkosten eines Fahrzeugantriebs [EUR]

v_A^{H2}: Wasserstoffverbrauch eines Fahrzeugantriebs [kgH2/km]

$k^{H2,P+D}$: Wasserstoff Produktions und Distributionskosten [EUR/kgH2]

l_A : Laufleistung eines Fahrzeugantriebs [km]

$k^{H2,I}$: Wasserstoffinfrastrukturkosten [EUR]

$MwSt$: Mehrwertsteuer [%]

$$k^{H2,I} = v_A^{H2} * k^{H2,T+I} * l_A * MwSt$$

$k^{H2,T+I}$: Kosten für Tankstellen und Infrastrukturaufbau [EUR/kgH2]

Fixkosten

Bei den Fixkosten handelt es sich um regelmäßig anfallende Kosten, unabhängig davon, ob das Fahrzeug steht oder gefahren wird. Dazu zählen die Versicherung, Kfz-Steuern und die Haupt- und Abgasuntersuchungen. Ferner können Parkgebühren und die Miete für eine Garage oder einen Stellplatz auch den Fixkosten zugerechnet werden.[251]

Versicherung: Die eventuellen Schäden, die durch einen Pkw verursacht werden, können bzw. müssen durch verschiedene Versicherungen versichert werden. Dazu zählen die Kfz-Haftpflicht- und Kaskoversicherung, der Schutzbrief, die Insassenunfallversicherung und die Rechtsschutzversicherung. In dieser Arbeit werden nur die Kfz-Haftpflicht- und die Kaskoversicherung betrachtet, da sie die wichtigsten Fahrzeugversicherungen darstellen. Die Kfz-Haftpflicht ist eine Pflichtversicherung, die die Schadensersatzansprüche an den Fahrzeughalter deckt. Sie deckt Personen-, Sach- oder Vermögensschäden anderer bis zu einer Höhe der vereinbarten Versicherungssumme ab. Zusätzlich kommt die Teilkasko-Versicherung für Diebstahl-, Bruch-, Unwetter-, Wild- und Verkabelungsschäden auf. Die Vollkasko-Versicherung bietet Schutz vor selbst- und unverschuldeten Unfällen (zum Beispiel durch Aquaplaning oder Nebel) und vor Schäden infolge von Unfallflucht.[252] Es ist davon auszugehen, dass diese Schäden die alternativen Antriebe in gleicher Weise wie die konventionellen Antriebe betreffen. Darum gibt es bisher auch keine speziellen Versicherungspolicen für alternative Antriebe. Der Versicherungsbeitrag ist in Deutschland vom Fahrzeugtyp, der Laufleistung, dem Ort, wo das Fahrzeug zugelassen ist, und von einem Rabatt, der die schadensfreien Jahre des Versicherungsnehmers berücksichtigt, abhängig. In dieser Arbeit wird von einem Beitragssatz von 150 EUR/a für die Haftpflicht-Versicherung und 200 EUR/a für die Vollkasko-Versicherung für alle Fahrzeugantriebe ausgegangen.

Kfz-Steuern: Die Kfz-Steuern von Pkw werden in Deutschland nach dem Hubraum und den CO_2-Emissionen nach einer im KraftStG definierten Bemessungsgrundlage erhoben.[253] Tabelle 18 zeigt die nach dieser Bemessung errechneten Kfz-Steuern der hier untersuchten EUCAR-V4-Fahrzeuge. Die Einnahmen aus der Kfz-Steuer werden durch die Effizienzsteigerungen der Fahrzeuge demnach immer geringer. Hier ist bei entsprechender Marktdurchdringung der alternativen Antriebe mit einem Nachsteuern seitens der Gesetzgebung zu rechnen, um die Einnahmeausfälle zu kompensieren.

Sonstige Kosten aus Haupt- und Abgasuntersuchungen und den Parkgebühren werden für die weiteren Berechnungen pauschal mit 200 EUR/a für alle Fahrzeugtechnologien angenommen.

---

[251] Vgl. ADAC (2013a).
[252] ERGO (2014).
[253] Vgl. Gliederungspunkt 2.1.3 Gesetzliche Rahmenbedingungen.

3.1 Kostenkomponenten der Autonutzung

Tabelle 18: Berechnung der Kfz-Steuern

Fahr-zeug	Hubraum [a] [l]			CO_2-Emissionen [a] [gCO_2 eq./km]			Steuer-Bemessung [b]		Kfz-Steuern [c] [EUR/a]		
	2010	2020	2030	2010	2020	2030	HR	CO_2	2010	2020	2030
ICE-G	1,4	1,4	1,4	150	105	95	2,00	2,00	88	48	28
ICE-D	1,6	1,6	1,6	120	88	79	9,50	2,00	152	152	152
HEV	1,4	1,3	1,3	106	70	63	2,00	2,00	28	26	26
PHEV	1,4	1,4	1,4	75	50	45	2,00	2,00	28	28	28
REEV	1,4	1,2	1,2	26	20	18	2,00	2,00	28	24	24
BEV	-	-	-	0	0	0	0	0	0	0	0
FCEV	-	-	-	0	0	0	0	0	0	0	0

[a] JEC (2013), CO_2-Emissionen im NEFZ. Siehe auch Gliederungspunkt 2.3
[b] Hubraum (HR) = 2,00 EUR je angefangene 100 cm³; CO_2-abhängiger Steuerbetrag: 2,00 EUR je gCO_2/km im NEFZ oberhalb eines steuerfreien Grenzwertes. Grenzwert: bis zum 31.12.2011 120 g/km, ab 01.01.2012 110 g/km und ab dem 01.01.2014 95 g/km. KraftStG (2012)
[c] Berechnete Kfz-Steuern aus [a] und [b] unter gleichbleibender Steuergesetzgebung bis 2030.

Wartungs- und Reparaturkosten

Die Wartungs- und Reparaturkosten werden hier in geplante- und ungeplante Kosten unterteilt, wobei für die weiteren TCO-Berechnungen nur die geplanten Wartungs- und Reparaturkosten berücksichtigt werden.

Geplante Wartungs- und Reparaturkosten: Hierzu zählen die regelmäßigen Wechsel der Verschleißteile im Fahrzeug um den weiteren Betrieb nicht zu gefährden bzw. zu gewährleisten. Bei den verbrennermotorisch angetriebenen Pkw setzten sich die Ausgaben für Wartung- und Reparaturen zum Großteil aus Inspektionen und dem Wechsel von Öl, Auspuff, Bremsen, Reifen, Batterie, Lichtanlage und verschiedener mechanischer Verschleißteile (zum Beispiel Riementrieb, Stoßdämpfer) zusammen. Über diese Kosten führt der ADAC eine umfangreiche Datenbank, die für die Analyse der Wartungs- und Reparaturkosten vebrennermotorisch angetriebener Pkw herangezogen werden könnte.[254] Für die in 2.3.1 Schlüsseltechnologien der Elektromobilität aufgeführten Komponenten ist noch keine Datenbasis dieser Art verfügbar. Hier ist die Erwartung, dass durch den Wegfall des relativ wartungsintensiven Verbrennungsmotors weniger Wartungs- und Reparaturkosten bei den elektrifizierten Pkw anfallen.[255]

Ungeplante Wartungs- und Reparaturkosten: In der neueren Vergangenheit kam es immer wieder zu größeren Rückrufaktionen seitens der Automobilhersteller. Die Ursachen der Rückrufaktionen sind sehr vielfältig und werden vor allem aus Gründen der Produktsicherheit durchgeführt. Die Anzahl der Rückrufaktionen ist in Deutschland in den letzten Jahren signifikant gestiegen. Von 1998 bis 2012 wurde der niedrigste Wert mit 55 Rückrufaktionen im Jahr 1998 vom KBA dokumentiert. Im Jahr 2011 wurde mit 186 Rückrufaktionen der

---
[254] ADAC (2013a).
[255] Propfe, Redelbach, et al. (2012).

vorerst höchste Wert erreicht.[256] Obwohl die Kosten dieser Rückrufe in der Regel vom Hersteller getragen werden, sind sie dennoch für weitere Forschungen von Interesse. Mit zunehmender Elektrifizierung der Flotte könnten die durch die neuen Komponenten (zum Beispiel HE- und HP-Batterie, E-Motor, BZ-System oder Leistungselektronik) verursachten Rückrufaktionen vom KBA gesondert ausgewiesen werden.

Für diese Arbeit werden die Wartungs- und Reparaturkosten nach Propfe, Redelbach et al.[257] verwendet. Sie haben in ihrer Veröffentlichung die Wartungs- und Reparaturkosten der hier untersuchten alternativen Antriebe im Mittel-Segment auf Basis der ADAC-Datenbank sehr umfangreich modelliert. Die Einzelkosten setzen sich dabei aus 31 verschiedenen Kostenarten zusammen. Für ICE-G/D, HEV, PHEV und FCEV errechneten die Wissenschaftler Kosten von 7 EURcent/km. Für BEV fallen 6 EURcent/km und für REEV 5 EURcent/km an.[258] Der Kostenvorteil von BEV und REEV ist durch den oben beschriebenen Wegfall bzw. wenig genutzten Verbrennungsmotor und dessen Verschleißteilen zu erklären. Bei FCEV entfällt ein Drittel der Wartungskosten auf die Brennstoffzelle, womit der Kostenvorteil vom Wegfall des Verbrennungsmotors wieder kompensiert wird. Kritisch bei der Untersuchung von Propfe, Redelbach et al. ist die sehr hoch angenommene Lebensdauer für die Traktionsbatterien (BEV: 489.000 km, REEV: 922.000 km) und des Brennstoffzellensystems (400.000 km) zu sehen. Hier besteht weiterer Forschungsbedarf, ob die Komponenten in der Realität wirklich so lange halten werden.

3.1.3 TCO-Analysen zur Bewertung von Fahrzeugen

Mit einer TCO-Analyse[259] kann schon vor dem Kauf eines Produktes ermittelt werden, welche weiteren Kosten über die Anschaffung hinaus für Wartung, Reparaturen oder Betriebsstoffe in der Nutzungsphase anfallen. In der Regel werden mithilfe von TCO-Analysen verschiedene zur Auswahl stehende Produkte verglichen, um sich dann für das Produkt mit den niedrigsten TCO zu entscheiden. Die ersten TCO-Ansätze in den USA lassen sich bis in das Jahr 1928 zurückdatieren. Eine wirkliche Beachtung und Anwendung in der Wissenschaft und Praxis kann aber erst Mitte der 1980er Jahre festgestellt werden, als sich die Organisationen von manuellen zu computergesteuerten Organisationen veränderten.[260] Die Unternehmensberater der Gartner Group stellten in dieser Zeit fest, dass bei der Berechnung der Informatikkosten bis dato nur die Anschaffungskosten der Hard- und Software berücksichtigt wurden. Unter dem Begriff TCO entwickelte das Beratungsunternehmen ein Konzept für eine ganzheitlichere Erfassung der Informatikkosten inklusive der Kosten für Betreuung und Wartung der IT.[261] Krämer definierte später den Grundgedanken des TCO-Konzepts so: „Das Konzept dient dazu, alle Kosten, die vom Kauf eines Produktes über dessen Nutzung bis hin zur Außerbetriebnahme anfallen, zu ermitteln und damit eine Kennzahl zu liefern, auf deren Basis das Management fundierte und objektive Entscheidungen treffen kann."[262] Wynstra und Hurkens charakterisieren die TCO-Methode wie folgt: „Sie ist ein Berechnungsverfahren

---

[256] KBA (2012), S. 58.
[257] Propfe, Redelbach, et al. (2012).
[258] Propfe, Redelbach, et al. (2012), S. 4. Werte aus Figur 2 sind auf- bzw. abgerundet.
[259] TCO = Total Cost of Ownership.
[260] Vgl. Ellram (1994).
[261] Vgl. Wild und Herges (2000), S. 3f.
[262] Vgl. Krämer (2007).

3.1 Kostenkomponenten der Autonutzung

des internen Rechnungswesens für die Bewertung und Auswahl eines Lieferanten oder eines Angebots. Dabei werden nicht nur die Anschaffungskosten eines Produktes oder einer Dienstleistung abgebildet, sondern alle anfallenden Kosten der Alternative."[263] In der neueren Vergangenheit finden TCO-Betrachtungen auch im produzierenden Gewerbe Anwendung. So vereinbart die Daimler AG seit einigen Jahren mit ihren Anlagen-Zulieferern die maximalen TCO einer neu beschafften Produktionsanlage. Bei Nichteinhaltung der vereinbarten TCO werden Nachbesserungen oder sogar Konventionalstrafen fällig.[264]

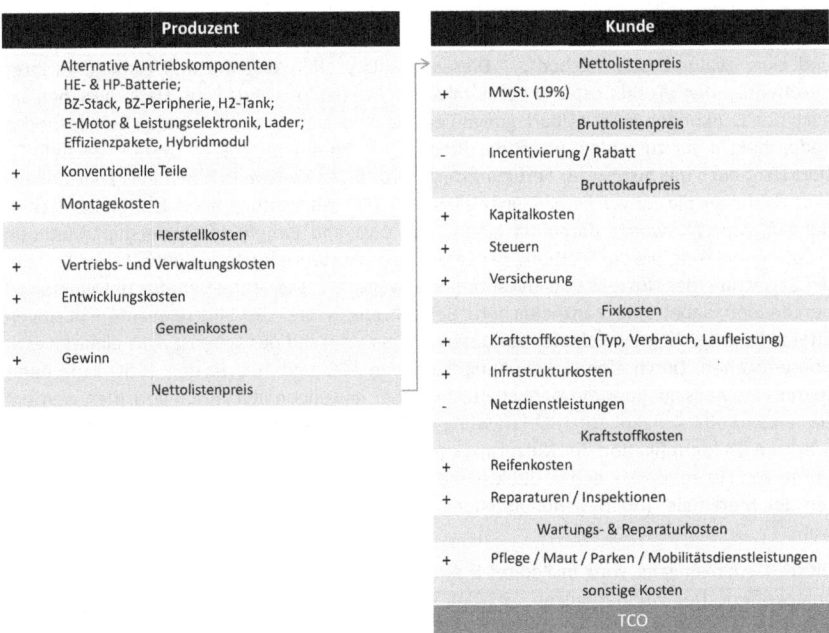

Abbildung 17: Berechnungsschema für die TCO-Analyse

In der Vergangenheit fand die Methode der TCO-Berechnung vorrangig Anwendung bei der Entscheidungsfindung für oder gegen ein bestimmtes Investitionsgut im Business-to-Business-Geschäftsverhältnis (B2B). Dieser B2B-Ansatz wurde von McKinsey in der 2006 veröffentlichten „drive"-Studie auf den Endkunden von Pkw im B2C-Verhältnis (Business-to-Customer) übertragen.[265] Für Kostenanalysen von alternativen Antrieben ist der Begriff TCO mittlerweile als Synonym für eine ganzheitliche Kostenbetrachtung anerkannt und findet breite Verwendung in der Literatur. Die zentrale Idee dabei ist, die relativ hohen Anschaf-

---

[263] Vgl. Wynstra und Hurkens (2005).
[264] Vgl. Lorenzen, Rudzio, et al. (2006).
[265] Kluge, Radtke, et al. (2006).

fungskosten der Fahrzeuge durch niedrigere Betriebskosten zu finanzieren. Ob und unter welchen Bedingungen diese Aussage stimmt, wird im Gliederungspunkt 3.3 TCO-Analysen von alternativen Antrieben untersucht. Das in Abbildung 17 dargestellte TCO-Berechnungsschema dient dabei als Berechnungsgrundlage.

In den letzten Jahren wird die Kritik an einer alleinigen Betrachtung der TCO bei Investitionsentscheidungen jedoch zunehmend lauter, da die unterschiedliche Leistungsfähigkeit und der somit unterschiedliche Kundennutzen der jeweiligen Investitionsalternativen in dem Konzept keine Berücksichtigung findet.[266] Das belegen auch die Umfragen über die bisher nur mäßig erfolgreiche Einführung des TCO-Konzepts in Industrieunternehmen.[267] Lisa Ellram unterscheidet deshalb bereits 1995 in zwei TCO-Methoden, einer „monetary-based method" und einer „value-based method".[268] Diesen Ansatz greifen Wynstra und Hurkens in ihrer Veröffentlichung „Total Cost and Total Value of Ownership" wieder auf. Darin beziehen sie auch den Endkunden in ihre Überlegungen ein. So ist dieser unter Umständen bereit, für das Endprodukt mehr zu zahlen, wenn das Produkt für ihn einen höheren „value" darstellt.[269] Dort sieht auch das Institut für Fertigungstechnik und Werkzeugmaschinen (IFW) der Universität Hannover die Schwachstelle einer alleinigen TCO-Betrachtung bei Investitionsentscheidungen. Am IWF wurde daraufhin eine „Total Cost and Benefit of Ownership"-Methode (TCBO) entwickelt, die die Methode der Lebenszykluskostenbetrachtung mithilfe der TCO um die Bewertung des Nutzens von Investitionen erweitert.[270] Die „Total Benefits of Ownership" beschreiben dabei eine ganzheitlichere Betrachtungsweise, die alle relevanten positiven Effekte berücksichtigt, welche für ein Unternehmen während des Lebenszyklus einer Investition entstehen. Durch eine Gegenüberstellung von TCO und TBO zu den TCBO kann dann später eine Aussage über die Wirtschaftlichkeit der jeweiligen Investition getroffen werden. Das entwickelte Konzept zur TBO-Erfassung und Bewertung erfolgt dabei innerhalb von fünf Schritten: (I) Identifikation der Nutzermerkmale anhand von Nutzenchecklisten; (II) Kategorisieren von Nutzermerkmalen in direkte, indirekte und potenzielle Effekte; (III) Monetarisieren der Merkmale; (IV) Gegenüberstellung von TCO und TBO; (V) Entscheidung und Auswahl.[271]

Dieser Gedankengang wird in Kapitel 5 Kundennutzen von alternativen Antrieben wieder aufgegriffen. Der Kundennutzen bei den betrachteten alternativen Fahrzeugkonzepten könnte sich aus den Kriterien Funktionalität (Reichweite, Lade- bzw. Tankzeit), Image, Design, Fahrdynamik, Service oder Umweltverträglichkeit (CO_2-Emissionen, Energieeffizienz) ableiten.

---

[266] Vgl. Denkena, Blümel, et al. (2007).
[267] Vgl. Lorenzen, Rudzio, et al. (2006).
[268] Vgl. Ellram (1995).
[269] Vgl. Wynstra und Hurkens (2005).
[270] Denkena, Rudzio, et al. (2009).
[271] Denkena, Rudzio, et al. (2009).

3.2 Kostenprognosen mittels der 2-Faktor-Erfahrungskurve [272]

Dem dynamischen Umfeld der alternativen Antriebe unterliegen derzeit noch viele Annahmen, wie die Entwicklung der einzelnen Komponentenpreise für Batterien, Brennstoffzellen oder Elektroantriebe. Interessanterweise stand die Branche der regenerativen Energie-Erzeugung Mitte der 1980er Jahre vor einem ähnlichen Problem. Auch hier stellte sich die Frage, ob die Kosten bzw. die Preise pro kWh von regenerativ erzeugtem Strom in absehbarer Zeit in einen konkurrenzfähigen Bereich absinken würden.

In diesem Kontext hat sich die Erfahrungskurven-Analyse als ein potentes Werkzeug zur Kostenprognose erwiesen. Die generelle Existenz von Erfahrungskurven konnte bereits Mitte der 1960er Jahre von Henderson auf Basis umfangreicher empirischer Studien nachgewiesen werden. Er brachte die von ihm postulierte Erfahrungskurven-Gesetzmäßigkeit wie folgt zum Ausdruck: „Die in der Wertschöpfung eines Produktes enthaltenen Kosten scheinen um 20-30 % abzufallen mit jeder Verdopplung der kumulierten Produkterfahrung im Industriezweig als Ganzes, wie auch beim einzelnen Anbieter."[273] Wie dieses Zitat von Henderson zeigt, basiert der klassische Erfahrungskurven-Ansatz auf einem univariaten Zusammenhang zwischen den Stückkosten eines Produktes und der entsprechenden kumulierten Produktionsmenge. Dieser Ansatz wird im Folgenden als 1-Faktor-Erfahrungskurven-Ansatz bezeichnet. In den letzten Jahren wurde dieser 1-Faktor-Ansatz um 2-Faktor- bzw. Multi-Faktor-Erfahrungskurven-Ansätze ergänzt. In den 2-Faktor-Ansätzen wird üblicherweise versucht, die Forschungs- und Entwicklungsaktivität der jeweiligen Unternehmen als zweiten Kostendegressions-Faktor in die klassische Erfahrungskurve von Henderson zu integrieren. Allerdings herrscht in der Literatur noch Uneinigkeit darüber, wie dieser zweite Faktor adäquat gemessen und in die Erfahrungskurve integriert werden soll.[274]

Ziel der nachfolgend vorgestellten Untersuchung ist es deshalb, einen neuartigen 2-Faktor-Erfahrungskurven-Ansatz zu entwickeln, der die bisherigen Schwachstellen literaturgängiger 2-Faktor-Ansätze vermeidet bzw. minimiert. Außerdem soll auf Basis dieses neuen Ansatzes die Frage beantwortet werden, ob und unter welchen Umständen die ambitionierten Kostenziele der alternativen Antriebskomponenten BZ-Stack, HE- und HP-Li-Ionen-Batterien bis zum Jahr 2020 erreicht werden können. Die Zielkosten stammen aus der EU-Coalition-Studie „A portfolio of power-trains for Europe" der Unternehmensberatung McKinsey, die in Zusammenarbeit mit verschiedenen OEMs erstellt wurde.[275]

3.2.1 Die traditionelle 1-Faktor-Erfahrungskurve

Bereits im Jahr 1936 stellte Wright auf Basis empirischer Untersuchungen in der Flugzeugindustrie fest, dass die Produktionskosten je Flugzeug mit jeder Verdopplung der kumulierten Produktionsmenge um einen konstanten Prozentsatz fallen.[276] Mitte der 1960er Jahre untersuchte Henderson die Stückkosten- bzw. Preis-Degressionsverläufe verschiedenster Produkte und stellte dabei fest, dass sich nicht nur die Produktionskosten pro Stück, sondern auch die gesamten Stückkosten entsprechend der von Wright aufgestellten Hypothese verhal-

---

[272] Dieser Abschnitt basiert im Wesentlichen auf der Veröffentlichung von Mayer, Kreyenberg, et al. (2012).
[273] Henderson (1984), S. 19.
[274] Siehe dazu Gliederungspunkt 3.2.2 Mögliche Indikatoren zur Messung des technischen Fortschritts.
[275] EU-Coalition (2010).
[276] Vgl. Wright (1936), S. 122ff.

ten.[277] Für diesen Zusammenhang hat sich der Begriff Erfahrungskurveneffekt etabliert. Mathematisch betrachtet lässt sich die von Henderson postulierte Gesetzmäßigkeit wie folgt darstellen:

$$k_n = KumX_n^a * k_1 \qquad \text{Formel 6}$$

k_n: Stückkosten der n-ten Produkteinheit [EUR]
k_1: Stückkosten der 1. Produkteinheit [EUR]
$KumX_n$: kumulierte Produktionsmenge bis zur n-ten Produkteinheit
a: Degressionsparameter, mit a < 0

Obwohl Hendersons Forschungen deutlich zeigen, dass die Stückkosten stark mit dem kumulierten Produktionsvolumen korrelieren, blieb in seiner Forschung unklar, welche zugrunde liegenden Ursachen eigentlich für die empirisch beobachteten Kostendegressionseffekte verantwortlich sind. Nachfolgend sollen deshalb die einzelnen Ursachen, die den Erfahrungskurveneffekt bedingen, differenziert betrachtet bzw. diskutiert werden. Diese Diskussion bildet die Basis für die Entwicklung des neuartigen 2-Faktor-Erfahrungskurvenansatzes im Gliederungspunkt 3.2.3 Spezifikation des neuen 2-Faktor-Erfahrungskurvenansatzes.

In der Literatur lassen sich fünf zentrale Ursachen ausmachen, die für den Erfahrungskurveneffekt verantwortlich sind.

(1) Der Fixkostendegressions-Effekt, der die Tatsache beschreibt, dass durch die Steigerung der Ausbringungsmenge die fixen Kosten der Produktion auf eine größere Menge an Kostenträgern verteilt werden. Die fixen Kosten pro Einheit werden dadurch verkleinert, zumindest solange keine Erweiterungsinvestitionen zu Kapazitätssteigerungen notwendig sind.[278]

(2) Economies of Scale entstehen in der Regel, wenn die Ausbringungsmenge steigt. In der Literatur wird der Fixkostendegressions-Effekt aus (1) oftmals als Sub-Effekt der Economies of Scale betrachtet. Sie werden hier trotzdem als eigenständige Ursache aufgeführt, um die Ursachen der Kostendegression so differenziert wie möglich abzubilden. Ein spezifischer „Economies of Scale"-Effekt entsteht dagegen beispielsweise dadurch, dass sich bei einer erhöhten Ausbringungsmenge und einer dadurch ebenfalls steigenden Einkaufsmenge, unter der Voraussetzung des Gewähren von Rabatten, günstigere Einkaufs-Konditionen ergeben.[279]

(3) Die Stückkostendegression nach Wright.[280] Im Focus der Betrachtung liegt hierbei ein durch ständige Wiederholungen von Arbeitsgängen bedingtes Lernen mit der Konsequenz der Effizienzsteigerung. Coenenberg et al. führen hierzu aus, „dass mit jedem Stück, das in einem Betrieb über die Zeit gesehen zusätzlich produziert wird, die Arbeiter, Angestellten und Manager lernen, ihre jeweilige Tätigkeit effizienter auszuführen".[281]

---

[277] Vgl. Henderson (1984).
[278] Vgl. Coenenberg, Fischer, et al. (2009), S. 411.
[279] Vgl. Ehrlenspiel, Kiewert, et al. (2007), S. 177f.
[280] Wright (1936).
[281] Coenenberg, Fischer, et al. (2009), S. 411.

3.2 Kostenprognosen mittels der 2-Faktor-Erfahrungskurve 73

(4) Prozessoptimierungen, die im Vergleich zur bereits vorher diskutierten Ursache (3) strukturelle Änderungen im Hinblick auf bestimmte (nicht nur technische) Betriebs-Abläufe mit sich bringen.[282] Verkürzt sich zum Beispiel durch eine strukturelle Modifikation eines Produktions-Prozesses die Durchlaufzeit eines Produkts, so bedeutet dies, dass dadurch die Maximalkapazität dieses Prozesses steigt. Dies wiederum verzögert den Zeitpunkt möglicherweise erforderlicher Erweiterungsinvestitionen und wirkt sich im Zusammenhang mit dem bereits oben beschriebenen Fixkostendegressionseffekt vorteilhaft im Hinblick auf die Entwicklung der Stückkosten aus.

(5) Der technische Fortschritt, der sowohl in neuen Produkt- als auch Prozess-Technologien auftreten kann. Empirische Studien haben ergeben, dass durch die Entwicklung und Fertigungsplanung rund 90 Prozent der späteren Produktkosten bestimmt werden.[283] Dies zeigt, dass gerade diese fünfte Ursache von erheblicher Bedeutung für den gesamten Erfahrungskurveneffekt ist.

Es ist offensichtlich, dass die Ursachen (1) bis (4) einen Zusammenhang mit der Produktion, oder besser, der kumulierten Produktionsmenge aufweisen. Es liegt somit nahe, die Ursachen (1) bis (4) als Ursachen-Bündel zu interpretieren, dessen Wirkung im Sinne einer Kostendegression von der kumulierten Produktionsmenge abhängt, wie in der klassischen 1-Faktor-Erfahrungskurven-Theorie. In (5) wurde aber auch gezeigt, dass der technologische Fortschritt von erheblicher Bedeutung für die späteren Produktionskosten sein kann. Dieser hängt nicht zwangsläufig mit der produzierten Menge zusammen. Im Weiteren wird deshalb versucht, den technologischen Fortschritt als zweiten Faktor in die Erfahrungskurve zu integrieren.

3.2.2 Mögliche Indikatoren zur Messung des technischen Fortschritts

In den literaturgängigen 2-Faktor-Erfahrungskurven-Ansätzen, die versuchen, eine technologische Komponente in die Erfahrungskurven-Funktion zu integrieren, werden als Messgröße für den technischen Fortschritt entweder die F&E-Ausgaben oder ein durch zeitlich verzögerte F&E-Ausgaben befüllter „Knowledge Stock" verwendet, welcher sogar einer Abschreibung unterliegt.[284]

Die Entwicklung bzw. Anwendung einer derartigen Erfahrungskurven-Funktion setzt zwei Dinge voraus. Erstens, dass die entsprechenden F&E-Ausgaben (sowohl für die Vergangenheit als auch für die Zukunft) bekannt sind, und zweitens, dass F&E-Ausgaben ein geeigneter Indikator für den technischen Fortschritt sind.

Um die Stückkostenentwicklung der hier zu untersuchenden alternativen Antriebskomponenten (BZ-Stack, HE- und HP-Li-Ionen-Batterie) mithilfe einer F&E-Ausgaben-basierten Erfahrungskurve prognostizieren zu können, müsste es also möglich sein, Informationen über die F&E-Ausgaben der entsprechenden, in diesem Bereich tätigen Unternehmen zu erhalten. Nun veröffentlichen diese Unternehmen in der Regel zwar die Höhe ihrer bisherigen gesamten F&E-Ausgaben, aber eben nicht die Höhe ihrer F&E-Ausgaben in einem ganz spezifischen Technologie-Bereich und in der Regel auch nicht die Höhe ihrer in Zukunft ge-

---

[282] Coenenberg, Fischer, et al. (2009).
[283] Vgl. Ehrlenspiel, Kiewert, et al. (2010), S. 13.
[284] Kahouli-Brahmi (2008); Soderholm und Sundqvist (2007); Miketa und Schrattenholzer (2004).

planten F&E-Ausgaben. Die F&E-Ausgaben scheinen daher unpraktisch als zweiter Faktor der zu entwickelnden Erfahrungskurve.

Neben den F&E-Ausgaben existieren aber auch noch andere potenzielle Messgrößen für den technischen Fortschritt. So sieht etwa Frietsch[285] in den Patenten einen geeigneten Output-Indikator für die Intensität der F&E-Aktivitäten von Unternehmen. Oppenländer[286] ist sogar der Auffassung, dass Veränderungen in den technologischen Wettbewerbspositionen von Unternehmen, auf Basis von Patentanmeldungen, präziser erklärt bzw. prognostiziert werden können als mithilfe der F&E-Ausgaben. Außerdem spricht für die Verwendung von Patenten als Messgröße für den technischen Fortschritt die Tatsache, dass Patente anders als technologie-bereichs-spezifische F&E-Ausgaben veröffentlicht werden, sodass auf entsprechende empirische Daten zurückgegriffen werden kann.

Allerdings wird die Verwendung von Patenten als Indikator für den technischen Fortschritt in der Literatur teilweise auch kritisch gesehen. Zum einen wird vorgebracht, dass nicht alle Erfindungen patentierbar sind und dass nicht alle grundsätzlich patentierbaren Erfindungen auch tatsächlich patentiert werden.[287] Manchmal verhindern auch Geheimhaltungsabsichten der jeweiligen Unternehmen sowie bürokratische Hürden eine Patentierung.[288] Außerdem führen nicht alle Patente automatisch zu neuen bzw. verbesserten Produkten oder Prozessen.[289] Es kommt auch vor, dass Patente aus rein defensiven Überlegungen, das heißt ohne tatsächliche Anwendungsabsicht heraus, angemeldet werden. Sogenannte Sperrpatente sollen einfach nur verhindern, dass Wettbewerber später Vorteile aus einer mit einem Patent verknüpften Technologie ziehen können.

Trotz dieser sicher berechtigten Einwände können Patente aber zumindest näherungsweise als ein geeigneter Indikator für den sich in einer Branche manifestierenden technischen Fortschritt angesehen werden.[290]

Patent-Abfrage

Patente werden in entsprechenden Datenbanken veröffentlicht. Um nun derartige Daten im Hinblick auf eine ganz bestimmte Technologie systematisch erheben zu können, gibt es grundsätzlich zwei Möglichkeiten. Die erste besteht in der Suche auf der Basis von Patentklassifikationen (zum Beispiel IPC – International Patent Classification). Problematisch dabei ist, dass sich die dort vordefinierten Klassifikations-Begriffe oftmals auf einem eher hochaggregierten Niveau befinden, sodass zwangsläufig Teile von Technologien in die Betrachtung mit einbezogen werden, die für den jeweiligen konkreten Fall irrelevant sind.[291] Daher wird hier eine Patentabfrage auf Basis von Abfragetermen verwendet, mit denen sehr spezifisch nach einzelnen Technologien bzw. Technologieparts gesucht werden kann.

Im Rahmen der Anwendung dieser Methode werden sowohl Titel als auch Abstract der in der betreffenden Datenbank gespeicherten Patente auf Übereinstimmung mit den entspre-

---

[285] Vgl. Frietsch (2007), S. 1ff.
[286] Vgl. Oppenländer (1984), S. 18.
[287] Vgl. Schmoch, Grupp, et al. (1988), S. 25.
[288] Vgl. Mock (2010), S. 15.
[289] Vgl. Schmoch, Grupp, et al. (1988), S. 28.
[290] Vgl. Frietsch (2007) und Schmoch, Grupp, et al. (1988).
[291] Vgl. Mock (2010), S. 16.

3.2 Kostenprognosen mittels der 2-Faktor-Erfahrungskurve

chenden Abfrageterman überprüft, wobei auf die Datenbank Espacenet vom Europäischen Patentamt zugegriffen wurde, die über 70 Mio. Patentveröffentlichungen aus aller Welt seit 1836 enthält.[292] Neues technologisches Wissen, für das zu einem bestimmten Zeitpunkt ein Patent angemeldet wird, wirkt sich aber nicht unmittelbar stückkostensenkend aus. Erst wenn dieses neue Wissen auch in neue Produkte bzw. Prozesse transformiert wird, kann sich eine entsprechende Wirkung entfalten. Hieraus folgt, dass eine gewisse Verzögerungszeit zwischen der Anmeldung eines Patentes und dem Eintreten eines entsprechenden stückkostensenkenden Effektes vorgehalten werden muss. Laitko et al. gehen in diesem Zusammenhang von einer Verzögerungszeit von vier bis sieben Jahren aus.[293] Von Beginn der Entwicklung eines neuen Fahrzeugs bis zum „Start of Production" (SOP) wird hier auch von einer durchschnittlichen Entwicklungszeit von etwa fünf bis sieben Jahren ausgegangen. Dies umfasst die Entwicklungszeit des Fahrzeugs von drei Jahren sowie ausgiebige Tests der verbauten Komponenten innerhalb dieser drei Jahre.[294] Weiterhin wird hier angenommen, dass die Entwicklung der alternativen Antriebskomponenten eine längere Vorlaufzeit benötigt, um eine technologische Reife zu erlangen. Für diese Zeit werden weitere drei Jahre angenommen, was in Summe eine Verzögerung von sechs Jahren von der Patentanmeldung der alternativen Antriebskomponente bis zum Serienstart bedeutet.

Regressionsanalytische Tests mit alternativen Verzögerungszeiten, die im Rahmen der hier vorgestellten Analyse durchgeführt wurden, haben ebenfalls ergeben, dass im Kontext der für diese Untersuchung relevanten Technologien auch die statistisch besten Ergebnisse mit einer Verzögerungszeit von sechs Jahren erzielt werden können. Detailliertere Forschungen in diesem Bereich sind zukünftig jedoch wünschenswert.

3.2.3 Spezifikation des neuen 2-Faktor-Erfahrungskurven-Ansatzes

Um die bisherige 1-Faktor-Erfahrungskurve um einen zweiten Faktor zu erweitern, müssen zunächst einige grundsätzliche Fragen diskutiert werden:

1. Im klassischen 1-Faktor-Erfahrungskurven-Ansatz wird die Variable Kumulierte Produktionsmenge als Indikator für alle Formen des Erfahrung-Machens oder Lernens verwendet. Damit stellt sich die Frage, wie sich die Interpretation dieses Indikators in einem neuen 2-Faktor-Erfahrungskurven-Ansatz verändert?

Zu Frage 1: Aufgrund der im Kontext des klassischen Erfahrungskurven-Ansatzes vielfach nachgewiesenen Eignung der Variablen Kumulierte Produktionsmenge als unabhängige Variable in der Erfahrungskurven-Funktion soll diese Größe auch Bestandteil des neu zu entwickelnden 2-Faktor-Erfahrungskurven-Ansatzes sein. Allerdings wird sie dort nicht mehr als Indikator für alle Formen des Erfahrung-Machens oder Lernens, sondern nur noch für die Nicht-F&E-bedingten Formen verwendet werden.

2. Außerdem muss geklärt werden, wie der Zusammenhang zwischen den beiden Variablen Allgemeine Produktionserfahrung und F&E-bedingter Erfahrungseffekt im neuen 2-Faktor-Erfahrungskurven-Ansatz mathematisch modelliert werden soll.

---

[292] EPA (2011).
[293] Vgl. Laitko, Greif, et al. (1998), S. 102.
[294] Vgl. Griffin (1993), S.114. und Niemann, Schuh, et al. (2009), S. 259.

Zu Frage 2: Es ist davon auszugehen, dass die F&E-Aktivität an einem Bauteil immer auch eine neue Grundlage für die Realisierung allgemeiner Erfahrungseffekte schafft. Wird beispielsweise die Komplexität eines Produktes durch F&E-Aktivitäten reduziert bzw. das Produkt aus material- oder fertigungstechnischer Sicht optimiert, so wirkt sich dies auf die Beschaffungs-, Produktions- oder auch Verwaltungs- und Vertriebskosten aus und schafft somit eine neue Basis zur Erlangung von allgemeinen Erfahrungseffekten (Skaleneffekte, Lerneffekte etc.). Dies soll an einem einfachen Beispiel konkretisiert werden. Wird infolge von F&E-Aktivitäten ein neuer Werkstoff im Produkt verbaut, so kann sich dadurch auch die Möglichkeit zur Ausschöpfung von größenbedingten Kostensenkungspotenzialen auf Basis entsprechender Material-spezifischer Rabatte[295] erreicht werden.

Mathematisch ausgedrückt spricht dieser Sachverhalt für einen multiplikativen Zusammenhang der beiden Variablen Allgemeine Produktionserfahrung und F&E-bedingter Erfahrungseffekt. In einem auch denkbaren additiven Zusammenhang, würden derartige Interaktionseffekte nicht existieren.

3. Des Weiteren geht es um die Frage, welche Wirkungs-Dynamik im Hinblick auf den F&E-bedingten Erfahrungseffekt unterstellt werden soll.

Zu Frage 3: Um diese Frage beantworten zu können, soll zunächst noch einmal an die klassische Erfahrungskurven-Funktion angeknüpft werden. Hinter der Modellierung dieser Funktion steckt die Annahme, dass es am Anfang, das heißt direkt nach Produktionsbeginn, einfacher ist, Kostendegressionseffekte zu realisieren als in einem späteren Stadium des Produktlebenszyklus. Diese grundsätzliche Annahme soll auch auf den Bereich des F&E-bedingten Erfahrungseffektes übertragen werden. Damit wird also davon ausgegangen, dass zunächst diejenigen mit Patenten verknüpften Innovationsideen in neue Produkte bzw. Prozesse transformiert werden, die relativ zu anderen Innovationsideen zu ausgeprägteren Kostensenkungen führen. Mathematisch betrachtet bedeutet dies, dass die Erfahrungskurven-Funktion mithilfe einer degressiv fallenden Potenzfunktion (Exponent < 0) adäquat modelliert werden kann.

4. Und schließlich muss geklärt werden, ob es sinnvoll ist, davon auszugehen, dass sich Prozess- und Produktinnovationen im Zeitablauf im Hinblick auf ihre kostensenkende Wirkung abnutzen?

Zu Frage 4: Entgegen der in den literaturgängigen 2-Faktor-Erfahrungskurven-Ansätzen gebräuchlichen Methode der Abschreibung technologischen Wissens auf Basis eines „Knowledge Stocks" soll diese Vorgehensweise hier nicht verwendet werden.[296] Eine Integration von Abschreibungen in die neu zu entwickelnde Erfahrungskurven-Funktion würde nämlich bedeuten, dass bei einer Beendigung der F&E-Aktivitäten der in der Industrie tätigen Unternehmen zu einem bestimmten Zeitpunkt (-> Keine neuen Patentanmeldungen mehr) der in die Erfahrungskurven-Funktion integrierten „Knowledge Stock" kontinuierlich erodieren würde, was dann natürlich zu einem Ansteigen der mithilfe der Erfahrungskurven-Funktion berechneten Stückkosten führen würde, was sicher nicht realistisch wäre.

---

[295] Siehe hierzu auch die in Gliederungspunkt 3.2.1 diskutierte Ursache (2) des Erfahrungskurveneffektes.
[296] Siehe Gliederungspunkt 3.2.2.

3.2 Kostenprognosen mittels der 2-Faktor-Erfahrungskurve 77

Wie bereits erläutert, besteht die Zielsetzung der hier vorgestellten Untersuchung unter anderem darin, eine Kostenprognose für die Komponenten des alternativen Antriebsstrangs für das Jahr 2020 zu erstellen. Fasst man nun also alle bisher angestellten Überlegungen zur Integration einer technologischen Komponente in die Erfahrungskurven-Funktion zusammen und nimmt gleichzeitig einen Perspektivwechsel von der Berechnung der Kosten des letzten produzierten Stücks hin zur Berechnung der durchschnittlichen Stückkosten in einer bestimmten Periode vor, so lässt sich daraus der nachfolgend dargestellte neuartige 2-Faktor-Erfahrungskurven-Ansatz ableiten:

$$k_t = KumP_{t-Vt}^b * KumX_t^c * k_1 \qquad \text{Formel 7}$$

k_t: Durchschnittliche Selbstkosten pro Stück in Periode t [EUR]
k_1: Selbstkosten pro Stück der 1. Produkteinheit [EUR]
KumP: Kumulierte veröffentlichte Patente am Ende einer Periode
KumX: Kumulierte Produktionsmenge am Ende einer Periode
b: Degressionsfaktor des F&E-bedingten Erfahrungseffektes, mit b < 0
c: Degressionsfaktor des allgemeinen Erfahrungseffektes, mit c < 0
t: Zeit [a]
V_t: Verzögerungszeit der Technologiewirkung [a]

Aufgrund der in Relation zum klassischen Ansatz differenzierteren Abbildung der kostensenkenden Faktoren im oben dargestellten 2-Faktor-Erfahrungskurven-Ansatz ist zu erwarten, dass bei einer regressionsanalytischen Schätzung der Parameter der oben dargestellten Funktion eine höhere Passgenauigkeit im Hinblick auf die jeweils vorliegenden empirischen Daten zu erzielen ist. Außerdem ist davon auszugehen, dass sich der Wert des Parameters c in Formel 7 in Relation zum Wert des Parameters a in Formel 6 deutlich verändern wird. Er wird betragsmäßig kleiner werden, da der Degressionsparameter c den F&E-bedingten Erfahrungseffekt nun nicht mehr enthält.

3.2.4 Konstruktion eines Modells zur Prognose der Stückkosten von alternativen Antriebskomponenten

Typischerweise würde man, nachdem der neu entwickelte 2-Faktor-Erfahrungskurven-Ansatz nun vorliegt, empirische Daten für die Variablen der Funktion (*k*, *KumP* und *KumX*) in Bezug auf den jeweils zu untersuchenden Fall (zum Beispiel den BZ-Stack) für möglichst viele Vergangenheitsperioden erheben, um dann die zunächst unbekannten Parameter der Funktion (*b*, *c* und k_1) regressionsanalytisch zu schätzen.

Allerdings ergibt sich in diesem Zusammenhang ein zentrales Problem. Da es sich bei den hier untersuchten Komponenten (BZ-Stack, HE- und HP-Lithium-Ionen-Batterien für Automobile-Anwendungen) um Technologien handelt, die noch nicht den Durchbruch zur Serienreife erlangt haben, liegen die für eine regressionsanalytische Schätzung erforderlichen empirischen Daten noch nicht vor.

Deshalb wird in der hier vorgestellten Analyse ein alternativer Weg beschritten. Anstatt den oben skizzierten „Schätz-Prozess" auf Basis der zu untersuchenden Technologien bzw. Produkte durchzuführen, wird versucht, strukturell ähnliche und gleichzeitig marktgängige Analogie-Technologien bzw. -Produkte zu finden, um den „Schätz-Prozess" stellvertretend auf Basis dieser Objekte durchzuführen. Im zweiten Schritt werden die Ergebnisse dieses „Schätz-Prozesses" dann auf die zu untersuchenden Technologien bzw. Produkte übertragen (Abbildung 18, Linker Teil). Als prinzipiell geeignete Analogie-Produkte werden dabei mit Ehrlenspiel et al. solche Produkte angesehen, die von ihrer technischen Kompliziertheit, Komplexität und ihrer Fertigungstiefe her vergleichbar sind und bereits eine erfolgreiche Markteinführung hinter sich haben.[297]

Da nicht davon ausgegangen werden kann, dass für die jeweiligen Analogie-Produkte veröffentlichte Stückkosten-Daten vorliegen[298], können auch für die Analogie-Produkte zunächst keine Erfahrungskurven geschätzt werden. Allerdings ist mit einer relativ hohen Wahrscheinlichkeit davon auszugehen, dass für die Analogie-Produkte entsprechende Daten zu den Verkaufspreisen verfügbar sein werden. Damit ist es zumindest möglich, unter Verwendung von Formel 7 entsprechende Preis-Degressions-Kurven für die Analogie-Produkte zu schätzen. Nimmt man dann an, dass die jeweils einander entsprechenden Preis-Degressions- und Erfahrungskurven-Funktionen parallel verlaufen, lassen sich die regressionsanalytisch berechneten Parameter der Preis-Degressions-Funktionen auf die entsprechenden Erfahrungskurven-Funktionen übertragen. (Abbildung 18, Linker Teil).

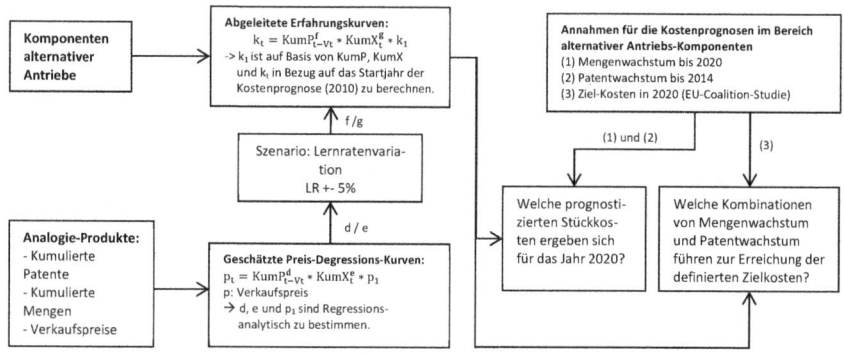

Abbildung 18: Schematische Darstellung des Erfahrungskurven-Modells

---

[297] Vgl. Ehrlenspiel, Kiewert, et al. (2007), S. 170f.
[298] Geheimeinhaltung durch die entsprechenden Unternehmen.

3.2 Kostenprognosen mittels der 2-Faktor-Erfahrungskurve

Selbstverständlich entstehen durch den hier vorgeschlagenen methodischen Umweg, der Verwendung von Analogie-Produkten, gewisse Unschärfen in den abzuleitenden Kostenprognosen. Deshalb wird im weiteren Verlauf der Analyse mithilfe einer Sensitivitätsanalyse untersucht, welche Kosten-Deltas durch eine mögliche Abweichung der tatsächlichen Lernraten der interessierenden Produkte von den geschätzten Lernraten[299] entstehen könnten (Abbildung 18, Linker Teil). Unter einer Lernrate wird im Kontext der Erfahrungskurven-Analyse dabei verstanden, um wie viel Prozent sich die Stückkosten eines Produktes verringern, wenn sich die kumulierte Produktionsmenge bzw. die kumulierte Patentzahl dieses Produktes verdoppelt.[300]

Gemäß der neu-entwickelten 2-Faktor-Erfahrungskurven-Funktion können niedrigere Stückkosten einerseits durch eine höhere kumulierte Produktionsmenge und andererseits durch eine höhere kumulierte Patentzahl erreicht werden. Somit ist klar, dass bestimmte angestrebte Zielkosten für die alternativen Antriebskomponenten, prinzipiell durch verschiedene Kombinationen kumulierter Mengen und kumulierter Patentzahlen, realisiert werden können (Abbildung 18, Rechter Teil), weswegen diese alternativen Kombinations-möglichkeiten im Folgenden auch intensiv betrachtet werden.

3.2.5 Modellanwendung und Modellergebnisse

Mithilfe des neu entwickelten Ansatzes zur Prognose der Stückkosten von alternativen Antriebskomponenten wird nachfolgend zwei zentralen Fragestellungen nachgegangen. Zum einen wird untersucht, wie hoch das Patentwachstum für den BZ-Stack und die beiden Arten von Lithium-Ionen-Batterien zukünftig sein müsste, um die Zielkosten, wie sie in der EU-Coalition-Studie für das Jahr 2020 formuliert werden, zu erreichen. Zum anderen wird der Frage nachgegangen, mit welchen Stückkosten für das Jahr 2020 auf Basis des empirisch beobachtbaren Patentwachstums-Trends und der in der EU-Coalition-Studie formulierten Mengenwachstums-Annahmen zu rechnen ist.

Brennstoffzellen-Stack

Im Automobil-Bereich ist derzeit die PEM-Brennstoffzelle die am meisten verwendete Art von Brennstoffzellen. Sie ist eine Niedertemperatur-Brennstoffzelle, die Wasserstoff als Brennstoff verwendet. Bei der Suche nach einem geeigneten Analogie-Produkt wurde vor allem die Art und Weise, wie eine Brennstoffzelle Strom erzeugt, berücksichtigt. Bei den meisten stromerzeugenden Technologien erfolgt die Stromerzeugung durch einen Generator. Demgegenüber erzeugen Brennstoffzellen und Photovoltaik-Module die Energie direkt, in einem elektrochemischen Prozess, ohne einen Generator. Eine weitere Ähnlichkeit zwischen Brennstoffzellen und Photovoltaik-Modulen ist, dass beide Technologien durch relativ intensive Forschung im Werkstoffbereich und ähnliche Produktionsprozesse gekennzeichnet sind. Aus diesen Gründen wird hier die Photovoltaik als Analogie-Technologie für den BZ-Stack verwendet. Die verwendeten Patentabfrageterme zur Datengenerierung sind in Tabelle 19 dargestellt.

---

[299] Auf Basis der Analogie-Produkte.
[300] Berechnungs-Formel der Lernraten auf Basis von Formel 7: *LR-KumP = 1-2^b*; *LR-KumX = 1-2^c*.

Tabelle 19: Patentabfrage-Terme für BZ-Stack und Photovoltaik

Technologie	Patentabfrage-Term	Abfrage-Datum
PEM Brennstoffzellen-Stack	(((ta = "fuel cell*") and (ta = stack or ta = membrane*)) and (ta = "proton exchange* membrane" or ta = "membrane* electrode assembly")) and pd <= 2000	04.11.2011
Photovoltaik	(ta = photovoltaic*) and pd <= 1970	27.10.2011

Im Hinblick auf die marktbezogenen empirischen Daten[301] der Analogie-Technologie Photovoltaik wurde auf eine Studie der International Energy Agency (IEA) mit dem Betrachtungszeitraum 1976 bis 1996 zurückgegriffen.[302] In Tabelle 20 sind alle für die Regressionsanalyse erforderlichen Inputdaten zusammenfassend dargestellt. Um überprüfen zu können, ob der neu entwickelte 2-Faktor-Erfahrungskurvenansatz wirklich besser in der Lage ist, die empirische Realität widerzugeben, als der klassische Ansatz, wurden Erfahrungskurven bzw. genauer gesagt Preis-Degressionskurven auf Basis von beiden Ansätzen regressionsanalytisch geschätzt und miteinander verglichen (Abbildung 19). Es zeigt sich dabei, dass die Hinzunahme des Patentterms in die Erfahrungs- bzw. Preis-Degressionskurve zu einer höheren Passgenauigkeit der ermittelten Funktion mit den empirischen Daten führt.

Das Bestimmtheitsmaß „r^2 Wert"[303] für den 1-Faktor-Fall beträgt 0,960 und für den 2-Faktor-Fall 0,984. Entscheidender als der leichte Anstieg des „r^2 Wertes" ist aber die Tatsache, dass sich die ermittelten Lernraten im 1-Faktor- und im 2-Faktor-Fall deutlich voneinander unterscheiden. Für die 1-Faktor-Erfahrungskurve wurde eine Lernrate von 22 Prozent für den allgemeinen Erfahrungseffekt ermittelt, während die Lernraten im 2-Faktor-Fall 13 Prozent für den allgemeinen Erfahrungseffekt und 20 Prozent für den F&E-bedingten Erfahrungseffekt betragen. Die bereits in Gliederungspunkt 3.2.3 angestellten Vermutungen, dass dem F&E-bedingten Effekt eine hervortuende Bedeutung zukommt, konnte somit statistisch bestätigt werden. Die deutlichen Unterschiede in den Lernraten im direkten Vergleich des 1-Faktor- und des neu-entwickelten 2-Faktor-Ansatzes sind deshalb von zentraler Bedeutung, weil dies Implikationen für die abzuleitenden Kostenprognosen hat. Würde man mit der ermittelten 1-Faktor- und der ermittelten 2-Faktor-Erfahrungskurve für den BZ-Stack Kostenschätzungen auf Basis derselben Inputdaten im Hinblick auf das zukünftige Absatz- bzw. Produktionsmengen-Wachstum bei einer gleichzeitig vom Mengenwachstum deutlich abweichenden Patentwachstumsrate im 2-Faktor-Fall durchführen, so käme man im 1-Faktor-Fall zu signifikant unterschiedlichen Ergebnissen (Kostenwerten) als im 2-Faktor-Fall.

Es soll an dieser Stelle auch darauf hingewiesen werden, dass sowohl der F-Test für die gesamte 2-Faktor-Erfahrungskurven-Funktion als auch die zweiseitigen T-Tests für die beiden unabhängigen Variablen (*KumX* und *KumP*) zu einem hoch-signifikanten Ergebnis[304] geführt

---

[301] Verkaufspreise und kumulierte Produktionsmengen.
[302] IEA/OECD (2000).
[303] Zur Regressionsanalyse und allen in diesem Kontext relevanten Gütemaßen und statistischen Testverfahren vgl. Backhaus, Erichson, et al. (2011b), S. 55ff.
[304] Irrtumswahrscheinlichkeit: < 0,005 für den F-Test und < 0,0001 für die zweiseitigen T-Tests.

3.2 Kostenprognosen mittels der 2-Faktor-Erfahrungskurve

hat, sodass von einem insgesamt validen Messansatz gesprochen werden kann. Allerdings besteht zwischen den beiden unabhängigen Variablen eine sehr hohe Korrelation (Korrelationskoeffizient = 0,998) und damit aus regressionsanalytischer Sicht ein Multikollinearitäts-Problem. Auf dieses Problem haben bereits Kouvaritakis et al. im Kontext ihrer Studien zu der 2-Faktor-Erfahrungskurve hingewiesen.[305]

Tabelle 20: Inputdaten für die 2-Faktor-Preis-Degressionsberechnung

Jahr	Produktion kumuliert [in MW] [a]	Preis [in USD ('94) pro Wp] [a]	Patente kumuliert [b]
1970			123
1971			134
1972			152
1973			170
1974			191
1975			206
1976	0,40	43,20	247
1977	0,92	31,56	308
1978	2,32	24,94	404
1979	4,95	21,49	493
1980	9,96	18,95	598
1981	16,65	16,59	737
1982	26,24	14,52	889
1983	43,88	13,21	1.082
1984	66,87	11,47	1.320
1985	89,81	8,79	1.569
1986	117,61	6,89	1.888
1987	146,42	5,53	2.175
1988	180,76	4,92	2.437
1989	223,14	4,88	2.688
1990	268,59	4,62	2.920
1991	326,04	4,24	3.174
1992	385,89	4,04	3.464
1993	449,09	3,86	3.739
1994	513,91	3,68	4.060
1995	593,06	3,59	4.388
1996	678,67	3,62	4.626

[a] IEA/OECD (2000)
[b] EPA (2011) kombiniert mit Tabelle 19 Patentabfrage-Terme für Photovoltaik

---

[305] Vgl. Kouvaritakis, Soria, et al. (2000), S. 109ff.

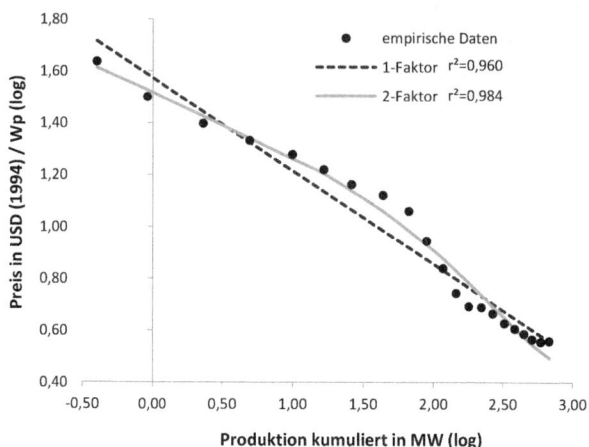

Abbildung 19: Vergleich zwischen 1-Faktor- und 2-Faktor-Preis-Degressionskurve Photovoltaik

Grundsätzlich existieren zwei Möglichkeiten, wie man mit einem Multikollinearitäts-Problem umgehen kann. Die erste Möglichkeit ist, man entfernt eine oder mehrere der unabhängigen Variablen[306] aus der entsprechenden Gleichung und entledigt sich damit des statistischen Problems. Die zweite Möglichkeit ist, man folgt seinen ursprünglichen theoretischen Überlegungen zur Bedeutung der in die Gleichung integrierten unabhängigen Variablen und akzeptiert das auftretende statistische Problem.[307] In dieser Studie wird der 2-Faktor-Erfahrungskurvenansatz trotz der Multikollinearitäts-Problematik bewusst beibehalten. Die Gründe liegen einerseits in den theoretischen Überlegungen zur hohen Bedeutung sowohl des allgemeinen Erfahrungseffektes als auch des technologischen Erfahrungseffektes in den Gliederungspunkten 3.2.1 und 3.2.2. Die weiteren Gründe sind die richtig vorhergesagte Reduktion der Bedeutung des allgemeinen Erfahrungseffektes im 2-Faktor-Fall in Relation zum 1-Faktor-Fall[308] und die hoch-signifikanten Ergebnisse der durchgeführten zweiseitigen T-Tests im Hinblick auf die beiden unabhängigen Variablen der Funktion. Dies bedeutet, dass die vorliegende Multikollinearität lediglich Verzerrungen und keine signifikanten Fehler zur Folge haben dürfte.

Jedoch müssen die möglichen Verzerrungen in den regressionsanalytisch geschätzten Parametern der Erfahrungskurven-Funktion bei den nachfolgenden Kostenprognosen bzw. der Interpretation der entsprechenden Ergebnisse berücksichtigt werden.

---

[306] Hier z. B. den technologischen Erfahrungseffekt.
[307] Vgl. Backhaus, Erichson, et al. (2011a) S. 93ff.
[308] Die entsprechende Lernrate wird deutlich geringer.

3.2 Kostenprognosen mittels der 2-Faktor-Erfahrungskurve

Die Funktionsgleich der 2-Faktor-Erfahrungskurve[309] für den BZ-Stack hat folgende Form:

$$k_t = KumP_{t-6}^{-0{,}327} * KumX_t^{-0{,}207} * 21.186 \ [EUR/kW]$$

Hieraus ergeben sich, die bereits dargestellten Lernraten von 20 Prozent für den F&E-bedingten Erfahrungseffekt und von 13 Prozent für den allgemeinen Erfahrungseffekt. Um nun auf Basis der obigen Gleichung die zukünftigen Stückkosten für den BZ-Stack berechnen zu können, müssen zunächst Annahmen über das zukünftige Patent- bzw. Absatzwachstum im Bereich des BZ-Stacks getroffen werden. Die Annahmen im Hinblick auf das Absatzwachstum wurden dabei so gewählt, dass die von der EU-Coalition-Studie prognostizierte kumulierte Absatzmenge von 1 Mio. Stück im Jahr 2020 exakt erreicht wird. Daraus folgt eine Mengenwachstumsrate von 85 Prozent pro Jahr. In Bezug auf das Patentwachstum wurde eine Trendextrapolation vorgenommen. Da das historische Patentwachstum im Bereich des BZ-Stacks je nach Betrachtungszeitraum unterschiedlich ausfällt, wurde sowohl ein Drei-Jahres-Wachstumstrend (2005 bis 2008) als auch ein Sechs-Jahres-Wachstumstrend (2002 bis 2008) berechnet bzw. bei der Kostenprognose berücksichtigt. Tabelle 21 zeigt das historische Patentwachstum im Bereich des BZ-Stacks.

Tabelle 21: Patent-Publikationen für den BZ-Stack von 2000 bis 2008

Jahr	Patente/ Jahr	Patente kumuliert	Grafik Patententwicklung
2000	108	227	
2001	91	318	
2002	214	532	
2003	267	799	
2004	393	1.192	Ø +35% p.a. (6a)
2005	577	1.769	
2006	829	2.598	Ø +31% p.a. (3a)
2007	1.186	3.784	
2008	1.283	5.067	

EPA (2011) kombiniert mit Tabelle 19 Patentabfrage-Terme für den BZ-Stack

Die für die Modellanwendung verwendeten Inputdaten bezüglich der Startwerte im Jahr 2010 und der Zielwerte für 2020 entstammen der EU-Coalition-Studie[310] und können Tabelle 22 entnommen werden. Die durchgeführte Prognose-Rechnung ergibt, dass die Kosten von 500 EUR/kW im Jahr 2010 exakt auf den Zielwert von 43 EUR/kW im Jahr 2020 sinken werden, sofern sich der Patent-Wachstumstrend des Drei-Jahres-Referenzzeitraums (2005 bis 2008) bis in das Jahr 2014 fortsetzt und bis zum Jahr 2020 insgesamt 1 Mio. Fahrzeuge mit Brennstoffzellen-Antrieb weltweit produziert werden. Es soll hier nochmals darauf hingewie-

---
[309] Abgeleitet von der Photovoltaik.
[310] EU-Coalition (2010).

sen werden, dass aufgrund der angenommenen Wirkungsverzögerung von sechs Jahren die Patente bereits im Jahr 2014 veröffentlicht worden sein müssen, um im Jahr 2020 eine entsprechende Wirkung entfalten zu können. Ein Fortführen des Patent-Wachstums-Trends des Sechs-Jahres-Referenzzeitraumes führt zu einem nur geringfügig anderen Kostenwert von 42 EUR/kW in 2020.

Tabelle 22: Stückkosten Annahmen BZ-Stack

Jahr	Start Stückzahl	Stückzahl kumuliert	Kosten
2010	1.000	1.000	500 EUR/kW
2020		1 Mio.	43 EUR/kW
alle Zahlen aus EU-Coalition (2010)			

Da die tatsächlichen Lernraten im Bereich des BZ-Stacks von den empirisch ermittelten Lernraten im Analogie-Bereich Photovoltaik abweichen könnten und das bereits weiter oben diskutierte Multikollinearitäts-Problem zu Verzerrungen in den regressionsanalytisch geschätzten Parametern der entsprechenden Erfahrungskurve geführt haben könnte, wurden im Sinne einer Sensitivitäts-Analyse Lernraten-Deltas von -5 Prozent und +5 Prozent gebildet und auf ihre Kosten-Wirkung hin analysiert. Wären die Lernraten, sowohl beim allgemeinen Erfahrungseffekt als auch beim F&E-bedingten Erfahrungseffekt, beim BZ-Stack um fünf Prozent niedriger als auf Basis der regressionsanalytisch geschätzten Erfahrungskurvenfunktion zu erwarten (das heißt 19,3 Prozent statt 20,3 Prozent beim F&E-bedingten Effekt und 12,7 Prozent statt 13,4 Prozent beim allgemeinen Effekt so könnten sowohl beim Drei-Jahres-Patent-Wachstumstrend als auch beim Sechs-Jahres-Trend Kosten in Höhe von ca. 50 EUR/kW erreicht werden. Bei um fünf Prozent höheren Lernraten wären sogar Kosten von knapp über 36 EUR/kW möglich.

Abbildung 20 veranschaulicht die Kombinationsmöglichkeiten von Patent- und Absatzwachstum, die dazu führen würden, dass die Zielkosten von 43 EUR/kW im Jahr 2020 exakt erreicht werden. Der farblich abgehobene Korridor in Abbildung 20 wird durch die durchschnittlichen jährlichen Patentwachstumsraten des Drei-Jahres- (31 Prozent) und des Sechs-Jahres-Referenz-Zeitraums (35 Prozent) begrenzt.

Bei einem Lerndelta von null Prozent wäre ein Patentwachstum von jährlich 32 Prozent bis zum Jahr 2014 erforderlich, um die Zielkosten in Höhe von 43 EUR/kW im Jahr 2020 zu erreichen, und zwar unter der Annahme, dass sich das unterstellte Mengenwachstum von 85 Prozent auch tatsächlich einstellt. Bei um fünf Prozent geringeren Lernraten müsste das Patentwachstum pro Jahr bereits 48 Prozent, bei um 5 Prozent höheren Lernraten pro Jahr lediglich 16 Prozent betragen, um den entsprechenden Zielkostenwert zu erreichen.

3.2 Kostenprognosen mittels der 2-Faktor-Erfahrungskurve

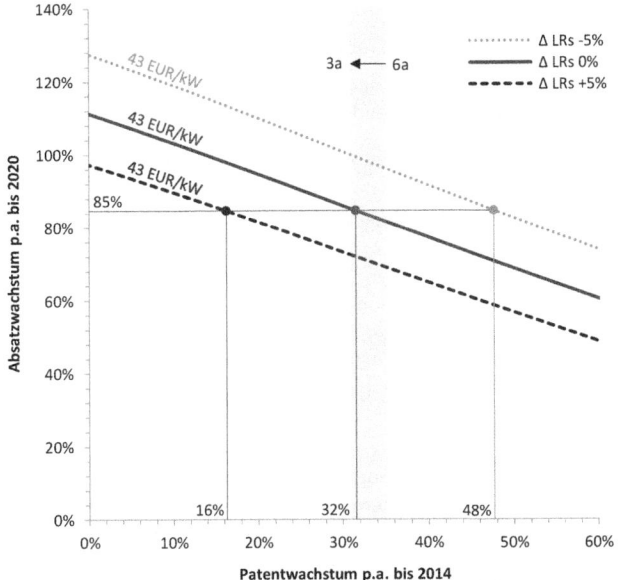

Abbildung 20: Kombinationen von Absatz- und Patentwachstum im Bereich des BZ-Stacks zur Erreichung der Zielkosten von 43 EUR/kW in 2020

Lithium-Ionen-Batterien (allgemein)

Die Lithium-Ionen-Batterie ist keine technologische Neuheit, sondern findet im Bereich der Elektromobilität lediglich ein neues Anwendungsfeld. Im Jahr 1990 fand die Markteinführung der Lithium-Ionen-Energiebatterie im Consumer-Bereich (Notebooks, Handys etc.) durch das Unternehmen Sony statt.[311] Die Lithium-Ionen-Leistungsbatterie dagegen erreichte erst 2006 größere Absatzmengen, unter anderem im Anwendungsbereich Akku-Bohrmaschinen.[312] Die Anforderungen an Lithium-Ionen-Energiebatterien sind sowohl im Consumer- als auch im Automobil-Bereich sehr ähnlich. In rein elektrisch angetriebenen Fahrzeugen ist die Maximalkapazität und somit die Energiedichte von größter Bedeutung, während die maximalen Leistungsströme von eher untergeordneter Bedeutung sind.[313] Die Anforderungen an Energiebatterien im Automobil- und im Consumer-Bereich sind sogar so ähnlich, dass der Tesla Roadster, ein batteriebetriebener Sportwagen von Tesla Motors, 6.800 Lithium-Ionen-Zellen aus dem Consumer-Bereich für den Batteriepack verwendet.[314] Die Lithium-Ionen-Batterie aus dem Consumer-Bereich kann daher als ein ideales Analogie-Produkt angesehen werden.

---

[311] Yoshio, Brodd, et al. (2009), S. 1.
[312] Pillot (2009).
[313] Vgl. Ketterer, Karl, et al. (2009), S. 41ff.
[314] Vgl. Berdichevsky, Kelty, et al. (2006), S. 2. vom Zelltyp 18650.

Tabelle 23: Patentabfrage-Terme für Lithium-Ionen-Batterien

Technologie	Patentabfrage-Term	Abfrage-Datum
Lithium-Ionen-Batterie	(((ta = lithium) and ta = ion) and ta = battery*) and pd <= 1985	18.10.2011
High Energy Lithium-Ionen-Batterie	((ta = "lithium ion") and (((((ta = "mobile phone*") or ta = cam*) or ta = computer) or ta = "high energy") or ta = "electric* vehicle*")) and pd <= 1985	27.10.2011
High Power Lithium-Ionen-Batterie	((ta = "lithium ion") and (((((ta ¼ hybrid*) or ta = "high power*") or ta = tool*) or ta = bike*) or ta = "high performance*")) and pd <= 1985	27.10.2011

In Hybridfahrzeugen werden dagegen hochstromfähige Batterien benötigt, um möglichst viel Energie durch Rekuperation[315] speichern zu können und möglichst viel Schub beim Beschleunigen zu erzeugen. Auch bei Leistungsbatterien im Bereich Power Tools (zum Beispiel für Akku-Bohrmaschinen) treten ähnlich hohe Lade- und Entladeströme auf.[316] Allerdings sind Leistungsbatterien im Power-Tool-Bereich erst seit einer relativ kurzen Zeit am Markt, sodass hier nur relativ wenig empirische Daten zur Verfügung stehen. Auf einer derart schmalen Daten-Basis eine entsprechende Regressions-Analyse durchzuführen, wäre mit einem relativ hohen Fehlerrisiko verbunden, weswegen auch für die Leistungsbatterie die Energiebatterie aus dem Consumer-Bereich als Analogie-Produkt herangezogen wird. Somit wird also letztlich davon ausgegangen, dass im Hinblick auf beide Batteriearten dieselben Lernraten existieren. Allerdings unterscheiden sich die beiden Batteriearten aufgrund des unterschiedlichen Start-Zeitpunktes ihres Markt-Lebenszyklus und damit natürlich auch im Hinblick auf ihre aktuelle Position auf der Erfahrungskurve deutlich voneinander.

Die Inputdaten für die regressionsanalytische Schätzung der Batterie-Erfahrungskurven wurden aus mehreren Quellen zusammengetragen (Tabelle 24). Die für die Patentabfrage verwendeten Abfrageterme können Tabelle 23 entnommen werden.

Um die Patentveröffentlichungen im Bereich Lithium-Ionen-Batterien den beiden Unter-Typen Energie- und Leistungsbatterie zuordnen zu können, wurden die jeweiligen Anwendungsgebiete in die Patentabfragen integriert.

---

[315] Rekuperation: Energierückgewinnung beim Bremsen.
[316] Vgl. Jossen und Weydanz (2006), S. 130ff.

3.2 Kostenprognosen mittels der 2-Faktor-Erfahrungskurve

Tabelle 24: Inputdaten für die 2-Faktor-Preis-Degressionsberechnung der Lithium-Ionen-Batterie

Jahr	Verkaufte MWh kumuliert [a]	Preis [in USD pro Wh] [a]	Patente kumuliert [b]
1985			116
1986			125
1987			153
1988			168
1989			190
1990			222
1991	0,13	3,17	247
1992	1,68	2,63	299
1993	14,55	2,09	368
1994	50,08	1,75	488
1995	121,13	1,71	625
1996	547,42	1,24	765
1997	1.257,90	0,95	1.022
1998	2.288,09	0,59	1.384
1999	3.815,63	0,51	1.777
2000	5.982,59	0,42	2.188
2001	8.504,79	0,35	2.622
2002	12.092,71	0,35	3.032
2003	17.350,26	0,33	3.549
2004	24.526,11	0,31	3.905
2005	33.371,58	0,28	4.233
2006	44.916,87		
2007	58.806,74		
2008	75.616,08		

[a] Yoshio et al. (2009). und Pillot (2009). und Buchmann (2011).
[b] EPA (2011) kombiniert mit Tabelle 23 Patentabfrage-Terme für Lithium-Ionen-Batterien

Auch im Bereich der Lithium-Ionen-Batterien wurde ein Vergleich zwischen dem klassischen 1-Faktor- und dem neuartigen 2-Faktor-Erfahrungskurvenansatz angestellt. Im 1-Faktor-Fall existiert bezüglich des allgemeinen Erfahrungseffektes eine Lernrate von 14 Prozent. Im 2-Faktor-Fall zeigt sich dagegen nur noch eine Lernrate von acht Prozent in Bezug auf den allgemeinen Erfahrungseffekt und eine mehr als dreimal so hohe Lernrate von 27 Prozent im Hinblick auf den F&E-bedingten Erfahrungseffekt. Der F&E-bedingte Effekt ist somit in Relation zum allgemeinen Effekt im Bereich der Lithium-Ionen-Batterien noch sehr viel ausgeprägter, als dies bereits im Bereich des BZ-Stacks der Fall war. Ansonsten bestätigen sich die bereits im Kontext des BZ-Stacks gemachten Aussagen zur statischen Güte der regressionsanalytisch geschätzten 2-Faktor-Erfahrungskurve auch im Bereich der Lithium-Ionen-Batterien (Abbildung 21).

Die Funktionsgleichungen der 2-Faktor-Erfahrungskurven für die beiden Lithium-Ionen-Consumer-Batterien haben folgende Form:

$$k_t = KumP_{t-6}^{-0,446} * KumX_t^{-0,128} * k_1$$

mit k_1 = 16.412 [EUR/kW] für die Leistungsbatterie
und k_1 = 244.045 [EUR/kWh] für die Energiebatterie

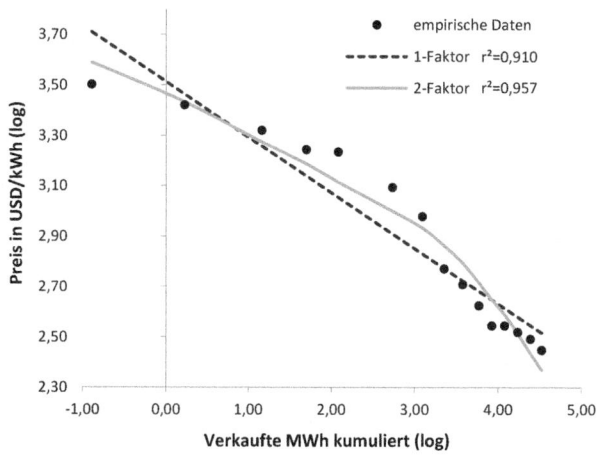

Abbildung 21: Vergleich zwischen 1-Faktor- und 2-Faktor-Preis-Degressionskurve Lithium-Ionen-Batterien (Consumer)

High Energy Lithium-Ionen-Batterien

Aufgrund der starken Verflechtungen zwischen dem Consumer- und dem Automobil-Bereich bei Lithium-Ionen-Energiebatterien werden beide Bereiche bei der nachfolgend dargestellten Kostenprognose im Hinblick auf das angenommene Mengenwachstum zusammen betrachtet (Tabelle 25).

Tabelle 25: Stückkosten Annahmen HE-Lithium-Ionen-Batterien

Jahr	Start Stückzahl[a]	Stückzahl kumuliert[b]	Kosten[c]
2010	0,9 Mio	4,2 Mio.	871 EUR/kWh
2020		44,2 Mio.	300 EUR/kWh

[a] e. A. aus EU-Coalition (2010) abgeleitet
[b] e. A. historisches Mengenwachstum 26 Prozent pro Jahr (2003 bis 2008) setzt sich bis zum Jahr 2020 fort
[c] EU-Coalition (2010)

3.2 Kostenprognosen mittels der 2-Faktor-Erfahrungskurve

Dabei wird davon ausgegangen, dass sich das im Zeitraum 2003 bis 2008 durchschnittlich beobachtbare Absatzmengenwachstum von 26 Prozent pro Jahr bis ins Jahr 2020 fortsetzt. Für die Kostenprognose wird wie bereits im Bereich des BZ-Stacks ein historischer Patent-Wachstumstrend sowohl für einen Drei- (2005-2008) als auch für einen Sechs-Jahres-Referenz-Zeitraum (2002 bis 2008) berücksichtigt. Das historische Patentwachstum im Bereich Lithium-Ionen-Energiebatterie ist in Tabelle 26 dargestellt.

Tabelle 26: Patent-Publikationen für HE-Lithium-Ionen-Batterien von 2000 bis 2008

Jahr	Patente/ Jahr	Patente kumuliert	Grafik Patententwicklung
2000	411	2.188	
2001	434	2.622	
2002	410	3.032	
2003	518	3.549	
2004	355	3.905	
2005	329	4.233	
2006	376	4.609	
2007	585	5.194	
2008	722	5.917	

EPA (2011) kombiniert mit Tabelle 23 Patentabfrage-Terme für HE-Lithium-Ionen-Batterien

Die Kostenprognose auf Basis der 2-Faktor-Erfahrungskurve ergibt, dass die Kosten von 871 EUR/kWh im Jahr 2010 auf 326 EUR/kWh im Jahr 2020 sinken, sofern sich der Drei-Jahres-Patent-Wachstumstrend von 30 Prozent pro Jahr bis ins Jahr 2014 fortsetzt. Im Gegensatz zum BZ-Stack ergibt sich bei der Energiebatterie ein großer Unterschied zwischen der Verwendung des Drei-Jahres- und des Sechs-Jahres-Referenz-Zeitraumes. Bei Fortschreibung des Sechs-Jahres-Patent-Wachstumstrends könnten nämlich lediglich 390 EUR/kWh im Jahr 2020 erreicht werden. Dies liegt daran, dass der Drei-Jahres-Wachstumstrend mit durchschnittlich 30 Prozent Wachstum pro Jahr erheblich über dem Sechs-Jahres-Trend mit durchschnittlich nur zehn Prozent Wachstum pro Jahr liegt.

Nimmt man nun an, dass die Lernraten in Wirklichkeit um fünf Prozent geringer sind als auf Basis der regressionsanalytisch geschätzten Erfahrungskurve zu vermuten wäre, so könnte man nur noch mit Kosten in Höhe von 345 EUR/kWh (Drei-Jahres-Patent-Wachstumstrend) bzw. 408 EUR/kWh (Sechs-Jahres-Patent-Wachstumstrend) für das Jahr 2020 rechnen. Bei um fünf Prozent höheren Lernraten wären dagegen sogar Kosten in Höhe von 309 EUR/kWh (Drei-Jahres-Patent-Wachstumstrend) bzw. 373 EUR/kWh (Sechs-Jahres-Patent-Wachstumstrend) möglich.

Abbildung 22 zeigt, mit welchen Kombinationen von Absatz- und Patentwachstum die in der EU-Coalition-Studie ausgewiesenen Zielkosten in Höhe von 300 EUR/kWh im Jahr 2020 exakt erreicht werden könnten. Die Grafik macht deutlich, dass sich der Patent-Wachstumstrend der letzten drei Jahre (Ø-Wachstum von 30 Prozent pro Jahr) nochmals verstärken müsste, um die Zielkosten in Höhe von 300 EUR/kWh im Jahr 2020 zu erreichen. Selbst im günstigsten hier betrachteten Fall, dass die Lernraten tatsächlich um fünf Prozent höher wären als eigentlich zu erwarten, würde das bisherige Patentwachstum nicht ausreichen, um bei dem angenommenen Mengenwachstum von 26 Prozent pro Jahr die Zielkosten zu erreichen. In diesem Fall müsste sich das jährliche Patentwachstum von bisher 30 Prozent pro Jahr (Drei-Jahres-Wachstumstrend) auf 33 Prozent pro Jahr erhöhen. Bei einem Lernraten-Delta von null Prozent müsste es sogar auf 38 Prozent pro Jahr und bei um fünf Prozent geringeren Lernraten auf 45 Prozent pro Jahr steigen.

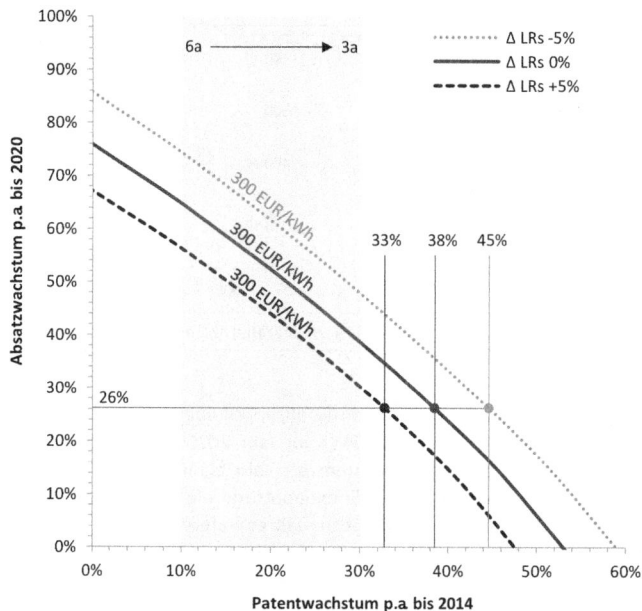

Abbildung 22: Kombinationen von Absatz- und Patentwachstum im Bereich der HE-Lithium-Ionen-Batterien zur Erreichung der Zielkosten von 300 EUR/kWh in 2020

High Power Lithium-Ionen-Batterien

Im Gegensatz zur Energiebatterie besteht im Bereich der Leistungsbatterie noch ein erhebliches Kostensenkungspotenzial. Dies liegt daran, dass es sich hier um ein noch relativ junges Produkt handelt, das demgemäß erst am Anfang seiner Erfahrungskurve steht (Tabelle 27). Im Gegensatz zur Energiebatterie wird bei der Leistungsbatterie der Automobil-Bereich im Hinblick auf die festzulegenden Mengenwachstums-Annahmen isoliert, das heißt nicht zusammen mit dem Consumer-Bereich betrachtet. Diese Annahme erscheint deshalb gerecht-

3.2 Kostenprognosen mittels der 2-Faktor-Erfahrungskurve

fertigt, weil davon auszugehen ist, dass der Automobil-Bereich die anderen Anwendungsfelder in Zukunft stark dominieren dürfte.[317]

Tabelle 27: Stückkosten-Annahmen HP-Lithium-Ionen-Batterien

Jahr	Start Stückzahl	Stückzahl kumuliert	Kosten
2010	1.000	1.000	243 EUR/kW
2020		1 Mio.	32 EUR/kW

Alle Zahlen aus EU-Coalition (2010)

In Bezug auf das Mengenwachstum wird der nachfolgenden Kostenprognose deshalb dieselbe Annahme zugrunde gelegt, wie dies bereits im Bereich des BZ-Stacks der Fall war. Es wird also von einer jährlichen Wachstumsrate von 85 Prozent ausgegangen. Tabelle 28 zeigt das historische Patentwachstum bei Lithium-Ionen-Leistungsbatterien.

Tabelle 28: Patent-Publikationen für HP-Lithium-Ionen-Batterien von 2000 bis 2008

Jahr	Patente/ Jahr	Patente kumuliert	Grafik Patententwicklung
2000	212	665	
2001	196	861	
2002	298	1.159	
2003	225	1.385	
2004	371	1.755	
2005	467	2.223	
2006	641	2.864	
2007	668	3.532	
2008	750	4.281	

EPA (2011) kombiniert mit Tabelle 23 Patentabfrage-Terme für HP-Lithium-Ionen-Batterien

Im Fall der Leistungsbatterie muss nicht zwischen einem Drei- und einem Sechs-Jahres-Patent-Wachstumstrend unterschieden werden, da die durchschnittliche Wachstumsrate in beiden Fällen ca. 17 Prozent pro Jahr beträgt. Die Kostenprognose auf Basis der regressionsanalytisch geschätzten 2-Faktor-Erfahrungskurve für Lithium-Ionen-Batterien ergibt, dass bei einem trendextrapolierten durchschnittlichen Patentenwachstum von 17 Prozent pro Jahr Kosten in Höhe von ca. 42 EUR/kW im Jahr 2020 erreicht werden könnten. Für den Fall, dass die Lernraten um fünf Prozent höher sein sollten, als dies auf Basis der regressionsanalytisch geschätzten Erfahrungskurve eigentlich zu erwarten wäre, wurden Kosten in Höhe von

---
[317] Pillot (2009).

38 EUR/kW für das Jahr 2020 berechnet. Bei um fünf Prozent geringeren Lernraten wären hingegen lediglich Kosten in Höhe von 46 EUR/kW im Jahr 2020 möglich.

Abbildung 23 zeigt, dass die Erreichung der in der EU-Coalition-Studie ermittelten Zielkosten von 32 EUR/kW im Jahr 2020 noch erhebliche Anstrengungen erforderlich sind. Zur Realisierung der Zielkosten müsste sich das jährliche Patentwachstum bei einem Lerndelta von Null Prozent von 17 Prozent auf 44 Prozent erhöhen. Bei um fünf Prozent höheren Lernraten wäre bereits ein durchschnittliches Patentwachstum von 34 Prozent pro Jahr ausreichend. Im Fall von fünf Prozent geringeren Lernraten müsste sogar ein durchschnittliches Patentwachstum von 54 Prozent pro Jahr realisiert werden.

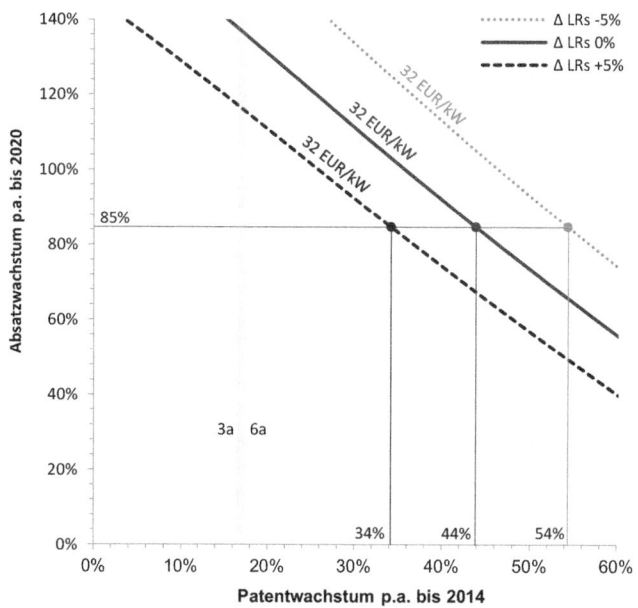

Abbildung 23: Kombinationen von Absatz- und Patentwachstum im Bereich der HP-Lithium-Ionen zur Erreichung der Zielkosten von 32 EUR/kW im Jahr 2020

Kritische Diskussion der Ergebnisse

Das in dieser Analyse verwendete Tool zur Kostenprognose wurde so aufgebaut, dass die zu prognostizierenden Kosten, in Abhängigkeit von den jeweils existenten Lernraten sowie den angenommenen Mengen- und Patentwachstumsraten, abgeleitet werden können.

Die empirisch ermittelten Lernraten sind jedoch mit einigen Unsicherheiten behaftet. Diese ergeben sich zum einen dadurch, dass zur regressionsanalytischen Schätzung der Erfahrungskurven-Parameter, aufgrund der Daten-Verfügbarkeit, auf Preis- anstatt Kosten-

3.2 Kostenprognosen mittels der 2-Faktor-Erfahrungskurve

Erfahrungskurven zurückgegriffen werden musste. Zum anderen ergeben sich die Unsicherheiten der Lernraten dadurch, dass sich der verwendete 2-Faktor-Ansatz durch eine hohe Korrelation der beiden unabhängigen Variablen (Multikollinearitäts-Problem) auszeichnet. Um die Kosten-Wirkung variierender Lernraten transparent zu gestalten, wurden in der hier vorgestellten Analyse umfangreiche Lern-Delta-Betrachtungen im Sinne einer Sensitivitäts-Analyse angestellt.

Zusammenfassend konnten folgende Ergebnisse für die drei betrachteten Komponenten abgeleitet werden: Im Bereich des BZ-Stacks wurden in Abhängigkeit der jeweils unterstellten Annahmen Kosten in einem Bereich zwischen 36 EUR/kW und 49 EUR/kW für das Jahr 2020 ermittelt. Somit ist die Chance auf eine Erreichung der in der EU-Coalition-Studie ausgewiesenen Zielkosten in Höhe von 43 EUR/kW durchaus gegeben.

Bei der Lithium-Ionen-Energiebatterie wurden je nach Annahmen Kosten in einem Bereich von 309 EUR/kWh bis 408 EUR/kWh berechnet. Zur Erreichung der Zielkosten von 300 EUR/kWh im Jahr 2020 müsste sich das Patentwachstum demnach nochmals kräftig beschleunigen. Ähnlich sieht es im Bereich der Leistungsbatterie aus. Die erstellten Kostenprognosen weisen je nach Annahmen Werte zwischen 38 EUR/kW und 46 EUR/kW für das Jahr 2020 aus. Um die Zielkosten von 32 EUR/kW im Jahr 2020 trotzdem zu erreichen, müsste sich das bisherige Patentwachstum nochmals ganz massiv erhöhen.

Allerdings sollte man sich bei der Interpretation der obigen Ergebnisse klarmachen, dass die zentrale Voraussetzung, auf der die oben dargestellten Ergebnisse im Bereich des BZ-Stacks und der high power lithium-ion battery beruhen, das in der EU-Coalition-Studie angenommene Mengenwachstum von 85 Prozent pro Jahr ist. Sollte dieser hohe Wert im Jahr 2020 signifikant unterschritten werden, so wären die obigen Kostenschätzungen nur durch ein unrealistisch hohes Patentwachstum zu erreichen.

Nachfolgend soll auf Problemfelder eingegangen werden, die im Rahmen der Modellerstellung entstanden und die auf einen weiteren Forschungsbedarf hinweisen.

1. Aufgrund der Multikorrelations-Problematik besteht eine gewisse Instabilität bezüglich der regressionsanalytischen Aufteilung in allgemeines sowie F&E-bedingtes Lernen. Da derzeit keine vergleichbaren 2-Faktor-Erfahrungskurvenmodelle existieren, mit dem ähnliche Technologien untersucht wurden, kann kein Plausibilitätscheck durch Vergleichen der ermittelten Lernraten erfolgen. Daher sollte durch weitere Forschungsarbeiten versucht werden, die Ursachen und Auswirkungen der Multikollinearität beim entwickelten 2-Faktor-Erfahrungskurvenmodell besser zu verstehen. Im Rahmen dessen sollte untersucht werden, wie instabil die Aufteilung in allgemeines sowie F&E-bedingtes Lernen tatsächlich ist und wie sich diese potenzielle Fehlerquelle auf die Kostenprognose auswirken könnte.

2. Zur regressionsanalytischen Schätzung der Lernraten wurden aufgrund der Datenverfügbarkeit Preis-Erfahrungskurven anstatt Kosten-Erfahrungskurven herangezogen. Prinzipiell ist davon auszugehen, dass Kosten-Erfahrungskurven etwas steiler verlaufen als die analogen Preis-Degressionskurven. Dies ist darauf zurückzuführen, das Unternehmen, sofern es die Wettbewerbssituation zulässt, einen Teil der sich manifestierenden Kostensenkungen nicht an den Markt weitergeben, sondern zur Steigerung ihrer Gewinne verwenden. Hieraus folgt, dass die ausgewiesenen Lernraten tendenziell zu gering sind, wodurch die Kostendegressionseffekte tendenziell unterschätzt wurden. Durch weitere Forschungsarbeiten sollte

untersucht werden, wie sich Preis- und Kostenerfahrungskurven voneinander unterscheiden. Bei solch einer Untersuchung sollte zwischen den verschiedenen Marktformen bzw. Wettbewerbssituationen unterschieden werden.

3. Es wurde dargestellt, dass Patente erst mit einer relativ langen Verzögerungszeit zu entsprechenden Kostendegressions-Effekten führen. Statistische Tests auf Basis der empirischen Daten ergaben im Rahmen dieser Analyse, dass am ehesten von einer durchschnittlichen Verzögerungszeit von sechs Jahren auszugehen ist. Dieser Wert sollte jedoch auf Basis spezifischer Patent-Wirkungsverzögerungs-Studien überprüft bzw. kritisch hinterfragt werden. Außerdem wurde dargestellt, dass nicht jedes Patent automatisch auch zur Umsetzung kommt und sich tatsächlich in neuen Produkt- bzw. Prozesstechnologien manifestiert. Es wäre im Sinne einer weiteren Verfeinerung des hier vorgestellten Ansatzes nutzenstiftend, eine Methode zu entwickeln, die zwischen genutzten und ungenutzten Patenten zu unterscheiden vermag.

4. Die Lernraten wurden in dieser Untersuchung auf Basis von Analogietechnologien berechnet, was gewisse Unsicherheiten bedeutet. Im Bereich der Lithium-Ionen-Batterien dürften durch Anwendung der Analogie-Logik wohl keine signifikanten Verzerrungen entstanden sein. Anders könnte es dagegen im Bereich des BZ-Stacks aussehen. Die Photovoltaik-Technologie besitzt sicher einige Merkmale, die sie zu einer prinzipiell geeigneten Analogie-Technologie machen. Es ist allerdings nicht auszuschließen, dass noch geeignetere, bisher nicht identifizierte Analogie-Technologien existieren, die einen Beitrag zu einer weiteren Verbesserung der Prognose-Güte im Bereich des BZ-Stacks liefern könnten. Um stets die geeignetsten Analogie-Technologien ausfindig zu machen sowie die Unsicherheit, die das Aufgreifen von Analogie-Komponenten mit sich bringt, genauer einschätzen zu können, wäre weiterer Forschungsbedarf notwendig. Hierzu sollte überprüft werden, ob die in dieser Untersuchung herangezogenen Kriterien zur Bestimmung von Analogie-Produkten tatsächlich die geeignetsten sind und wie sich unterschiedliche Merkmalsausprägungen bezüglich dieser Kriterien auf die Lernraten auswirken. Sobald die Serienproduktion beim BZ-Stack angelaufen sein wird und eine solide Datenbasis zur Verfügung steht, sollten die Lernraten der Analogie-Komponente aufgrund dieser Unsicherheiten durch die tatsächlichen Lernraten des BZ-Stacks, die derzeit nicht ermittelt werden können, ersetzt werden.

5. Um die Prognose-Güte des hier vorgestellten Erfahrungskurven-Ansatzes noch weiter zu verfeinern, könnte versucht werden, zusätzlich unabhängige Variablen in die Erfahrungskurven-Funktion zu integrieren. Allerdings hat die Diskussion in Gliederungspunkt 3.2.1 gezeigt, dass mit der kumulierten Produktionsmenge und einer technologischen Komponente die zentralen Faktoren für den Kostendegressions-Effekt wohl bereits identifiziert sein dürften. Man könnte selbstverständlich auch daran denken, eine Erfahrungskurven-Funktion zu entwickeln, die auf einem detaillierteren Aggregations-Niveau aufsetzt. So könnte man zum Beispiel in einem ersten Schritt eine Aufspaltung der gesamten Stückkosten nach Kostenarten (zum Beispiel Materialstückkosten) durchführen, um anschließend die Werte dieser Stückkosten-Teilaggregate auf Basis Kostenarten-spezifischer Lernraten zu schätzen. In einem zweiten Schritt könnten die ermittelten Stückkosten-Teilwerte zu den gesamten Stückkosten aggregiert werden. Allerdings sollte man sich im Kontext derartiger Überlegungen darüber im Klaren sein, dass jede weitere Verfeinerung des Erfahrungskurven-Ansatzes aus

3.3 TCO-Analysen von alternativen Antrieben

der Perspektive einer praktischen Anwendung auch immer mit einem zusätzlichen Aufwand und im speziellen Kontext mit einem Daten-Verfügbarkeitsproblem verbunden wäre.

3.3 TCO-Analysen von alternativen Antrieben

Wie die Untersuchungen in 3.2 Kostenprognosen mittels der 2-Faktor-Erfahrungskurve gezeigt haben, spielt die Stückzahl eine entscheidende Rolle um die Kosten einer neuen Technologie zu reduzieren. Dabei ist, wie in 3.2 auch diskutiert wurde, nicht die Stückzahl eines OEM, sondern die produzierte Stückzahl in einer Branche entscheidend, da die Produzenten ihre Komponenten auch an andere OEM bzw. andere Branchen liefern. Tabelle 29 zeigt die drei Szenarien der hier für die Ermittlung der Fahrzeugkosten zugrunde liegenden EU-Coalition-Studie. Alle Szenarien gehen bis zum Jahr 2020 von einem sehr ambitionierten Wachstum von alternativen Antrieben in Europa aus. Demnach sollen bis 2020 5,7 Mio. BEV, 2 Mio. PHEV bzw. REEV und 1 Mio. FCEV im Markt sein. Nach 2020 unterscheiden sich die Szenarien dann sehr deutlich. Für die TCO-Analysen dieser Arbeit, bis zum Jahr 2030, wird die Stückzahl des pessimistischsten Szenarios (1-Conventional) zugrunde gelegt. Diese immer noch sehr hohen Stückzahlen sind aller Voraussicht nach nicht mehr zu erreichen. Sie passen aber zu der ebenfalls sehr ambitionierten technischen Entwicklung der EUCAR-V4-Fahrzeuge (beschrieben in 2.3 Alternative und konventionelle Antriebstechnologien). Sollten die in Tabelle 29 dargestellten Stückzahlen zu einem späteren Zeitpunkt erreicht werden, können die Ergebnisse somit entsprechend interpretiert werden.

Tabelle 29: Stückzahl EU-Coalition und Komponenten-Stückzahl dieser Untersuchung

	Europäische Fahrzeugflotte EU-Coalition Szenarien [in Tausend Stk.] [a]				kum. Komponenten-Stückzahl dieser Untersuchung [in Tausend Stk.] [e]		
Jahr/ Szenario	ICE-G/D HEV	BEV	PHEV/ REEV	FCEV	HE-Batterie [b]	HP-Batterie [c]	BZ-Stack H$_2$-Tank BZ- Peripherie [d]
2010/1	223.997	1	1	1	4.159	2	1
2020/1	227.221	5.740	2.034	1.005	44.156	2.022	1.005
2030/1	207.089	15.331	20.753	5.827	203.022	16.203	5.827
2010/2	223.997	1	1	1	n. u.	n. u.	n. u.
2020/2	227.221	5.740	2.034	1.005	n. u.	n. u.	n. u.
2030/2	172.544	31.033	27.035	18.388	n. u.	n. u.	n. u.
2010/3	223.997	1	1	1	n. u.	n. u.	n. u.
2020/3	227.221	5.740	2.034	1.005	n. u.	n. u.	n. u.
2030/3	172.541	24.755	17.613	34.091	n. u.	n. u.	n. u.

[a] EU-Coalition (2010), S. 17; Szenario 1 = Conventional, Szenario 2 = EV dominated, Szenario 2 = FCEV dominated
n. u. nicht untersucht
[b] Durch die Anwendung von Li-Ionen-Batterien im Consumer-Bereich (z. B. Handys, Notebooks) ist die kumulierte Stückzahl höher als die Anzahl Pkw (Vgl. 3.2 Kostenprognosen mittels 2-Faktor-Erfahrungskurve)
[c] Stückzahl ausschließlich von HEV + FCEV
[d] Stückzahl ausschließlich von FCEV
[e] Mayer et al. (2012)

3.3.1 Berechnung der Fahrzeugkosten

Im Weiteren werden die spezifischen Komponentenkosten aus den Basisdaten der EU-Coalition-Studie übernommen und mit den in der EUCAR-V4 verwendeten Komponenten der Fahrzeuge skaliert. Dadurch erhält man die Nettolistenpreise (auf Kostenbasis) der technologisch sehr detaillierten EUCAR-V4-Fahrzeuge. Da die EUCAR-V4-Fahrzeuge von ihrer Auslegung so gestaltet wurden, dass die Fahrzeuge von ihrer Performance vergleichbar sind, ermöglicht diese Vorgehensweise den in der EUCAR-Studie noch nicht durchgeführten Kostenvergleich der unterschiedlichen Antriebsysteme.

Für die spezifischen Kosten der HP- und HE-Batterien sowie dem BZ-Stack (in EUR/kW bzw. EUR/kWh) wird die in 3.2 erarbeitete 2-Faktor-Erfahrungskurve verwendet. Tabelle 30 zeigt die jeweiligen Lernraten der verschiedenen Komponenten. Die Komponentenkosten von BZ-Peripherie, H_2-Tank und E-Motor/Leistungselektronik/Lader wurden in der EU-Coalition-Studie ab dem Jahr 2020 mit der 1-Faktor-Lernkurve berechnet. Der Vollständigkeit halber werden diese Lernraten in Tabelle 30 mit aufgeführt. In den weiteren Berechnungen werden sie aber nicht variiert, weil das den Rahmen der Arbeit übersteigen würde. Die Montage, Vertriebs-/Verwaltungskosten und der Gewinn werden im Weiteren, wie in der EU-Coalition-Studie, als konstant über alle Technologien angenommen.[318]

Nicht alle hier untersuchten Fahrzeugtypen wurden auch in der EU-Coalition-Studie untersucht. Dort sind die Fahrzeugantriebe PHEV und REEV als ein Fahrzeugtyp ausgewiesen. HEV wurden nicht untersucht bzw. über eine weitere Hybridisierung von konventionellen Antrieben abgebildet. Aus diesem Grund werden HEV, PHEV und REEV in der vorliegenden Arbeit mit Komponenten des ICE-G zusammengesetzt und die fehlenden Komponenten mit den spezifischen Komponentenkosten von BEV bzw. FCEV skaliert. Die im folgenden dargestellten Formeln zeigen diese Vorgehensweise für jeden Fahrzeugantrieb.

Tabelle 30: Lernraten der alternativen Antriebs-Komponenten

Komponente	2-Faktor LR [a]		1-Faktor LR [b]
	F&E-Effekt (b)	Allg.-Effekt (c)	Alle Effekte (a)
BZ-Stack	20 %	13 %	-
HE-Batterie	27 %	8 %	-
HP-Batterie	27 %	8 %	-
BZ-Peripherie	n. u.	n. u.	15 %
H_2-Tank	n. u.	n. u.	15 %
E-Motor/Leistungselektronik/Lader	n. u.	n. u.	10 %

[a] Eigene Berechnung in Mayer et al. (2012) n. u. nicht untersucht
[b] EU-Coalition (2010), S. 54

---

[318] Siehe Fahrzeugtabellen im Anhang.

ICE-Benzin

$$NLP_{ICE-G} = k^{PT}_{ICE-G} + k^{ESM}_{ICE-G} + k^{KT}_{ICE-G} + k^{M}_{ICE-G} + VWK + G \qquad \text{Formel 8}$$

NLP_{ICE-G}: Nettolistenpreis eines ICE − G [EUR]
k^{PT}_{ICE-G}: Kosten Powertrain [EUR]
k^{ESM}_{ICE-G}: Kosten Effizienzsteigerungsmaßnahmen [EUR]
k^{KT}_{ICE-G}: Kosten konventionelle Teile [EUR]
k^{M}_{ICE-G}: Kosten Montage [EUR]
VWK: Vertriebs − und Verwaltungskosten [EUR]
G: Gewinn [EUR]

ICE-Diesel

$$NLP_{ICE-D} = k^{PT}_{ICE-D} + k^{ESM}_{ICE-D} + k^{KT}_{ICE-D} + k^{M}_{ICE-D} + VWK + G \qquad \text{Formel 9}$$

NLP_{ICE-D}: Nettolistenpreis eines ICE − D [EUR]
k^{PT}_{ICE-D}: Kosten Powertrain [EUR]
k^{ESM}_{ICE-D}: Kosten Effizienzsteigerungsmaßnahmen [EUR]
k^{KT}_{ICE-D}: Kosten konventionelle Teile [EUR]
k^{M}_{ICE-D}: Kosten Montage [EUR]
VWK: Vertriebs − und Verwaltungskosten [EUR]
G: Gewinn [EUR]

Parallel-Hybrid (HEV)

$$NLP_{HEV} = k^{PT}_{ICE-G} + k^{ESM}_{ICE-G} + k^{KT}_{ICE-G} + k^{HP-B}_{HEV} + k^{HM}_{HEV} + k^{M}_{ICE-G} + VWK + G \qquad \text{Formel 10}$$

NLP_{HEV}: Nettolistenpreis eines HEV [EUR]
k^{PT}_{ICE-G}: Kosten Powertrain [EUR] → Analog ICE − G
k^{ESM}_{ICE-G}: Kosten Effizienzsteigerungsmaßnahmen [EUR] → Analog ICE − G
k^{KT}_{ICE-G}: Kosten konventionelle Teile [EUR] → Analog ICE − G
k^{HP-B}_{HEV}: Kosten HP − Batterie [EUR]
k^{HM}_{HEV}: Kosten Hybridmodul [EUR]
k^{M}_{ICE-G}: Kosten Montage [EUR]
VWK: Vertriebs − und Verwaltungskosten [EUR]
G: Gewinn [EUR]
$k^{HP-B}_{HEV} = k^{HP-B}_{t} * P^{HP-B}_{HEV}$

k_t^{HP-B}: Durchschnittliche Selbstkosten HP − Batt. pro Stück in Periode t [EUR/kW]

P_{HEV}^{HP-B}: Leistung der der HP − Batterie [kW]

$k_{HEV}^{HM} = k_t^{HM} * P_{HEV}^{E-Motor}$

k_t^{HM}: Durchschnittliche Selbstkosten HM pro Stück in Periode t [EUR/kW]
→ Abgeleitet aus E-Motor und Leistungselektronik FCEV

$P_{HEV}^{E-Motor}$: Leistung des E − Motor [kW]

Plug-In-Hybrid-Electric-Vehicle (PHEV)

$$NLP_{PHEV} = k_{ICE-G}^{PT} + k_{ICE-G}^{ESM} + k_{FCEV}^{KT} + k_{PHEV}^{HE-B} + k_{PHEV}^{E-Motor,LE,L} + k_{PHEV}^{M} + VWK + G$$

Formel 11

NLP_{PHEV}: Nettolistenpreis eines PHEV [EUR]

k_{ICE-G}^{PT}: Kosten Powertrain [EUR] → Analog ICE − G

k_{ICE-G}^{ESM}: Kosten Effizienzsteigerungsmaßnahmen [EUR] → Analog ICE − G

k_{FCEV}^{KT}: Kosten konventionelle Teile [EUR] → Analog FCEV

k_{PHEV}^{HE-B}: Kosten HE − Batterie [EUR]

$k_{PHEV}^{E-Motor,LE,L}$: Kosten E − Motor, Leistungselektronik und Lader [EUR]

k_{PHEV}^{M}: Kosten Montage [EUR]

VWK: Vertriebs − und Verwaltungskosten [EUR]

G: Gewinn [EUR]

$k_{PHEV}^{HE-B} = k_t^{HE-B} * E_{PHEV}^{HE-B}$

k_t^{HE-B}: Durchschnittliche Selbstkosten HE − Batt. pro Stück in Periode t [EUR/kWh]

E_{HEV}^{HE-B}: Energieinhalt der HE − Batterie [kWh]

$k_{PHEV}^{E-Motor,LE,L} = k_t^{E-Motor,LE,L} * P^{E-Motor}$

$k_t^{E-Motor,LE,L}$: Durchschnittliche Selbstkosten E − Motor, LE, Lader
pro Stück in Periode t [EUR/kW] → Abgeleitet aus E-Motor, LE und Lader BEV

$P_{PHEV}^{E-Motor}$: Leistung des E − Motor [kW]

Range-Extender-Electric-Vehicle (REEV)

$$NLP_{REEV} = k_{REEV}^{PT} + k_{REEV}^{G} + k_{FCEV}^{KT} + k_{REEV}^{HE-B} + k_{BEV}^{E-Motor,LE,L} + k_{PHEV}^{M} + VWK + G$$

Formel 12

NLP_{REEV}: Nettolistenpreis eines REEV [EUR]

k_{REEV}^{PT}: Kosten Powertrain [EUR] → Abgeleitet von VKM ICE − G

k_{ICE-G}^{G}: Kosten Generator [EUR] → Abgeleitet von E − Motor FCEV

3.3 TCO-Analysen von alternativen Antrieben

k_{FCEV}^{KT}: Kosten konventionelle Teile [EUR] → Analog FCEV
k_{REEV}^{HE-B}: Kosten HE − Batterie [EUR]
$k_{BEV}^{E-Motor,LE,L}$: Kosten E − Motor, Leistungselektronik und Lader [EUR] → Analog BEV
k_{PHEV}^{M}: Kosten Montage [EUR]
VWK: Vertriebs − und Verwaltungskosten [EUR]
G: Gewinn [EUR]
$k_{REEV}^{HE-B} = k_t^{HE-B} * E_{REEV}^{HE-B}$
k_t^{HE-B}: Durchschnittliche Selbstkosten HE − Batt. pro Stück in Periode t [EUR/kWh]
E_{REEV}^{HE-B}: Energieinhalt der HE − Batterie [kWh]

Batteriefahrzeug (BEV)

$$NLP_{BEV} = k_{BEV}^{KT} + k_{BEV}^{HE-B} + k_{BEV}^{E-Motor,LE,L} + k_{PHEV}^{M} + VWK + G \qquad \text{Formel 13}$$

NLP_{BEV}: Nettolistenpreis eines BEV [EUR]
k_{BEV}^{KT}: Kosten konventionelle Teile [EUR]
k_{BEV}^{HE-B}: Kosten HE − Batterie [EUR]
$k_{BEV}^{E-Motor,LE,L}$: Kosten E − Motor, Leistungselektronik und Lader [EUR]
k_{BEV}^{M}: Kosten Montage [EUR]
VWK: Vertriebs − und Verwaltungskosten [EUR]
G: Gewinn [EUR]
$k_{BEV}^{HE-B} = k_t^{HE-B} * E_{REEV}^{HE-B}$
k_t^{HE-B}: Durchschnittliche Selbstkosten HE − Batt. pro Stück in Periode t [EUR/kWh]
E_{BEV}^{HE-B}: Energieinhalt der HE − Batterie [kWh]

Brennstoffzellenfahrzeug (FCEV)

$$NLP_{FCEV} = k_{FCEV}^{KT} + k_{FCEV}^{HP-B} + k_{FCEV}^{E-Motor,LE} + k_{FCEV}^{BZ-Stack} + k_{FCEV}^{BZ-Periph.} + k_{FCEV}^{H2-Tank}$$
$$+ k_{FCEV}^{M} + VWK + G \qquad \text{Formel 14}$$

NLP_{FCEV}: Nettolistenpreis eines FCEV [EUR]
k_{FCEV}^{KT}: Kosten konventionelle Teile [EUR]
k_{FCEV}^{HP-B}: Kosten HP − Batterie [EUR]
$k_{FCEV}^{E-Motor,LE}$: Kosten E − Motor und Leistungselektronik [EUR]
$k_{FCEV}^{BZ-Stack}$: Kosten BZ − Stack [EUR]
$k_{FCEV}^{BZ-Periph.}$: Kosten BZ − Peripherie [EUR]

$k_{FCEV}^{H2-Tank}$: Kosten H2 − Tank [EUR]
k_{FCEV}^{M}: Kosten Montage [EUR]
VWK: Vertriebs − und Verwaltungskosten [EUR]
G: Gewinn [EUR]

$$k_{FCEV}^{HP-B} = k_t^{HP-B} * P_{FCEV}^{HP-B}$$

k_t^{HP-B}: Durchschnittliche Selbstkosten HP − Batt. pro Stück in Periode t [EUR/kW]

P_{FCEV}^{HP-B}: Leistung der HP − Batterie [kW]

$$k_{FCEV}^{BZ-Stack} = k_t^{BZ-Stack} * P_{FCEV}^{BZ-Stack}$$

$k_t^{BZ-Stack}$: Durchschnittliche Selbstkosten BZ − Stack pro Stück in Periode t [EUR/kW]

$P_{FCEV}^{BZ-Stack}$: Leistung des BZ − Stack [kW]

Abbildung 24 zeigt die aus den vorherigen Formeln errechneten Nettolistenpreise der untersuchten Antriebe auf Basis des Conventional-Szenarios der EU-Coalition-Studie bis zum Jahr 2030. Da die Methode der Erfahrungskurve die Kosten der ersten Einheit berücksichtigt, sind die Nettolistenpreise für die ersten Einheiten der alternativen Antriebe entsprechend hoch. Das Patent und Stückzahlwachstum von HP- und HE-Batterien sowie dem BZ-Stack wurde analog den Basisannahmen von 3.2 übernommen.

Die Abbildung zeigt gut, dass bis zu einer Produktionsmenge von etwa 100.000 Stück im Jahr 2015 die alternativen Antriebe FCEV, REEV und BEV signifikant günstiger werden. Danach fällt ihre Kostendegression moderater aus. Der Kostenunterschied zu den konventionellen Antrieben ICE-G und ICE-D ist dann allerdings immer noch erheblich. Bis zum Jahr 2020 gleichen sich die Nettolistenpreise aller Antriebe immer mehr an, vorausgesetzt die in der EU-Coalition angenommen Stückzahlen werden erreicht.

3.3 TCO-Analysen von alternativen Antrieben

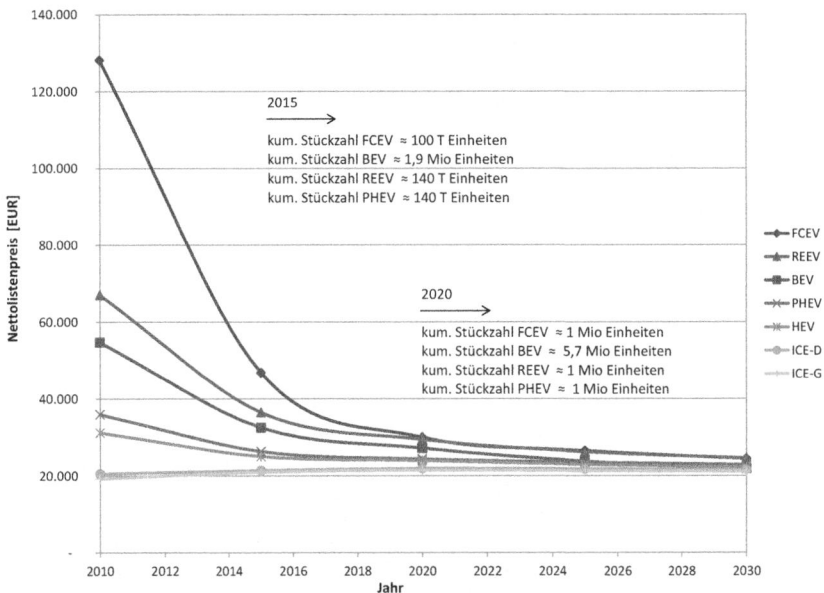

Abbildung 24: Prognose der Nettolistenpreise der untersuchten Antriebe (eigene Berechnung auf Basis Conventionel-Szenario EU-Coalition-Studie)

3.3.2 Berechnung der Unterhaltskosten

Zur Berechnung der Unterhaltskosten werden im Weiteren alle von den Anschaffungskosten unabhängigen Kostenarten für Kraftstoff-, Infrastruktur-, Reparatur-, Wartung- und Fix-Kosten bis zum Jahr 2030 berücksichtigt (Abbildung 25 und 3.1.2 Unterhaltskosten). Der noch fehlende Wertverlust und die Kapitalkosten hängen hingegen von den Anschaffungskosten (BLP) ab. Sie werden im Gliederungspunkt 3.3.3 Berechnung der TCO mit einbezogen.

Abbildung 25 zeigt, dass REEV und BEV durch den geringen Stromverbrauch und die vergleichsweise günstigen Stromkosten, trotz der Infrastrukturkosten durch halb-öffentliches und öffentliches Laden, gleich von Beginn an die niedrigsten Unterhaltskosten aufweisen. In absoluten Zahlen liegt der Unterhaltskostenvorteil zwischen BEV und ICE-G im Jahr 2015 bei 929 EUR, 2020 bei 639 EUR und im Jahr 2030 bei 558 EUR.[319] Bei Brennstoffzellenfahrzeugen sind die im Vergleich zu REEV und BEV vergleichsweise hohen Unterhaltskosten im Jahr 2015 auf den Wasserstoffpreis in der zugrundeliegenden EU-Coalition-Studie zurückzuführen, welcher wiederum zum Großteil durch die dann noch hohen Infrastrukturkosten getrieben

---

[319] Für die Berechnung der in Abbildung 25 dargestellten Infrastrukturkosten wird hier aus Mangel an belastbaren Daten zur Infrastrukturnutzung von Privatkunden angenommen, dass alle Kunden von PHEV, REEV und BEV ihr Fahrzeug zu 60 Prozent an einer privaten Ladestation (AC 3,7 kW), zu 20 Prozent halb-öffentlich (AC bis 22 kW) und zu weiteren 20 Prozent öffentlich (AC bis 22 kW) laden.

wird (vgl. Abbildung 16). Diese verringern sich laut EU-Coalition-Studie jedoch so stark bis 2020, dass FCEV dann auf dem Unterhaltskostenniveau von REEV und BEV liegen. Im Jahr 2030 weisen FCEV durch die günstigen Wasserstoffkosten dann sogar die niedrigsten Unterhaltskosten auf.

Insgesamt ist zu beobachten, dass die Kraftstoff-, Infrastruktur- sowie Wartungs- und Reparaturkosten bei allen Antrieben 70 bis 80 Prozent der gesamten Unterhaltskosten verursachen. In der Realität dürfte dieser Anteil noch höher sein, da für die Berechnung der dargestellten Kraftstoffkosten der NEFZ-Verbrauch zugrunde liegt. Aus diesen Gründen werden die Kraftstoff-, Infrastruktur- und Wartungs- und Reparaturkosten im Gliederungspunkt 3.3.4 Sensitivitätsanalyse auf ihre Wirkung auf die TCO weiter untersucht.

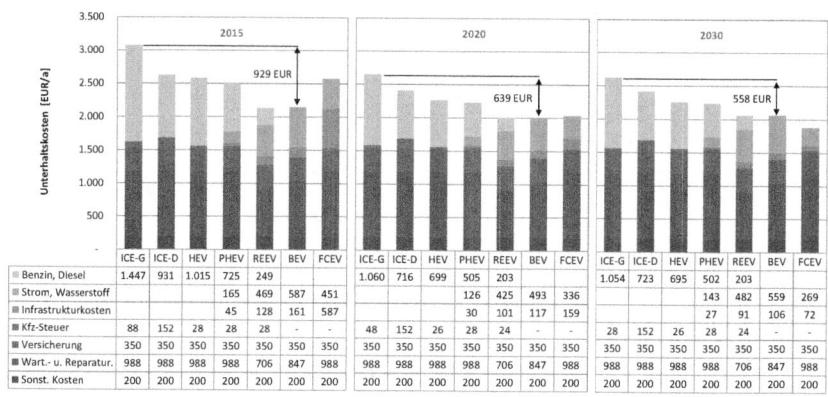

Abbildung 25: Prognose der Unterhaltskosten der untersuchten Antriebe bei einer Laufleistung von 14.111 km/a

3.3.3 Berechnung der TCO

Formel 15 zeigt die allgemeine Berechnungsgrundlage, wie sie im weiteren zur TCO-Berechnung der jeweiligen Fahrzeugantriebe verwendet wird.

$$TCO_{A,t,l} = k_A^{Fzg} + k_A^{Kap} + k_A^K + k_A^S + k_A^{H2} + k_A^{W+R} + k_A^{S+V} + k^{So} \qquad \text{Formel 15}$$

A: Antriebsart ; A ∈ (ICE − G, ICE − D, HEV, PHEV, REEV, BEV, FCEV)

t: Nutzungszeit; t ∈ (1 − 10a)

l: Laufleistung; l ∈ (1 − 150.000km)

$TCO_{A,t,l}$: TCO eines Fahrzeugs mit der Antriebsart A im Jahr t
nach der Laufleistung l [EUR]

k_A^{Fzg}: Fahrzeugkosten der Antriebsart A für die
Nutzungszeit t nach der Laufleistung l [EUR]

$k_A^{Fzg} : BLP_{t,P,X} - RW_{A,t,l}$

$BLP_{t,P,X}$: Bruttolistenpreis im Jahr t nach einem Patentwachstum P
und einem Absatzwachstum X [EUR]

$RW_{A,t,l}$: Restwert eines Fahrzeugs nach der Nutzungszeit t
und der Laufleistung l [EUR]

k_A^{Kap}: Kapitalkosten des durchschnittlich gebundenen Kapitals der
Antriebsart A nach der Nutzungszeit t und der Laufleistung l [EUR]

$$k_A^{Kap} = \frac{(BLP_{t,P,X} + RW_{A,t,l})}{2} * i$$

i: kalkulatorische Zinsen [%] → Es werden 3 Prozent angenommen

k_A^K: Kraftstoffkosten (Benzin, Diesel) der Antriebsart A [EUR]

k_A^S: Stromkosten der Antriebsart A [EUR]

k_A^{H2}: Wasserstoffkosten der Antriebsart A [EUR]

k_A^{W+R}: Wartungs – und Reparaturkosten der Antriebsart A [EUR]

k_A^{S+V}: Kosten für Steuern und Versicherung der Antriebsart A [EUR]

k^{So}: sonstige Kosten für Haupt–, Abgasuntersuchungen und Parken [EUR]

Die nachfolgende TCO-Berechnung bezieht sich auf eine Pkw-Haltedauer von vier Jahren, da nicht davon ausgegangen werden kann, dass jeder Pkw bis zum Ende seiner Nutzungsdauer bei einem Halter verbleibt. In dieser Zeit ist der Wertverlust am größten (vgl. 3.1.1 Fahrzeugkosten). Ferner werden in den ersten Nutzungsjahren im Verhältnis mehr Kilometer zurückgelegt als am Ende eines Fahrzeuglebens.[320] Die hier gewählte durchschnittliche Laufleistung von 14.111 km/a aus der MID 2008 ist demnach als eher konservative Annahme zu sehen.

Abbildung 26 zeigt die auf Basis von Formel 15 berechneten TCO nach der Haltedauer von 4a und der jährlichen Laufleistung von 14.111 km/a. Bei allen Antrieben sind die Fahrzeugkosten (auch Wertverlust) die mit Abstand größte Kosten-Position. Der Anteil des Wertverlusts an den TCO $_{4a,14.111km/a}^{2015,2020,2030}$ liegt bei den konventionellen Antrieben (ICE-G und ICE-D) bei etwa 50 bis 60 Prozent. Die alternativen Antriebe kommen sogar auf einen Anteil von 60 bis 70 Prozent des Wertverlustes an den TCO $_{4a,14.111km/a}^{2015,2020,2030}$. Dabei weisen REEV, BEV und FCEV noch bis zum Jahr 2020 die höchsten TCO auf. Im Jahr 2030 sind BEV und FCEV durch ihre bis dahin niedrigen BLP, dem daraus resultierend geringerem Wertverlust und durch ihre ver-

---

[320] Vgl. Redelbach (2012) Analyse Jährliche Fahrleistung nach Fahrzeugalter.

gleichsweise günstigen Unterhaltskosten dann die Antriebe mit den niedrigsten TCO. Die Höhe dieses Unterschieds (264 EUR im Vergleich FCEV zu ICE-G bei einer Halterdauer von 4a) ist in Anbetracht der vielen Annahmen bis zum Jahr 2030 nicht signifikant. An dieser Stelle sei noch einmal an den hier für alle Antriebe zugrunde liegenden Wertverlust des Toyota Prius hingewiesen.

Der Anteil der Kraftstoffkosten (ohne Infrastrukturkosten) an den $TCO_{4a,14.111 km/a}^{2020,2030}$ liegt bei BEV und FCEV mit fünf bis acht Prozent am niedrigsten. Selbst unter Hinzunahme der Infrastrukturkosten von etwa zwei Prozent sind BEV und FCEV günstiger als die konventionellen Antriebe, welche einen Kraftstoffkostenanteil von zwölf bis 17 Prozent an den $TCO_{4a,14.111 km/a}^{2020,2030}$ aufweisen. PHEV und REEV liegen genau dazwischen. Ein weiterer signifikanter TCO-Kostentreiber sind die Wartungs- und Reparaturkosten, welche bei allen Antrieben um die 15 Prozent der $TCO_{4a,14.111 km/a}^{2015,2020,2030}$ ausmachen.

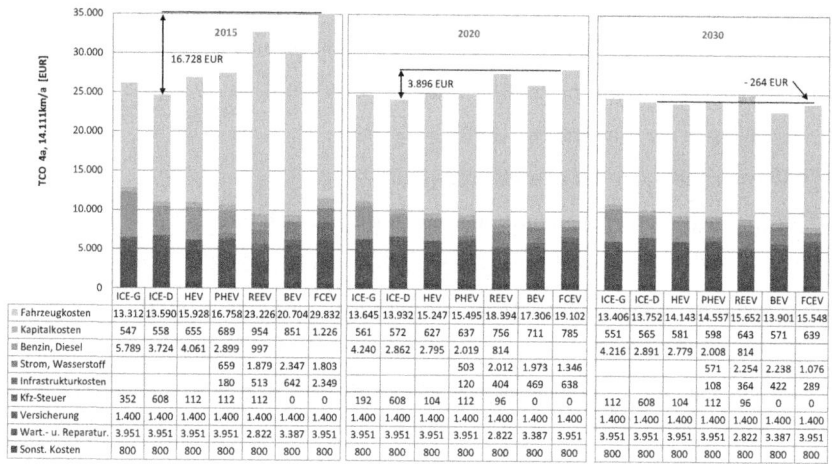

Abbildung 26: TCO der untersuchten Antriebe nach einer Haltedauer von 4a und einer Laufleistung von 14.111 km/a

3.3.4 Sensitivitätsanalyse

Im Verlauf der vorherigen Analysen wurden bereits einzelne in der Prognose als besonders unsichere Parameter identifiziert, welche nun hinsichtlich ihrer Sensitivität auf die $\text{TCO}_{4a,14.111km/a}^{2020,}$ analysiert werden. Untersucht wird die kumulierte Stückzahl kumX und die Anzahl der kumulierten Patente kumP für HP- und HE-Batterien sowie dem BZ-Stack (vgl. 3.2). Ferner werden Laufleistung, Wertverlust, Kraftstoff-, Infrastruktur-, Wartungs- und Reparaturkosten auf einer Skala von -50 Prozent bis +50 Prozent einzeln verändert und in einem Diagramm aufgetragen. Abbildung 27 zeigt das Ergebnis dieser Analyse für das Jahr 2020. Für die Jahre 2015 und 2020 würden sich die Ergebnisse nicht signifikant ändern, wie Tests gezeigt haben und die weiteren Ausführungen darlegen.

Die mit Abstand größte Wirkung auf die TCO ruft bei allen Antrieben die Veränderung des Wertverlustes hervor. Dieser ist bei den alternativen Antrieben maßgeblich von den Komponentenkosten und diese wiederum von der produzierten Menge kumX und dem Wissenszuwachs (hier gemessen in kumP) abhängig. In der Sensitivitätsanalyse ist eine Veränderung von kumX und kumP wiederum kaum sichtbar. Das hat zweierlei Ursachen. (I) Ist das Stückzahlwachstum in der zugrundeliegenden EU-Coalition-Studie bis zum Jahr 2020 so groß, dass sich kumX bis dahin jährlich nahezu verdoppelt, und (II) wurden die Komponenten E-Motor/Leistungselektronik/Lader, H_2-Tank und BZ-Peripherie noch nicht in die Berechnung aufgenommen, aus Mangel an verfügbaren Daten zur 2-Faktor-Erfahrungskurve.

Die Laufleistung stellt den zweitgrößten TCO-Hebel dar, weil sie in die Kostenarten Wertverlust, Kapital-, Kraftstoff-, Infrastruktur-, Wartungs- und Reparaturkosten eingeht. Konventionelle Antriebe sind durch ihre schlechtere Effizienz des Antriebsstrangs verhältnismäßig mehr von einer Veränderung der Laufleistung betroffen als die alternativen Antriebe.

Da in die Kraftstoffkosten der Fahrzeugverbrauch, die Kraftstoffpreise und die Laufleistung multiplikativ in die TCO eingehen, kann man an der Linie „Kraftstoff" gleichzeitig ablesen, was eine Veränderung vom Fahrzeugverbrauch oder der Kraftstoffpreise bewirken würde. Verglichen mit dem Wertverlust und der Laufleistung ist der Stellhebel „Kraftstoff" aber sehr klein. In der Realität könnte sich dieser Stellhebel jedoch verstärken, wenn sich Fahrzeugverbrauch, Kraftstoffkosten und die Laufleistung gleichzeitig erhöhen. Die Veränderung der Infrastrukturkosten bewirkt bei den elektrischen Antrieben mit Stecker (PHEV, REEV und BEV) und den FCEV, unter den hier gewählten Annahmen, kaum eine Veränderung des TCO.

106 3 Kostenanalysen von alternativen Antrieben

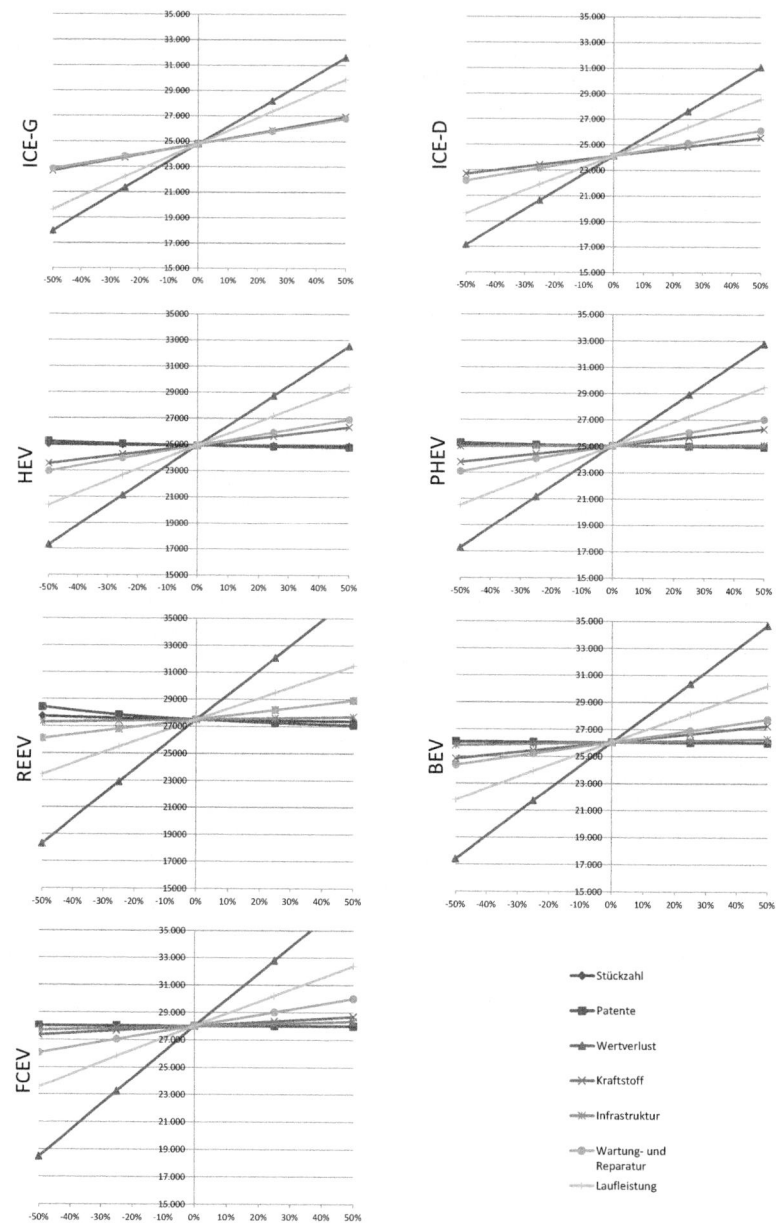

Abbildung 27: Sensitivitätsanalyse ausgewählter Parameter auf die $\text{TCO}_{4a,14.111km/a}^{2020}$ [in EUR]

Kritische Diskussion der Ergebnisse

Nachfolgend soll auf Problemfelder eingegangen werden, die im Rahmen der Annahmen für die TCO-Berechnung entstanden sind und die auf einen weiteren Forschungsbedarf hinweisen.

1. In der TCO-Berechnung wurde unterstellt, dass alle Fahrzeuge den prozentualen Wertverlust hinsichtlich kalendarischer wie auch verschleißgetriebener Alterung des Toyota Prius aus dem Jahr 2011 annehmen. Durch diese Unterstellung ist der Wertverlust aller untersuchten Fahrzeuge im Verhältnis zu ihrem Bruttolistenpreis gleich hoch, sodass im Ergebnis der Sensitivitätsanalyse alle Wertverlustgeraden die gleiche Steigung aufweisen. Das ist in der Realität sicher nicht so. Der tatsächliche Wertverlust jeder Antriebsart wird davon abhängen, wie viel die Zweitkunden bereit sind, für den jeweiligen Fahrzeugantrieb zu bezahlen. Sollten keine Garantien für die alternativen Antriebskomponenten seitens der Hersteller gegeben werden, dürfte das auch einen höheren Wertverlust zur Folge haben, da die Zweitkunden dann das Risiko tragen, ein nicht funktionierendes Fahrzeug zu erwerben. Hinzu kommt die hohe Entwicklungsdynamik der neuen Technologien, die den Wertverlust für die ältere Technologie beschleunigen wird. Für Kunden von alternativen Antrieben scheint deshalb zu Beginn die Finanzierungsform des Leasings geeigneter, da das Restwertrisiko dann beim Leasinggeber liegt.[321]

2. Es wurde gezeigt, dass die Unterhaltskosten von REEV, BEV und FCEV gleich von Beginn an günstiger sind als bei konventionellen Antrieben. Durch den höheren BLP und den damit höheren Wertverlust der alternativen Antriebe sind zum Erreichen der TCO-Parität, erhebliche Produktions-Stückzahlen nötig. Im Jahr 2020 ist der TCO-Unterschied zwischen den konventionellen und den alternativen Antrieben (REEV, BEV und FCEV) schon nicht mehr so groß wie im Jahr 2015, wenngleich immer noch vorhanden. Allerdings müssen bis 2020 dann auch schon 5,7 Mio. BEV, 2 Mio. PHEV und REEV und 1 Mio. FCEV in Europa kumuliert produziert worden sein. Ob die Kunden bereit sind, diese Mehrkosten in den ersten Jahren zu tragen, wird hier nicht weiter untersucht. Hersteller könnten die Fahrzeuge mit Verlust anbieten, um diese TCO-Lücke für die Kunden zu schließen.

3. Im Ergebnis der Sensitivitätsanalyse erweisen sich die TCO als nicht sehr stabile Kennzahl für den Vergleich von alternativen Antrieben, wenn so wichtige Parameter wie der BLP und der Wertverlust in der Prognose noch weitestgehend unbekannt sind. Ob die TCO damit eine geeignete Kennzahl zur Bewertung neuer Fahrzeugantriebe ist, wird an dieser Stelle nicht weiter bewertet, sollte aber Gegenstand weiterführender Studien sein. Ferner werden sich in der Realität mehrere Parameter unabhängig voneinander entwickeln und nicht, wie hier unterstellt, nur ein Parameter. Diese Phänomene werden im Rahmen dieser Arbeit nicht weiter untersucht.

---

[321] Trifft nicht beim Restwertleasing zu. Dort trägt der Leasingnehmer das Restwertrisiko.

3.4 Zusammenfassung und Diskussion der Forschungsfragen

In diesem Punkt werden die Untersuchungsergebnisse des Kapitels noch einmal zusammenfassend dargestellt. Dabei werden die Forschungsfragen aus dem Beginn des Kapitels wieder aufgenommen und in Form von Stichpunkten beantwortet.

1. *Welche Kostenarten sind für die Kostenanalyse von alternativen Antrieben von besonderem Interesse und welche Unsicherheiten ergeben sich in der Prognose der Kosten bis 2030?*

   - Etwa 70 Prozent der privaten Pkw-Neuzulassungen werden ganz oder teilweise mit einem Kredit finanziert. Weitere 20 Prozent der Privatkunden leasen ihr Fahrzeug. Damit liegt der Finanzierungsanteil bei den Privatkunden bei 90 Prozent. Bei den gewerblichen Zulassungen (62 Prozent aller Zulassungen im Jahr 2012) ist der Anteil an Kredit- und Leasingfinanzierungen ähnlich hoch, mit deutlich höherem Anteil an Leasing. In der Regel fallen für Kredit und Leasing monatliche Kosten (Zins-, Tilgungs- und Leasingraten) für die Kunden an. Der hier gewählte TCO-Ansatz scheint dadurch berechtigt, da sich damit die Fahrzeugkosten für eine Periode bestimmen lassen.

   - Untersucht wurden in dieser Arbeit die Fahrzeugkosten (Anschaffungs-, Kapitalkosten und Wertverlust) und Unterhaltskosten (Kraftstoffkosten, Steuern, Versicherung, Wartungs- und Reparaturkosten). Große Unsicherheiten in der Kostenprognose bis 2030 ergeben sich für die Anschaffungskosten der alternativen Antriebe, deren Wertverlust und für die im Betrieb anfallenden Wartungs- und Reparaturkosten.

   - Der Wertverlust ist neben der Abnutzung durch die Laufleistung von exogenen (wirtschaftliche sowie rechtliche Rahmenbedingungen und Kundennachfrage) und endogenen Ursachen (Rabatte, Finanzierung, Mengensteuerung und Garantien) abhängig. Erste Analysen haben gezeigt, dass bei den konventionellen Antrieben die exogenen und endogenen Ursachen den Wertverlust im höheren Maße beeinflussen als die Laufleistung. Für alternative Antriebe existieren noch keine umfassenden Wertverlust-Analysen.

2. *Unter welchen Bedingungen sind die ambitionierten Zielkosten von Batterien und Brennstoffzellen zu erreichen?*

   - Die zentrale Voraussetzung um die in der EU-Coalition-Studie dargestellten Zielkosten für das Jahr 2020 (BZ-Stack = 43 EUR/kW, HE-Batterie = 300 EUR/kWh, HP-Batterie = 32 EUR/kW) zu erreichen, ist ein Mengenwachstum von 85 Prozent pro Jahr für den BZ-Stack und die HP-Batterie und 26 Prozent pro Jahr für die HE-Batterie. Sollten diese hohen Werte im Jahr 2020 signifikant unterschritten werden, wären die obigen Kostenschätzungen nur durch ein unrealistisch hohes Patentwachstum zu erreichen.

   - Für PHEV, REEV und FCEV wurde gezeigt, dass die produzierte Stückzahl von etwa 100.000 produzierten Einheiten in Europa (kumuliert) die Nettolistenpreise dieser Fahrzeuge signifikant reduziert. Zu Beginn bieten sich daher Kooperationen mit anderen Herstellern an, um diese Kostenreduktionen schneller zu erreichen. Damit die

3.4 Zusammenfassung und Diskussion der Forschungsfragen

Kosten in die Nähe der konventionellen Antriebe gelangen, sind allerdings erheblich höhere Stückzahlen erforderlich. Angesichts des weltweiten Pkw-Wachstums (vgl. 2.2) scheinen diese Stückzahlen aber nicht unerreichbar.

3. *Auf welche Kostenarten-Veränderung reagieren die TCO von alternativen Antrieben am sensitivsten, und was bedeutet das für Hersteller bzw. Anbieter und Kunden dieser Fahrzeuge?*

- Der Wertverlust ist bei allen Antrieben der mit Abstand größte TCO-Hebel und gleichzeitig mit den größten Unsicherheiten behaftet. Ob die Kunden bereit sind, das sich daraus ergebene Restwertrisiko zu tragen, ist fraglich und wird in dieser Arbeit nicht untersucht. Für die Anbieter von alternativen Antrieben könnten Garantien auf die alternativen Antriebskomponenten restwertstützend wirken. Kunden können zu Beginn das Restwertrisiko durch Kilometer-Leasingverträge minimieren.

- Die Laufleistung hat nach dem Wertverlust den zweitgrößten Einfluss auf die TCO aller Fahrzeugantriebe, weil sie in die Kostenarten Wertverlust, Kapital-, Kraftstoff-, Infrastruktur-, Wartung- und Reparaturkosten eingeht. Bei der Anschaffung eines alternativen Antriebs sollte deshalb die mit dem Fahrzeug geplante Laufleistung genauestens bekannt sein, um ermitteln zu können, ob die geringeren Unterhaltskosten die höheren Fahrzeugkosten kompensieren können.

4. *Weiterer Forschungsbedarf*

- Gegenstand dieser Untersuchung sind ausschließlich private Pkw-Halter. Erste Studien zeigen, dass gewerbliche Halter eine interessante Käufergruppe für alternative Antriebe darstellen aufgrund ihres hohen Anteils an den Neuzulassungen, ihrer relativ homogenen Fahrprofile und dem Umstand, dass sie in der Regel keine öffentliche Ladeinfrastruktur benötigen. Auch der Wegfall der Mehrwertsteuer macht sich durch die hohen BLP positiv bemerkbar.[322] Weitere Forschungen könnten mit dem hier aufgebauten TCO-Modell die TCO verschiedener gewerblicher Haltergruppen analysieren. Hierzu wären die Haltedauer, steuerlichen Abschreibungsmöglichkeiten und realen Fahrprofile der jeweiligen Haltergruppen von besonderem Interesse.

- Der Wertverlust von alternativen Antrieben sollte in einer komplexeren Formel abgebildet werden, die neben der Haltedauer und Laufleistung der Fahrzeuge auch die exogenen und endogenen Faktoren, die den Wertverlust bedingen, berücksichtigt (Vgl. 3.1.1). Allerdings wären dazu die „realen" Wertverluste von alternativen Antrieben im Markt zu erfassen. Diese wiederum könnten in den nächsten Jahren durch die Verkaufspreise von gebrauchten alternativen Antrieben und deren technische Merkmale, zum Beispiel bei Autoscout24.de oder Mobile.de, ermittelt werden.

- Bezüglich der 2-Faktor-Erfahrungskurve besteht aufgrund der Multikorrelations-Problematik eine gewisse Instabilität der regressionsanalytischen Aufteilung in allgemeines sowie F&E-bedingtes Lernen. Da derzeit keine vergleichbaren 2-Faktor-Erfahrungskurvenmodelle existieren, mit dem ähnliche Technologien untersucht wurden, kann kein Plausibilitätscheck durch Vergleichen der ermittelten Lernraten

---

[322] Plötz, Gnann, et al. (2013).

erfolgen. Daher sollte durch weitere Forschungsarbeiten versucht werden, die Ursachen und Auswirkungen der Multikollinearität beim entwickelten 2-Faktor-Erfahrungskurvenmodell besser zu verstehen. Hierbei sollte untersucht werden, wie instabil die Aufteilung in allgemeines sowie F&E-bedingtes Lernen tatsächlich ist und wie sich diese potenzielle Fehlerquelle auf die Kostenprognose auswirken könnte.

4 Ökobilanzierung von alternativen Antrieben

Forschungsfragen:

1. *Welche Methoden und Daten können für die Ökobilanzierung von alternativen Antrieben verwendet werden, und welche Ergebnisse gibt es hierzu bereits?*
2. *Wie lassen sich die Energieaufwendungen und die THG-Emissionen, die bei der Herstellung und Nutzung der verschiedenen Kraftstoffe in den Fahrzeugen entstehen, in eine Bewertung integrieren?*
3. *Was sind die Einflussfaktoren auf den Energieverbrauch von elektrischen Antrieben?*

4.1 Theoretische Grundlagen zur Ökobilanzierung von alternativen Antrieben

In diesem Abschnitt werden Methoden und Daten, die für eine Ökobilanzierung[323] von alternativen Antrieben zur Verfügung stehen, diskutiert und für die weitere Verwendung kritisch analysiert.

4.1.1 Methoden zur Ökobilanzierung

Erste quantifizierende Argumente gegen die Umweltverschmutzung wurden bereits im 17. Jahrhundert dokumentiert. Die sich mehr und mehr durchsetzende Steinkohle führte im London des 17. Jahrhunderts zu erheblichen Rauch- und Schwefelemissionen. Der englische Autor, Architekt und Gartenbauer John Evelyn (1620 bis 1706) wies infolgedessen daraufhin, dass in Londons Gärten keine Blumen mehr wachsen und es keine Bienen mehr geben würde. Zudem leide die Bevölkerung an allen möglichen Lungenkrankheiten.[324] Im Vergleich zu damals ist die Welt heute wesentlich komplexer. Zahlreiche Rohstoffe werden international gefördert und gehandelt, um sie dann nach ihrer Verarbeitung zu Fertig- oder Halbfertigerzeugnissen wieder dem internationalen Handel zuzuführen. Dabei wird jeder Materialinput früher oder später wieder zu einem Output in Form von Wärme, Emissionen, Sondermüll oder recyclefähigen Materialien.

Um dieser Komplexität zu begegnen, wurde in den 1990er Jahren vom technischen Komitee ISO/TC 207 die „ISO 14000 Familie" ins Leben gerufen, welche sich mit diversen Fragestellungen des Umweltmanagements beschäftigt. Die ISO 14000 Familie bietet dabei praktische Werkzeuge für Unternehmen und Organisationen, um die Umweltwirkung von komplexen Produktionsprozessen und Dienstleistungen zu identifizieren und zu bewerten um ihre Auswirkungen auf die Umwelt langfristig zu verbessern.[325] Die Standards der ISO 14000 Familie zählen bis heute zu den weltweit anerkanntesten auf dem Gebiet des Umweltmanagements und der Lebenszyklusanalyse. Finkbeiner gibt in seinem Aufsatz „From the 40s to the 70s –

---

[323] Auch bekannt als Lebenszyklusbewertung oder Life Cycle Assessment (LCA).
[324] Vgl. Frischknecht (2009), S. 5f.
[325] ISO (2013).

the future of LCA in the ISO 14000 family" einen ausführlichen Überblick über die verschiedenen Normen.[326] Für die Ökobilanzierung von alternativen Antrieben gelten die Basisnormen ISO 14040 „Umweltmanagement-Ökobilanz Grundsätze und Rahmenbedingungen" und die ISO 14044 „Umweltmanagement-Ökobilanz Anforderungen und Anleitungen".

In einer Ökobilanz werden sämtliche Umweltaspekte und potenzielle Umweltwirkungen während der Produktion, der Nutzung und der Entsorgung eines Produktes sowie die damit verbundenen vor- und nachgeschalteten Prozesse (zum Beispiel Herstellung der Roh-, Hilfs- und Betriebsstoffe) untersucht. Zu den Umweltwirkungen zählt man sämtliche umweltrelevante Entnahmen aus der Umwelt (zum Beispiel Erze, Rohöl, nachwachsende Rohstoffe) sowie die Emissionen in die Umwelt (zum Beispiel Emissionen in Luft, Einleitungen in Wasser und Verunreinigung von Boden). Im Wesentlichen handelt es sich bei einer Ökobilanz um die Zusammenstellung und Beurteilung der Input-und Outputflüsse eines Produktsystems im Verlauf seines Lebensweges. Üblicherweise liegt der Fokus bei Ökobilanzen auf den Umweltwirkungen dieser Produktsysteme. Ökonomische und soziale Aspekte eines Produktsystems werden bei Ökobilanzen nicht berücksichtigt.[327] Die Verminderung der Artenvielfalt durch die Umnutzung und Zerschneidung natürlicher Lebensräume und die Versiegelung von Bodenflächen und deren Folgen werden bei Ökobilanzen bestenfalls am Rande betrachtet.[328]

Abbildung 28 zeigt das Produktsystem alternativer Antriebe. Um ein Fahrzeug zu nutzen, muss es zuallererst hergestellt werden. Dazu braucht man Produktionsmittel, Transportmittel, Energie und vor allem Rohstoffe. Außerdem muss für den Betrieb von Fahrzeugen ein Kraftstoff hergestellt und die nötige Infrastruktur (Straßen, Tankstellen/Ladesäulen, Werkstätten) bereitgestellt werden. In der Nutzungsphase des Fahrzeugs wird die chemische Energie in Form von Benzin, Diesel, CNG, LPG, Wasserstoff und weiteren alternativen Kraftstoffen bzw. die elektrische Energie in der Batterie von dem jeweiligen Fahrzeugantrieb in mechanische Bewegungsenergie umgewandelt. Die dabei anfallenden Energiewandlungs-Verluste der verschiedenen Fahrzeugantriebe äußern sich vor allem durch Reibungsverluste in Form von Wärme. Außerdem entstehen bei Verbrennung von kohlenstoffbasierten Kraftstoffen (Benzin, Diesel, CNG, LPG) Emissionen in Form von Treibhausgasen und Schadstoffen. Diese fallen ebenfalls bei der Herstellung des Fahrzeugs, der Kraftstoffe sowie dem Aufbau und Betrieb der Infrastruktur an. Sie werden vom Wind in der Atmosphäre verteilt und führen im umgebenen Gelände zu Luftschadstoffkonzentrationen, den sogenannten Immissionen.[329] Wird Strom aus Atomkraftwerken verwendet, fällt zudem noch nicht recyclefähiger Atommüll an. Einige Materialien wie Metalle des Antriebsstrangs und der Karosserie können nach ihrer Aufbereitung auch wieder dem Produktsystem als Input zugeführt werden.

---

[326] Finkbeiner (2012).
[327] DIN-EN-ISO (2006), S. 12ff.
[328] Vgl. Peters, Doll, et al. (2012), S. 130.
[329] Vgl. Nagel, Friedrich, et al. (2013), S. 3.

4.1 Theoretische Grundlagen zur Ökobilanzierung von alternativen Antrieben 113

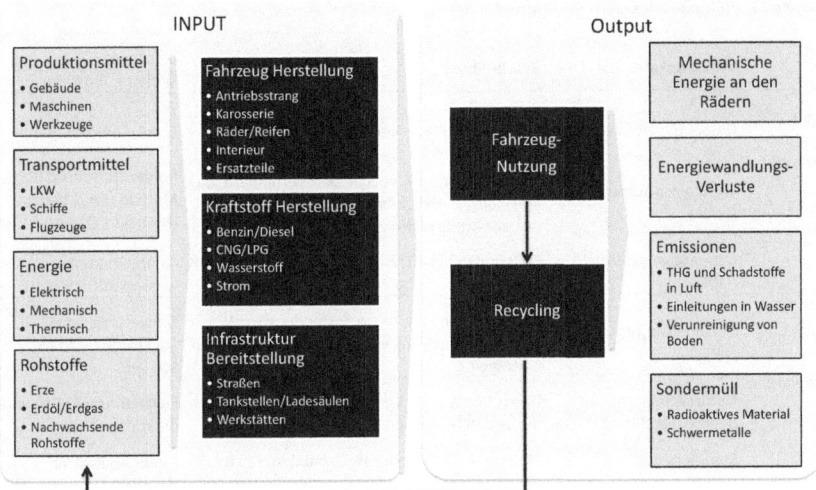

Abbildung 28: Produktsytem der alternativen Antriebe

Nachfolgend werden die methodische Vorgehensweise und die potenziell zur Verfügung stehenden Daten für die Durchführung einer Lebenszyklusanalyse (LCA) am Produktsystem der alternativen Antriebe aus Abbildung 28 kritisch diskutiert.

Bevor mit einer Ökobilanzierung begonnen wird, muss der Untersuchungsgegenstand, der Untersuchungsrahmen (mit den räumlichen und zeitlichen Systemgrenzen) und das Ziel der Untersuchung eindeutig definiert werden. Außerdem muss die funktionelle Einheit, auf die sich alle Berechnungen der Ökobilanzierung beziehen, definiert werden. Bei der Wahl der funktionellen Einheit sollte dabei besonders auf die Vergleichbarkeit dieser Einheit zwischen den verschieden zu untersuchenden Objekten geachtet werden. Bei alternativen Antrieben sind die funktionelle Einheit in der Regel die „gefahrenen Kilometer" des Fahrzeugs.[330] Durch die Reichweiten- und Infrastruktureinschränkungen bei den alternativen Antrieben ist die Vergleichbarkeit in der Realität nicht unbedingt gegeben, aber dennoch akzeptabel.

Neben der Bilanzierung von Energie- und Ressourcenverbrauch sind für die Ökobilanzierung von alternativen Antrieben die Schadstoffemissionen für den gesamten Lebensweg der Fahrzeuge von besonderem Interesse. Diese werden nach ihrer Wirkung in verschiedene Wirkungskategorien unterteilt. Tabelle 31 zeigt die derzeit in den Ökobilanzen des Umweltbundesamtes (UBA) benutzten Wirkungskategorien.[331] Für jede dieser Kategorien existieren verschiedene Messverfahren und Grenzwerte, auf die hier nicht weiter eingegangen wird.

---

[330] Vgl. Helms, Lambrecht, et al. (2013), S. 11.
[331] UBA (2000).

Tabelle 31: Wirkungskategorien für alternative Antriebe nach ihrer räumlichen Zuordnung[332]

	Wirkungskategorie	Beschreibung	Beispiele/ Wirkungsindikator
Globale Kategorien	Ressourcenverbrauch	Nicht nachhaltiger Verbrauch von Rohstoffen	Erdöl, Kohle, Erze
	Treibhauspotenzial (GWP)	Emissionen in Luft, welche dort verhindern, das langwellig zurückgestrahlte Wärmestrahlung aus der Atmosphäre entweicht	Kohlenstoffdioxid (CO_2), Methan (CH_4), Lachgas (N_2O) als CO_2-Äq.
	Ozonabbaupotenzial (ODP)	Emissionen in Luft, welche dort die Ozonschicht abbauen	Fluorchlorkohlenwasserstoffe (FCKW)
Regionale Kategorien	Versauerungspotenzial (AP)	Emissionen in Luft, die in Verbindung mit Wasser zur Versauerung von Gewässern und Böden beitragen	Schwefeldioxid (SO_2), Stickoxide (NO_x) als SO_2-Äq.
	Naturrauminanspruchnahme (Land Use)	Dauer und Art der Veränderung von Naturraum durch den Menschen	Flächen zum Anbau von Biokraftstoffen
Lokale Kategorien	Sommersmog (POCP)	Emissionen in Luft, die als Ozonbildner in Bodennähe fungieren	Ethen-Äquivalent (C_2H_4-Äq.)
	Eutrophierungspotenzial (EP)	Überdüngung von Gewässern und Böden	Phosphat–Äquivalent (PO_4-Äq.)
	Direkte Gesundheitsschädigungen	Emissionen in Luft, Boden und Wasser mit Schädigung von Gesundheit oder Erbgut des Menschen	Feinstaub PM_{10}, $PM_{2,5}$, Kohlenstoffmonooxid (CO), Schwermetalle, Dioxine
	Direkte Schädigung von Ökosystemen	Emissionen in Luft, Boden und Wasser wodurch Flora und Fauna beeinträchtigt werden	Schwermetalle, Dioxine
	Belästigungen	Lärm, Geruch	Straßenverkehrslärm, Abgase

Um die in Tabelle 31 gezeigten Wirkungsindikatoren zu bestimmen, existieren eine Reihe von mehr oder weniger umfangreichen Methoden, die im Weiteren erläutert werden.

Methode des Umweltbundesamtes

Die vom UBA in den 1990er Jahren entwickelte Methode ist die Umfangreichste der hier vorgestellten Ökobilanzierungsmethoden. Sie wird vor allem in Deutschland angewendet. Die in Tabelle 31 dargestellten Wirkungsindikatoren bilden dabei die Grundlage der UBA-Methode. Ziel der Methode ist es, diese Wirkungsindikatoren in eine Reihenfolge (Priorisierung) zu bringen, um zu bewerten, welche Umweltwirkungen schwerwiegender wirken.[333] Aufgrund ihrer Komplexität und der noch sehr lückenhaften Datenlage zur Herstellung der alternativen Antriebe[334] wird diese Methode für die Verwendung in dieser Arbeit ausgeschlossen. Die in der UBA-Methode beschriebenen Wirkungskategorien bilden aber eine

---

[332] Angelehnt an Hampel (2012), S. 14.
[333] UBA (1999).
[334] Vgl. dazu 4.1.3 Daten zur Ökobilanzierung.

4.1 Theoretische Grundlagen zur Ökobilanzierung von alternativen Antrieben

wichtige Grundlage, um die 4.1.4 beschriebenen Ergebnisse von Ökobilanzierungen einzuordnen.

Kumulierter Energieaufwand (KEA)

Der kumulierte Energieaufwand (KEA) stellt die Summe der über den gesamten Lebenzyklus eines Produktes oder einer Dienstleistung notwendigen Energieaufwendungen dar.[335] Da die dabei stattfindenden Energieumwandlungsprozesse zu den bedeutendsten Verursachern umweltschädlicher Emissionen gelten, wird er auch auch als Leitindikator repräsentativ für das Ergebnis einer vollständigen Ökobilanz gesehen. Für sich alleine stehend lassen sich jedoch keine Aussagen über die verursachten Umweltwirkungen des Lebenszyklus eines Produktes oder einer Dienstleistung treffen, sondern lediglich über deren Energieintensität.[336] Für die KEA-Bewertung der hier zu untersuchenden Antriebe müsste man also die Energieaufwendungen für Herstellung, Nutzung und Entsorgung der alternativen Antriebe und der verwendeten Kraftstoffe kennen.

Material-Input pro Serviceeinheit (MIPS)

Bei dieser Methode liegt der Fokus auf der Entnahme der benötigten Rohstoffe aus der Natur. Materialverbräuche für Herstellung, Nutzung und Entsorgung werden als Stoffströme auf Ressourcenverbräuche zurückgeführt. Diese Stoffströme berücksichtigen zum Beispiel den Abraum von Mienen oder Ernterückstande aus Land- und Forstwirtschaft. Die Berechnung des MIPS erfolgt durch den Bezug des Materialinputs auf eine Einheit. Für Pkw ist das zum Beispiel die Menge an Material, die entnommen bzw. bewegt werden muss, um ihn herzustellen und zu betreiben [in kg/Pkw]. Bei einer MIPS können fünf Ressourcenkategorien untersucht werden: (I) Abiotische Rohstoffe, (II) Biotische Rohstoffe, (III) Wasser, (IV) Luft und (V) Landwirtschaftliche Bodenbewegung. Probleme wie das Absinken des Grundwasserspiegels oder die Entfernung von fruchtbarer Erde können somit mit dieser Methode bestimmt werden.[337]

Well-to-Wheel (WtW) Analysen

Die WtW-Analyse ist keine umfassende Lebenszyklusanalyse eines Produkts, sondern betrachtet ausschließlich den Betrieb von Fahrzeugen inklusive der zum Betrieb erforderlichen Kraftstoffe. Sie wird in die Teilbereiche Well-to-Tank (Energiebereitstellung) und Tank-to-Wheel (Fahrzeugverbrauch) untergliedert. Im Vergleich zu den bereits vorgestellten Methoden ist diese Methode ausschließlich auf die Betrachtung und Analyse von Pkw und ihren Kraftstoffoptionen ausgelegt. Für Pkw-Betrieb und Kraftstoffherstellung wird sich bei der WtW-Analyse üblicherweise auf den Energieverbrauch [in MJ/km] und die Treibhausgasemissionen [in gCO_2 Äq./km] pro Fahrzeug beschränkt.[338] Generell kann sie aber auch, sofern die Daten vorhanden sind, für alle in Tabelle 31 gezeigten Wirkungskategorien angewendet werden. Der Herstellungs-, Entsorgungs- und Wartungsaufwand der Fahrzeuge wird bei der Methode allerdings nicht betrachtet.

---

[335] Vgl. Stubinitzky (2009), S. 10.
[336] Vgl. Hermann (2010b), S. 156.
[337] Vgl. DLR und Wuppertal-Institut (2015), S. 275.
[338] Vgl. Wietschel und Bünger (2010), S. 17.

4.1.2 Allokationsmethoden

In der Realität entsteht bei der Herstellung eines Zielproduktes oft mindestens ein Neben- oder Kuppelprodukt, das auch genutzt werden kann. Die dafür notwendigen Aufwendungen und entstehenden Emissionen können den verschiedenen Produkten theoretisch nach dem Energiegehalt, der Masse, dem Marktwert oder der Verwendung zugeordnet (allokiert) werden.[339] Im Folgenden werden die verschiedenen Allokationsmethoden am Beispiel einer Kraft-Wärme-Kopplungs-Anlage (KWK-Anlage) diskutiert, da die Herstellung des Stroms auch Auswirkungen auf die Umweltwirkung der hier untersuchten Antriebe hat.

Bei der Herstellung von Strom aus Erdgas in einer KWK-Anlage entsteht zum einen elektrische Energie und zum anderen Nutzwärme für Heizzwecke. Möchte man nun das eingesetzte Erdgas und seine durch die Verbrennung verursachten CO_2-Emissionen[340] dem einen oder anderen Produkt zuordnen, kann das nach Mauch et al. prinzipiell nach den in Abbildung 29 gezeigten Allokationsmethoden geschehen.[341] Als Grundlage der Berechnung wird von folgenden Basiswerten der KWK-Anlage ausgegangen.

Nutzungsgrad el. (η_{el}): 30 Prozent
Nutzungsgrad th. (η_{th}): 50 Prozent
CO_2-Emissionsfaktor Erdgas: 200 gCO_2/kWh
($spez. CO_{2,Br}$)

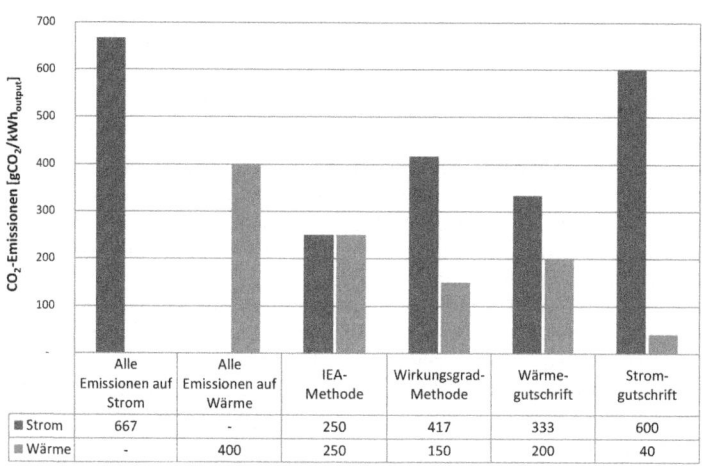

	Alle Emissionen auf Strom	Alle Emissionen auf Wärme	IEA-Methode	Wirkungsgrad-Methode	Wärme-gutschrift	Strom-gutschrift
Strom	667	-	250	417	333	600
Wärme	-	400	250	150	200	40

Abbildung 29: Aufteilung der CO_2-Emissionen einer KWK-Anlage mit verschiedenen Allokationsmethoden

---

[339] Igelspacher (2006).
[340] Bei der Verbrennung von 1kWh Erdgas entstehen etwa 200 g CO_2-Emissionen.
[341] Mauch, Corradini, et al. (2010). Nicht dargestellt ist die Finnische Methode.

4.1 Theoretische Grundlagen zur Ökobilanzierung von alternativen Antrieben

Die beiden Extremvarianten bestehen darin, die durch die Verbrennung frei werdenden CO_2-Emissionen jeweils nur einem Produkt zuzuschreiben. Dafür wird der Emissionsfaktor von Erdgas (200 gCO_2/kWh) durch den elektrischen bzw. thermischen Anlagen-Wirkungsgrad geteilt (Abbildung 29).

IEA-Methode[342]

Bei der IEA-Methode wird zuerst aus den elektrischen und thermischen Wirkungsgraden (η_{el}; η_{th}) der Anlage der elektrische und der thermische Brennstoffanteil ($A_{Br,el}$; $A_{Br,th}$) ermittelt (Formel 16). Die Summe beider Anteile ergibt 1 oder 100 Prozent.

$$A_{Br,el} = \frac{\eta_{el}}{\eta_{el}+\eta_{th}} \qquad A_{Br,th} = \frac{\eta_{th}}{\eta_{el}+\eta_{th}} \qquad \text{Formel 16}$$

Die Aufteilung der absoluten CO_2-Emissionen erfolgen dann aus der Multiplikation der spezifischen CO_2-Emissionen des Brennstoffs mit den Brennstoffanteilen für Strom bzw. Wärme (Formel 17).

$$CO_{2,el} = spez.CO_{2,Br} * A_{Br,el} * W_{Br}$$
$$CO_{2,th} = spez.CO_{2,Br} * A_{Br,th} * W_{Br}$$

Formel 17

Die spezifischen CO_2-Emissionen für Strom bzw. Wärme errechnen sich dann aus dem Quotienten der absoluten CO_2-Emissionen ($CO_{2,el}$, $CO_{2,th}$) und den elektrischen bzw. thermischen Wirkungsgraden (η_{el}; η_{th}).

Wirkungsgradmethode[343]

Die Wirkungsgradmethode erfolgt genau umgekehrt zu der IEA-Methode. Das Koppelprodukt mit dem geringeren Wirkungsgrad bekommt somit den größeren Brennstoffanteil zugewiesen (Formel 18).

$$A_{Br,el} = \frac{\eta_{th}}{\eta_{el}+\eta_{th}} \qquad A_{Br,th} = \frac{\eta_{el}}{\eta_{el}+\eta_{th}} \qquad \text{Formel 18}$$

Die Berechnung der absoluten und spezifischen CO_2-Emissionen erfolgt analog der IEA-Berechnungsmethode (Formel 17). Dadurch bekommt das Koppelprodukt mit dem niedrigeren Einzelwirkungsgrad den höheren Emissionsanteil zugeschrieben.

Bei den hier nicht weiter erläuterten Methoden der Wärme- und Stromgutschrift wird zur Allokation der spezifischen CO_2-Emissionen ein Referenzsystem herangezogen, welches die getrennte Produktion von Strom und Wärme berücksichtigt. Nähere Informationen dazu finden sich in Mauch et al. (2010).[344]

---

[342] Vgl. Mauch, Corradini, et al. (2010), S. 9.
[343] Vgl. Mauch, Corradini, et al. (2010), S. 9.
[344] Mauch, Corradini, et al. (2010), S. 9-14.

Wie das oben genannte Beispiel zeigt, hat die Bilanzierungsmethode also einen erheblichen Einfluss auf die CO_2-Emissionen der Stromherstellung aus Erdgas und damit auch auf die berechneten Umweltwirkungen batterieelektrisch angetriebener Fahrzeuge, welche wie in dem Beispiel ihren Strom aus Erdgas beziehen. Die Allokationsproblematik ergibt sich aber auch bei allen anderen Formen der Stoffumwandlung in Energie oder Fahrzeuge, da heutzutage fast kein Prozess ohne Koppel- bzw. Nebenprodukte wirtschaftlich betrieben werden kann. Bei einer Ökobilanzierung der alternativen Antriebe muss somit strikt darauf geachtet werden, dass die Allokation der verwendeten Fahrzeuge, Kraftstoffe und Infrastrukturen nach der gleichen Allokationsmethode erfolgt.

4.1.3 Daten zur Ökobilanzierung

Von zentraler Bedeutung für eine Ökobilanzierung von Pkw ist die verwendete Menge an Rohstoffen für die Fahrzeug- und Kraftstoffherstellung.[345] Die genaue Materialzusammensetzung von Pkw mit alternativen Antrieben ist in der Literatur bisher sehr lückenhaft dokumentiert. Aus Gründen der Geheimhaltung wird die Zusammensetzung der einzelnen Komponenten erst gar nicht offengelegt bzw. so abgewandelt, dass keine Rückschlüsse mehr auf die verwendete Menge an Materialien getroffen werden kann.[346] In der Literatur finden sich jedoch vereinzelt Hinweise über den Mengenverbrauch der verwendeten Materialien in den Komponenten. Für den 70 kW-PSM-Elektromotor des Renault Fluence Z.E. (114 kg) gibt Renault die Zusammensetzung der Hauptmaterialien mit 46 kg Stahl, 34 kg Aluminium, 16 kg Kupfer und diversen anderen Materialien bekannt. Die genaue Menge an seltenen Erden[347] für die Permanentmagneten des PSM fehlt hingegen in der Literaturquelle.[348] Laut Berkel enthält ein PSM-Elektromotor etwa 2 kg Magnete, die wiederum 600 g seltene Erden enthalten. Dabei entfallen 160 g auf schwere und besonders seltene Erden wie Dysprosium oder Terbium.[349] Für einen 70 kW-PEM-BZ-Stack benötigte man laut NEEDS-Studie[350] im Jahr 2008 rund 53 g Platin. Dieser Wert soll sich laut der Studie in den nächsten Jahren aber noch signifikant verringern. Lithium-Ionen-Batteriesysteme enthalten als seltene Elemente unter anderem Kobalt, Nickel und Lithium. Die Angaben über den Lithiumgehalt einer Li-Ionen-Batterie schwanken dabei in der Literatur von 50 g Li/kWh bis zu 300 g Li/kWh.[351]

Das STROM-Projekt[352] berechnet für seine MIPS-Analysen die Materialinventare der hier untersuchten EUCAR-V4-Fahrzeuge unter Verwendung der Ecoinvent-Datenbank. Allerdings wird die genaue Materialzusammensetzung pro Fahrzeug auch nicht offengelegt. Um dennoch einen Eindruck von der Materialzusammensetzung der alternativen Antriebe zu bekommen, werden im Weiteren publizierte Daten von Renault dargestellt.[353] Abbildung 30 links zeigt die Zusammensetzung verschiedener Renault Fluence ICE-G, ICE-D und BEV. Diesel und Benzin Fluence weisen dabei keine signifikanten Unterschiede in der Materialverwendung auf. Das Fluence-BEV benötigt hingegen 50 Prozent mehr Aluminium und 400 Prozent

---

[345] Vgl. Abbildung 28. Infrastruktur Bereitstellung nicht berücksichtigt.
[346] Vgl. Helms, Lambrecht, et al. (2013), S. 19 und Tabelle 32.
[347] Vgl. dazu auch 2.3.1 Schlüsseltechnologien/Elektromotor.
[348] Vgl. Renault (2011) S. 102.
[349] Vgl. Berkel (2013), S. 11.
[350] Vgl. NEEDS (2008), S. 47.
[351] Vgl. Angerer, Erdmann, et al. (2009), S. 170.
[352] Vgl. DLR und Wuppertal-Institut (2015).
[353] Renault (2011).

mehr Buntmetalle (hier vor allem Kupfer). Die höhere Menge an Flüssigkeit ist auf die Batterieelektrolyt-Flüssigkeit zurückzuführen.

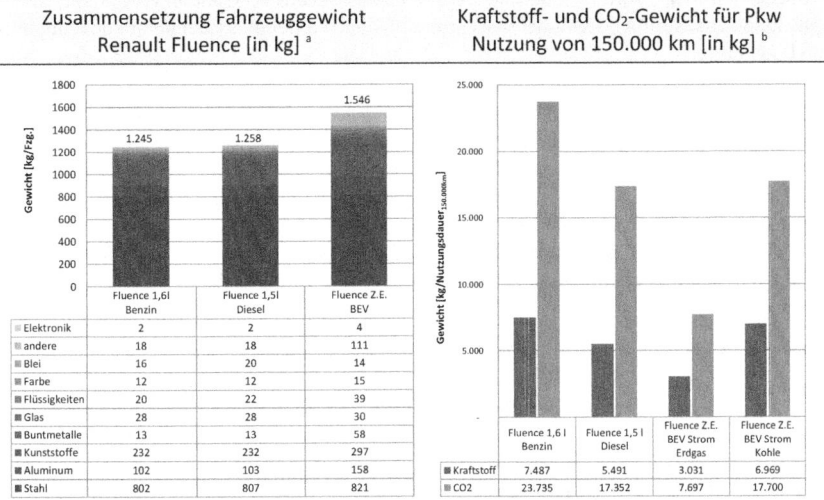

[a] Renault (2011), S. 31f. Fluence Z.E. BEV Batterie = 22 kWh und 282 kg, E-Motor = 70 kW und 114 kg
[b] Energie/Emissionen für Herstellung und Transport von Benzin und Diesel nicht berücksichtigt.
Für Strom aus Erdgas und Kohle wurde der Wirkungsgrad der Kraftwerke berücksichtigt nach JRC (2014b).
Keine Förderung und Distribution.
Kraftstoffverbrauch (NEFZ): ICE-G = 6,7 l/100 km, ICE-D = 4,4 l/100 km, BEV = 14 kWh/100 km;
Renault (2011)
Wirkungsgrad Stromerzeugung: Erdgas = 55 %, Kohle = 41 %; JRC (2014b)
Unterer Heizwert und CO_2-Emissioenen: Benzin = 12 kWh/kg, 3,17 $kgCO_2$/kg; Diesel = 11,97 kWh/kg,
3,16 $kgCO_2$/kg; Erdgas = 12,53 kWh/kg, 2,54 $kgCO_2$/kg; Kohle = 7,4 kWh/kg, 2,54 $kgCO_2$/kg; JRC (2014a)

Abbildung 30: Materialverteilung und Gewicht von Fahrzeug und Kraftsoff für den Betrieb als Input für Ökobilanzen

Abbildung 30 (rechts) zeigt das Kraftstoffgewicht, das für eine Nutzung von 150.000 km der verschiedenen Renault-Fluence-Modelle (ICE-G, ICE-D, BEV) benötigt wird. Bei dem BEV wird Strom aus Erdgas und Strom aus Kohlekraft betrachtet. Zusätzlich sind in der Abbildung die CO_2-Emissionen, die bei der Verbrennung von Benzin und Diesel bzw. der Herstellung von Erdgas und Kohle entstehen, dargestellt. Diese Analyse zeigt, dass das BEV betrieben mit Strom aus Erdgas mit rund 3.000 kg Erdgas für die 150.000 km am wenigsten Kraftstoff benötigt. Dabei werden knapp 8.000 kg CO_2 bei der Stromherstellung aus Erdgas frei. Am meisten Material (7.487 kg Benzin) wird für den Betrieb des ICE-G benötigt. Das ist auf den verhältnismäßig schlechten Verbrauch im Vergleich zu den anderen Fahrzeugen zurückzuführen. Wird Strom aus Kohle für das BEV verwendet, wird in dem Beispiel in etwa so viel CO_2 emittiert wie bei dem Diesel-Pkw.

Die eben vorgestellten Daten zur Fahrzeugzusammensetzung und des Kraftstoffverbrauchs dienen als Input für LCA-Datenbanken wie Ecoinvent oder ProBas. Dort sind dann auch die Energieaufwendungen, THG- und Schadstoffemissionen der für die Herstellung verwendeten Prozesse hinterlegt. Wird zum Beispiel Benzin oder Diesel aus Teersanden verwendet, ist die THG- und Schadstoffbelastung bei der Förderung deutlich höher als bei einer konventionellen Lagerstätte.[354]

4.1.4 Ergebnisse von Ökobilanzen für alternative Antriebe

Tabelle 32 zeigt die Ergebnisse von Ökobilanzen, die für diese Arbeit näher untersucht wurden. Die Studien weisen sehr unterschiedliche Detaillierungstiefen auf. Am umfang-reichsten und besten dokumentiert sind die beiden Studien vom IFEU-Institut. STROM und OPTUM legen keine Einzelbilanzen von Fahrzeugen offen. Ihre Ergebnisse werden in Form von unterschiedlichen Szenarien dargestellt. Die FLUENCE-Z.E.-Studie von Renault zeigt dagegen nur die prozentuale Veränderung der Umweltwirkungen zum Vergleichsfahrzeug.[355]

Tabelle 32: Vergleich aktueller Studien zur Ökobilanzierung von alternativen Antrieben

	UMBReLA IFEU (2011)[a]	OPTUM Öko-Institut (2011)[b]	FLUENCE Z.E. Renault (2011)[c]	Twin Drive IFEU (2013)[d]	STROM DLR und WI (2015)[e]
Bilanz-rahmen	Fahrzeug 2010 u. 2030	Flotte 2020 u. 2030	Fahrzeug 2011	Fahrzeug 2010	Fahrzeug und Flotte von 2010-2050
Nutzungs-dauer	12,5 a 150.000 km	12 a 164.000 km	10 a 150.000 km	- 150.000 km	10 a 150.000 km
Antriebs-art	ICE-G, ICE-D, BEV, FCEV	ICE-G, ICE-D, HEV, PHEV, REEV, BEV, FCEV	ICE-G, ICE-D, BEV	ICE-G, PHEV	ICE-G, ICE-D, ICE-CNG, HEV, PHEV, REEV, BEV, FCEV
Fahrzeug-größe	Klein, Mittel, Groß, leichtes Nutzfahrzeug	Mittel	Mittel	Mittel	Mittel
Wirkungs-kategorien	- THG - KEA - Versauerung - Sommersmog - Eutrophierung - Feinstaub	- THG Flotte - KEA	- THG - Versauerung - Sommersmog - Eutrophierung - abiotischer Ressourcen-verbrauch	- THG - Versauerung - Sommersmog - Eutrophierung - Feinstaub	- THG Flotte - abiotischer Ressourcen-verbrauch

[a] Helms et al. (2011a)
[b] Buchert et al. (2011)
[c] Renault (2011)
[d] Helms et al. (2013)
[e] DLR und Wuppertal-Institut (2015)

---

[354] Kreyenberg, Lischke, et al. (2015), S. 26.
[355] Vgl. Tabelle 32.

4.1 Theoretische Grundlagen zur Ökobilanzierung von alternativen Antrieben

Alle Studien weisen für die Herstellungsphase der alternativen Antriebe einen deutlich höheren Energie- und Ressourcenverbrauch im Vergleich zu den Verbrennern auf. Dadurch werden auch, nach heutigem Stand, deutlich mehr Treibhausgase und Schadstoffe in der Herstellung emittiert. Im Folgenden werden die Ergebnisse dieser und weiterer Studien für die einzelnen Umweltwirkungen pro Fahrzeugantrieb diskutiert. Dabei werden die THG-Emissionen nur am Rande berücksichtigt, da sie im Anschluss an die Fahrzeuge in einem Extrapunkt diskutiert werden.

ICE-G und ICE-D: Für konventionell angetriebene Pkw stellen die Umwelt-Zertifikate der Daimler AG für ihre auf dem Markt befindlichen Pkw eine umfangreiche Quelle der Umweltwirkungen von Pkw dar.[356] Da die in Tabelle 32 untersuchten Pkw am ehesten der Mercedes-Benz-B-Klasse entsprechen, werden im Weiteren die LCA Ergebnisse der B-Klasse, zusätzlich zu den hier untersuchten Studien (Tabelle 32) diskutiert. Für Primärenergieverbrauch und CO_2-Emissionen ist die Nutzungsphase mit über 75 Prozent der Umweltwirkung dieser Parameter dominant.[357] Das ist auf den schlechten Wirkungsgrad der VKM zurückzuführen. SO_2- und NO_x-Emissionen, welche vor allem Versauerung hervorrufen, werden jedoch maßgeblich bei der Produktion von Fahrzeug und Kraftstoff verursacht.[358] Dieser Anteil ist auf die geringeren Umweltstandards in den Herkunftsländern der Rohstoffproduzenten zurückzuführen[359]. Die SO_2-Emissionen im Pkw-Betrieb konnten in den letzten Jahren durch die Nutzung schwefelarmer/-freier Kraftstoffe maßgeblich reduziert werden. Die NO_x-, HC- und CO-Emissionen konnten vor allem durch die Abgasnachbehandlung im Katalysator reduziert werden.[360] Feinstaub, der bei der Verbrennung von Diesel im Pkw anfällt, wurde durch den vermehrten Einsatz von Dieselpartikelfiltern massiv eingedämmt.[361] Die Feinstaubemissionen im gesamten Lebensweg des Fahrzeugs werden dadurch heute zu etwa 75 Prozent bei der Herstellung des Pkw verursacht.[362] Der Vergleich der Sommersmog-Emissionen der hier untersuchten Antriebe macht deutlich, dass der Sommersmog zu großen Teilen nach der Verbrennung von Benzin während der Nutzungsphase der ICE-G entsteht.[363]

BEV, REEV, PHEV: Der große Vorteil dieser Antriebe ist, dass sie im rein elektrischen Betrieb lokal keine THG- und Schadstoffemissionen verursachen. Ebenso ist bei einer entsprechenden Anzahl von Fahrzeugen von einer erheblichen Geräuschminderung in Kreuzungs- und Straßenrandgebieten zu rechnen. Bei höheren Geschwindigkeiten, unebener Fahrbahn oder Nässe sind diese Vorteile im Vergleich zu den Verbrennern allerdings kaum noch vorhanden, da dann die Abrollgeräusche der Reifen dominant sind.[364] Die THG- und Schadstoffemissionen von BEV, REEV und PHEV werden in den hier untersuchten LCAs maßgeblich durch die Batteriegröße und Haltbarkeit der Batterie, der Art der Stromerzeugung, den Anteil der elektrisch gefahrenen Wegstrecke und nicht zuletzt durch die Herkunft der verwendeten Materialien bestimmt. Die Materialvorketten der Batterieproduktion verursachen derzeit

---

[356] Daimler (2014).
[357] Vgl. Daimler (2012). S. 28.
[358] Vgl. Daimler (2012). S. 28.
[359] Vgl. Peters, Doll, et al. (2012), S. 139.
[360] Vgl. UBA (2011), S. 8.
[361] Vgl. Braess und Seiffert (2011), S. 245ff.
[362] Gilt für Benzin und Diesel Pkw, Vgl. Peters, Doll, et al. (2012), S. 138.
[363] Vgl. Helms, Jöhrens, et al. (2011a), S. 27.
[364] Vgl. Dudenhöffer (2013), S. 40f.

noch erhebliche SO$_2$- und NO$_x$-Emissionen. Dadurch sind die Versauerungs- und Eutrophierungspotenziale der Pkw-Herstellung um eine Vielfaches höher als bei den Verbrennern.[365] Die Feinstaubemissionen der Batterieproduktion zeichnen ein ähnliches Bild. Hier werden vor allem durch die Gewinnung der Batteriezellen-Materialen erhebliche Mengen an Feinstaub emittiert, was dazu führt, dass die BEV-Produktion in etwa doppelt so viel Feinstaub emittiert wie die von Verbrenner-Fahrzeugen.[366]

FCEV: Die lokale Emissionsfreiheit von THG und Schadstoffen und die lokale Lärmminderung in Kreuzungs- und Straßenrandgebieten gilt auch für FCEV. Die mit der Herstellung eines FCEV verbundenen Umweltwirkungen unterscheiden sich zu den bisher diskutierten Antrieben vor allem durch den BZ-Stack und dem Wasserstofftank aus Kohlefaser. Das verwendete Platin im BZ-Stack verursacht bei der Gewinnung aus sulfidischen Erzen eine starke Versauerung und sogenannte Photooxidantien, die die Bildung von Sommersmog begünstigen.[367] Die Herstellung von Kohlefasern ist mit einem hohen Energieaufwand verbunden, was bei der Verwendung von nicht regenerativ erzeugtem Strom wiederum zu erhöhten THG- und Schadstoffemissionen des Fahrzeugs führt. Die Verwendung von Sekundärplatin und regenerativ erzeugtem Strom bei der Herstellung des Tanks wirkt bei FCEV signifikant emissionsmindernd.

THG-Emissionen bei der Pkw Herstellung und Recycling

Bei der Pkw-Herstellung eines Kompaktklasse-Pkw, wie einer Mercedes-Benz-B-Klasse oder eines VW Golf, fallen heute etwa 6 tCO$_2$-Äq. pro Fahrzeug an (vgl. Abbildung 31, links). Diese Werte können den von den Herstellern herausgegebenen Umweltzertifikaten der jeweiligen Fahrzeuge entnommen werden. Die Studien des IFEU-Instituts (UMBReLA und Twin Drive) bestätigen in ihren differenzierteren Analysen diese 6 tCO$_2$-Äq. pro Fahrzeug für Benzin und Diesel-Pkw (vgl. Abbildung 31, rechts). Für die alternativen Antriebe gibt es bis auf den Renault Fluence Z.E. bisher keine von den Herstellern publizierten THG-Emissionen für die Herstellung ihrer Fahrzeuge. Der Vergleich des Renault-BEV mit dem UMBReLA BEV zeigt erheblich höhere THG-Emissionen (11,1 zu 8,0 tCO$_2$-Äq./Fzg.) für das UMBReLA BEV, bei einer ähnlicher Batteriegröße. Wahrscheinlich sind verschieden angenommene Materialvorketten für die Batterien die Ursache für diese Abweichung.

Bei der näheren Analyse der THG-Emissionen auf Komponentenebene (Abbildung 31, rechts) zeigt sich, dass die Herstellung des Fahrzeugrumpfs bei den konventionellen Antrieben mit über 3 tCO$_2$-Äq./Fzg. die meisten THG-Emissionen verursacht werden. Bei BEV und FCEV ist die Herstellung von Batterie und Brennstoffzelle mit erheblichen THG-Emissionen verbunden. Warum der Fahrzeugrumpf bei FCEV mehr und die Produktion weniger THG-Emissionen als bei den anderen Antrieben verursacht, geht aus der UMBReLA-Studie nicht hervor. Der Wechsel von Komponenten (zum Beispiel Batterie) ist bei allen hier dargestellten Fahrzeugen nicht vorgesehen.

---

[365] Vgl. Helms, Jöhrens, et al. (2011a), S. 27.
[366] Vgl. Peters, Doll, et al. (2012), S. 138. und Helms, Lambrecht, et al. (2013), S. 20.
[367] Vgl. Helms, Jöhrens, et al. (2011a), S. 29.

4.1 Theoretische Grundlagen zur Ökobilanzierung von alternativen Antrieben

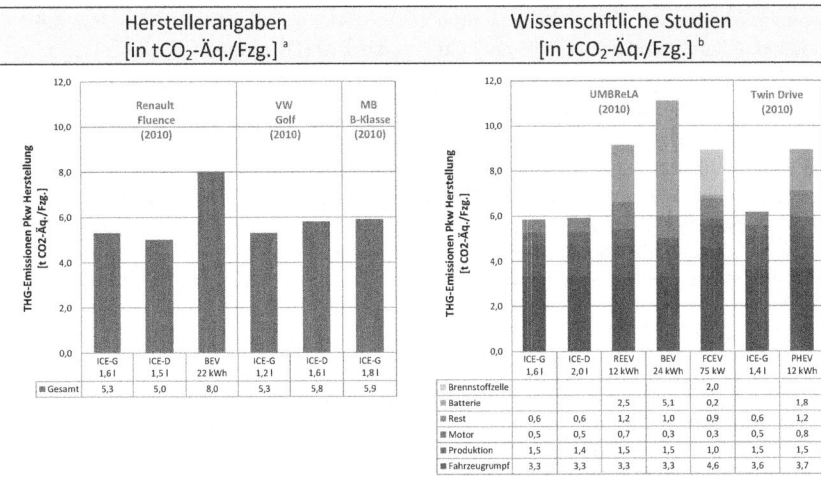

[a] Renault (2011), S. 53f.; VW (2010), S. 15, 18; Daimler (2012). S. 28.
[b] Helms et al. (2011b), S. 18, 30, 35; Helms et al. (2013), S. 23.

Abbildung 31: THG-Emissionen bei der Pkw-Herstellung in der Kompaktklasse für das Jahr 2010

Bei dem Recycling eines konventionellen Pkw entstehen ca. 0,5 tCO$_2$-Äq./Fzg.[368] Wichtiger als diese Emissionen ist aber die Wiederverwertung der in das Fahrzeug gebundenen Rohstoffe, wie die folgenden Analysen zeigen.

Materialintensität und Ressourceneinsatz

Das STROM-Projekt liefert für die hier untersuchten Fahrzeuge der EUCAR-V4 detaillierte Materialverbräuche für Herstellung, Nutzung und Recycling. Ferner wird die weltweite Kritikalität der verwendeten Rohstoffe unter der Einbeziehung verschiedener weltweiter Pkw-Bestandszahlen eingeschätzt. Die Pkw-Leergewichte der EUCAR-V4-Fahrzeuge bewegen sich zwischen 1.310 kg für ICE-G und 1.548 kg für REEV im Jahr 2010. Rund 1.000 kg entfallen dabei für alle Pkw auf den Glider. Da nicht alle eingesetzten Materialien bei der Pkw-Produktion zu 100 Prozent verwendet werden können, wird in der Studie von einem Verschnitt von 300 bis 500 kg/Fahrzeug ausgegangen. Die kumulierte Materialzusammensetzung der Fahrzeuge (inklusive Verschnitt) dient dann wiederum als Input für die MIPS-Analyse. Im Ergebnis der MIPS wird ein abiotischer Materialaufwand von 50.000 bis 62.000 kg für die untersuchten Fahrzeuge berechnet. Am schlechtesten schneiden in dieser Analyse REEV und BEV mit knapp 62.000 kg/Fahrzeug ab. PHEV und FCEV liegen mit rund 50.000 kg/Fahrzeug in etwa gleich auf.[369] Dadurch wird deutlich, dass für die Produktion der hier untersuchten Pkw bis zu 40-mal mehr Material bewegt werden muss, als am Ende sein

---

[368] Vgl. Daimler (2012). S. 28.
[369] Vgl. DLR und Wuppertal-Institut (2015), S. 291.

Eigengewicht beträgt. Über den gesamten Lebenszyklus ist die Materialintensität für die Pkw-Herstellung damit auch signifikant höher als die der Kraftstoffherstellung.[370]

Im Ergebnis der Rohstoffkritikalität wurden in STROM und OPTUM die zukünftige Versorgung mit seltenen Erden, hier vor allem Dysprosium, als besonders kritisch gesehen. Ferner prognostiziert STROM eine erhebliche weltweite Nachfrage nach Lithium, ausgelöst durch die Elektromobilität. Diese Nachfrage reicht dabei bis zum Jahr 2050 schon sehr nah an die heute bekannten Reserven heran. Beide Studien empfehlen daraufhin den zukünftigen Bedarf an seltenen Erden aus recycelten Materialen zu decken, um Engpässen vorzubeugen. Engpässe könnten aber auch aufgrund der ungleichen weltweiten Verteilung der seltenen Erden entstehen, welche sich zu großen Teilen in China und der ehemaligen UDSSR befinden.[371]

4.1.5 Methoden und Daten dieser Arbeit

Auch wenn sie nicht hinreichend sind, wie die oben genannten Beispiele zeigen, finden sich in der aktuellen politischen Diskussion vor allem die Energieeffizienz und die Treibhausgasemissionen als wesentliche Messgrößen für die Umweltwirkung von alternativen Antrieben und ihren Kraftstoffen wieder. Hierzu bildet die Well-to-Wheel-Analyse eine anerkannte Methode zur Berechnung des Energieverbrauchs und der Treibhausgasemissionen, die durch den Betrieb von Fahrzeugen verursacht werden. In Europa ist derzeit die von drei europäischen Institutionen[372] verantwortete WtW-Studie die am meisten anerkannte. In der Studie wird zwischen der Energiebreitstellung Well-to-Tank (WtT) und der Energienutzung im Pkw Tank-to-Wheel (TtW) unterschieden. Ferner bilden die Fahrzeuge der EUCAR V4 die Datengrundlage der vorliegenden Arbeit und zu diesen Fahrzeugen liegen mit dem im Jahr 2014 erschienenen WtT-Teil der Studie aktuelle und umfangreiche Kraftstoffvorketten vor.[373] Im Gliederungspunkt 4.2 WtW-Analysen von alternativen Antrieben werden die THG-Emissionen, die bei der Herstellung der Pkw anfallen, in die kritische Bewertung mit einbezogen.

4.2 WtT-Energieverbrauch und CO$_2$-Emissionen Kraftstoffherstellung

Im Weiteren werden die für den Betrieb der hier untersuchten Antriebsarten möglichen Kraftstoffe diskutiert. Dabei liegt der Schwerpunkt auf schon heute am Markt verfügbare Kraftstoffe und Kraftstoffe, denen zukünftig eine großes ökonomisch und ökologisch vertretbares Potenzial zugesprochen wird. Der Fokus dieser Untersuchung liegt auf dem Energieverbrauch (in $MJ_{Primärenergie}/MJ_{Kraftstoff}$) und den THG-Emissionen (in gCO_2 Äq./$MJ_{Kraftstoff}$), die bei der Herstellung und Distribution dieser Kraftstoffe bis zur Tankstelle entstehen.

---

[370] Vgl. dazu auch Abbildung 30 (rechts).
[371] Vgl. DLR und Wuppertal-Institut (2015), S. 297., Buchert, Jenseit, et al. (2011), S. 3f.
[372] JRC = Joint Research Center der Europäischen Kommission, EUCAR = Forschungsvereinigung der europäischen Automobilindustrie und CONCAWE = Forschungsvereinigung der europäischen Ölindustrie.
[373] JRC (2014b).

4.2.1 Fossile Kraftstoffe

Benzin/Diesel aus Erdöl

Der Ausgangsstoff für Benzin und Diesel ist Erdöl, welches vor 200 Millionen Jahren im Erdzeitalter des Jura aus organischen Substanzen, hier vor allem Algen und Plankton, entstanden ist. Die organischen Substanzen sind auf dem Meeresgrund gesunken und unter Einwirkung von hohen Drücken und Temperaturen ist über einen sehr langen Zeitraum das Erdöl entstanden.[374] Große Mengen von Erdöl lagern in unterirdischen Ölfeldern, welche durch ein Bohrloch erschlossen werden können. In der Vergangenheit sind durch auslaufendes Öl bei der Förderung und dem Transport erhebliche Schäden an Ökosystemen entstanden. Diese können methodenbedingt bei einer WtW-Analyse nicht berücksichtigt werden. Da die einfach zu erschließenden Ölfelder mehr und mehr erschöpft sind, ist die Gewinnung von Erdöl aus Teersanden oder Ölschiefer in einem Tagebau mittlerweile weit verbreitet (zum Beispiel in Kanada und Estland). Dazu werden erhebliche Mengen an Wasser benötigt, die der Umgebung großflächig entzogen werden müssen und danach das Grundwasser verunreinigen. Durch die Gewinnung im Tagebau wird zudem die darüber liegende Flora und Fauna zerstört. Ferner fallen durch den höheren Extraktionsaufwand bei der Kraftstoffherstellung aus Teersand und Ölschiefer auch erheblich mehr (bis zu dreimal so viel) THG-Emissionen wie bei der Herstellung aus konventionellen Lagerstätten an.[375] Diese Problematik wird in 4.2.3 Kraftstoffe für diese Untersuchung berücksichtigt.

Strom aus Erdgas/Kohle/Mineralöl/Kernenergie

Bei der Erzeugung von elektrischer Energie dominieren weltweit Dampfkraftwerke, welche die Wärme der Verbrennung von fossilen Energieträgern in technische Arbeit mittels eines Elektrogenerators umwandeln. In den letzten Jahren konnten durch die Erhöhung der Arbeitsdrücke und der Zweitnutzung des Dampfs für Heizzwecke die Wirkungsgrade von Dampfkraftwerken signifikant gesteigert werden.[376] Bei der Verbrennung jeweils eines Kilogramms fossiler Primärenergieträger entstehen dabei die folgenden CO_2-Emissionen: Erdgas = 2,54-2,71 kgCO_2/kg, Steinkohle = 2,54 kgCO_2/kg, Erdöl = 3,17 kgCO_2/kg, Holz = 1,83 kgCO_2/kg.[377] Der deutsche Strommix setzte sich im Jahr 2012 aus 26 Prozent Braunkohle, 19 Prozent Steinkohle, elf Prozent Erdgas, zwei Prozent Mineralöle, 16 Prozent Kernenergie und knapp 25 Prozent Erneuerbare Energien zusammen. Der spezifische Kohlendioxid-Emissionsfaktor für den deutschen Strommix ist von 743 gCO_2/kWh im Jahr 1990 auf 563 gCO_2/kWh im Jahr 2010 gesunken. Im Jahr 2012 ist dieser Wert jedoch wieder auf 601 gCO_2/kWh gestiegen.[378] Das liegt an der verstärkten Verstromung von Kohle welche unter anderem durch den Atomausstieg und dem noch nicht funktionierendem Emissionshandel notwendig wurde.[379] Neben den CO_2-Emssionen, die in der WtW-Analyse ihre Be-

---

[374] BP (2008), S. 9ff.
[375] Nach der Richtlinie 98/70/EG (Kraftstoffqualitätsrichtlinie) wird für Benzin und Diesel aus synthetischem Rohöl über Teersand-Extraktion und Verbrennung ein Wert von 107 gCO_2 äq./MJ$_{Benzin}$ bzw. 108,5 gCO_2 äq./MJ$_{Diesel}$ im Lebenszyklus ausgewiesen: Für Benzin und Diesel aus Ölschiefer sind es 131,3 gCO_2 äq./MJ$_{Benzin}$ bzw. 133,7 gCO_2 äq./MJ$_{Diesel}$. Bei der Herstellung aus konventionellem Rohöl sind es 93,2 gCO_2 äq./MJ$_{Benzin}$ bzw. 95 gCO_2 äq./MJ$_{Diesel}$. Vgl. Kreyenberg, Lischke, et al. (2015), S. 25.
[376] Vgl. Zahoransky (2007), S. 23ff.
[377] JRC (2014a).
[378] Vgl. UBA (2013), S. 13.
[379] Vgl. Die DieWelt (2014).

rücksichtigung finden, müssten zukünftige fossile strombasierte Kraftstoffe für Pkw, aber auch nach anderen Wirkungskategorien bewertet werden – insbesondere bei den unkonventionellen Lagerstätten wie Erdgas in Schiefergaslagerstätten, welche durch Fracking[380] gewonnen werden können. Mögliche Langzeitwirkungen durch diese Verfahren sind allerdings erst in den Anfängen erforscht.[381] Ferner können die Gefahren, die von der Kernkraft und den verbleibenden radioaktiven Brennelementen ausgehen, in einer WtW-Analyse auch nicht berücksichtigt werden.

Wasserstoff aus Erdgas

Wasserstoff wird heute vor allem in der chemischen und petrochemischen Industrie verwendet. Dort ist die Erzeugung von Wasserstoff aus der Erdgas-Reformierung, das mit Abstand meist verbreitete Produktionsverfahren. Abhängig vom Oxidationsmittel lassen sich drei Reformierverfahren unterscheiden (I) Dampfreformierung, (II) Partielle Oxidation und (III) Reformierung mit einer Mischung von Luft und Wasserdampf.[382] Für die WtW-Analysen dieser Arbeit wird nur die Dampfreformierung berücksichtigt, weil sie das Etablierteste dieser Verfahren ist. Bei der Dampfreformierung werden leichte Kohlenwasserstoffe (zum Beispiel Methan) mit Wasserdampf in einer endothermen Reaktion in Synthesegas (H_2 und CO) umgewandelt. Als Nebenprodukte fallen dabei Wasserdampf, Kohlenmonoxid (CO) und Kohlendioxid (CO_2) an. Diese Prozesse laufen bei Temperaturen von 700 °C bis 900 °C und Drücken bis zu 80 bar ab.[383]

4.2.2 Kraftstoffe aus erneuerbaren Energien[384]

Die Bundesregierung hat sich mit dem Energiekonzept und dem Ausstieg aus der Kernenergie ambitionierte Ziele für die zukünftige Energieversorgung in Deutschland gesetzt. Die Umsetzung dieser Ziele wird auch als „Energiewende" bezeichnet. Sie stellt ein langfristiges politisches, wirtschaftliches und gesellschaftliches Großprojekt für Deutschland dar. Die Energiewende betrifft dabei vor allem die Sektoren Strom, Wärme und Verkehr. Im Folgenden wird dargestellt, welche Kraftstoffe und welche Kraftstoffmengen prinzipiell aus erneuerbarer Energie in Deutschland hergestellt werden können. Abbildung 32 zeigt das technisch nachhaltige Biomasse- und Strompotenzial für Deutschland. Das technisch nachhaltige Potenzial stellt den nutzbaren Anteil von erneuerbarer Biomasse und erneuerbarem Strom unter Verwendung bekannter Techniken (inklusive Energiewandlungsverluste) und unter Berücksichtigung von ökologischen Ausschlusskriterien (zum Beispiel Flächenverfügbarkeit und nachhaltige Bewirtschaftung) dar.

Derzeit werden etwa 2,7 Prozent der Landfläche bzw. 5,7 Prozent der landwirtschaftlich genutzten Fläche Deutschlands für die Biomasseproduktion für den Biokraftstoffsektor genutzt.[385] Die in Abbildung 32 (links) dargestellten technischen Biokraftstoffpotenziale stellen ausschließlich die Potenziale für den Verkehrssektor dar, die nicht in Konkurrenz zu bereits

---

[380] Fracking ist eine Methode zur Erzeugung, Weitung und Stabilisierung von Rissen im Gestein, um eine Rohstoff-Lagerstätte (z. B. für Erdöl oder Erdgas) zu erreichen bzw. leichter abzubauen.
[381] Vgl. UBA (2014).
[382] Vgl. Aicher, Blum, et al. (2004), S. 60.
[383] Vgl. Eichlseder und Klell (2008), S. 53f.
[384] Dieser Abschnitt basiert im Wesentlichen auf der Veröffentlichung von Kreyenberg, Lischke, et al. (2015).
[385] Gesamtfläche Deutschland ca. 35,7 Mio. ha, davon 16,7 Mio. ha landwirtschaftlich genutzt in 2013.

4.2 WtT-Energieverbrauch und CO2-Emissionen Kraftstoffherstellung

etablierten Nutzungen (zum Beispiel Biomasse für Nahrungs- und Futtermittelproduktion sowie für die Strom und Wärmeproduktion) stehen. Im Vergleich zu dem technischen Strompotenzial (Abbildung 32, rechts) ist bei der Biomasse das Potenzial somit schon fast erreicht. Das technische Potenzial der Stromerzeugung aus erneuerbaren Energien von etwa 1.000 TWh war im Jahr 2012 erst zu knapp zehn Prozent ausgeschöpft. Wird eine Stromnachfrage der anderen Sektoren von 535 TWh/a berücksichtigt (Verbrauch 2012), dann könnte langfristig eine erneuerbare Strommenge von etwa 465 TWh/a für die direkte Nutzung und als Strombasis für die Produktion von Kraftstoffen für den Verkehr zur Verfügung stehen (vgl. Abbildung 32, rechts). Das heißt, dass im Prinzip der gesamte Pkw-Verkehr aus erneuerbaren Energien, die auch in Deutschland hergestellt werden, gedeckt werden kann.[386]

Ob und unter welchen Bedingungen die in Abbildung 32 aufgezeigten Potenziale realisiert werden können, hängt von einer Reihe hier nicht weiter untersuchter Faktoren wie finanzieller Förderung, zukünftigen Anlagenkosten, Energiekosten, aber auch von der Akzeptanz in der Bevölkerung ab.

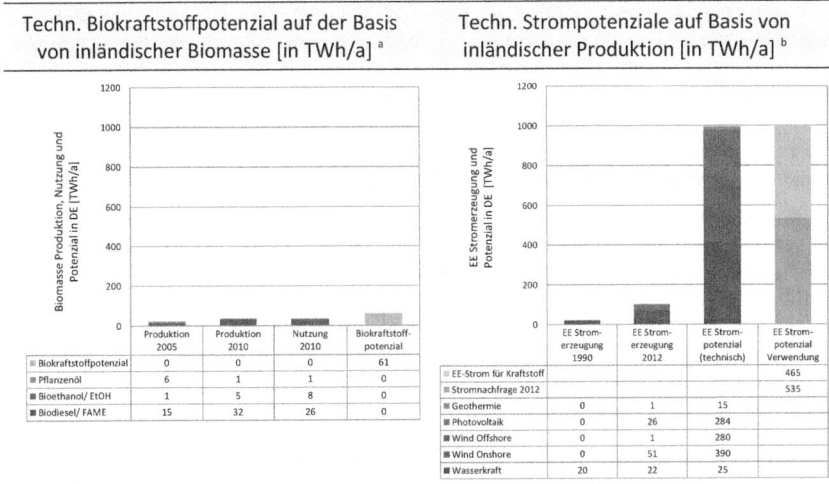

[a] Kreyenberg et al. (2015), S. 13. Biokraftstoffpotenzial = Max Potenzial im Jahr 2030.
[b] Kreyenberg et al. (2015), S. 14.

Abbildung 32: Technische Biomasse und Strompotenziale für Deutschland

Biomassebasierte Kraftstoffe

Bioethanol ist ein Alkohol, der als Kraftstoff entweder als Beimischung zu konventionellem Ottokraftstoff oder als Reinkraftstoff genutzt werden kann. Dabei sind bei den meisten ICE-G Beimischungen von 10 %$_{vol.}$ (E10) ohne Umrüstung möglich. Höhere Beimischungsquoten

---

[386] Vgl. 2.1.2 Energieversorgung.

erfordern fahrzeugseitige Anpassungen (zum Beispiel an Tank, Leitungen, Dichtungen, Motorsteuerung). Die Bioethanol-Produktion erfolgt aus zucker-, stärke- und cellulosehaltigen Energiepflanzen, aber auch aus Abfällen und Reststoffen. Die Produktion beruht dabei auf der fermentativen Umwandlung von Zucker in diesen Stoffen in Alkohol. In Europa werden für die Ethanol-Produktion hauptsächlich Zuckerrüben und Weizen verwendet, wobei Zuckerrüben bei guten Böden eine höhere Flächenproduktivität aufweisen. Bioethanol wird weltweit (insbesondere in Brasilien und den USA) schon großtechnisch hergestellt. Nachteilig bei der Herstellung ist der derzeit noch relativ hohe Bedarf an Zusatzenergie (vgl. Tabelle 33). Hier könnten Produktionsverfahren der zweiten Generation energieeffizienter sein.[387]

Biodiesel ist ein Kraftstoff, der in der von seinen Eigenschaften und der Verwendung mineralischem Dieselkraftstoff gleichkommt. Seine chemische Bezeichnung lautet Fettsäuremethylester (englisch FAME). In Reinform wird Biodiesel in Deutschland fast nicht mehr angeboten, aufgrund des fast vollständigen Wegfalls der Steuerbefreiung.[388] Biodiesel findet heute in Deutschland vor allem als Beimischung zu konventionellem Dieselkraftstoff (7 %$_{vol}$) Anwendung. Innerhalb Europas kommen für die Biodiesel-Herstellung vor allem Raps und Sonnenblumen infrage, welche im ersten Schritt zu Pflanzenöl verarbeitet werden. Die Weiterverarbeitung zu Biodiesel erfolgt dann durch Umesterung des Pflanzenöls mithilfe von Methanol und einem Katalysator unter Einwirkung von Wärme (50 bis 80 °C). Dieser Produktionsprozess ist technisch weit entwickelt und verbreitet, insbesondere für Rapsmethylester (RME). Zukünftige Potenziale der Biodieselherstellung liegen in der Weiterverwendung von Nebenprodukten (zum Beispiel Glycerin) und der Verwendung von Bioethanol für die Umesterung. Die globale Perspektive von Biodiesel wird vor allem durch die Verwendung von Soja, Ölpalmen und der Jatropha-Pflanze als Ausgangsstoff für die Herstellung geprägt.[389]

Synthetischer Diesel kann entweder aus fossilen Rohstoffen wie Kohle und Erdgas oder aus Biomasse erzeugt werden. Hierzu wird zuerst ein Synthesegas aus den Rohstoffen erzeugt, welches dann über die Fischer-Tropsch-Synthese in Kraftstoffe umgewandelt wird. Mit diesem Verfahren lassen sich auch Benzin, Kerosin oder Wachse herstellen. Das durch die Synthese entstehende Öl besteht aus mehreren Kohlenwasserstoffverbindungen, die durch eine Destillation getrennt werden müssen.[390] Im Weiteren wird hier der Biomass-to-Liquids-Pfad (BTL) aus Holz untersucht, auch wenn es derzeit dazu nur Versuchsanlagen gibt.[391]

Strombasierte Kraftstoffe

Das Potenzial für Strom aus erneuerbaren Energiequellen in Deutschland ergibt sich aus den Potenzialen von Wind (Onshore, Offshore), Photovoltaik, Wasserkraft und Geothermie. Die Auswertung verschiedener Studien in Kreyenberg et al. ergibt dabei ein technisches Gesamtstromerzeugungspotenzial zwischen 462 und 3.939 TWh/a.[392] Die Stromproduktion aus Biomasse wurde dabei nicht berücksichtigt, auch wenn sie in der Realität bereits Anwendung findet. Die großen Unterschiede bei den Erzeugungspotenzialen für Strom beruhen dabei auf sehr unterschiedlichen Annahmen in den Studien zur Flächenbestimmung und der gewähl-

---

[387] Vgl. Bruchof (2012), S. 24ff.
[388] Vgl. 2.1.3 Gesetzliche Rahmenbedingungen.
[389] Vgl. Bruchof (2012), S. 27ff.
[390] Vgl. Bruchof (2012), S. 33ff.
[391] Vgl. Kreyenberg, Lischke, et al. (2015), S. 51. und Tabelle 33.
[392] Vgl. Kreyenberg, Lischke, et al. (2015), S. 77.

4.2 WtT-Energieverbrauch und CO2-Emissionen Kraftstoffherstellung

ten Anlagentechnik. Die mit Abstand größte Unsicherheit geht von der Windenergie an Land (Onshore) aus. Ein Großteil der dazu ausgewerteten Studien und Ausbauplänen geht bei der Potenzialbestimmung von der vereinfachenden Annahme aus, dass mindestens ein bis zwei Prozent der Landfläche durch Windenergie bewirtschaftetet werden kann. Die dadurch zu erwartenden Stromüberschüsse müssen dabei in zukünftigen Forschungen auch im Zusammenhang mit dem Netzausbau und der Schaffung geeigneter Speichertechnologien betrachtet werden. Einen Teil der eben vorgestellten Strompotenziale kann mithilfe der Elektrolyse in Wasserstoff umgewandelt werden, der dann entweder direkt für den Verkehr in FCEV genutzt werden oder aber auch in dafür geeigneten Lagerstätten gespeichert werden kann, um ihn dann später wieder zu verstromen. Genose und Wietschel bewerten das Potenzial von Wasserstoffspeichern für besonders große Strommengen über lange Zeiträume als besonders groß.[393] Eine darüber hinaus diskutierte Technologie ist die Herstellung von synthetischem Methan (SNG) mithilfe des Wasserstoffs und ihm zugesetzten CO_2.

Abbildung 33 zeigt den Vergleich der direkten Nutzung des Wasserstoffs in einem FCEV mit der Nutzung des SNG in einem ICE-CNG. Die Analyse zeigt, dass 29 Prozent der verstromten Windenergie beim FCEV am Rad ankommt. Beim ICE-CNG kommen lediglich zehn Prozent der verstromten Windenergie am Rad an. Dies bedeutet, dass der Betrieb von ICE-CNG im Vergleich zu FCEV auch dreimal so viel Windräder erfordern würde für die gleiche Verkehrsleistung. Zusätzlich stoßen ICE-CNG durch die Verbrennung von CNG wieder CO_2 und Schadstoffe aus. Auf dieses Verfahren wird deshalb im Weiteren nicht eingegangen.

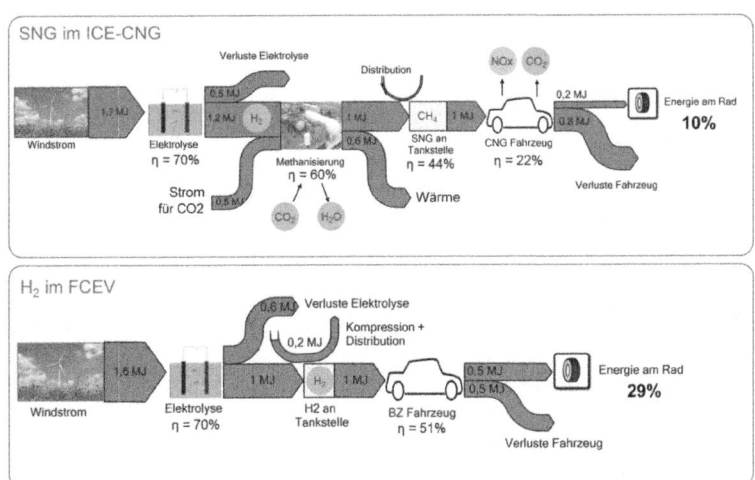

Abbildung 33: SNG-Nutzung im ICE-CNG im Vergeich zur direkten Nutzung von H_2 in FCEV[394]

---

[393] Genose und Wietschel (2011).
[394] Vgl. Kreyenberg und Wind (2012), S. 18.

4.2.3 Kraftstoffe für diese Untersuchung

Tabelle 33 zeigt die vorher identifizierten und in 4.4 WtW-Analysen weiter untersuchten Kraftstoffe inklusive ihrer für die Herstellung anfallenden Energieaufwendungen und THG-Emissionen. Ein Großteil der Kraftstoffvorketten stammt aus dem WtT-Teil der JRC-WtW-Studie.[395] Die bei der Kraftstoffherstellung anfallenden Haupt- und Nebenprodukte werden in der JRC-WtW-Studie nach der Substitutionsmethode allokiert. Das heißt, die Aufwendungen für ein Nebenprodukt werden dem Zielprodukt in der Höhe abgezogen, in der das Nebenprodukt sonst (in einem Äquivalenzprozess) hergestellt werden müsste. Für alle Stromerzeugungsmethoden, denen kein Heizwert beigemessen werden kann, (zum Beispiel Wind, Wasser und Solar) wird ein Wirkungsgrad von 100 Prozent angesetzt.

Biokraftstoffe werden mit negativen THG-Emissionen ausgewiesen, weil den Aufwendungen für die Herstellung dieser Kraftstoffe ihre während des Wachstums der Pflanze gebundene Menge an THG gutgeschrieben bzw. abgezogen wird.

Tabelle 33: WtT-Kraftstoffvorketten dieser Untersuchung mit Fokus auf Deutschland

	Primärenergiequelle	Herstellungs- und Bereitstellungspfad	Kraftstoff	Kumulierter Primärenergieeinsatz (KEA) [in MJ/MJ]	THG-Emissionen [d] [in gCO_2Äq./MJ]
Fossile Kraftstoffe	Rohöl [a]	Bohrloch -> Seetransport -> Raffination -> Tankstelle	Benzin	1,18	13,8
			Diesel	1,20	15,4
	Teersand [b]	Teersand -> Aufbereitung -> Raffination -> Tankstelle	Benzin	1,42	29,6
			Diesel	1,45	31,5
	Kohle, Erdgas Nuklear, EE [c]	Deutscher Strommix 2010 -> Netz -> Steckdose (3,7 kW)	Strom	2,68	154,0
	Erdgas [a]	Förderung -> Pipeline 7.000km -> Zentr. Ref -> Komp -> Lkw -> Tankst.	Wasserstoff	1,88	108,1
Erneuerbare Kraftstoffe	Zuckerrüben [a]	Anbau -> Extraktion -> Fermentation -> Destillation -> Tankstelle	Bioethanol	2,24	-44,2
	Raps [a]	Anbau -> Ölmühle -> Umesterung -> Reinigung -> Tankstelle	Biodiesel (RME)	2,12	-22,3
	Holz [a]	Anbau -> Mahlen -> Pyrolyse -> Vergasung -> F-T-Synthese -> Tankst.	Synt. Diesel (BTL)	2,20	-63,8
	Wind [a]	Windrad -> Netz -> Steckdose (3,7 kW)	Strom	1,12	0,0
		Windrad -> Netz -> Elektrolyse -> Pipeline -> Tankstelle	Wasserstoff	1,87	13,0

[a] JRC (2014b) Verwendete Prozesse: COG1, COD1, GPCH3b, SBET1b, ROFA1, WFSD1, WDEL1, WDEL1/CH2
[b] Heidt et al. (2013), S. 24.
[c] LBST (2012), S. 45f.
[d] Gutschriften für Bioethanol: -71,4 gCO_2Äq./MJ, Biodiesel: -76,2 gCO_2Äq./MJ, BTL: -70,8 gCO_2Äq./MJ

---

[395] JRC (2014b).

4.3 TtW-Energieverbrauch und CO_2-Emissionen Fahrzeug

In diesem Abschnitt werden die Einflussgrößen auf den Energieverbrauch und die daraus resultierenden CO_2-Emissionen, die bei der Verbrennung von Benzin und Diesel in Pkw entstehen, diskutiert. Ein Schwerpunkt liegt dabei auf der Berechnung des gewichteten Kraftstoff- und Stromverbrauchs für PHEV und REEV.

4.3.1 Einflussgrößen auf Energieverbrauch und CO_2-Emissionen von Pkw

Fahrwiderstände[396]

Während der Fahrt muss ein Pkw im Wesentlichen vier physikalische Widerstände überwinden.[397] Die Antriebsleistung P_{an} an den Antriebsachsen muss diese Widerstände überwinden, um das Fahrzeug in Längsrichtung zu beschleunigen.[398]

$$F_W = F_R + F_L + F_S + F_B \qquad \text{Formel 19}$$

F_W: Gesamtfahrwiderstand [N]
F_R : Rollwiderstand [N]
F_L : Luftwiderstand [N]
F_S : Steigungswiderstand [N]
F_B : Beschleunigungswiderstand [N]

$$F_R = f_R * m * g \qquad \text{Formel 20}$$

f_R : Rollwiderstandsbeiwert [−]
m: Fahrzeugmasse [kg]
g: Fallbeschleunigung [m/s^2]

$$F_L = c_W * A * \rho * \frac{v^2}{2} \qquad \text{Formel 21}$$

c_W: Luftwiderstandsbeiwert [−]
A: Fahrzeug Querschnittsfläche [m^2]
ρ: Luftdichte [kg/m^3]
v: Anströmgeschwindigkeit [m/s]

$$F_S = m * g * \sin \beta_S \qquad \text{Formel 22}$$

β_S : Steigungswinkel [°]

$$F_B = m * a_B \text{ (vereinfachend)} \qquad \text{Formel 23}$$

a_B : Beschleunigung [m/s^2]

---

[396] Für die folgenden Formeln und Ausführungen vgl. Braess und Seiffert (2011), S. 34ff.
[397] Die zusätzlichen Widerstände bei Kurvenfahrt werden vernachlässigt.
[398] Vgl. Haken (2008).

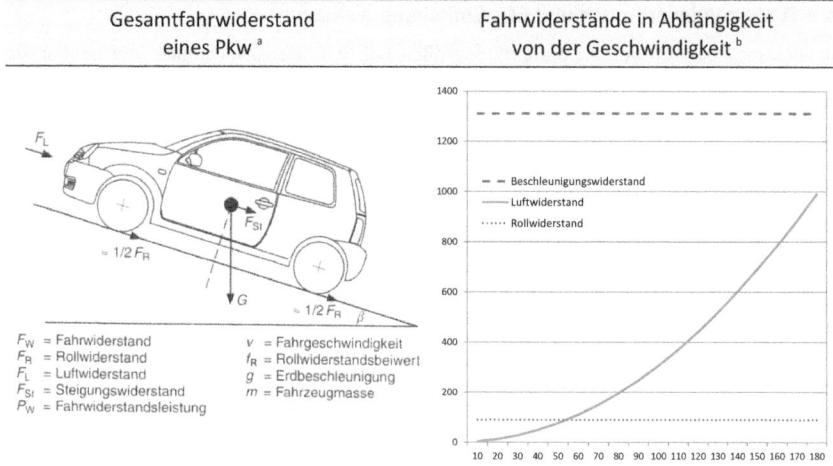

[a] Braess und Seiffert (2011) S. 34.
[b] Eigene Berechnung aus Formel 20, Formel 21 und Formel 23, ohne Steigung. Fahrzeugdaten analog JEC (2013) m = 1.310 kg, f_R = 0,007, g = 9,81 m/s², c_W = 0,3, A = 2,2 m², ρ = 1,2 kg/m³, a = 1,0 m/s²

Abbildung 34: Fahrwiderstände eines Pkw

Abbildung 34 (rechts) zeigt die Höhe der Fahrwiderstände (F_R, F_L, F_B) in Abhängigkeit von der Geschwindigkeit (ohne Steigung). Der Gesamtwiderstand (F_W) ergibt sich aus der Addition dieser Einzelwiderstände.

Der Rollwiderstand (F_R) entsteht aus der Formänderung zwischen Reifen und Fahrbahn. Er wird maßgeblich von der Walkverlustarbeit des Reifens bestimmt, welche wiederum von der Walkamplitude (Einfederung, Radlast, Reifeninnendruck) und der Walkfrequenz (Fahrgeschwindigkeit) bestimmt wird. In Formel 20 vereint der Rollwiderstandsbeiwert (f_R) diese Faktoren, unter der Annahme eines geschwindigkeitsunabhängigen Widerstands. In der Realität würde mit zunehmender Geschwindigkeit f_R leicht steigen. Im Vergleich zu den anderen Fahrwiderständen ist der Rollwiderstand vergleichsweise gering.

Der Luftwiderstand (F_L) entsteht durch die Um- und Durchströmung des Fahrzeugs. Er nimmt quadratisch mit der Geschwindigkeit zu (Abbildung 34, rechts). Außerdem hängt er von der Karosserieform des Fahrzeugs ab. Der c_W-Wert quantifiziert dabei die aerodynamische Güte des Fahrzeugs. Durch die Multiplikation des c_W-Werts mit der Fahrzeugquerschnittsfläche (A) erhält man die Widerstandsfläche des Fahrzeugs. Bei höheren Geschwindigkeiten ist der Luftwiderstand der Größte aller Widerstände, wenn das Fahrzeug auf die Ziel-Geschwindigkeit beschleunigt wurde.

Der Beschleunigungswiderstand (F_B) wird durch das physikalische Prinzip der Trägheit verursacht. Der Gesamtbeschleunigungswiderstand ergibt sich aus der Addition der translatorischen Beschleunigung des Pkw und der Beschleunigung der Teile des Antriebsstrangs (zum Beispiel Räder, Wellen und Zahnräder im Getriebe) die rotatorisch beschleunigt werden. In

Formel 23 wird vereinfachend nur der translatorische Widerstand des Pkw berücksichtigt. Trotz dieser Vereinfachung ist der Beschleunigungswiderstand der mit Abstand größte Widerstand, der überwunden werden muss, insbesondere wenn der Pkw eine hohe Masse aufweist oder seine Masse sehr schnell beschleunigt werden soll.

Nebenverbraucher und Klimatisierung

Für ottomotorisch angetriebene Pkw wird mit ca. 70 Prozent der überwiegende Teil der Kraftstoffenergie in Abwärme umgewandelt, welche über den Abgasstrom und das Kühlsystem in die Umgebung abgegeben wird.[399] Die Abwärme aus der Verbrennung wird aber auch zur Erwärmung des Fahrzeuginnenraums genutzt. Bei einem Kraftstoffvolumen von 50 Ltr. und der Annahme, dass ein Drittel der chemisch gebundenen Energie im Kraftstoff in den Vortrieb umgesetzt wird, entsteht für ICE-G/D eine Abwärmemenge von mehr als 300 kWh. Bei einem BEV mit einer Batterie-Kapazität von 20 kWh und einem Wirkungsgrad von 90 Prozent fallen dabei nur rund zwei kWh an Abwärme in Batterie, Elektromotor, Leistungselektronik und Steuergeräten an. Ferner ist das Temperaturgefälle deutlich geringer als bei konventionellen Fahrzeugen (ICE-G: 1000 °C zu BEV: 90 °C), was dazu führt, dass die Abwärme deutlich schlechter zu nutzen ist.[400] FCEV mit einem Tankvolumen von 3 kgH_2 (Heizwert 100 kWh) und einem Wirkungsgrad von 60 Prozent der PEM-Brennstoffzelle entwickeln eine Abwärmemenge von rund 40 kWh, bei einem ähnlich niedrigen Temperaturniveau von unter 100 °C. Die Heizleistung in einem Pkw wird üblicherweise über einen warmen Luftstrom mit mehreren Luftwechseln pro Minute realisiert. Das hat zum einen den Vorteil, dass die Fahrzeugkabine dadurch entfeuchtet wird, und zum anderen den Nachteil, dass die angesaugte Luft immer wieder von Neuem erwärmt werden muss. Bei Batteriefahrzeugen kann die maximale elektrische Heizleistung bei bis zu fünf kW liegen.[401] Sie wird insbesondere zum Aufheizen der Fahrzeugkabine bei großer Temperaturdifferenz und bei Beschlagbildung an den Scheiben benötigt.

Bei den extern aufladbaren Antrieben BEV, REEV und PHEV übt zudem der Ladewirkungsgrad der Batterie einen großen Einfluss auf den elektrischen Verbrauch aus. Der Ladewirkungsgrad wird beeinflusst von der Zellchemie, der Batterietemperatur, dem Alterungszustand der Batterie (SOH) und der Art und Geschwindigkeit der Ladung. Generell verschlechtert sich der Ladewirkungsgrad bei sehr schneller Ladung und tiefen Temperaturen. Wie hoch diese Verluste für verschiedene Ladeleistungen und Ladebetriebsarten sind, ist erst in den Anfängen erforscht bzw. nicht frei publiziert. Typische Werte liegen bei 60 bis 90 Prozent.[402] Weitere Verluste bzw. Nebenverbraucher der Batterieladung werden verursacht durch den Lader, welcher den Wechselstrom aus dem Netz in Gleichstrom für die Batterie richtet, die Temperierung von Lader und Batterie und den Verbrauch der Steuergeräte während der Ladung.

Um die eben beschriebenen individuellen Einflüsse auf den Pkw-Verbrauch verschiedener Antriebskonzepte und Motorisierungen möglichst vergleichbar darzustellen, wird der Verbrauch von Pkw üblicherweise mittels Fahrzyklen in genau festgeschriebenen Geschwindigkeits-/Zeitverläufen ermittelt. Im Weiteren wird der Verbrauch der hier zu untersuchenden

---

[399] Für einen BMW 745i mit Automatikgetriebe im NEFZ ist die Energiebilanz wie folgt: 30 Prozent Motor-Mechanik, 25 Prozent Abgas, 45 Prozent Wandwärme. Vgl. Haupt (2013); S. 9.
[400] Vgl. Suck und Spengler (2014), S. 13.
[401] Vgl. Suck und Spengler (2014), S. 13.
[402] Vgl. Böcker (2011), S. 57.

Antriebe deshalb als Fahrzeugwirkungsgrad ($\eta_{A,Z}$) der Antriebsart (A) im Fahrzyklus (Z) betrachtet.

Fahrzyklen

Der Verbrauch von einem Pkw im Fahrzyklus wird auf einem Rollenprüfstand ermittelt, welcher in der Lage ist, die Fahrwiderstände auf der Straße zu simulieren, sodass der dort ermittelte Verbrauch dem einer Zyklusfahrt auf der Straße entspricht. Die Abgasemissionen auf dem Rollenprüfstand werden in einem Beutel aufgefangen und im Anschluss an die Messfahrt ausgewertet. Die CO_2-Emissionswerte sind dabei das Ergebnis der Beutelanalyse. Aus ihnen wird auch der Kraftstoffverbrauch im Zyklus rechnerisch ermittelt.[403] Der in Europa seit dem Jahr 1992 geltende NEFZ wird ohne Nebenverbraucher durchgeführt. Das heißt, während der Prüfung sind Klimaanlage, Radio, Licht oder Sitzheizung ausgeschaltet. Die Emissionsmessung beginnt direkt nach dem Start des Pkw, und zwar ohne Warmlauf. Abbildung 35 (links) zeigt die Ausgestaltung des NEFZ in einem Diagramm (Geschwindigkeit über die Zeit). Der NEFZ besteht aus zwei Teilzyklen, dem Stadtfahrzyklus (innerorts) und dem Überlandzyklus für den Außerorts-Anteil. Die Konditionierungstemperatur für den NEFZ beträgt 20 bis 30 °C. In Summe werden 11 km in einer Zeit von 1.180 s (knapp 20 min) zurückgelegt. Das entspricht einer Durchschnittsgeschwindigkeit von 33,6 km/h, bei einem Leerlaufanteil von 28,2 Prozent und einer Höchstgeschwindigkeit von 120 km/h.[404] Für konventionelle Pkw ist der Verbrauch im Stadtzyklus signifikant höher (etwa 30 bis 50 Prozent) als im Überlandzyklus. Das hat grundsätzlich zwei Ursachen: Zum einen wird zu Beginn der Fahrt ein großer Teil der Energie zur Erwärmung des Motors benötigt und zum anderen wird durch die vielen Beschleunigungs- bzw. Abbremsphasen und der wenigen Konstantfahrten immer wieder Beschleunigungsenergie benötigt. Für elektrifizierte Antriebe dürfte der Verbrauchsunterschied zwischen Stadt- und Überlandzyklus nicht so gravierend sein, weil bei den Abbremsphasen Energie rekuperiert werden kann. Auf die Besonderheiten der Verbrauchsermittlung von BEV, PHEV und REEV wird in 4.3.2 näher eingegangen.

In der Vergangenheit wurde die Realitätsnähe und die große Anzahl an Testzyklen in den verschiedenen Ländern[405] immer wieder kritisiert. Daraufhin hat die UNO im Jahr 2007 eine Arbeitsgruppe zu einem weltweit einheitlichen Testzyklus, dem Worldwide harmonized Light vehicles Test Cycle (WLTC), ins Leben gerufen. Im Jahr 2012 wurden Ergebnisse dieser Arbeitsgruppe zum ersten Mal veröffentlicht. Dort wurden vier verschiedene Zyklen vorgeschlagen, was vor allem den unterschiedlichen Pkw-Architekturen und Nutzungsmustern in den Ländern geschuldet ist. Die Vorschläge werden nach ihrer gewichtsbezogenen Leistung gegliedert. Die ersten beiden Zyklen (Class 1 und Class 2) beziehen sich auf Pkw mit einer gewichtsbezogenen Leistung von ≤ 22 kW/t bzw. ≤ 34 kW/t. Der Class-1-Zyklus ist vorgesehen für Länder wie Indien mit vorwiegend schwach motorisierten Pkw mit einer niedrigen Höchstgeschwindigkeit. Der Class-2-Zyklus gleicht in seiner Ausgestaltung dem NEFZ, jedoch ist er mit ≤ 34 kW/t für deutlich schwächer motorisierte Pkw, als derzeit in Europa zugelas-

---

[403] Vgl. Liebl, Lederer, et al. (2014), S. 255.
[404] MTZ (2013).
[405] Europa, China, Russland, Indien (modifiziert) = NEFZ; USA = FTP City Test (kalt und warm), Highway-Test, US-06-Test, SC-03-Test; Japan = JC-08-Zyklus; vgl. MTZ (2013), S. 692. Für weitere Testzyklen siehe TRL (2009) „A reference book of driving cycles".

4.3 TtW-Energieverbrauch und CO2-Emissionen Fahrzeug

sen sind, vorgesehen. Die Zyklen WLTC Class 3a und 3b sind für Pkw ≥ 34 kW/t und einer Höchstgeschwindigkeit von < 120 bzw. ≥ 120 km/h vorgesehen.

Abbildung 35 (rechts) zeigt den WLTC Class 3b, weil er dem Pkw-Bestand in Deutschland am nächsten kommt. Der WLTC 3b ist mit einer Länge von 23,3 km deutlich länger und mit einer Durchschnittsgeschwindigkeit von 46,6 km/h auch deutlich schneller als der NEFZ. Wie sich der Verbrauch von konventionellen Pkw durch den WLTC 3b verändern wird, ist noch nicht abschließend festgestellt bzw. nicht frei publiziert. Durch die Verdopplung der Länge im Vergleich zum NEFZ ist davon auszugehen, dass der Kalt-Mehrverbrauch nicht mehr so stark ins Gewicht fällt wie beim NEFZ. Die Verringerung der Leerlaufzeiten von 28,2 Prozent im NEFZ auf 13 Prozent im WLTC 3b dürfte bei konventionellen Pkw ohne Start-/Stopp-Systeme ebenfalls verbrauchsmindernd wirken.[406] Demgegenüber steht die Erhöhung der notwendigen Antriebsenergie durch die höhere Durchschnittsgeschwindigkeit und die vielen Beschleunigungsphasen im WLTC 3b. Welcher WLTC-Zyklus künftig für die hier untersuchten alternativen Antrieben anzuwenden ist, ist derzeit noch nicht bekannt. Ferner ist die vorgesehene Einbindung der Nebenverbraucher in den WLTC für alle Antriebsarten noch nicht bekannt.

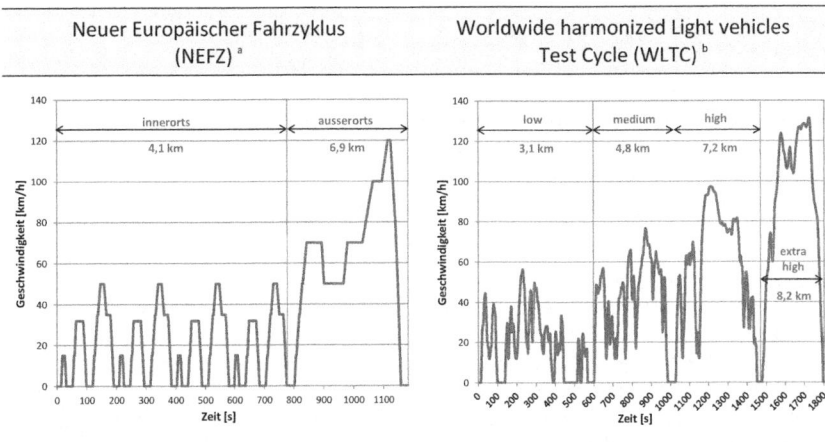

[a] MTZ (2013)
[b] UNO (2012) dargestellt ist der WLTC Class 3b

Abbildung 35: NEFZ- und WLTC-Geschwindigkeit über Zeit

---

[406] Vgl. Liebl, Lederer, et al. (2014), S. 279ff.

Berechnung des Energiebedarfs im NEFZ

Bevor der Energiebedarf der verschiedenen Pkw im NEFZ berechnet wird, werden im Weiteren zuerst die Fahrwiderstandskräfte in der Ebene anhand von Formel 20, Formel 21 und Formel 23 berechnet. Abbildung 36 (links) zeigt das Ergebnis dieser Berechnung in einem Diagramm der Fahrwiderstandskräfte über dem Weg. Dadurch wird deutlich, dass die Beschleunigungskraft im NEFZ die weitaus größten Kraftspitzen aufweist, während die Roll- und Luftwiderstandskraft wesentlich kleinere und konstantere Kräfte erfordern.[407] Das erklärt auch den vorher beschriebenen Mehrverbrauch von konventionellen Pkw im Innerorts-Anteil des NEFZ.

Mithilfe der Formeln für die Fahrwiderstände (F_R, F_L, F_B) und dem Geschwindigkeits-/ Zeitverlauf eines Fahrzyklus ist es nun möglich, die notwendige Arbeit (hier in Wh) zur Überwindung der Fahrwiederstände im Fahrzyklus (Z) zu berechnen. Dazu wird das Integral der Fahrwiderstandskräfte über dem Weg berechnet (Formel 24 bis Formel 26). Der Flächeninhalt unter den sich damit ergebenen Kraftverlaufskurven entspricht somit der erforderlichen Antriebsarbeit im betrachteten Fahrzyklus.

$$W_R = \int F_R * d_S = \int f_R * m * g * d_S \qquad \text{Formel 24}$$

$$W_L = \int F_L * d_S = \int c_W * A * \rho * \frac{v^2}{2} * d_S \qquad \text{Formel 25}$$

$$W_B = \int F_B * d_S = \int m * a_B * d_S \qquad \text{Formel 26}$$

Abbildung 36 (rechts) zeigt das Ergebnis dieser Berechnung für den NEFZ. Dabei wurden die Fahrwiderstandskräfte des EUCAR-Basis-Pkw anhand von Formel 24 bis Formel 26 berechnet und über den Weg integriert, um die notwendige Arbeit (auch Energiebedarf im NEFZ) zu erhalten. Zusätzlich wurde der Energiebedarf einer elektrischen Heizung mit einer Heizleistung von 5 kW in dem Diagramm aufgetragen. Die 5 kW entsprechen dabei der maximalen Heizleistung, wenn die Fahrgastzelle im Winter sehr schnell erhitzt werden soll. Abbildung 36 (rechts) zeigt deutlich, dass die Heizenergie den weitaus größten Energieanteil im NEFZ benötigt. Das trifft insbesondere im Innerorts-Anteil des NEFZ zu, wenngleich die Rekuperation in der Abbildung nicht berücksichtigt wurde. Im Jahresdurchschnitt wird die Leistung für Heizen und Kühlen (etwa 2,5 kW im Klimaanlagen-Beharrungszustand) der Fahrgastzelle jedoch geringer sein.[408]

---

[407] Vgl. Liebl, Lederer, et al. (2014), S. 188ff.
[408] Vgl. Braess und Seiffert (2011), S. 56.

4.3 TtW-Energieverbrauch und CO2-Emissionen Fahrzeug

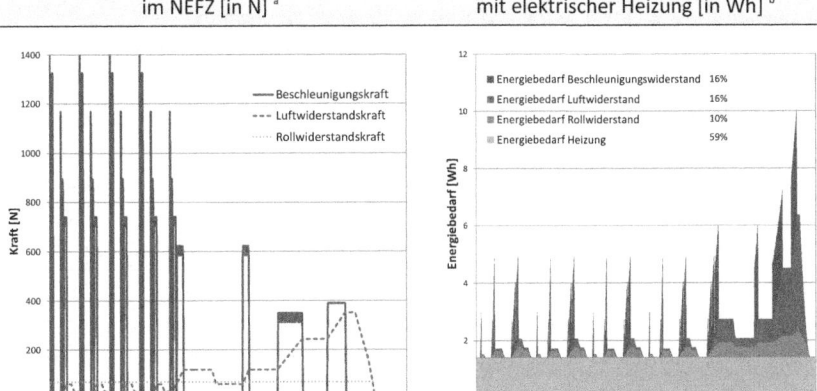

^a Eigene Berechnung aus JEC (2013) m = 1.310 kg, f_R = 0,007, g = 9,81 m/s², c_w=0,3, A=2,2 m², ρ=1,2 kg/m³
^b Eigne Berechnung aus Formel 24 bis Formel 26, den Werten aus ^a und einer Heizleistung von 5 kW, ohne Rekuperation

Abbildung 36: Fahrwiderstände und Energiebedarf des EUCAR-Basis-Pkw im NEFZ

Die angestellten Untersuchungen zeigen damit die Hauptursache für den in diversen Fachzeitschriften publizierten Reichweitenverlust von BEV im Winter.[409]

Anhand der oben beschriebenen Vorgehensweise kann man nun auch den Wirkungsgrad der EUCAR-V4-Fahrzeuge bestimmen. Dazu wird im ersten Schritt die minimal notwendige Arbeit (E_{min}) berechnet, um die verschiedenen Pkw-Antriebe aufgrund ihrer Masse und ihres Roll- und Luftwiderstands durch den NEFZ zu bewegen (Formel 27).

$$W_{ges} = W_R + W_L + W_B = E_{min} \qquad \text{Formel 27}$$

$W_{ges} = E_{min}$: Arbeit zur Überwindung der Fahrwiderstände [Wh/km]

Um die Pkw-Wirkungsgrade im NEFZ zu erhalten, teilt man nun die vom Pkw abgegebene Arbeit ($W_{ges} = E_{min}$) durch die zugeführte Arbeit in Form des Pkw-Verbrauchs im NEFZ.

$$\eta_{A,Z} = \frac{E_{min}}{\sum v_A^{K,Strom,H2}} \qquad \text{Formel 28}$$

---

[409] Vgl. AMS (2014), S. 100 und Autobild (2014). Weitere Ursachen stellen der veränderte Ladewirkungsgrad der Batterie bei tiefen Temperaturen und der schlechtere Rollwiderstand bei kalten Reifen dar.

$\eta_{A,Z}$: Wirkungsgrad des Fahrzeugantriebs A im Fahrzyklus Z [-]

A: Antriebsart ; A ∈ (ICE − G, ICE − D, HEV, PHEV, REEV, BEV, FCEV)

$v_A^{K,Strom,H2}$: Kraftstoffverbrauch (Benzin, Diesel, Strom, Wasserstoff) eines Fahrzeugantriebs [kWh/100km]

Tabelle 34: Berechnung der EUCAR-V4-Pkw-Wirkungsgrade im NEFZ

Fahr-zeug	Bezugsmasse [a] [kg]		f_R [b] [-]		c_w [b] [-]		E_{min} [c] [kWh/100km]		Verbrauch [d] [kWh/100km]		Wirkungsgrad [e] [%]	
	2010	2020+	2010	2020+	2010	2020+	2010	2020+	2010	2020+	2010	2020+
ICE-G	1.435	1.325	0,007	0,005	0,30	0,24	11,19	9,12	56,6	39,8	20	23
ICE-D	1.495	1.385	0,007	0,005	0,30	0,24	11,49	9,39	45,0	32,8	26	29
HEV	1.542	1.413	0,007	0,005	0,30	0,24	11,73	9,51	39,7	26,1	30	36
PHEV	1.604	1.458	0,007	0,005	0,30	0,24	12,04	9,72	32,4	21,6	37	45
REEV	1.673	1.481	0,007	0,005	0,30	0,24	12,39	9,82	21,3	16,7	58	59
BEV	1.490	1.355	0,007	0,005	0,30	0,24	11,47	9,26	14,5	10,6	79	87
FCEV	1.583	1.403	0,007	0,005	0,30	0,24	11,94	9,47	20,8	15,0	57	63

[a] JEC (2013), S. 14. Die Bezugsmasse für die Verbrauchsbestimmung berechnet sich aus dem Leergewicht (ohne Fahrer und Gepäck, 90 Prozent Tankfüllung) plus einem Aufschlag von 125 kg.
[b] JEC (2013), S. 13.
[c] Eigene Berechnung aus Formel 27.
[d] im NEFZ aus JEC (2013), S. 36ff. und S. 39ff. Für PHEV und REEV ist der dargestellte Verbrauch die Summe der elektrischen und verbrennungsmotorischen Anteile des Verbrauchs.
[e] im NEFZ. Eigene Berechnung aus Formel 28.

Tabelle 34 zeigt das Ergebnis dieser Berechnung der EUCAR-V4-Fahrzeuge für die Jahre 2010 und 2020+.[410] Demnach sind in Zukunft noch einmal erhebliche Effizienzsteigerungen für alle Antriebsarten zu erwarten. Diese werden zum einen durch die Verringerung der Fahrzeugmasse, des Rollwiderstands und des cw-Werts hervorgerufen und zum anderen durch Effizienzsteigerungen im Antriebsstrang. Ob diese Werte realistisch sind, wird an dieser Stelle nicht weiter untersucht. Im Weiteren wird aber eine Sensitivitätsanalyse durchgeführt, um den Einfluss der einzelnen Parameter auf den Verbrauch zu bestimmen.

---

[410] Das Jahr 2010 beschreibt dabei den aktuellen technologischen Stand. 2020+ stellt die technologische Obergrenze der in der EUCAR V4 untersuchten Pkw dar. Wann dieser Zustand zu welchen Kosten erreicht wird, hängt von der Weiterentwicklungsgeschwindigkeit der Technologien ab. Vgl. Gliederungspunkt 2.3 Alternative und konventionelle Antriebstechnologien.

4.3 TtW-Energieverbrauch und CO2-Emissionen Fahrzeug

Sensitivitätsanalyse

Anhand der oben angestellten Überlegungen wird nun der Einfluss verschiedener, für die Auslegung von Pkw wichtiger Parameter auf den Pkw-Verbrauch im NEFZ bestimmt. Dazu werden die Parameter im ersten Schritt in Fahrzeug- und Antriebsparameter gegliedert. Fahrzeugparameter werden durch die äußere Gestalt des Pkw bestimmt. Zu ihnen zählen die Masse des Gesamtfahrzeugs (m), der Rollwiderstand der Reifen (f_R), der Luftwiderstandsbeiwert (c_w) und die Querschnittsfläche (A) der Karosserie. Die Antriebsparameter werden hier für alle Antriebsarten als Wirkungsgrad (η) subsumiert. Er beschreibt die Effizienz, mit der die Energie im Tank bzw. in der Batterie mithilfe des Antriebsstrangs in Bewegung umgewandelt wird (inklusive der Verluste beim Laden von BEV, PHEV und REEV).

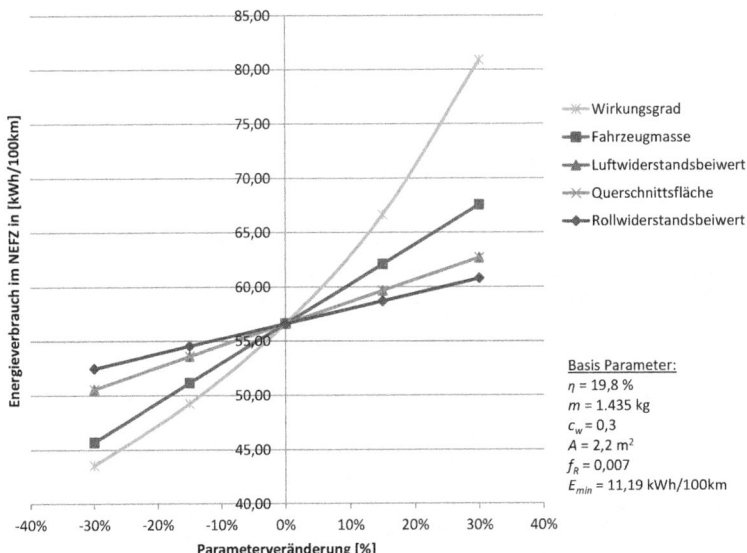

Abbildung 37: Veränderung des Energieverbrauchs im NEFZ unter Variation einzelner Fahrzeug-Parameter

Abbildung 37 zeigt das Ergebnis der aus Formel 27 und Formel 28 berechneten Energieverbräuche des EUCAR-Basis-Pkw, welche einzeln um +30 Prozent und −30 Prozent verändert wurden. Dabei wird deutlich, dass der Fahrzeug-Wirkungsgrad und die Pkw-Masse den mit Abstand größten Einfluss auf den Verbrauch haben. Die Veränderung des Luftwiderstands und der Querschnittsfläche haben durch ihren multiplikativen Zusammenhang die gleiche Wirkung. Am geringsten wirkt sich bei dieser Betrachtung die Veränderung des Rollwiderstands der Reifen aus.

Zusammenfassung und weiterer Untersuchungsbedarf

In der Rückschau aus den Erkenntnissen dieses Abschnitts können die folgenden drei großen Stellhebel für die Verbrauchsreduktion bei der Auslegung von alternativen Antrieben ausgemacht werden:

Nebenverbraucher: Im Realbetrieb wirkt die Klimatisierung des Fahrzeuginnenraums bei BEV und REEV, welche ihre Heizenergie aus der Batterie beziehen, stark verbrauchserhöhend. Brennstoffzellenfahrzeuge haben durch die reaktionsbedingte Wärmeentwicklung in den Brennstoffzellen, welche auch für die Klimatisierung der Fahrgastzelle genutzt wird, dort wahrscheinlich deutliche Vorteile. Verbrauchsdaten für FCEV im Winterbetrieb sind derzeit jedoch noch nicht publiziert. Bei BEV, PHEV und REEV spielt zudem der Ladewirkungsgrad eine große und bisher für verschiedene Ladeleistungen und Ladebetriebsarten wenig erforschte Rolle auf den Verbrauch. Hier sind insbesondere bei tiefen Temperaturen und hohen Ladeleistungen deutliche Ladeverluste zu erwarten.

Wirkungsgrad[411]: Der Wirkungsgrad der verschiedenen konventionellen und alternativen Antriebe im NEFZ unterscheidet sich durch die unterschiedlichen Technologien signifikant, wie Tabelle 34 zeigt. BEV sind aufgrund ihrer Bauform (inklusive ihrer Möglichkeit der Rekuperation) die mit Abstand effizientesten Pkw im NEFZ. Unter der Berücksichtigung der eben genannten Nebenverbraucher, dürfte der Wirkungsgrad von BEV im Realbetrieb jedoch deutlich schlechter sein. Bei PHEV und REEV hängt der Wirkungsgrad maßgeblich mit dem Anteil der elektrisch gefahrenen Wegstrecke zusammen. Die Lücke vom NEFZ zum Realverbrauch wird in 4.3.3 mit Annahmen zum Realverbrauch aller Antriebsarten geschlossen, bevor in 4.4.2 eine WtW-Analyse unter Berücksichtigung des Realverbrauchs vorgenommen wird.

Fahrzeugmasse: Die Fahrzeugmasse geht in den Rollwiderstand und in den Beschleunigungswiderstand ein, wobei der Rollwiderstand den kleinsten aller Fahrwiderstände in der Ebene darstellt (vgl. Abbildung 36). Den weitaus höheren Einfluss übt die Fahrzeugmasse auf die Beschleunigungsarbeit von Pkw aus. Vor allem wenn der Pkw, wie im NEFZ, immer wieder von Neuem beschleunigt werden muss. Der hohe Einfluss des Fahrzeuggewichts auf den Verbrauch begründet auch den Ansatz von BMW, das Chassis des BMW i3 (22 kWh) aus Kohlefaser herzustellen, wenngleich das Pkw-Leergewicht mit 1.225 kg nicht wesentlich geringer geworden ist als das des VW e-Golf (24 kWh) mit 1.490 kg.[412] Generell können durch die Reduzierung der Fahrzeugmasse die Komponenten des Antriebstrangs entsprechend kleiner ausgelegt werden, bei gleicher Performance des Pkw. Diese Maßnahmen dürften sich auch positiv auf die Kosten des Antriebsstrangs (beispielsweise durch den Einsatz einer kleineren Batterie bei gleicher Reichweite) auswirken. Dieser Sachverhalt wird in Kapitel 6 anhand einer Beispielrechnung wieder aufgegriffen.

---

[411] Dieser wird auch als Effizienz des Fahrzeugs bezeichnet. Im Gegensatz zum Wirkungsgrad des Antriebstrangs sollte der Pkw-Wirkungsgrad auch die Nebenverbraucher mit einschließen.
[412] AMS (2014), S. 100.

4.3 TtW-Energieverbrauch und CO2-Emissionen Fahrzeug

4.3.2 Berechnung des gewichteten Kraftstoff- und Stromverbrauchs von PHEV und REEV nach der UN/ECE-R101

PHEV und REEV besitzen mindestens ein elektrisches und ein verbrennungsmotorisches Antriebssystem, welche beide in der Lage sind, das Fahrzeug zu bewegen.[413] Derzeit sind bei diesen Fahrzeugen rein elektrische Reichweiten, je nach Batteriegröße und Antriebsart, von 20 bis 100 km im NEFZ umgesetzt.[414] In der Realität ist es damit durchaus möglich, dass ein Nutzer nur batterieelektrisch fährt, weil er den Pkw ausschließlich zum Pendeln innerhalb der elektrischen Reichweite nutzt und sowohl zu Hause als auch am Arbeitsplatz die Möglichkeit wahrnimmt, die Batterie zu laden. Das andere Extrem ist ein Nutzer mit ausschließlich verbrennungsmotorischem Fahrprofil, der keine Möglichkeit der externen Ladung seiner Batterie hat.

Die Ermittlung eines Verbrauchswerts für PHEV und REEV gestaltet sich aufgrund dieser verschieden möglichen Nutzungsmuster als schwierig. Weltweit wurden daraufhin in Europa, den USA und Japan Messverfahren entwickelt, die die Aufteilung in elektrischer und verbrennungsmotorisch gefahrener Wegstrecke auf dem Prüfstand in mehreren Testläufen genau regelt. In Europa regelt das die UN/ECE-R101, in den USA die SAE J1711 und SAE J2841 und in Japan die JC-08. Alle Vorschriften berechnen dabei die Aufteilung von elektrischer und verbrennungsmotorisch gefahrener Wegstrecke unter Zuhilfenahme eines Utility Factors (UF), der sich aus der elektrischen Pkw-Reichweite und einer Annahme zum durchschnittlichen Fahrverhalten in den jeweiligen Länder berechnet.

Berechnungsvorschrift laut UN/ECE-R101[415]

Im Folgenden wird das Prozedere der Verbrauchsermittlung in der UN/ECE-R101 für die Typgenehmigung von PHEV und REEV beschrieben.

(1) Zu Beginn ist je ein NEFZ in den folgenden Betriebszuständen zu fahren. Zustand A: Mit voll aufgeladener Batterie im sogenannten Charge Depleting (CD) Mode, wobei der Verbrennungsmotor zur Unterstützung anspringen darf. Zustand B: Mit leerer Batterie (Mindestladezustand) im sogenannten Charge Sustaining (CS) Mode. Für beide Zustände werden am Ende der Fahrt die Abgasemissionen ermittelt, um daraus die CO_2-Emissionen und den daraus resultierenden Kraftstoffverbrauch zu bestimmen. Der Stromverbrauch wird am Ende der beiden Zustände durch Laden der Batterie ermittelt. So erhält man den Stromverbrauch inklusive des Ladewirkungsgrads.

(2) Zur Ermittlung der elektrischen Reichweite muss das Fahrzeug mit vollgeladener Batterie den NEFZ so oft durchfahren, bis es die Sollkurve des NEFZ bis zu einer Geschwindigkeit von 50 km/h nicht mehr erreicht oder der Mindestladezustand der Batterie erreicht ist. Sollte aufgrund der Betriebsstrategie des Fahrzeugs während des NEFZ der Verbrennungsmotor (beispielsweise bei höheren Geschwindigkeiten) anspringen, so ist die verbrennungsmotorisch gefahrene Wegstrecke der gesamten Wegstrecke bis zu den eben beschriebenen Abbruchkriterien abzuziehen.

---

[413] Vgl. 2.3.3 Hybride.
[414] Die rein elektrischen Reichweiten der EUCAR-V4-Fahrzeuge liegen bei 20 km für PHEV und 80 km für REEV.
[415] UN/ECE (2012) Anhang 8, S. 54ff.

(3) Mithilfe der in (2) ermittelten elektrischen Reichweite und den Verbräuchen bzw. CO_2-Emissionen aus (1) im CD- und CS-Mode lässt sich nun der Kraftstoff-/ Stromverbrauch und die CO_2-Emissionen wie folgt gewichtet berechnen.

Basis dieser Berechnung ist Formel 29, welche der UN/ECE-R101 entnommen wurde.[416]

$$X_{UN/ECE} = \frac{(X_{CD} * R_{CD}) + (X_{CS} * 25)}{(R_{CD} + 25)} \qquad \text{Formel 29}$$

X: Variable ; $X \in (v_A^K, v_A^{Strom}, v_A^{H2}, E_A^{CO2})$

X_{CD}: Energieverbrauch bzw. CO_2 Emissionen im CD – Mode [l, kWh, gCO_2/100km]
X_{CS}: Energieverbrauch bzw. CO_2 Emissionen im CS – Mode [l, kWh, gCO_2/100km]
R_{CD}: elektr. Reichweite im CD – Mode [km]

Formel 29 lässt sich wie folgt umstellen:

$$X_{UN/ECE} = X_{CD} \frac{R_{CD}}{(R_{CD} + 25)} + X_{CS} \frac{25}{(R_{CD} + 25)}$$

Der Term $\frac{R_{CD}}{(R_{CD}+25)}$ entspricht dabei dem Utility Factor (UF), welcher im Weiteren erklärt wird. Durch Ersetzen des Terms durch den UF erhält man nun die folgende Formel 30, mit welcher jede Verbrauchsart (Kraftstoff, Strom, H_2) einzeln berechnet werden muss.

$$X_{UN/ECE} = UF * X_{CD} + (1 - UF) * X_{CS} \qquad \text{Formel 30}$$

Tabelle 35 zeigt die Pkw-Verbräuche der EUCAR-V4-PHEV und REEV im CD- und CS-Mode. Aus ihnen kann nun mithilfe von Formel 30 und dem UF (berechnet aus der elektrischen Reichweite R_{CD}) ein gewichteter Verbrauch der einzelnen Fahrzeugantriebe analog der UN/ECE-R101 errechnet werden.[417]

---

[416] UN/ECE (2012) Anhang 8, S. 57ff.
[417] Die CD- und CS-Mode-Verbräuche in Tabelle 35 wurden hier aus den gewichteten Verbräuchen (analog UN/ECE-R101) zurückgerechnet, weil in JEC (2013) nur die gewichteten Verbräuche publiziert sind.

4.3 TtW-Energieverbrauch und CO2-Emissionen Fahrzeug

Tabelle 35: Anwendung der UN/ECE-R101 auf die EUCAR V4 PHEV und REEV

Antriebs-art	Jahr	$X_{CD\text{-}Mode}$		$X_{CS\text{-}Mode}$		R_{CD}	UF	$X_{UN/ECE\text{-}R101}$ [c] Verbrauch und CO_2-Emissionen		
		v^k	v^{Strom}	v^k	v^{Strom}					
		[l/100km]	[kWh/100km]	[l/100km]	[kWh/100km]	[km]	[-]	[l/100km]	[kWh/100km]	[gCO_2/km]
PHEV [a]	2010	1,5	9,25	4,49	0	20	0,44	3,17 +	4,07	75,3
	2020+	0,93	6,14	3,02	0	20	0,44	2,11 +	2,70	50,3
REEV [b]	2010	0	15,23	4,54	0	80	0,76	1,09 +	11,58	25,9
	2020+	0	12,0	3,54	0	80	0,76	0,85 +	9,12	20,3

[a] Eigene Berechnung auf Basis von Tabelle 34 (E_{min} PHEV/eta HEV).
[b] Eigene Berechnung unter der Annahme das v^k im CD-Mode = 0 und v^{Strom} im CS-Mode = 0.
[c] JEC (2013), S. 37, 47f.

Analyse der Fahrthäufigkeit und Fahrtlänge

Von den in Deutschland lebenden Personen wurden im Jahr 2008 im Durchschnitt 3,4 Wege/d zurückgelegt, wobei 43 Prozent davon als Fahrer im MIV durchgeführt wurden.[418] Wenn ein Pkw bewegt wird, legt er im Schnitt 67 km/d (inklusive Wegeketten) zurück.[419]

Abbildung 38 (links) zeigt eine schematische Darstellung zur Ermittlung der täglichen Fahrtlänge die potenziell elektrisch im CD-Mode gefahren werden kann. Dort liegt, wie bei der ECE-R101 und der SAE J2841, die Annahme zugrunde, dass der Pkw einmal am Tag und vorzugsweise in der Nacht geladen wird. Der UF errechnet sich als Quotient der CD-Mode-Fahrtlänge zur gesamt gefahrenen Wegstrecke (CD + CS-Mode). Der UF könnte demnach in der Realität durch mehrmaliges Aufladen (beispielsweise beim Arbeitgeber) erhöht werden.

Die Anzahl der Tagesfahrten (inklusive Wegeketten) und der Anteil der täglich gefahrenen Kilometer an der jährlichen Laufleistung von Pkw in Deutschland kann aus der MID 2008 berechnet werden (Abbildung 38, rechts). Weiterführende Analysen zur Fahrthäufigkeit bzw. Fahrtlänge aus der MID 2008 zeigen, dass die jährliche Laufleistung und die Pkw-Größe bzw. Motorisierung einen entscheidenden Einfluss auf die Verteilung der Fahrtlänge eines Pkw hat. So legen laut Redelbach et al. Pkw mit einer höheren Jahresfahrleistung auch deutlich höhere Tagesfahrtlängen zurück, was unter anderem dazu führt, dass bei Fahrzeugen mit einer jährlichen Laufleistung von 30.000 km/a nur rund 50 Prozent ihrer Tagesfahrtlängen unter 40 km liegen. Bei Fahrzeugen mit einer Laufleistung von 7.500 km/a liegen dabei rund 70 Prozent ihrer Tagesfahrtlängen unter 40 km.[420] Der Vergleich der Tagesfahrtlänge nach dem Fahrzeugsegment von Hurtig zeigt, dass bei kleinen Pkw (Mini und Kleinwagen) rund 60 Prozent der Tagesfahrtlängen unter 40 km liegen. Bei größeren Pkw (Kompakt-, Mittel- und obere Mittelklasse) liegen dabei nur 50 Prozent ihrer Tagesfahrtlängen unter 40 km. Ein möglicher Grund hierfür ist die Nutzung von kleineren Pkw als Zweitwagen.[421]

---

[418] Rest: ÖPV = 9 %, zu Fuß = 24 %, Fahrrad = 10 %, MIV (Mitfahrer) = 15 %. Vgl. infas und DLR (2008), S. 23ff.
[419] Vgl. Hurtig (2013), S. 31.
[420] Redelbach, Özdemir, et al. (2014), S. 164.
[421] Vgl. Hurtig (2013), S. 32f.

Ermittlung der elektr. Fahrtlänge aus dem Pkw Fahrprofil [in km bzw. %] [a]	Verteilung der Fahrthäufigkeit und Länge in Deutschland im Jahr 2008 [in %] [b]

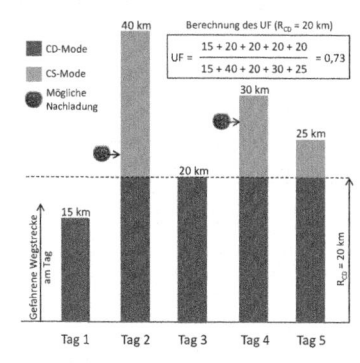
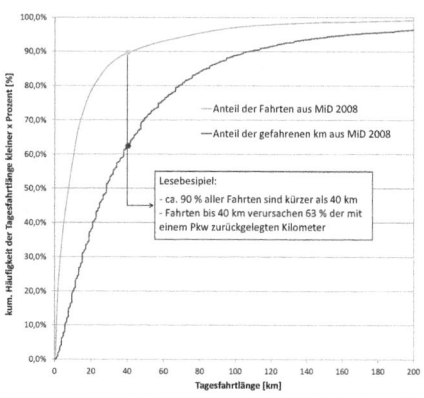

[a] Eigene Darstellung in Anlehnung an SAE (2010), S. 4.
[b] Eigene Berechnung und Darstellung aus MID 2008 in Anlehnung an Hurtig (2013), S. 32.

Abbildung 38: Ermittlung und Verteilung von Fahrthäufigkeit bzw. Fahrtlänge

Abbildung 39 zeigt die Tagesfahrtlängenverteilung aus der MID 2008 im Vergleich zur Tagesfahrtlängenverteilung der UN/ECE-R101, welche durch die Formel $UF = \frac{R_{CD}}{(R_{CD}+25)}$ beschrieben wird. Bei einer Tagesfahrtlänge von etwa 35 km/d liefern MID 2008 und UN/ECE-R101 das gleiche Ergebnis (ein UF von 0,58). Angewendet auf die vorherigen Überlegungen zum UF heißt das, dass bei elektrischen Reichweiten < 35 km bei der UN/ECE-R101 ein höherer elektrischer Fahranteil und bei elektrischen Reichweiten von > 35 km ein niedrigerer elektrischer Fahranteil ausgewiesen wird, als in der Realität zu beobachten ist. Der UF der in dieser Arbeit zu untersuchenden EUCAR-V4-Fahrzeuge (PHEV R_{CD} = 20 km, REEV R_{CD} = 80 km) zeigt zwischen den Kurven signifikante Unterschiede. Für die im Folgenden durchgeführten WtW-Analysen wird deshalb die Tagesfahrtlängenverteilung aus der MID 2008 verwendet, um ein realistischeres Bild des Realverbrauchs von PHEV und REEV in Deutschland zu bekommen.

Ferner ist in Abbildung 39 die in der SAE J2841 verwendete Utility-Funktion zu sehen. Diese wurde, ähnlich wie die MID 2008 Kurve, aus einer Haushaltsbefragung generiert.[422] In Amerika wird diese Kurve von der Gesetzgebung zum Beispiel für die Kalkulation der ZEV-Credits für PHEV genutzt.[423] Der Vergleich der SAE J2841 mit der MiD-2008-Kurve zeigt, dass die Tagesfahrtweiten amerikanischer Autofahrer höher sind als die deutscher Autofahrer, was dazu führt, dass mit dem gleichen Pkw auch weniger Kilometer im CD-Mode zurückgelegt werden können.

---

[422] Vgl. 2.2.2 Fahrleistung für die MiD 2008. Der SAE-J2841-Kurve liegt die aus dem Jahr 2001 stammende Befragung National Household Travel Survay (NHTS) des U.S. Department of Transportation (DOT) zugrunde.
[423] Davis (2014).

4.3 TtW-Energieverbrauch und CO2-Emissionen Fahrzeug

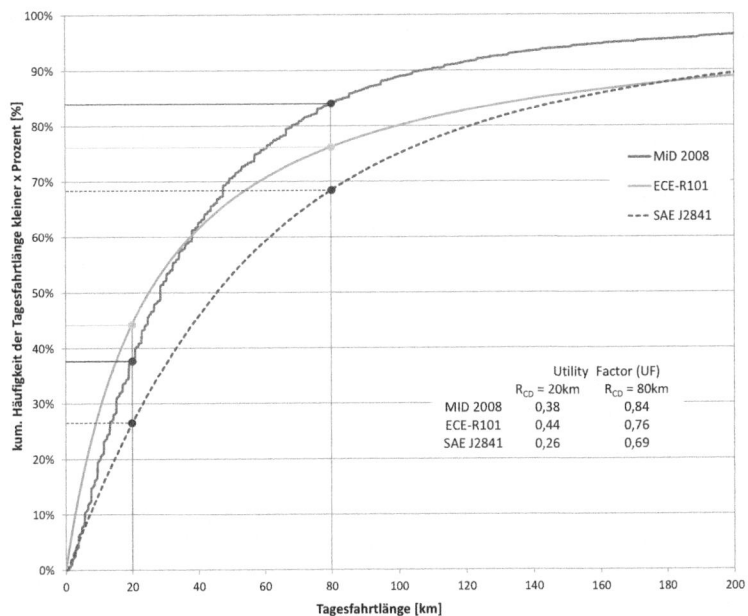

Abbildung 39: Verteilung der Tagesfahrtlänge verschiedener Erhebungen

Handlungsempfehlungen zur Verbrauchsermittlung und Auslegung von PHEV und REEV

Die Methode der gewichteten Verbrauchsermittlung von PHEV und REEV in der UN/ECE-R101 und SAE J2841 anhand eines UF, in Abhängigkeit von der elektrischen Reichweite der Pkw, setzten folgende Dinge voraus: (I) Muss der Pkw vor jeder Tagesstrecke vollgeladen sein! (II) Findet im Tagesverlauf keine Zwischenladung statt! (III) Entsprechen die Nutzungsmuster von PHEV/REEV den bisher bekannten von ICE-G/D! Das Fahr- und Ladeverhalten wird durch die Nutzung eines PHEV/REEV also nicht verändert. Ferner ergeben sich Unsicherheiten bei dem jeweils zugrunde liegenden Fahrzyklus zur Ermittlung der elektrischen Reichweite (R_{CD}), welche in der Realität sicherlich geringer sein wird. Der individuelle UF wird auch von der Zahlungsbereitschaft des Kunden für den Strom an der halböffentlichen bzw. öffentlichen Ladeinfrastruktur, der Ladegeschwindigkeit, dem Standort und nicht zuletzt von der Verfügbarkeit dieser Lademöglichkeiten abhängen. Hier könnten Analysen der bisherigen Nutzungsmuster von PHEV/REEV-Fahrern Aufschluss geben. Für eine realistische Aufteilung (unter Prämisse analoger Nutzungsmuster zu ICE-G/D) in elektrischer und verbrennungsmotorisch gefahrener Wegstrecke in Deutschland können allerdings schon heute die Daten aus der Haushaltsbefragung MID 2008 verwendet werden.

Mit der UN/ECE-R101 und der SAE J2841 übt der Gesetzgeber in Europa und den USA indirekt auch einen Einfluss auf die Auslegung von PHEV und REEV aus. Die für Europa geltende 50 gCO_2/km-Gesetzgebung zur Ermittlung der Flottengrenzwerte führt wahrscheinlich dazu, dass die Automobilhersteller ihre Modelle kurz unterhalb dieses Grenzwerts auslegen. Das ist schon heute bei den folgenden Modellen zu beobachten:

(1) BMW i8 Plug-In Hybrid: R_{CD} = 35 km, E^{CO2} = 49 gCO_2/km

(2) Mercedes-Benz C350e Plug-In Hybrid: R_{CD} = 31 km, E^{CO2} = 49 gCO_2/km

(3) Toyota Prius Plug-In Hybrid: R_{CD} = 25 km, E^{CO2} = 49 gCO_2/km

(4) Volvo V60 Plug-In Hybrid: R_{CD} = 50 km, E^{CO2} = 48 gCO_2/km

Die Schwierigkeit bei der Pkw-Entwicklung aus Sicht der Automobilhersteller liegt unter anderem in der Auslegung von PHEV/REEV für die individuellen Reichweitenanforderungen der Kunden in den verschiedenen Märkten und ihrer gesetzlich vorgegebenen Tagesfahrtlängenverteilung, welche wiederum Auswirkungen auf die Besteuerung des Fahrzeugs und der Hersteller hat.

Aus Kundensicht könnten die Automobilhersteller im ersten Schritt den elektrischen und verbrennungsmotorischen Verbrauch mit voller und leerer Batterie (im CD- und CS-Mode) veröffentlichen. Der Verbraucher kann sich dann anhand seiner persönlichen Tagesfahrtlänge und der Möglichkeit der Zwischenladung seiner Batterie den UF selbst ausrechnen (analog Abbildung 38, links). Dabei ist jedoch zu beachten, dass der NEFZ-Verbrauch (im CD- und CS-Mode) nur bedingt der Realität entspricht. Hier kann ein prozentualer Aufschlag auf den NEFZ-Verbrauch Abhilfe leisten.[424] Im zweiten Schritt könnten auch, wie von Redelbach et al. vorgeschlagen, verschiedene Batteriegrößen für die verschiedenen Nutzungsmuster der Kunden angeboten werden.[425]

4.3.3 Energieverbrauch und CO_2-Emissionen dieser Untersuchung

Da der NEFZ den Realverbrauch nur unzureichend abbildet, werden im Weiteren Annahmen zum Realverbrauch der hier untersuchten Antriebe aus der Literatur entnommen. Mit diesen Realverbräuchen wird dann in 4.4.1 eine WtW-Analyse durchgeführt. Ferner werden in 4.4.2 auch die CO_2-Emissionen für die Pkw-Herstellung aus 4.1.4 berücksichtigt.

Der Realverbrauch von einem Pkw hängt neben den oben beschriebenen physikalischen Widerständen aufgrund seiner Bauform (m, f_R, c_W, A) maßgeblich von der individuellen Fahrweise (Geschwindigkeit, Gangwahl, Dynamik), der Beladung, dem Streckenprofil (inklusive der Streckenlänge) und zu einem großen Anteil auch von den elektrischen Nebenverbrauchern wie der Klimaanlage, Entertainment oder den elektrischen Heizungen ab.[426] Einige Fachzeitschriften sind dazu übergegangen, den Verbrauch mittels eigener Testzyklen zu erheben, welche näher an der Realität liegen sollen als beispielsweise der NEFZ-Zyklus. Für verbrennungsmotorisch angetriebene Pkw ist der Artemis-Zyklus (CADC[427]) der populärste Zyklus zur Bestimmung realistischer Verbräuche. Er ist in die Teilzyklen Stadt-, Land- und Autobahnzyklus unterteilt. Außerdem sind während der Fahrt Nebenverbraucher wie die Klimaanlage eingeschaltet. Für die hier untersuchten Antriebe der EUCAR V4 liegen jedoch noch keine Artemis-Ergebnisse vor. Im Weiteren wird deshalb auf die in 2.2.3 dargestellte

---

[424] Vgl. Tabelle 36.
[425] Redelbach, Özdemir, et al. (2014).
[426] Vgl. Liebl, Lederer, et al. (2014), S. 293.
[427] Engl. Common ARTEMIS Driving Cycle.

4.3 TtW-Energieverbrauch und CO2-Emissionen Fahrzeug

Untersuchung der Realverbräuche aus dem Spritmonitor zurückgegriffen. Dort lagen die gemittelten Verbräuche für im Jahr 2011 in Deutschland zugelassene Benzin- und Diesel-Pkw 24 Prozent über dem NEFZ-Wert.[428]

Für BEV wurde im Jahr 2014 von der „Auto-Motor-und-Sport" umfangreiche Verbrauchsmessungen von sechs verschiedenen BEV durchgeführt. Dabei lag unter anderem auch der vom TÜV-Süd erarbeitete E-Car Cycle (TSECC) zugrunde. Im Unterschied zum NEFZ wird der TSECC bei verschiedenen Temperaturen (23 °C und -7 °C) und mit eingeschalteten Nebenverbrauchern durchgeführt.[429] Im Ergebnis der Untersuchung im TSECC bei -7 °C wurde vom BMW i3 44 Prozent und vom VW e-Golf 48 Prozent mehr Energie verbraucht als im NEFZ. Bei 23°C waren es für den BMW i3 21 Prozent und den VW e-Golf 30 Prozent mehr Energie im Vergleich zum NEFZ.[430] Hier wird im Weiteren ein Mehrverbrauch von 35 Prozent für BEV im Jahresdurchschnitt angenommen.

Tabelle 36: TtW-Energieverbrauch und CO_2-Emissionen dieser Untersuchung

Antriebsart	Jahr	NEFZ [a]			Real [b]		
		Verbrauch		CO_2-Emissionen	Verbrauch		CO_2-Emissionen
		[l/100km]	[kWh/100km]	[gCO_2/km]	[l/100km]	[kWh/100km]	[gCO_2/km]
ICE-G	2010	6,33		150	7,85		185
	2020+	4,43		105	5,49		130
ICE-D	2010	4,53		120	5,62		147
	2020+	3,30		88	4,09		107
HEV	2010	4,44		106	5,51		130
	2020+	2,92		70	3,62		86
PHEV	2010	3,17 +	4,07	75	4,16 +	4,75	98
	2020+	2,11 +	2,70	50	2,76 +	3,15	65
REEV	2010	1,09 +	11,58	26	0,9 +	17,27	21
	2020+	0,85 +	9,12	20	0,7 +	13,61	17
BEV	2010		14,49			19,56	0
	2020+		10,59			14,30	0
FCEV	2010		20,80			25,30	0
	2020+		14,93			18,16	0

[a] JEC (2013)
[b] Aufschlag auf NEFZ für ICE-G/D und HEV +24 %; BEV +35 %; FCEV +22 % → analog 4.3.3
PHEV und REEV X_{CD}/X_{CS} +35 % v^{Strom} +24 % v^{K}; UF R_{CD} (20 km) = 0,38, UF R_{CD} (80 km) = 0,84 → analog 4.3.2

---

[428] Mock, German, et al. (2013); S. 12.
[429] TÜV-Süd (2010).
[430] AMS (2014), S. 100.

Für PHEV und REEV wird im Weiteren der in Abbildung 39 ermittelte UF aus der MiD 2008 verwendet, weil er die reale Fahrtlängenaufteilung in Deutschland berücksichtigt. Zusätzlich werden auf den NEFZ-Verbrauch im CD- und CS-Mode die oben beschrieben Aufschläge von 24 Prozent bzw. 35 Prozent addiert. Für FCEV gibt es bisher am wenigsten Erfahrungen zum Realverbrauch. Für diese Arbeit wird im Weiteren der Durchschnittsverbrauch der Mercedes-Benz B-Klasse F-Cell auf der Strecke Stuttgart→Lissabon (3.240 km) aus dem Frühjahr 2011 verwendet. Der Verbrauch der B-Klasse F-Cell lag dort 22 Prozent über dem NEFZ-Wert.[431]

4.4 Well-to-Wheel-Analyse (WtW) von alternativen Antrieben

Die in diesem Abschnitt durchgeführten WtW-Analysen werden auf Grundlage der in Tabelle 33 dargestellten Kraftstoffvorketten berechnet. Als Fahrzeugverbräuche werden die in Tabelle 36 errechneten Realverbräuche verwendet. Eine WtW-Analyse mit NEFZ-Werten der EUCAR-V4-Fahrzeuge wurde in der JEC-WtW-Studie durchgeführt.[432] Darum wird sie an dieser Stelle nicht noch einmal durchgeführt.

Berechnet werden die beiden Zeiträume 2010 und 2020+, wobei sich zwischen den beiden Zeiträumen nur der Fahrzeugverbrauch verändert und nicht die Effizienz der Kraftstoffvorketten.[433] Fahrzeugseitig verbessert sich die Effizienz bei allen Antriebsarten um rund 30 Prozent. ICE-G können dabei durch die in 2.2 beschriebenen Maßnahmen die Lücke zu den ICE-D weiter verkürzen. HEV können bis 2020+ noch deutliche Effizienzsteigerungen (+34 Prozent) zu ICE-G verzeichnen.[434] Bei REEV (+22 Prozent), BEV (+26 Prozent) und FCEV (+27 Prozent) fallen die Effizienzsteigerungen bis 2020+ moderater aus.

4.4.1 WtW-Analyse (Realverbrauch)

WtW Energieverbrauch

Anhand der folgenden Formeln wird der WtW-Energieverbrauch in Abbildung 40 und Abbildung 41 berechnet.

$$EV_{A,WtW} = EV_{K,WtT} + v^K_{A,TtW}$$

$$EV_{K,WtT} = (EA_K - 1) * v^K_{A,TtW}$$

Formel 31

A: Antriebsart ; $A \in (ICE - G, ICE - D, HEV, PHEV, REEV, BEV, FCEV)$

K: Kraftstoffart ; $K \in (Benzin, Diesel, EtOH, RME, BTL, Strom, H2)$

---

[431] NEFZ = 0,97 kg H_2/100 km; Stuttgart→Lissabon = 1,18 kg H_2/100 km; vgl. AMS (2011).
[432] JEC (2014b).
[433] Dieses Vorgehen ist analog der JEC-WtW-Studie, welche keine geänderten Kraftstoffvorketten über die Jahre vorsieht. Für die hier verwenden Prozesse der Kraftstoffherstellung sind Jahresscheiben aber auch nicht zwingend, da sich bis auf den deutschen Strommix keine großen Unsicherheiten in der Projektion der Prozesse zur Energieherstellung ergeben.
[434] JEC (2013) und Abbildung 10.

4.4 Well-to-Wheel-Analyse (WtW) von alternativen Antrieben

$EV_{A,WtW}$: WtW Energieverbrauch der Antriebsart A [MJ/100km]

$EV_{K,WtT}$: WtT Energieverbrauch zur Kraftstoffherstellung K [MJ/100km]

$v_{A,TtW}^{K}$: TtW Energieverbrauch der Antriebsart A mit dem Kraftstoff K [MJ/100km]

EA_K: Energieaufwand zur Kraftstoffherstellung K [MJ/MJ]

Im Folgenden werden die Ergebnisse aus Abbildung 40 und Abbildung 41 diskutiert:

Abbildung 40 zeigt, dass die hier untersuchten alternativen Antriebe BEV und FCEV bereits unter heutiger vorwiegend fossiler Kraftstoffherstellung[435] und mit den deutlich schlechteren Realverbräuchen[436] der Fahrzeuge aus Tabelle 36 die energieeffizientesten Antriebe in der WtW-Analyse sind. Durch den Einsatz von regenerativ erzeugtem Strom können BEV und REEV (mit den hohen elektrischen Fahranteilen; UF = 0,84), noch einmal deutlich ihre WtW-Energieeffizienz erhöhen. Im Vergleich zu ICE-G können mit BEV und REEV heute und zukünftig rund 60 bis 75 Prozent an Primärenergie eingespart werden.

Aus WtW-Energieeffizienzsicht schneiden HEV, betrieben mit Benzin aus Rohöl, im Vergleich zu PHEV aus fossiler Energiebreitstellung überraschend gut ab. Durch den Einsatz von regenerativ erzeugtem Strom in PHEV haben diese leichte Effizienzgewinne.

Der Einsatz von Benzin/Diesel aus Teersanden verschlechtert die WtW-Energieeffizienz bei ICE-G/D und HEV um ca. 20 Prozent. Bei PHEV und REEV fällt der Einsatz von Benzin aus Teersanden, durch ihre elektrischen Fahranteile, nicht so stark ins Gewicht.

Der Energieaufwand zur Biokraftstoffherstellung ist erheblich, was sich auch in der WtW-Energieeffizienz niederschlägt. Durch den vergleichsweise schlechten Wirkungsgrad der VKM wird zusätzlich auch relativ viel Kraftstoff benötigt, was den WtW-Effizienznachteil von ICE-G/D, betrieben mit Biokraftstoffen, zu BEV und FCEV weiter vergrößert. Am ineffizientesten ist in dieser Untersuchung die Ethanol-Herstellung aus Zuckerrüben.[437]

Der Vergleich zwischen den Untersuchungszeiträumen 2010 und 2020+ zeigt eine deutliche Absenkung des WtW-Energieverbrauchs aller Antriebe. Dieser ist auf die vorher erwähnte rund 30-prozentige Effizienzsteigerung aller Antriebsarten zurückzuführen.

---

[435] Strom aus dem DE-Strommix 2010 und Wasserstoff aus der Erdgasreformierung.
[436] Im Vergleich zum NEFZ.
[437] Vgl. dazu auch 4.4.2 Kraftstoffe aus erneuerbaren Energien.

150   4 Ökobilanzierung von alternativen Antrieben

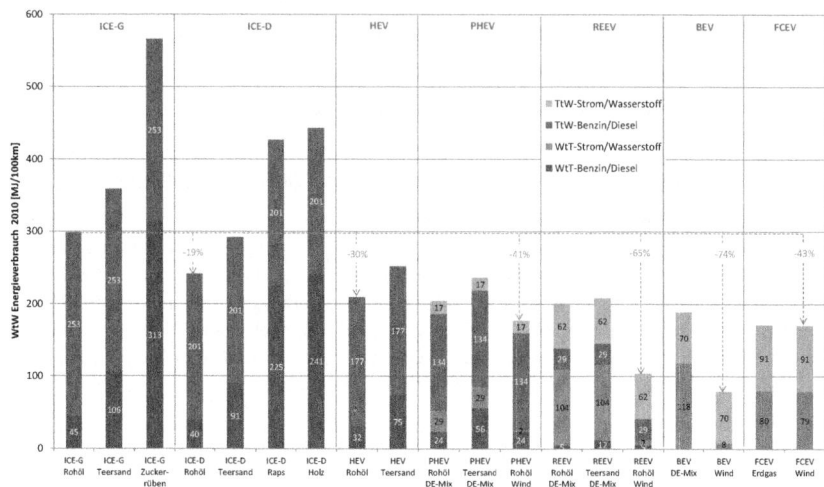

Abbildung 40: WtW-Energieverbrauch 2010 [in MJ/100km]

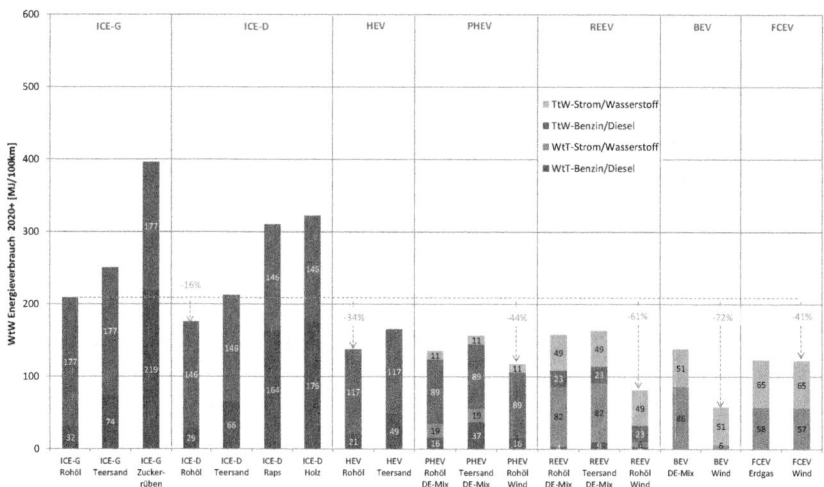

Abbildung 41: WtW-Energieverbrauch 2020+ [in MJ/100km]

4.4 Well-to-Wheel-Analyse (WtW) von alternativen Antrieben

WtW CO_2-Emissionen

Anhand der folgenden Formeln werden die WtW-CO_2-Emissionen in Abbildung 42 und Abbildung 43 berechnet.

$$E_{A,WtW}^{CO2} = (E_{K,WtT}^{CO2} * v_{A,TtW}^{K}) + E_{A,TtW}^{CO2} \qquad \text{Formel 32}$$

A: Antriebsart ; $A \in$ (ICE $-$ G, ICE $-$ D, HEV, PHEV, REEV, BEV, FCEV)
K: Kraftstoffart ; $K \in$ (Benzin, Diesel, EtOH, RME, BTL, Strom, H2)

$E_{A,WtW}^{CO2}$: WtW CO2 $-$ Emissionen der Antriebsart A [gCO2/km]
$E_{K,WtT}^{CO2}$: WtT CO2 $-$ Emissionen zur Kraftstoffherstellung K [gCO2/MJ]]
$v_{A,TtW}^{K}$: TtW Energieverbrauch der Antriebsart A mit dem Kraftstoff K [MJ/km]
$E_{A,TtW}^{CO2}$: TtW CO2 $-$ Emissionen der Antriebsart A mit dem Kraftstoff K [gCO2/km]

Im Folgenden werden die Ergebnisse aus Abbildung 42 und Abbildung 43 diskutiert:

Der Einsatz von BEV und FCEV verringert die WtW-CO_2-Emissionen selbst unter dem Einsatz von vorwiegend fossilen Energien[438] um etwa die Hälfte im Vergleich zu ICE-G-betrieben mit Benzin aus Rohöl. Mit dem Einsatz von regenerativ erzeugtem Strom lassen sich die WtW-CO_2-Emissionen beider Antriebe fast vollständig vermeiden. Die WtT-Emissionen von FCEV werden dann nur noch durch die Verdichtung des Wasserstoffs für Transport und Betankung verursacht.[439]

Durch die vorherigen Überlegungen zum UF bei PHEV, mit einer elektrischen Reichweite von R_{CD} = 20 km, werden nur 38 Prozent der Strecke elektrisch gefahren. Dadurch sind die WtW-CO_2-Emissionen dieser Fahrzeuge entsprechend hoch und durch ihr Fahrzeugmehrgewicht in etwa auf dem Niveau von HEV. REEV können durch ihre hohen elektrischen Fahranteile und den Einsatz von regenerativ erzeugtem Strom sehr CO_2-arm betrieben werden.

Die hier untersuchten Biokraftstoffe (Bioethanol, Biodiesel und BTL) weisen eine negative WtT-CO_2-Bilanz auf, weil sie während ihres Wachstums CO_2 aus der Luft gebunden haben, welches ihnen jetzt wieder gutgeschrieben wird. In den dargestellten TtW-CO_2-Emissionen ist diese Gutschrift nicht abgezogen, weshalb die Balkenhöhe nicht den tatsächlichen Emissionen entspricht. Inklusive Gutschrift liegen ihre WtW-CO_2-Emissionen im Bereich von BEV, REEV und FCEV.

Der Einsatz von Benzin und Diesel aus Teersanden verursacht bei ICE-G/D und HEV knapp 20 Prozent höhere CO_2-Emissionen im Vergleich zu ihrer Herstellung aus Rohöl. Bei PHEV und REEV zieht der Einsatz von Benzin aus Teersanden, durch ihre elektrischen Fahranteile, deutlich weniger CO_2-Emissionen nach sich als bei ICE-G/D und HEV.

---

[438] Strom aus dem DE-Strommix 2010 und Wasserstoff aus der Erdgasreformierung.
[439] Verdichtung mit Strom aus dem europäischen Strommix.

Der Vergleich zwischen den Untersuchungszeiträumen 2010 und 2020+ zeigt auch hier eine deutliche Absenkung der WtW-CO$_2$-Emissionen aller Antriebe, welche wieder auf die vorher erwähnten rund 30-prozentige Effizienzsteigerung aller Antriebsarten zurückzuführen ist.

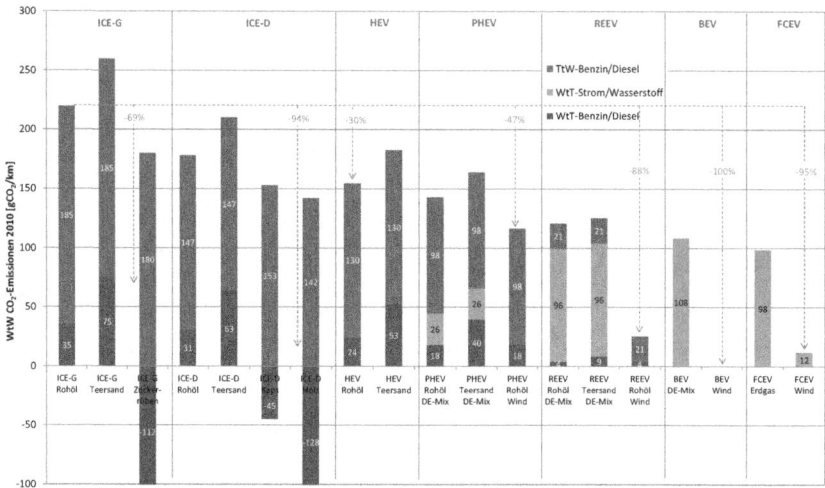

Abbildung 42: WtW-CO$_2$-Emissionen 2010 [in gCO$_2$/km]

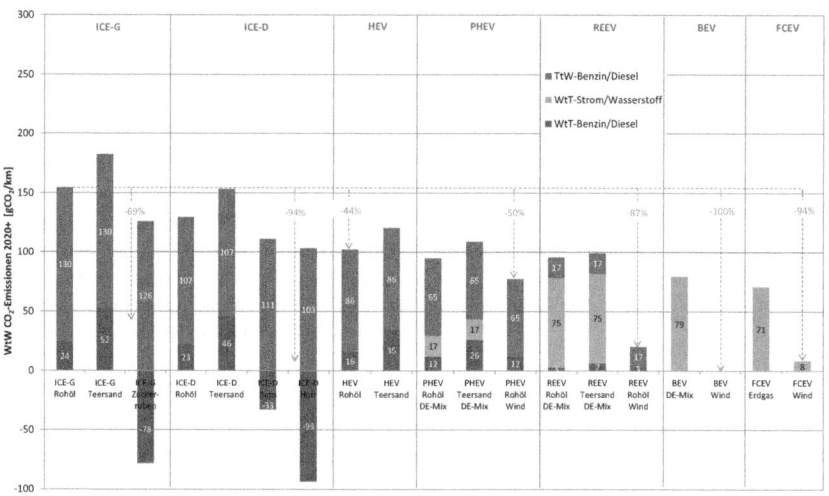

Abbildung 43: WtW-CO$_2$-Emissionen 2020+ [in gCO$_2$/km]

4.4 Well-to-Wheel-Analyse (WtW) von alternativen Antrieben

4.4.2 WtW-Analyse (Realverbrauch) mit CO_2-Emissionen-Pkw-Herstellung

Die CO_2-Emissionen für die Pkw-Herstellung in Abbildung 44 wurden auf Grundlage der UMBReLA-Fahrzeuge (2010) auf die für diese Arbeit zugrunde liegenden EUCAR-V4-Fahrzeuge skaliert[440]. Für die EUCAR-V4-Antriebe (Stand 2010) ergeben sich daraus folgende Werte für die Pkw-Herstellung: ICE-G/D = 5,9 tCO_2/Fzg., HEV = 6,1 tCO_2/Fzg., PHEV = 7,4 tCO_2/Fzg., REEV = 9,8 tCO_2/Fzg., BEV = 9,8 tCO_2/Fzg. und FCEV = 8,9 tCO_2/Fzg. Verteilt auf eine Laufleistung von 150.000 km ergeben sich die in Abbildung 44 dargestellten CO_2-Emissionen für die Pkw-Herstellung in gCO_2/km. Die 0,5 tCO_2/Fzg. für das Recycling wurden in der Abbildung nicht berücksichtigt.

BEV mit einer doppelt so großen Batterie von 36 kWh würden bei 13,5 tCO_2 für die Pkw-Herstellung liegen. Diese entsprechen bei einer Laufleistung von 150.000 km etwa 90 gCO_2/km für die Herstellung. Die WtW-CO_2-Emissionen wären damit immer noch akzeptabel. Eine 85-kWh-Batterie (wie beim Tesla Model S) würde knapp 24 tCO_2 bzw. 160 gCO_2/km für die Pkw-Herstellung bedeuten.

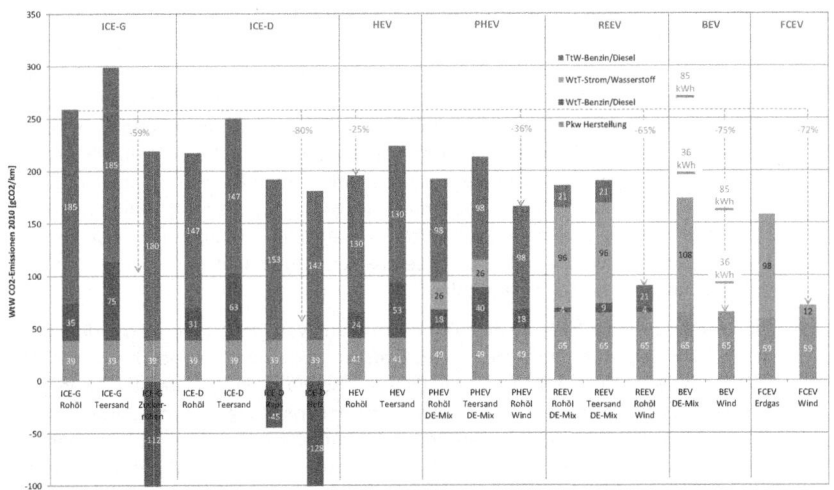

Abbildung 44: WtW-CO_2-Emissionen und CO_2-Emissionen-Pkw-Herstellung 2010 [in gCO_2/km]

Im Vergleich zu den konventionellen Antrieben (ICE-G/D) verschieben sich die CO_2-Emissionen bei den alternativen Antrieben (REEV, BEV und FCEV) von der Nutzungsphase hin zur Fahrzeug- und Kraftstoffherstellung. Bei den konventionellen Antrieben sind die CO_2-Emissionen für die Pkw-Herstellung in etwa so groß wie die zur Kraftstoffherstellung aus Rohöl über den Lebenszyklus. Die Verwendung von Biokraftstoffen ist durch ihre Gutschrift

---

[440] HE- und HP-Batterie: 210 $kgCO_2$/kWh, BZ: 26,5 $kgCO_2$/kW. Die restlichen Komponenten analog Abbildung 31.

sehr vorteilhaft. Dabei sind allerdings Aspekte wie Nutzungskonkurrenzen, Biodiversität oder der Schadstoffeintrag in Böden und Gewässer nicht berücksichtigt. In Summe können BEV und FCEV, auch unter vorwiegend fossiler Energiebereitstellung, ihre Mehremissionen bei der Pkw-Herstellung in der Nutzungsphase mehr als kompensieren. Zukünftig ist auch zu erwarten, dass die Pkw-Herstellung der alternativen Antriebe weiteren CO_2-Reduktionen obliegt, sodass der CO_2-Emissionsvorteil zu den konventionellen Antrieben auch langfristig bestehen bleibt.

4.5 Zusammenfassung und Diskussion der Forschungsfragen

In diesem Punkt werden die Untersuchungsergebnisse des Kapitels noch einmal zusammenfassend dargestellt. Dabei werden die Forschungsfragen aus dem Beginn des Kapitels wieder aufgenommen und in Form von Stichpunkten beantwortet.

1. *Welche Methoden und Daten können für die Ökobilanzierung von alternativen Antrieben verwendet werden, und welche Ergebnisse gibt es hierzu bereits?*

    - Die Umweltwirkungen, die bei Herstellung, Betrieb und Recycling von alternativen Antrieben auftreten, können nach ihrer Wirkung in (I) Globale, (II) Regionale und (III) Lokale Wirkungskategorien unterteilt werden. In der aktuellen politischen Diskussion sind mit den CO_2-Emissionen und der Energieeffizienz vor allem die globalen Auswirkungen auf die Umwelt adressiert. Die Belastung durch Sommersmog, die Überdüngung von Gewässern und Böden, die Belästigung durch Lärm und Abgase und nicht zuletzt die Naturrauminanspruchnahme durch den Verkehr und den Anbau von Biokraftstoffen sind allerdings genau so kritisch zu diskutierende Umweltwirkungen, da sie das Leben und die Gesundheit der Menschen vielerorts schon heute beeinflussen bzw. die Biodiversität zerstören. Vor allem in den Ländern, wo die Rohstoffe abgebaut werden bzw. die Verkehrsemissionen durch fehlende Vorschriften noch erheblich höher sind als in Deutschland.

    - Von zentraler Bedeutung für eine Ökobilanzierung von Pkw ist die verwendete Menge an Rohstoffen für die Fahrzeug- und Kraftstoffherstellung. Die genaue Materialzusammensetzung von Pkw mit alternativen Antrieben ist in der Literatur bisher sehr lückenhaft dokumentiert. Aus Gründen der Geheimhaltung wird die Zusammensetzung der einzelnen Komponenten erst gar nicht offengelegt bzw. so abgewandelt, dass keine Rückschlüsse mehr auf die verwendete Menge an Materialien getroffen werden kann. Noch schwieriger bzw. aufwendiger darzulegen, sind die Materialvorketten der verwendeten Komponenten. Diese haben eine große Ergebnisrelevanz. Wird zum Beispiel Sekundärplatin verwendet, kann die Umweltwirkung von FCEV signifikant verringert werden.

    - Alle hier untersuchten Studien weisen für die Herstellungsphase der alternativen Antriebe einen deutlich höheren Energie- und Ressourcenverbrauch im Vergleich zu ICE-G/D auf. Dadurch werden auch, nach heutigem Stand, deutlich mehr Treibhausgase und Schadstoffe in der Herstellung emittiert. So entfallen bei der Pkw-Herstellung eines Kompaktklasse-Pkw, wie bei einer Mercedes-Benz-B-Klasse oder einem VW Golf, heute etwa 6 tCO_2-Äq. pro Fahrzeug an. Für alternative Antriebe liegt dieser Wert,

4.5 Zusammenfassung und Diskussion der Forschungsfragen

vor allem durch die THG-Emissionen der Batterie und Brennstoffzellenproduktion, um das 1,5 bis 1,8 fache höher als bei Benzin und Diesel Pkw.

2. *Wie lassen sich die Energieaufwendungen und die THG-Emissionen, die bei der Herstellung und Nutzung der verschiedenen Kraftstoffe in den Fahrzeugen entstehen, in eine Bewertung integrieren?*

- Auch wenn sie nicht hinreichend sind, wie die Ausführungen dieses Kapitels zeigen, finden sich in der aktuellen politischen Diskussion vor allem die Energieeffizienz und die Treibhausgasemissionen als wesentliche Messgrößen für die Umweltwirkung von alternativen Antrieben und ihren Kraftstoffen wieder. Hierzu bildet die Well-to-Wheel-Analyse eine anerkannte Methode zur Berechnung des Energieverbrauchs und der Treibhausgasemissionen, die durch den Betrieb von Fahrzeugen verursacht werden.

- Die Ergebnisse der hier durchgeführten WtW-Analyse zeigen, dass der Einsatz von BEV und FCEV die WtW-CO_2-Emissionen, selbst unter dem Einsatz von Kraftstoffen aus vorwiegend fossilen Energien, um etwa die Hälfte im Vergleich zu ICE-G verringert. Vergleicht man die WtW-Energieeffizienz und CO_2-Emissionen von HEV mit denen von PHEV, so ist kein deutlicher Unterschied zu erkennen. Das liegt vor allem an den hier sehr gering angenommenen elektrischen Fahrenteilen von PHEV (aus der MiD 2008) bei der elektrischen Reichweite von 20 km. REEV können durch ihre hohen elektrischen Fahranteile (80 km) und den Einsatz von regenerativ erzeugtem Strom sehr CO_2-arm betrieben werden. Die Verwendung von Biokraftstoffen ist sehr energieintensiv und durch ihre CO_2-Gutschrift auch sehr vorteilhaft im Vergleich zu Benzin und Diesel aus Rohöl oder Teersanden. Aspekte wie Nutzungskonkurrenzen, Biodiversität oder der Schadstoffeintrag in Böden und Gewässer sind dabei allerdings nicht berücksichtigt.

- BEV und FCEV können, auch unter vorwiegend fossiler Energiebereitstellung, ihre Mehremissionen bei der Pkw-Herstellung im Vergleich zu ICE-G in der Nutzungsphase mehr als kompensieren. Bei dem Einsatz von erneuerbarem Strom für BEV und Wasserstoff aus der Elektrolyse für FCEV können mit ihnen rund 2/3 der WtW-CO_2-Emissionen im Vergleich zu ICE-G, betrieben aus Benzin aus Rohöl, eingespart werden. Zu beachten bei diesem Vergleich, ist aber der eingeschränkte Nutzen dieser Antriebe durch ihre geringe Reichweite. Bei höheren Reichweiten (durch Vergrößerung der Batterie) wird dann auch deutlich mehr CO_2 emittiert. Bei einer 85-kWh-Batterie (wie beim Tesla Model S) und Strom aus dem deutschen Strommix 2010 liegen die WtW-CO_2-Emissionen von BEV etwa auf dem Niveau von ICE-G.

3. *Was sind die Einflussfaktoren auf den Energieverbrauch von elektrischen Antrieben?*

- Bei BEV und REEV, welche die Energie für die Klimatisierung der Fahrgastzelle aus der Traktionsbatterie entnehmen, ist die Klimatisierung ein großer Energieverbraucher. Wie die Berechnungen zum Energiebedarf für Pkw gezeigt haben, überschreitet die Heizenergie im Stadtbetrieb den benötigten Energiebedarf für die Bewegung des Fahrzeugs deutlich. Brennstoffzellenfahrzeuge haben durch die reaktionsbedingte

Wärmeentwicklung in den Brennstoffzellen, welche auch für die Klimatisierung der Fahrgastzelle genutzt wird, dort deutliche Vorteile.

- Sensitivitätsanalysen mit den Fahrzeug- und Antriebsparametern (Wirkungsgrad Antriebsstrang, Fahrzeugmasse, Luftwiderstandsbeiwert, Querschnittsfläche und Rollwiderstand) haben die Reduzierung vom Fahrzeuggewicht und die Erhöhung der Effizienz des Antriebsstrangs als die größten Einzelstellhebel ausgemacht, um Energie im NEFZ zu sparen. Ferner hat der Ladewirkungsgrad (bei hohen Ladeleistungen und tiefen Temperaturen) einen erheblichen Einfluss auf den Fahrzeugverbrauch. Dieser kann zwischen 60 bis 90 Prozent liegen. Hier sind weitere Forschungen wünschenswert, gerade auch hinsichtlich der Unterschiede zwischen AC- und DC- Ladungen.[441]

4. *Weiterer Forschungsbedarf*

- Die methodische Schwäche der hier aufgezeigten WtW-Ergebnisse liegt in der nicht bzw. nur einseitig erfassbaren räumlichen Zuordnung der untersuchten Umweltwirkungen Energieverbrauch und THG-Emissionen. Räumliche Emissionsspitzen (zum Beispiel zur Rush Hour in Großstädten) können somit nicht adäquat abgebildet werden.[442] Ferner wurden lokale Umweltwirkungen wie SO_2, NOx, Feinstaub, Sommersmog und Eutrophierung, die maßgeblich bei der Pkw-Herstellung anfallen, noch nicht ausreichend adressiert. Auch die Verwendung erneuerbarer Energiequellen wie Sonne, Wasser, Windkraft und vor allem Biomasse (hier Zuckerrüben, Raps und Holz) bleibt nicht folgenlos für ihre Umwelt. Die Nutzung dieser Energiequellen beeinflusst unter anderem die Biodiversität und den Flächenbedarf und sollte deshalb in weiteren Untersuchungen berücksichtigt werden. Das Ziel muss eine Kreislaufwirtschaft nachhaltiger Ressourcen sein.

- Für eine richtigere Bewertung der Umweltwirkung Energieverbrauch und THG-Emissionen bei PHEV und REEV müsste die Aufteilung nach elektrischen und verbrennungsmotorischen Fahranteilen nach der tatsächlich gefahrenen Weglänge erfolgen, da diese als Laufleistung wieder in den Energieverbrauch bzw. in die vom Fahrzeug emittierten Emissionen eingeht. Hierzu könnte man reale Fahrprofile mit diesen Fahrzeugen in größer angelegten Untersuchungen mit verschiedenen Nutzergruppen ermitteln. Diese Fahrprofile müssten mit der derzeitigen UN/ECE-R101-Norm und der in dieser Arbeit schon näher untersuchten Verkehrserhebung MiD 2008 abgeglichen werden. Das Ziel sollte dabei eine realistische Aufteilung von elektrischer und verbrennungsmotorisch gefahrener Wegstrecke für PHEV und REEV sein. In den USA und Kanada bietet hierzu die Website Voltstats.net schon eine sehr umfangreiche und öffentliche Quelle, welche sich aus den Telemetrie-Daten von über 2.000 Chevrolet Volt (Stand Januar 2015) speist. Die Voltstat.net-Website bekommt dabei Zugriff auf den Kraftstoffverbrauch und die elektrische und verbrennungsmotorisch gefahrene Wegstrecke der registrierten Volt-Nutzer aus der OnStar-Datenbank von GM.[443] Hier lag der UF für den Chevrolet Volt ($R_{CD\text{-}US}$=61 km) bei 0,75 und damit

---

[441] Dabei spielt auch der Verbrauch der Ladeinfrastruktur durch Stromrichtung und Standby eine Rolle. Vgl. Prior, Landau, et al. (2013).
[442] Vgl. Ritthoff und Schallaböck (2012), S. 4.
[443] OnStar (2015).

4.5 Zusammenfassung und Diskussion der Forschungsfragen

deutlich höher als der in der SAE-J2841-Kurve angenommene Wert von 0,6.[444] Die verschiedenen Nutzergruppen auf der Website zeigen dabei ein breites Spektrum von 60 bis 95 Prozent elektrischer Fahranteile.[445]

- Es wurde gezeigt, dass sich die CO_2-Emissionen bei den alternativen Antrieben (REEV, BEV und FCEV) von der Nutzungsphase hin zur Fahrzeug- und Kraftstoffherstellung verschieben. Dabei spielt die Größe der Batterie eine entscheidende Rolle für das Ergebnis. Werden Reichweiten, die eher in die Bereiche von VKM gehen, wie beim Tesla Model S (85 kWh, 500 km NEFZ) realisiert, kann aus dem Umweltvorteil schnell ein Nachteil werden, wenngleich davon auszugehen ist, dass die Laufleistung von BEV durch den eingeschränkten Nutzen in der Realität wahrscheinlich geringer als bei ICE-G/D sein wird. Ähnliches gilt für die Verwendung von Kohlefasern wie beim Chassis des BMW i3. Hier gilt es, in Zukunft einen Kompromiss zwischen Herstellungs-, Betriebs- und Recyclingaufwand und den daraus resultierenden Umweltwirkungen zu finden.

---

[444] Vgl. Abbildung 39.
[445] VoltStats (2015).

5 Kundennutzen von alternativen Antrieben

Forschungsfragen:

1. Nach welchen Kriterien werden Pkw gekauft, und welcher Nutzen ergibt sich aus den Pkw-Eigenschaften für den Käufer?
2. Wie lässt sich der Kundennutzen der verschiedenen alternativen Antriebssysteme messen, und welche Unsicherheiten ergeben sich durch das Erhebungsdesign?
3. Welche Antriebsarten weisen unter welchen Rahmenbedingungen den höchsten Kundennutzen auf?

5.1 Theoretische Grundlagen zur Messung von Kundennutzen

In diesem Abschnitt werden Methoden und Daten, die für die Kundennutzenbewertung von alternativen Antrieben zur Verfügung stehen, diskutiert und für die weitere Verwendung kritisch analysiert.

5.1.1 Kriterien beim Neuwagenkauf

Zu Beginn einer jeden Kaufentscheidung steht ein Bündel an Bedürfnissen, das durch die Anschaffung eines Produktes befriedigt werden soll. Daraus resultiert die Suche des Kunden nach Produkten, die seinen subjektiven Ansprüchen genügen. Beim Kauf eines Pkw kommt es dabei zu einer Vermischung von direkt beobachtbaren Eigenschaften (zum Beispiel Fahrzeugpreis, Aussehen oder Kraftstoffverbrauch) und nicht beobachtbaren Eigenschaften (zum Beispiel Haltbarkeit und Zuverlässigkeit). Diese Eigenschaften werden dann von den Kunden mit dem eigenen Ziel- und Wertesystem in Einklang gebracht. Das Ergebnis dieses Abgleichs wird als Nutzen bezeichnet.[446]

Über Kriterien beim Neuwagenkauf führt die DAT in ihren alljährlich erscheinenden DAT-Reports eine Statistik, bei der verschiedene und für den Käufer relevante Kriterien beim Neuwagenkauf abgefragt werden.[447] Die Pkw-Käufer bewerten dabei vier Monate nach dem Kauf die in Abbildung 45 (rechts) dargestellten Kriterien in einer Bandbreite von 1 = sehr wichtig bis 4 = unwichtig.[448] In der Abbildung ist das Ergebnis der Befragung der Jahre 2014 und 2004 zu sehen. Die Wichtigkeit der einzelnen Kriterien über die verschiedenen Kunden erweist sich demnach in den letzten Jahren als sehr stabil.

---

[446] Vgl. Hahn (1997), S. 8ff.
[447] Beim DAT-Report 2015 wurden 2.600 private Gebraucht- und Neuwagenkäufer befragt.
[448] DAT (2005), S. 18 und DAT (2015), S. 35.

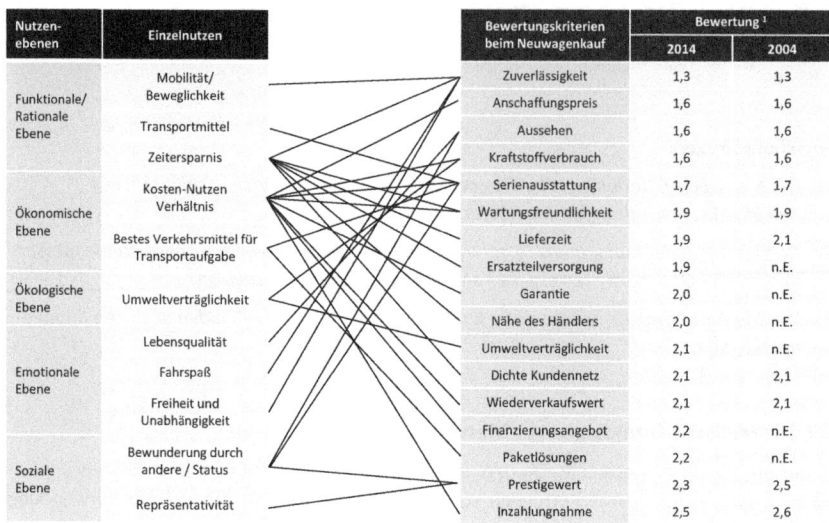

Abbildung 45: Zusammenhang Nutzen eines Pkw und Kriterien beim Neuwagenkauf [449]

Die Zuverlässigkeit, der Anschaffungspreis, das Aussehen und der Kraftstoffverbrauch wurden von den Käufern als besonders wichtig eingestuft. Das Kaufkriterium Prestigewert wurde mit 2,3 im Jahr 2014 nicht besonders hoch eingestuft. Bei Käufern von Premium-Herstellern wie Mercedes-Benz liegt dieser Wert mit 1,7 jedoch überdurchschnittlich hoch. Bei allen Fahrzeugherstellern ist zu beobachten, dass mit steigendem Hubraum die Bedeutung von Prestige und Aussehen in den Auswertungen der DAT zunehmen.[450]

In Abbildung 45 wird das vorher erwähnte Ziel- und Wertesystem der Kunden nun nach eigener Festlegung mit den Bewertungskriterien der Neuwagenkäufer verknüpft. Dadurch wird deutlich, dass eine Vielzahl der Bewertungskriterien beim Neuwagenkauf mit der ökonomischen und der rational/funktionalen Nutzenebene der Kunden in Verbindung steht. Dabei scheint das Kosten-Nutzen-Verhältnis und die Zeitersparnis den Neuwagenkäufern besonders wichtig. Die Umweltverträglichkeit, der Fahrspaß und der Status, mit denen vor allem die alternativen Antriebe in Verbindung gebracht werden, fallen dabei für die von der DAT untersuchten Neuwagenkäufer weniger stark ins Gewicht. Ferner wurden dort die Kaufbarrieren der alternativen Antriebe wie (I) geringe Reichweite, (II) hohe Anschaffungskosten, (III) geringe Lade/Tankstelleninfrastrukturabdeckung und (IV) geringes Produktangebot noch nicht ausreichend berücksichtigt. Durch die derzeit noch hinter den ambitionierten Erwartungen der Politik zurückliegenden Verkaufszahlen wird hier davon ausgegangen, dass

---

[449] Eigene Festlegung nach der Means-End-Methode (Vgl. 5.1.3) Nutzen-Ebenen in Anlehnung an Wachter (2006), S. 134. Bewertungskriterien Neuwagenkauf aus DAT (2005); S. 18 und DAT (2015), S. 35.
[450] Vgl. DAT (2015), S. 34f.

5.1 Theoretische Grundlagen zur Messung von Kundennutzen

der Kunde diese Barrieren auch wahrnimmt und in seiner Kaufentscheidung berücksichtigt. Eine möglichst objektive Bewertung dieser Barrieren soll Gegenstand dieses Kapitels sein.

5.1.2 Kundennutzen von alternativen Antrieben in der Wissenschaft

Pkw-Absatz und Early Adopter

Der globale Absatz von Elektrofahrzeugen ist in den letzten Jahren stark gestiegen. So wurden im Jahr 2009 weltweit rund 45.000 extern aufladbare Pkw verkauft, im Jahr 2013 lag der Absatz schon bei 210.000 Fahrzeugen.[451] Der größte Markt war im Jahr 2013 die USA, mit rund 100.000 abgesetzten Fahrzeugen, gefolgt von der EU mit 55.000, Japan mit 30.000 und China mit 20.000 Fahrzeugen. Der weltweite Markthochlauf der Elektromobilität bleibt trotz Absatzsteigerung weit hinter den Erwartungen von Politik und Automobilherstellern zurück, obwohl die Elektromobilität in den einzelnen Märkten schon intensiv gefördert wurde.[452]

Schühle sieht die Ursache des schleppenden Absatzes in der fehlenden Akzeptanz der Fahrzeugkäufer, welche in der Vergangenheit bei den Prognosen nicht ausreichend gewürdigt wurde.[453] Plötz et al. geben in ihrer Veröffentlichung „Who will buy electric vehicles? Identifying early adopters in Germany" einen umfassenden Überblick über bisherige Studien zu den Erstkunden der alternativen Antriebe.[454] Im Ergebnis ihrer auf verschiedene Datensätze (Fokus Privatkunden) basierenden Untersuchungen kommen sie zu der Schlussfolgerung, dass die Early Adopter von Elektrofahrzeugen in Deutschland hauptsächlich männliche Käufer sind bzw. sein werden, welche vollzeit-berufstätig, in Klein- oder mittleren Städten leben (5.000 bis 100.000 Einwohner) und mit dem Pkw eine hohe jährliche Fahrleistung planen. Zusätzlich haben sie eine hohe Affinität zu neuen Technologien und besitzen ein großes Umweltbewusstsein. Diese Ergebnisse werden auch von Jarass et al. bei ihrer Befragung von 3.111 Haltern von Elektrofahrzeugen in Deutschland bestätigt, wonach Elektrofahrzeuge im privaten Bereich überwiegend von gut gebildeten männlichen Personen, mit höherem Einkommen und einem Durchschnittsalter von 51 Jahren gekauft werden.[455] In der Schweiz kommen de Haan und Peters in ihrer Veröffentlichung aus dem Jahr 2005, bei der sie rund 300 Toyota Prius zwei Käufer nach den Motiven ihres Kaufs befragt haben, zu ähnlichen Ergebnissen. Der typische Prius-Käufer in der Schweiz war männlich, 54 Jahre alt und hatte verglichen mit der Gesamtbevölkerung ein überdurchschnittliches Bildungs- und Einkommensniveau. Die Affinität zu neuen Technologien und die Motivation zum Umweltschutz spielten ebenfalls eine große Rolle.[456] In den USA wurden umfangreiche Untersuchungen zu den Early Adoptern von der University of California in Davis durchgeführt. So sind unter den Käufern von Elektrofahrzeugen vorwiegend wohlhabende Haushalte mit freistehenden Einfamilienhäusern, die auch die Möglichkeit der Ladung des Pkw bieten, zu finden. Die durchschnittliche Anzahl an Pkw liegt bei den BEV+PHEV-Käufern mit 2,7 Fahrzeugen im Haushalt überdurchschnittlich hoch, bei sonst durchschnittlich 2,1 Fahrzeugen pro US-Haushalt.[457]

---

[451] Mock und Yang (2014), S. 1.
[452] Vgl. DLR und Wuppertal-Institut (2015), S. 384.
[453] Vgl. Schühle (2014), S. 3f.
[454] Plötz, Schneider, et al. (2014) Dabei wurden auch Studien aus den USA untersucht.
[455] Jarass, Frenzel, et al. (2014) und Frenzel, Jarass, et al. (2015).
[456] de Haan und Peters (2005), S. 18f.
[457] Vgl. Turrentine und Garas (2014), S. 67.

Die Early Adopter in Europa und den USA scheinen somit sehr ähnlich zu sein. Unter ihnen sind fast keine bzw. sehr wenige Bewohner in Großstädten, was wahrscheinlich an dem generell niedrigeren Besitzstand von Pkw in Großstädten, ihrer geringeren Fahrleistung und der noch lückenhaften öffentlichen Ladeinfrastruktur liegt. Wie viele dieser Early Adopter es in der Realität wirklich gibt und ob sie reichen, den Massenmarkt zu einen Hochlauf zu verhelfen, ist erst in den Anfängen erforscht. Erste Studien dazu weisen gewerblichen Flotten für den Markthochlauf das größere Potenzial in Deutschland zu.[458] Propfe et al. sehen dagegen den Markthochlauf von Elektrofahrzeugen in Deutschland nur unter besonderen Umständen gewährleistet. Dazu zählen niedrige Energiekosten von Strom und Wasserstoff im Vergleich zu steigenden Kraftstoffkosten für ICE-G/D. Ferner muss in den ersten Jahren eine Kaufpreisincentivierung seitens der Politik und Hersteller erfolgen, damit eine Anschaffung der weitaus teureren Elektrofahrzeuge überhaupt erst getätigt wird. Zukünftige Fahrzeuggenerationen profitieren dann von der Kostendegression der alternativen Antriebskomponenten durch höhere Stückzahlen, was ihre Massenmarkttauglichkeit wiederum begünstigt.[459]

Einflussfaktoren auf den Kundennutzen von alternativen Antrieben

Die Begleitforschung der Modellregionen in Deutschland hat über mehrere Erhebungswellen die Erfahrungen der Nutzer mit der Elektromobilität gesammelt.[460] Insgesamt wurde dabei eine Begeisterung der Nutzer für das neue Fahrzeug festgestellt, welche sich vor allem in einem höheren Fahrspaß durch die Beschleunigung und die angenehmen Fahrgeräusche äußerten. Ebenfalls wurde den Fahrzeugen eine positive Außenwirkung, durch Innovationsfreudigkeit und Umweltbewusstsein, attestiert. Kritisch sehen die Befragten vor allem die geringe Reichweite, die hohen Anschaffungskosten und die lange Ladedauer, wobei die Reichweite und die Anschaffungskosten die mit Abstand größten Hürden darstellen.[461]

Franke und Krems beschäftigen sich in ihrer Veröffentlichung „What drives range prefernces in electric vehicle users?" intensiv mit der Frage der Reichweite.[462] Dabei vergleichen sie die tägliche Fahrtlänge aus Verkehrserhebungen mit den Wünschen der Kunden nach der elektrischen Reichweite aus Befragungen. Im Ergebnis der Analyse für Deutschland überschreitet der Kundenwunsch nach Reichweite (größer 300 km) seine durchschnittlich gefahrene Wegstrecke am Tag (weit unter 100 km) deutlich. Zu einem ähnlichen Ergebnis kommen auch Jarass et al. bei ihrer Befragung der Halter von Elektrofahrzeugen in Deutschland. Die privaten Nutzer von Elektrofahrzeugen legten im Schnitt 43 km/d (BEV = 46 km, PHEV = 31 km) elektrisch zurück. Bei gewerblich genutzten Elektrofahrzeugen lag diese Strecke ein wenig höher (BEV = 51 km, PHEV = 47 km).[463] Die Frage nach der Wunschreichweite beantworten die gleichen Halter ähnlich hoch. Bei BEV liegen die Wunschreichweiten zwischen 100 und 300 km, bei PHEV zwischen 50 und 120 km.[464]

Laut Jarass et al. spielen für die Kunden bei der Anschaffung ihrer BEV und PHEV, neben den oben genannten Faktoren aus den Modellregionen, weiterhin die Reduzierung der Umwelt-

---

[458] Vgl. Gnann, Plötz, et al. (2014) und Hacker, Waldenfels, et al. (2015).
[459] Vgl. Propfe, Kreyenberg, et al. (2013).
[460] Anzahl Teilnehmer: T0 = 835, T1 = 781, T2 = 690. Davon 50 % Pkw, Mehrheit BEV, wenige PHEV und REEV.
[461] BMVBS (2011), S. 16, 28ff.
[462] Franke und Krems (2013).
[463] Vgl. Jarass, Frenzel, et al. (2014), S. 71.
[464] Vgl. Trommer (2014), S. 16.

5.1 Theoretische Grundlagen zur Messung von Kundennutzen

belastungen, geringe Wartungskosten und günstigere Energiekosten pro km eine entscheidende Rolle.[465] Die Motive der Kaufentscheidungen älterer Untersuchungen bei Hybridfahrzeugen (HEV) bestätigen die hier gewonnenen Erkenntnisse. De Haan et al. arbeiten aber auch den Missstand auf, dass der Kostenvorteil in den Betriebskosten von den meisten Kunden nur sehr ungenau und zu kurzfristig kalkuliert wird. Der Kunde bewertet die oben genannten Kriterien für die Autoren eingeschränkt rational.[466]

Kundensegmentierung/Milieus

In der Realität gibt es nicht „einen" Kunden für „ein" Produkt, sondern eine ganze Menge an Kunden, die für ein Produkt infrage kommen. Neben den üblichen demografischen Merkmalen wie Alter, Geschlecht, Anzahl der Personen im Haushalt oder Einkommen sind heute andere Merkmale in den Vordergrund gerückt, um das Verhalten der Konsumenten zu erklären. In der Automobilindustrie fand hierzu in den letzten Jahren die Segmentierung nach den SIGMA-Milieus zunehmend Anklang.[467] Dort werden die Zielgruppen in erster Linie nach dem Lebensstil der Kunden anhand der folgenden Kriterien gegliedert: (I) Werteorientierung, (II) Alltagsgewohnheiten, (III) Umgebungsbedingungen und (IV) Einstellungen, Motive, Bedürfnisse und ästhetische Orientierungen.[468]

Für alternative Antriebe gibt es bisher, bis auf die oben beschriebenen Forschungen zu den Early Adopter, wenige Studien, die die Käufer von Elektrofahrzeugen in Deutschland mit den Sigma-Millieus zusammenbringt. Struwe und Schühle greifen in ihren Doktorarbeiten auf diese Milieus bzw. Kundencluster zurück, um die Marktdurchdringung von Elektrofahrzeugen in Deutschland zu simulieren.[469] Der hohe Anteil an gewerblich zugelassenen Elektrofahrzeugen in Deutschland und ein davon verhältnismäßig hoher Anteil von Renault Twizy und Renault Kangoo EV macht eine kundensegmentspezifische Analyse daher für zukünftige Forschungen besonders interessant.[470]

5.1.3 Methoden zur Messung des Kundennutzens bzw. der Kundenzufriedenheit

Im Jahr 2012 wurden den Kunden in Deutschland über 8.200 verschiedene Grundfahrzeug-Antriebskombinationen von 50 Herstellern angeboten.[471] Da diese Auswahl unüberblickbar groß ist, erfolgt die Auswahl des Kunden im Rahmen von Einschränkungen wie einem begrenzten Wissen über die Angebotsalternativen in Preis-, Modell- und Ausstattungsvarianten. Ferner limitiert die Kunden das zur Verfügung stehende Einkommen bei der Auswahl ihres Wunschfahrzeugs. Man kann davon ausgehen, dass der Kunde sich nur dann für ein Angebot bzw. ein Fahrzeug entscheidet, wenn es ihm einen Wertgewinn bietet. Bezogen auf die alternativen Wertangebote der hier untersuchten Fahrzeugantriebe wird er das Fahrzeug wählen, was ihm die höchste Wertsumme für das ihm zur Verfügung stehende Budget bietet.[472]

---

[465] Vgl. Jarass, Frenzel, et al. (2014), S. 71 (Bild 1).
[466] Vgl. de Haan, Müller, et al. (2007), S. 13f.
[467] Vgl. Struwe (2010), S. 150 ff.
[468] Vgl. Arnold (2005) und Ohle (2005).
[469] Struwe (2010) und Schühle (2014).
[470] Vgl. DeutscherBundestag (2014), S. 13f. Von 23.319 BEV; PHEV, REEV, HEV und FCEV < 50gCO$_2$/km haben15.822 (68 %) eine gewerbliche Zulassung (Stand 01.01.2014).
[471] ADAC (2012).
[472] Vgl. Kotler und Bliemel (2001), S. 57.

Wie zufrieden der Kunde dann mit dem Kauf ist bzw. war, kann er oft erst nach dem Kauf beurteilen. Die Höhe der Zufriedenheit ergibt sich aus der wahrgenommenen Produktleistung, verglichen mit seinen Erwartungen. Bei den alternativen Antrieben ist dieser Abgleich nach dem Kauf umso wichtiger, da der Kunde erst dann die vorher erwähnten Einschränkungen der Reichweite und der Lade/Tankstelleninfrastruktur-Abdeckung und Verfügbarkeit im vollen Umfang zu spüren bekommt. Bei einer Abfrage ohne Praxiserfahrung mit den Fahrzeugen besteht die Unsicherheit, dass die Befragten etwas bewerten, was sie in ihrer Einschränkung noch nicht erfahren haben. Axhausen und Sammer sehen dadurch einen beträchtlichen Anspruch an die Befragten, da diese sich in eine(n) hypothetische(n) Welt bzw. Markt versetzen müssen. Zudem ist der Satz der angebotenen Alternativen oft kleiner als in der Realität, was zu unrealistischen Entscheidungssituationen und damit verzerrtem Entscheidungsverhalten führen kann.[473]

Im Folgenden werden etablierte Methoden der Kundenpräferenzmessung für die Produktentwicklung vorgestellt, um dasjenige Verfahren zu bestimmen, welches in der anschließenden empirischen Untersuchung eingesetzt werden soll.

Means-End-Methode

Die Means-End-Methode liegt der Annahme zugrunde, dass sich ein Nachfrager für ein Produkt entscheidet, um damit bestimmte Wünsche bzw. Ziele zu erreichen. Die Tauglichkeit des Produkts wird von ihm als Mittel (Means) zur Erreichung seiner Ziele (Ends) gesehen. Im ersten Schritt müssen zur Anwendung der Methode die für die Kaufentscheidung relevanten Attribute (zum Beispiel Klimaanlage oder ABS) ermittelt werden. Im zweiten Schritt wird ausgehend von diesen Attributen der entsprechende Nutzen ermittelt. Dieses Vorgehen kann mit der in Abbildung 45 dargestellten Verknüpfung der Nutzenebene mit den Kriterien der Neuwagenkäufer verglichen werden, nur dass in der Means-End-Methode zahlreiche Verfahren zur Ermittlung der Schlüsselattribute und der dazugehörigen Nutzenwerte zur Verfügung stehen. Im letzten Schritt erfolgt dann die Auswertung mit der Erstellung der Means-End-Leiter[474], die von den konkreten Produktattributen zu abstrakten Werten führt. Auf dieser Grundlage lässt sich dann feststellen, wie wichtig die einzelnen Attribute für die Probanden sind. Die Durchführung von Means-End-Analysen erfolgt meist in aufwendigen Einzelgesprächen durch strukturierte Tiefeninterviews.[475] Aufgrund des hohen Aufwands dieser Einzelgespräche wird von der Means-End-Methode hier im Weiteren abgesehen.

Kano-Modell

Das Kano-Modell unterscheidet die folgenden drei Zufriedenheitsfaktoren für Produkte und Dienstleistungen: (I) Basisfaktoren, (II) Leistungsfaktoren und (III) begeisternde Faktoren. Basisfaktoren sind Standartfaktoren, die der Kunde ganz selbstverständlich voraussetzt. Bei Pkw sind das vor allem Faktoren die zur Fahrbereitschaft beitragen. Die geringe Reichweite und die langen Ladezeiten von BEV, PHEV und REEV könnten somit die Basisanforderungen einiger Pkw-Käufer wahrscheinlich nicht erfüllen. Leistungsfaktoren sind die Erwartungen des Kunden an eine Sonderausstattung wie die Klimaanlage oder ein Navigationsgerät. Be-

---
[473] Vgl. Axhausen und Sammer (2001), S. 5.
[474] Z. B. Klimaanlage vorhanden→Hoher Komfort→Geringer Stress
→Eigene Leistungsfähigkeit erhalten→Erfolg.
[475] Vgl. Schäppi, Andreasen, et al. (2005), S. 162ff.

5.1 Theoretische Grundlagen zur Messung von Kundennutzen

geisterungsfaktoren sind neue, bisher noch nicht vorhandene Eigenschaften, die zu einer Überraschung des Kunden führen. Bei den alternativen Antrieben könnte das vor allem der Fahrspaß durch die Beschleunigung und das angenehme Fahrgefühl sein. Eine wesentliche Komponente des Kano-Modells ist die Zeit, welche Leistungs- und begeisternde Faktoren früher oder später und je nach Wettbewerbsdruck in die Basisfaktoren verschiebt.[476]

Die empirische Messung der Erwartungshaltung der Kunden kann in Form eines strukturierten Interviews oder in Form einer schriftlichen Befragung erfolgen. Diese Erwartungshaltung wird dann im nächsten Schritt in die einzelnen Quadranten des Kano-Modells überführt, um einen besseren Überblick zu bekommen. Der Erkenntnisgewinn ist für die oben genannten Forschungsfragen im Verhältnis zum Aufwand nicht sonderlich groß. Aus diesen Gründen wird in dieser Arbeit von der Verwendung des Kano-Modells abgesehen.

Conjoint-Analysen

Conjoint-Analysen gehören zu der Gruppe der verhaltenswissenschaftlich fundierten Modelle, die es sich zum Ziel machen, den eigentlich nicht beobachtbaren Kaufentscheidungsprozess zu modellieren bzw. zu erklären.[477] Der Begriff Conjoint leitet sich aus den englischen Begriffen considered jointly (ganzheitlich betrachtet) ab. Conjoint-Analysen gehen von drei Grundannahmen aus: (I) Der von den Kunden empfundene Gesamtnutzen eines Produktes setzt sich aus Teilattributen zusammen, die der Kunde als Teilnutzen wahrnimmt. (II) Je höher der Gesamtnutzen eines Produkts, desto höher die Präferenz. (III) Die Teilnutzen der Produktattribute lassen sich auch auf neue, unerprobte Konzepte übertragen.[478]

Das Ziel von Conjoint-Analysen besteht also darin, herauszufinden, welchen Teilnutzen eine bestimmte Merkmalsausprägung am Gesamtnutzen eines Produkts stiftet (zum Beispiel, welchen Teilnutzen bei einem Pkw die alternativen Reichweiten von 100, 200 oder 400 km bieten) und welche Wichtigkeit die verschiedenen Produkteigenschaften für die Nutzerbeurteilung haben, zum Beispiel, wie wichtig die Reichweite im Vergleich zum Preis ist.[479] Laut Stadler ist die Conjoint-Analyse damit insbesondere bei Produktmodifikationen und Produktneugestaltungen ein geeignetes Analyseinstrument.[480] In der praktischen Anwendung werden den Probanden mehrere Produktkonzepte mit verschiedener Ausgestaltung der Produktattribute vorgelegt. Diese müssen ein Gesamturteil (Präferenz) über die Produkte vornehmen. Aus den empirisch erhobenen Gesamturteilen wird dann die Bedeutung der einzelnen Eigenschaften und Eigenschaftenausprägungen ermittelt. Die Gesamtbeurteilung wird danach in ihre Komponenten (Teilnutzen) zerlegt.[481]

In dieser Arbeit soll eine Conjoint-Analyse Anwendung finden, damit sich die Befragten innerlich mit den Einschränkungen der verschiedenen Produkte auseinandersetzen, bevor eine Entscheidung getroffen wird. Dadurch soll vermieden werden, dass unrealistisch hohe Erwartung gestellt werden, beispielsweise durch eine zu hohe Reichweitenforderung, die am Ende nicht bezahlt werden kann.

---

[476] Vgl. Schäppi, Andreasen, et al. (2005), S. 366f.
[477] Vgl. Hahn (1997), S. 34f.
[478] Vgl. Kotler und Bliemel (2001), S. 535.
[479] Vgl. Backhaus, Erichson, et al. (2011a), S. 318.
[480] Vgl. Stadler (1993), S. 32.
[481] Vgl. Backhaus, Erichson, et al. (2011a), S. 318.

5.2 Die Conjoint-Analyse

Die Conjoint-Analyse fand erstmals 1964 Eingang in die Literatur. Heute zählt sie zu den praktisch relevantesten Verfahren der Präferenzmessung und der Simulation von Kaufentscheidungen.[482] Die Grundidee der Conjoint-Analyse ist es, Probanden zunächst ganzheitlich beschriebene Produktalternativen beurteilen zu lassen, welche durch verschiedene Produkteigenschaften (Preis, Marke, Farbe etc.) gekennzeichnet sind. Die alternativen Produkte werden durch die systematische Kombination vorher festgelegter Produkteigenschaften mit verschiedenen Ausprägungen gebildet. Bei der traditionellen Conjoint-Analyse wird angenommen, dass sich der Gesamtnutzen eines Produktes linear-additiv aus den Teilnutzenwerten ergibt (Formel 33).[483]

$$U_i = \sum_{k=1}^{K}\sum_{l=1}^{L} \beta_{kl} * x_{ikl}$$

Formel 33

U_i: Gesamtnutzen des Produktkonzepts i

β_{kl}: Teilnutzenwert der Ausprägung l bei Eigenschaft k

x_{ikl}: 1 falls bei Produktkonzept i die Eigenschaft k mit der Eigenschaftenausprägung l vorliegt, sonst 0

Auf Basis der erhobenen Gesamturteile für die ganzheitlich beschriebenen Produktalternativen werden dann die Teilnutzenwerte für die verschiedenen Eigenschaftsausprägungen geschätzt. Die Präferenzen der Kunden können bei Conjoint-Analysen auf zwei Arten ermittelt werden: (I) Direkt, durch das Sortieren der betrachteten Objekte in eine Rangordnung, die den persönlichen Präferenzen der Befragten entspricht; in diesem Fall wird von Preference-Based-Conjoint-Analysen gesprochen. (II) Indirekt, durch das Beobachten von Auswahlentscheidungen zwischen Alternativen; in diesem Fall wird von auswahlbasierten Conjoint-Analysen bzw. Choice-Based-Conjoint-Analysen (CBC) gesprochen.[484] In dieser Analyse wird eine CBC durchgeführt, weil sie einfacher für die Befragten zu handhaben ist und der realen Kaufentscheidung deutlich näherkommt.

5.2.1 Die Choice-Based-Conjoint-Analyse

Bei der CBC-Analyse muss der Proband aus einer Menge von Alternativen jeweils eine am meisten präferierte Alternative auswählen, wobei er auch die Option hat, keine der Alternativen zu wählen.[485] Im Grunde handelt es sich bei einer CBC um eine Discrete-Choice-Analyse

---

[482] Vgl. Hahn (1997), S. 43.
[483] Vgl. Böhler und Scigliano (2009), S. 101f.
[484] Vgl. Backhaus, Erichson, et al. (2011a), S. 318.
[485] Vgl. Backhaus, Erichson, et al. (2011a), S. 13.

5.2 Die Conjoint-Analyse

(DCA), die auf ein Conjoint-Design angewendet wird. Der Begriff CBC hat sich trotz dieser Unterschiede mittlerweile durchgesetzt.[486]

Von den beobachteten diskreten Auswahlentscheidungen der Probanden wird unterstellt, dass immer die Alternative mit dem relativ höchsten Nutzwert gewählt wird. Von dieser Entscheidung werden dann die Nutzenfunktionen für die einzelnen Produkteigenschaften errechnet. Dabei wird eine linear-additive Nutzenfunktion unterstellt.[487] Um diese zu berechnen, wird der Nutzen U_{ij} eines Produktes i für den Konsumenten (Probanden) j zunächst in einen bestimmbaren (deterministischen) Nutzen V_{ij} und einen zufälligen (stochastischen) Nutzenanteil ε_{ij} zerlegt (Formel 34).[488]

$$U_{ij} = V_{ij} + \varepsilon_{ij}$$ Formel 34

Kritische Diskussion der Choice-Based-Conjoint-Analyse (CBC)

Bei CBC-Analysen können nur die Variablen beobachtet werden, die in die Analyse mit aufgenommen wurden. Die Auswirkungen aller nicht in die CBC-Analyse integrierten Variablen bleibt somit im Verborgenen.[489] Dieses Phänomen wurde auch von Sammer im Ergebnis ihrer Doktorarbeit kritisch hervorgehoben. Sie sieht in der Auswahl und Anzahl der als relevant eingestuften Produkteigenschaften (Attribute) die wesentliche Fehlerquelle einer CBC-Analyse, weil die Produkte in der Realität meist wesentlich komplexer sind. Ferner werden sie den Kunden (Probanden) nicht in der gleichen, systematischen und vergleichbaren Form zur Verfügung gestellt wie während der CBC-Analyse. Den Kunden sind manche Eigenschaften vor der Kaufentscheidung auch gar nicht so bewusst.[490] CBC-Analysen sind deshalb bei einfachen Produkten wie Konsumgütern des täglichen Bedarfs oder Dienstleistungen gut geeignet und fanden dort in der Vergangenheit auch vorrangig Anwendung.[491]

Bei einem Pkw sind als Produkteigenschaften vor allem diese Attribute von Interesse: Hersteller, Größe, Typ, Form, Farbe, Serienausstattung und zu einem großen Teil auch Preis, Wiederverkaufswert und Finanzierungsangebote. Bei einer Untersuchung der alternativen Antriebe kommen dabei noch Reichweite, Umweltwirkung und die Infrastrukturverfügbarkeit hinzu. Auf der Kundenseite ist die Segmentierung ähnlich komplex, da praktisch jeder Bürger mit Führerschein als Kunde in Frage kommen würde. Hier wäre folgende Segmentierung denkbar: Privatkunden, Flottenkunden, Erst-/Zweitwagennutzer, Wohnort, Geschlecht, Alter, Haushaltstyp, Einkommen, Bildung und Milieu. Für jede dieser Gruppen müsste eine ausreichend hohe Anzahl von Probanden befragt werden, um Aussagen für den Gesamtmarkt zu erlangen.

Die Ergebnisse einer CBC-Analyse müssen also an der Auswahl der Produkteigenschaften und der befragten Kunden immer wieder gespiegelt werden, da sie nur unter diesen engen Einschränkungen gültig sind.

---

[486] Vgl. Balderjahn, Hedergott, et al. (2009), S. 129.
[487] Vgl. Balderjahn, Hedergott, et al. (2009), S. 130.
[488] Vgl. Schühle (2014), S. 27.
[489] Vgl. Günthel, Sturm, et al. (2009), S. 4.
[490] Vgl. Sammer (2007), S. 90.
[491] Vgl. Albers, Becker, et al. (2007) und Hampl und Loock (2012).

5.2.2 Durchführung der Choice-Based-Conjoint-Analyse

Die Durchführung der CBC-Analyse dieser Arbeit erfolgt in Anlehnung an die gängigen Schritte aus Backhaus et al., welche dort in der Theorie ausführlich nachgelesen werden können.[492] Die dazu notwendige Kundenbefragung wurde von der imug GmbH, einem Marktforschungsunternehmen aus Hannover, durchgeführt. Die imug GmbH hat im Jahr 2010 für die BDEW-Initiative ELAN 2020 bereits eine ähnliche CBC-Analyse durchgeführt.

Bestimmung der Eigenschaften und Eigenschaftenausprägung

Die Auswahl der für die Untersuchung relevanten Produkteigenschaften stellt eine große Herausforderung dar. Die Ausprägung der Eigenschaften sollte dabei von der Spannweite am Markt zu beobachten bzw. realistisch umsetzbar sein. Keine der ausgewählten Eigenschaften darf einem Ausschlusskriterium entsprechen (beispielsweise keine Möglichkeit einer Ladung). Ausprägungen von einzelnen Kriterien, die die Nutzbarkeit des Pkw stark einschränken (beispielsweise eine Reichweite von 20 km) sollten ebenfalls vermieden werden. Die Anzahl der Eigenschaften sollte mindestens so groß sein, dass die Unterschiede zwischen den Produkten deutlich erkennbar sind. Eine höhere Anzahl an Eigenschaften erhöht generell die Genauigkeit, allerdings führt sie auch zu einer höheren Anzahl an Beurteilungen, die durch die Probanden durchzuführen sind.[493]

Tabelle 37: Eigenschaften und ihre Ausprägung für die Conjoint-Analyse

Eigenschaften	Einheit	Ausprägung		
Kaufpreis	[EUR]	20.000	28.000	36.000
		24.000	32.000	40.000
Reichweite	[km]	100	200	400
		150	250	600
Lade-/Tankzeit	[min]	3	30	240
		10	60	480
Verbrauchskosten im Monat [a]	[EUR]	40	100	160
		70	130	
Höchstgeschwindigkeit	[km/h]	100	140	180
		120	160	
CO_2-Emissionen (TtW)	[gCO_2/km]	0	95	180
		60	130	
Beschleunigung (0-100 km/h)	[s]	5	11	17
		8	14	20

[a] Kraftstoffkosten (Benzin, Diesel, H_2, Strom) bei einer Laufleistung von 1.000 km pro Monat.

---

[492] Vgl. Backhaus, Erichson, et al. (2011a), S. 318ff.
[493] Vgl. Fabian (2005), S. 137ff.

5.2 Die Conjoint-Analyse

Die im Weiteren definierten Eigenschaften und ihre Ausprägung basieren auf die für diese Untersuchung zugrunde liegenden EUCAR-V4-Fahrzeuge aus 2.3 und den in 5.1.1 und 5.1.2 gewonnenen Erkenntnissen nach eigener Festlegung. Tabelle 37 zeigt das Ergebnis dieser Festlegung, welche im weiteren für die CBC-Analyse verwendet wird.

In einer ähnlich aufgesetzten CBC-Analyse von Struwe fiel die Wahl der Eigenschaften nach einem ausführlichen und mehrstufigen Verfahren (auf Basis von Literaturrecherche, Expertenworkshop und Fokusgruppeninterviews) auch auf einige der hier gewählten Eigenschaften wie Kaufpreis, Reichweite, Verbrauchskosten, CO_2-Emissionen und Höchstgeschwindigkeit. Außerdem wurde in der Arbeit von Struwe noch nach Marke/Modell, Antriebsart und Leistung gefragt, weil mit den Ergebnissen der CBC-Analyse der Marktanteil von alternativen Antrieben modelliert wurde.[494] Die hier gewählten Eigenschaften scheinen damit plausibel.

Theoretisch ergeben sich aus den sieben Eigenschaften (vgl. Tabelle 37) und ihren fünf bzw. sechs Eigenschaftsausprägungen 162.000 verschiedene Angebote (Stimuli). Bei einer so großen Auswahl an Stimuli muss eine Auswahl der für die Untersuchung relevanten Stimuli getroffen werden, um aus ihnen eine geeignete Anzahl an zumutbaren Choice-Sets zu bilden.

Aufsetzen des Erhebungsdesign in Sawtooth SMRT und SSI Web[495]

Für die Befragung können grundsätzlich mehrere Medien (Online-, Papier-, computergestützte oder persönliche Befragung) gewählt werden. Für CBC-Analysen hat sich in den letzten Jahren die Sawtooth-Software SMRT praktisch als Standardsoftware etabliert, die im Einsatz vor allem durch ihre geringen Durchführungskosten sowie der Schnelligkeit im Aufsetzen der Erhebung und der Auswertung der Ergebnisse überzeugt.[496] Dadurch findet sie auch in dieser Arbeit Anwendung.

Die oben beschriebenen Eigenschaftsausprägungen aus Tabelle 37 müssen nun in die Sawtooth-Software übertragen werden, welche den Online-Fragebogen für die Probanden erstellt.[497] Dabei wird auch die Anzahl der Choice-Sets definiert. Für diese Untersuchung wurden 15 verschiedene Choice-Sets von der imug GmbH generiert, weil diese laut der imug-Experten eine ausreichende Genauigkeit bei noch zumutbarer Anzahl an Choice-Sets für die Probanden gewährleistet. Abbildung 46 zeigt ein Beispiel eines Choice-Sets.

Nachdem sich jeder Proband 15-mal für eines der neu zusammengestellten Fahrzeuge bzw. die Nicht-Auswahl entschieden hat, schätzt die Sawtooth-Software nun die normierten Teilnutzenwerte für jeden Probanden nach dem hierarchischen Bayes-Verfahren. Dabei werden von dem Verfahren über unzählige Iterationsschritte Verhaltensmuster aller Probanden bestimmt, mit denen die individuellen Teilnutzenwerte jedes Probanden angereichert werden.[498] Dieser Datensatz wird in der Software dann weiter in normalisierte Daten mit der Reskalierungsmethode Zero-Centred-Diffs aufbereitet. Hierbei werden die Nutzenwerte mit einer Konstanten multipliziert. Dadurch wird sichergestellt, dass alle Teilnutzen-

---

[494] Vgl. Struwe (2010), S. 140.
[495] Die Sawtooth-Software ist für CBC-Analysen durch ihre Benutzerfreundlichkeit am weitesten verbreitet.
[496] Vgl. Schühle (2014), S. 23f.
[497] Für eine genaue Anleitung siehe Sawtooth (2012).
[498] Für eine ausführliche Darstellung des Verfahrens siehe Schühle (2014), S. 27f. und Sawtooth (2009).

werte in die Mittelwertbildung mit dem gleichen Gewicht eingehen. Das Ergebnis sind die Nutzenfunktionen in Abbildung 47.

	Fahrzeug 1	Fahrzeug 2	Fahrzeug 3	Fahrzeug 4	Fahrzeug 5	
Kaufpreis	40.000 €	36.000 €	32.000 €	20.000 €	28.000 €	
Reichweite	150 km	400 km	600 km	200 km	250 km	
Lade-/Tankzeit	10 min	4 St.	8 St.	1 St.	3 min	Ich würde keines der dargestellten Angebote wählen.
Verbrauchskosten / Monat	130 €	70 €	100 €	160 €	40 €	
Höchstgeschwindigkeit	180 km/h	100 km/h	160 km/h	140 km/h	120 km/h	
CO_2-Emissionen	95 g/km	0 g/km	180 g/km	130 g/km	60 g/km	
Beschleunigung 0-100 km/h	11 s	20 s	8 s	17 s	5 s	
Entscheidung	○	○	○	○	●	○

Abbildung 46: Besipiel Choice-Set dieser CBC-Analyse

Anhand dieser Resultate der Choice-Experimente kann nun auch die Wichtigkeit der einzelnen Eigenschaften bestimmt werden. Dabei wird die Differenz zwischen der beliebtesten und der unbeliebtesten Ausprägung einer Eigenschaft bestimmt. Über die Summe aller Differenzen wird dann der prozentuale Anteil der einzelnen Differenz berechnet. Dieser entspricht der prozentualen Wichtigkeit der Eigenschaft (vgl. Abbildung 48).

Soziodemografische Struktur der Probanden

Eine Befragung ist dann repräsentativ, wenn sie in ihrer Verteilung einer definierten Grundgesamtheit entspricht.[499] Da der Kundennutzen in erster Linie von Neuwagenkäufern bestimmt wird, wäre die Grundgesamtheit eine Gruppe von Probanden, die die Neuwagenkäufer in Deutschland repräsentieren. Eine so große Gruppe zu definieren und segmentieren, um sie anschließend zu befragen, würde einen erheblichen Aufwand bedeuten. Aus diesem Grund wird in dieser Arbeit eine Stichprobe, von den für diese Arbeit relevanten Privatkunden, befragt, um deren Motive beim Fahrzeugkauf mithilfe der CBC-Analyse zu verstehen.

Dabei wurden ausschließlich volljährige Personen, die einen Führerschein und einen Wagen im C/D-Segment besitzen bzw. die Anschaffung eines Pkw in dieser Größe planen, befragt. Gegenüber alternativen Antrieben mussten die Befragten grundsätzlich positiv eingestellt sein. Ferner sollte eine vorhandene, erprobte und bewährte Lade- und Wasserstofftankstelleninfrastruktur mit einer Versorgung aus erneuerbaren Energien von den Probanden bei ihrer Bewertung vorausgesetzt werden.

Nach den oben beschriebenen Überlegungen wurde nun eine Stichprobe von 408 Personen in Hamburg, Frankfurt und Leipzig ausgewählt. Die Probanden wurden dabei zufällig auf der Straße angesprochen und mithilfe laptopgestützter Face-to-Face-Interviews befragt.[500] Die

---

[499] Vgl. Prein, Kluge, et al. (1994), S. 5.
[500] Die Befragung wurde von Mitarbeitern der imug GmbH durchgeführt.

5.2 Die Conjoint-Analyse

Befragung fand zwischen dem 09.11.2011 und dem 21.11.2011 in der Fußgängerzone dieser Städte statt. Die Auswahl der Städte erfolgte mehr oder weniger zufällig. Das Ziel war dabei, eine möglichst breite geografische Streuung der Probanden zu erhalten. Tabelle 38 zeigt die soziodemografischen Merkmale dieser Probanden, die vor der Befragung dokumentiert wurden.

Tabelle 38: Soziodemografische Merkmale der Probanden

Probanden	Summe		Männer		Frauen	
	Anzahl	Anteil [in %]	Anzahl	Anteil [in %]	Anzahl	Anteil [in %]
Summe	408	100	254	62	154	38
Alter						
18-30 Jahre	86	21	54	13	32	8
31-45 Jahre	114	28	70	17	44	11
46-65 Jahre	208	51	130	32	78	19
Kinder (0-18 Jahre) im Haushalt						
1 Kind	56	14	35	9	21	5
2 oder mehr Kinder	42	10	30	7	12	3
Anzahl Personen im Haushalt						
1 Erwachsener	103	25	59	14	44	11
2 oder mehr Erwachsene	305	75	195	48	110	27
Anzahl Pkw im Haushalt						
1 Pkw	325	80	196	48	129	32
2 oder mehr Pkw	83	20	58	14	25	6
Garage/Stellplatz						
Garage vorhanden	138	34	93	23	45	11
Stellplatz vorhanden	104	26	69	12	35	9
Haushaltseinkommen (netto)						
Bis 1.500 EUR	61	15	31	8	30	7
1.500-2.600 EUR	120	29	73	18	47	12
Größer 2.600 EUR	134	33	98	24	36	9
Keine Angaben	93	23	52	13	41	10
Ort						
Hamburg	139	34	91	22	48	12
Frankfurt	136	33	84	21	52	13
Leipzig	133	33	79	19	54	13

5.2.3 Ergebnisse der Choice-Based-Conjoint-Analyse

Die im weiteren vorgestellten Ergebnisse wurden mit der Sawtooth-Software SMRT (CBC/HB module for hierachical bays estimation) errechnet. Erste Ergebnisse dieser Auswertung wurden von Kreyenberg et al. in dem Artikel „Bewertung des Kundennutzens von Elektrofahrzeugen" in der ATZ veröffentlicht.[501] In dieser Arbeit werden neben dem dort schon dargestellten Teilnutzen der verschiedenen Merkmalsausprägung aller Probanden die Probanden weiter in Männer, Frauen, Hamburg und Leipzig untergliedert, weil diese Kundengruppen erwähnenswerte Unterschiede aufweisen.

Kundenspezifische normierte Teilnutzenwerte

Im Folgenden werden die Ergebnisse der Teilnutzenschätzung der hier durchgeführten CBC-Analyse in Sawtooth SMRT (CBC/HB) ausgewertet. Grundlage bilden die 408 x 15 = 6.120 Auswahlentscheidungen der Probanden aus Tabelle 38. Aus diesen Beobachtungen werden für jeden Teilnehmer von der Sawtooth-Software normierte Teilnutzenwerte für alle Merkmalsausprägungen geschätzt.[502] Abbildung 47 zeigt das Ergebnis dieser Schätzung.

Durch die Analyse der Nutzenverläufe kann ein Rückschluss auf den Gesamtnutzen der Eigenschaftenausprägung für die verschiedenen Kundengruppen getroffen werden. Je größer die Spannweite der Nutzeneinheiten (NE) ist, umso wichtiger ist den Probanden die Merkmalsauprägung. Dies zeigt sich besonders an der Eigenschaft Reichweite, welche mit einer Spannweite von 126 NE für alle Probanden (Kurve Gesamt) die größte Sensitivität aufweist. Der Verlauf der Nutzenfunktionen impliziert, dass für die Probanden Reichweiten ab 200 km nutzenstiftend wirken. Interessanterweise ist Frauen (109 NE) die Reichweite weniger wichtig als Männern (136 NE). Damit ist die Reichweite den hier befragten Probanden sogar wichtiger als der Kaufpreis (93 NE). Der Kaufpreis ist den unterschiedlichen Kundengruppen ähnlich wichtig. Kaufpreise über 30.000 EUR weisen für das hier untersuchte C/D-Segment jedoch einen negativen Nutzen auf. Die Teilnutzenverläufe der Eigenschaft Lade-/Tankzeit stellen mit einer Spannweite von 73 NE für alle Probanden die drittwichtigste Eigenschaft dar. Ladezeiten von rund 30 min sind für alle Probanden noch akzeptabel. Höhere Ladezeiten senken den Nutzen signifikant, wobei Frauen (82 NE) die Ladezeit wichtiger ist als Männern (67 NE). Bei der Analyse der Verbrauchskosten fällt auf, dass die Probanden eine geringe monatliche Belastung sehr zu schätzen wissen. Verbrauchskosten von über 100 EUR/Monat werden nachteilig bewertet. Interessanterweise sind den Probanden aus Leipzig die TtW-CO_2-Emissionen des Fahrzeugs mit 102 NE verglichen mit denen aus Hamburg (59 NE) besonders wichtig. CO_2-Emissionen von unter 100 g CO_2/km werden von den Probanden als Mehrnutzen wahrgenommen. Bei der Höchstgeschwindigkeit werden 130 km/h als ausreichend bewertet. Höhere Geschwindigkeiten steigern den Nutzen bei allen Probanden nicht sonderlich. Die Beschleunigung eines Fahrzeugs ist Frauen (9 NE) weitaus weniger wichtig als Männern (22 NE).

Generell lässt sich feststellen, dass die relative Wichtigkeit der Eigenschaftenausprägungen für die unterschiedlichen Kundengruppen und in verschieden Städten trotz der oben diskutierten Unterschiede sehr homogen verläuft.

---

[501] Kreyenberg, Wind, et al. (2013).
[502] Für nähere Hinweise zur Berechnung siehe Sawtooth (2009).

5.2 Die Conjoint-Analyse

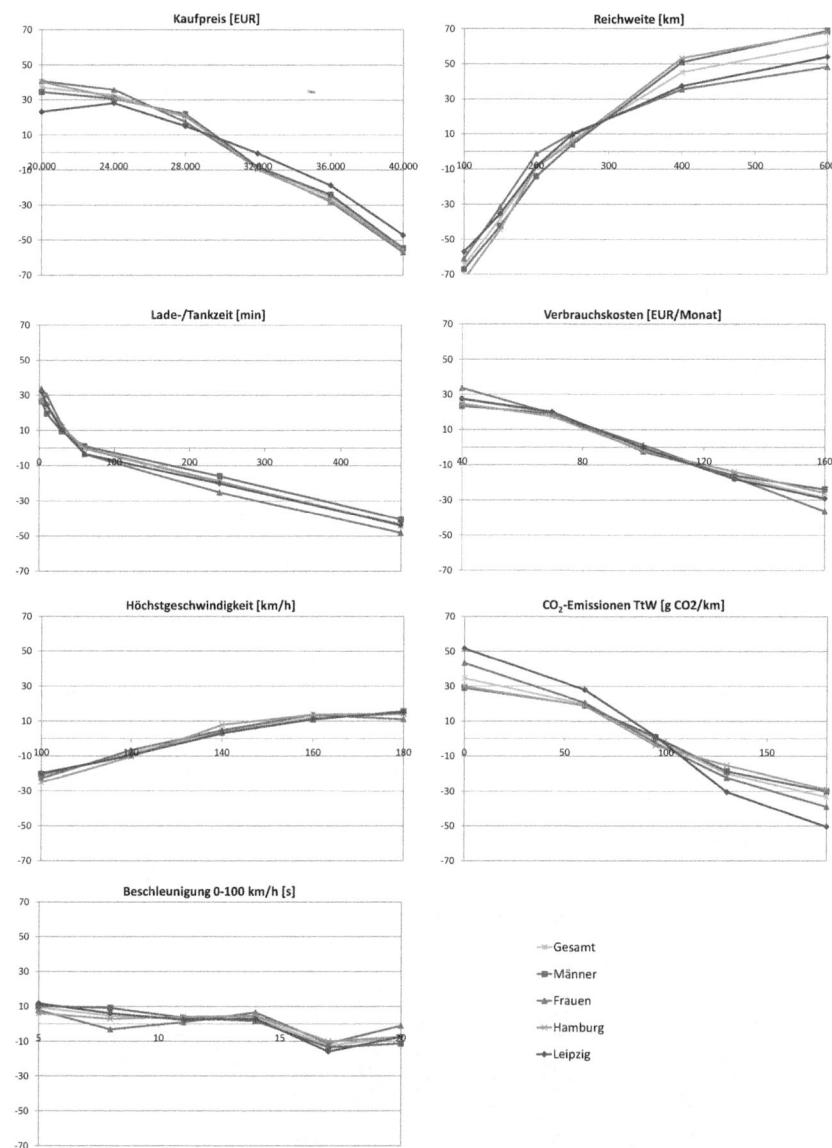

Abbildung 47: Normierte Teilnutzenwerte verschiedener Kundengruppen[503]

---

[503] Die genauen Zahlenwerte der Berechnung sind im Anhang (Tabelle 53) ersichtlich. Rescaling Method: Zero-Centered-Diffs

Kundenspezifische relative Wichtigkeit der Eigenschaftenausprägung

Die Analyse der relativen Wichtigkeit wurde bereits oben vordiskutiert, jedoch noch nicht vollständig für die hier näher untersuchten Kundengruppen dargestellt. Abbildung 48 zeigt diesen Vergleich. Dabei wird zusätzlich zu den in Abbildung 47 dargestellten Kundengruppen noch die relative Wichtigkeit der Kundengruppe Frankfurt und die der 31- bis 45-jährigen bzw. 46- bis 65-jährigen Probanden dargestellt, da in diesen Altersklassen die Pkw-Neuwagenkäufer zu erwarten sind.

Die Reichweite wurde von allen Kundengruppen als die wichtigste Eigenschaft der für diese CBC-Analyse ausgewählten Pkw-Eigenschaften ausgemacht. Dicht dahinter liegen der Kaufpreis und die Lade-/Tankzeit der Fahrzeuge. Diese drei Eigenschaften bestimmen die relative Wichtigkeit zu über 50 Prozent. Verbrauchskosten und CO_2-Emissionen kommen zusammen auf eine relative Wichtigkeit von rund 25 Prozent. Die Höchstgeschwindigkeit und die Beschleunigung spielen eine untergeordnete Rolle. Geschlechtsspezifische Unterschiede zwischen Männern und Frauen ergeben sich in den folgenden Punkten: Den hier untersuchten weiblichen Probanden ist die Reichweite weniger wichtig als den männlichen Probanden. Demgegenüber sind ihnen der Kaufpreis, die Verbrauchskosten und die CO_2-Emissionen wichtiger als den Männern. Diesen ist wiederum die Beschleunigung und die Höchstgeschwindigkeit wichtiger. Die altersspezifischen Unterschiede zwischen den 31- bis 45-Jährigen und den 46- bis 65-Jährigen sind verglichen mit geschlechtsspezifischen marginal. Den 31- bis 45- Jährigen ist die Reichweite geringfügig wichtiger, hingegen reagieren sie weniger sensitiv auf den Kaufpreis.

Im Städtevergleich haben die Probanden aus Leipzig den geringsten Anspruch (20 Prozent) an die Reichweite der Fahrzeuge. Ihnen sind jedoch die CO_2-Emissionen mit 19 Prozent im Vergleich zu den 13 Prozent der Probanden aus Frankfurt besonders wichtig. Signifikante Unterschiede ergeben sich auch im Kaufpreis, welcher den Leipziger Probanden mit 16 Prozent weniger wichtig ist als den Frankfurter Probanden mit 20 Prozent. Genauere Ursachen dieser Effekte wurden nicht untersucht, sie werden jedoch in der nachfolgenden kritischen Diskussion wieder aufgegriffen.

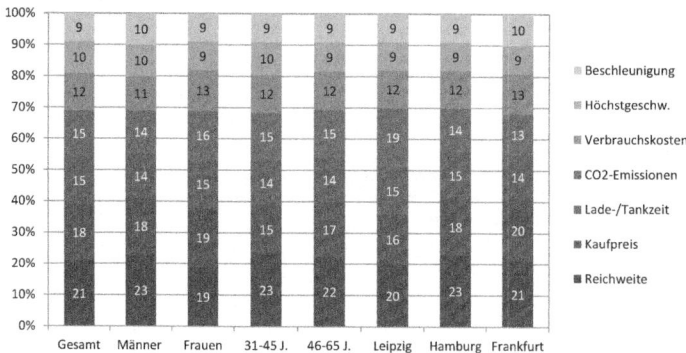

Abbildung 48: Relative Wichtigkeit der Fahrzeugeigenschaften[504]

---

[504] imug (2011).

Kritische Diskussion der Ergebnisse

Aus dem hier aufgesetztem Untersuchungsdesign der CBC-Analyse ergeben sich eine Reihe von Unsicherheiten, die im Folgenden diskutiert werden:

1. In der Realität bieten sich den Kunden in der Regel mehr und weitaus differenziertere Pkw-Optionen als die hier angebotenen Fahrzeuge der CBC-Analyse (vgl. Abbildung 46). Ob die weinigen dort präsentierten Stimuli den Idealprodukten der Teilnehmer entsprochen haben, bleibt unbeantwortet. Die Teilnehmer mussten im Verlauf des Experiments 15-mal aus einem ähnlichen Choice-Set eine Auswahl treffen. Das hat in der Vergangenheit bei ähnlichen Untersuchungen zu Ermüdungserscheinungen bzw. zu sehr schnellen Antworten der Befragten geführt, was wiederum darauf schließen lässt, dass sich die Befragten nach einer Weile auf einige wenige Produktmerkmale bei ihrer Entscheidung konzentrieren.[505] Ob die hier festgestellte Homogenität im Entscheidungsverhalten unter den verschiedenen Kundengruppen der Realität entspricht oder ob sie aus dem eben beschriebenen Untersuchungsdesign (Reihenfolge und Anzahl der Fragen, Konzentration auf wenige Eigenschaften bei den Probanden) entstanden ist, kann hier nicht abschließend beurteilt werden.

2. Die Befragung wurde werktags im November 2011 durchgeführt. Sie gibt also eine Momentaufnahme des Kenntnisstands der Befragten in dieser Zeit wieder. Die Probanden wurden mehr oder weniger zufällig in der Fußgängerzone angesprochen. Hier sind tages- und wochenzeitabhängig Unterschiede in der soziodemografischen Frequentierung in den Fußgängerzonen zu erwarten. Ferner ergeben sich bei einer Bewertung in der Zukunft liegenden Pkw-Antriebe gewisse Unsicherheiten, wenngleich in 5.1.1. gezeigt wurde, dass sich die Gewichtung von Kriterien bei Neuwagenkäufern von 2004 bis 2014 kaum verändert hat. Der Wohnort der Probanden wurde nicht erfragt. Somit kann auch keine Auswertung der Teilnutzwerte der Probanden auf Gemeindegröße gemacht werden.

3. Die zu erwartende Einschränkung durch die noch fehlende bzw. noch nicht flächendeckende Infrastrukturabdeckung konnte methodenbedingt nicht bewertet werden. Indirekt wurde diese Einschränkung wahrscheinlich bei den Kunden durch ihre Anforderungen an die Reichweite und Lade-/Tankzeit mit bewertet.

Inwieweit die hier angestellten CBC-Analysen mit einer realen Kaufentscheidung verglichen werden kann, bleibt unter Anbetracht der obigen Überlegungen fraglich. Murtaugh und Goldwin kommen zu dem Schluss, dass sich Pkw-Käufer vor dem Kauf erst mit der Fahrzeuggröße, dann mit dem Einsatzzweck und danach mit dem Verkaufspreis auseinandersetzten. Abschließend wird noch die Frage nach dem Fabrikat geklärt.[506] Diese These bestätigt auch Schühle in seiner Doktorarbeit, wo er den Hersteller, die Antriebsart und die Leistung der Pkw mit in seine Untersuchung einbezieht. Je nach Kundencluster sind diese hier nicht untersuchten Eigenschaften sehr relevant für die potenziellen Käufer.[507] Die Ergebnisse einer CBC-Analyse korrelieren stark mit der Anzahl und Relevanz der angebotenen Eigenschaften. Bei Hinzunahme und Entfernung von Eigenschaften kann das Ergebnis signifikant unter-

---

[505] Vgl. Teichert (2001), S. 241ff.
[506] Vgl. Schühle (2014), S. 33f.
[507] Vgl. Schühle (2014), S. 198. Relative Wichtigkeit Cluster 3 (Zweckorientierte Kunden): Hersteller: 27 %, Leistung: 19 % und Antriebsart 13 %.

schiedlich ausfallen, was besonders bei der Modellierung von Kaufentscheidungen bzw. Marktanteilen berücksichtigt werden sollte.

5.3 Bestimmung des Kundennutzens der alternativen Antriebe

Üblicherweise wird mit den Ergebnissen der CBC-Analyse die Diffusion bzw. der Marktanteil neuer, noch nicht am Markt befindlicher Produkte berechnet.[508] Dieses ist nicht Fokus der Arbeit und bedarf weiterer Analysen wie die Ausführungen der kritischen Diskussion der CBC-Analyse gezeigt haben. Stattdessen wird im Folgenden der Nutzwert der in Kapitel 2 und 3 definierten Fahrzeuge anhand der normierten Teilnutzenwerte aller Probanden aus Abbildung 47 bestimmt (Vgl. Abbildung 49). Fahrzeugeigenschaften und -ausprägungen, die über die dort erhobenen Nutzwerte hinausgehen, wurden abgeschnitten, da diese Nutzwerte nicht erhoben wurden. Das war insbesondere beim Kaufpreis von REEV (43.426 EUR) und FCEV (55.777 EUR) im Jahr 2015 nötig, weil diese Werte über den hier erfragten 40.000 EUR liegen. Weiterhin liegt die Höchstgeschwindigkeit von ICE-G mit 190 km/h geringfügig höher als die hier abgefragten 180 km/h. Ferner wird unterstellt, dass sich die normierten Teilnutzen der Befragung und damit die Präferenz der Kunden aus dem Jahre 2011 nicht verändert und somit auf die Jahre 2015 und 2025 übertragen lässt.

Abbildung 49 zeigt, dass der Nutzwert von PHEV, REEV und BEV durch den hohen Kaufpreis, die geringe Reichweite und die langen Ladezeiten deutlich geringer ist im Vergleich zu ICE-G und ICE-D, welche für das Jahr 2015 den höchsten Nutzwert aufweisen. Dieses Ergebnis bestätigt den in 2.2.1 dargestellten hohen Anteil an Neuzulassungen von ICE-D in Deutschland. Der Nutzwert von FCEV ist, bis auf den hohen Kaufpreis, im Jahr 2015 schon sehr hoch. Dieser dürfte durch die noch lückenhafte H$_2$-Infrastruktur, welche methodenbedingt nicht untersucht werden konnte, in der Realität jedoch geringer ausfallen.

Bei PHEV, REEV und BEV passen die geringen Nutzwerte der Fahrzeuge aus Abbildung 49 zu den bisher sehr zurückhaltenden Verkaufszahlen dieser Fahrzeuge. FCEV sind bis heute noch nicht in größerer Stückzahl am Markt erhältlich, weshalb ihr Markterfolg nicht bewertet werden kann. Das hier dargestellte Ergebnis deutet aber darauf hin, dass FCEV einen sehr hohen Nutzwert aufweisen, ungeachtet der oben beschriebenen Restriktionen durch die Infrastrukturabdeckung und eventuellen Vorbehalte der Kunden gegenüber dieser Technologie.

Die Ergebnisse zeigen damit deutlich, dass BEV, PHEV und REEV heute (2015) für die hier befragte Kundengruppe noch nicht wettbewerbsfähig sind. Um sie dennoch erfolgreich am Markt abzusetzen und ihren Markthochlauf zu unterstützen, sind grundsätzlich zwei Optionen denkbar:

1. Der gezielte Einsatz dieser Fahrzeuge von Kundengruppen, bei denen der Kundennutzen von Natur aus höher ist, weil sie andere Ansprüche an einen Pkw stellen als Privatkunden. Dieses können beispielsweise Flottenkunden mit täglichen Fahrtlängen innerhalb der elektrischen Reichweite und einer Lademöglichkeit auf dem Betriebshof sein. Die Bewertung dieses Kundenpotenzials ist nicht Gegenstand dieser Arbeit. Diese Kundengruppen sollten aber in zukünftigen Forschungen unbedingt berücksichtigt werden.[509]

---

[508] Vgl. Rudolph (2015), Struwe (2010) und Schühle (2014).
[509] Erste Ergebnisse finden sich bei Gnann, Plötz, et al. (2014) und Hacker, Waldenfels, et al. (2015).

5.3 Bestimmung des Kundennutzens der alternativen Antriebe 177

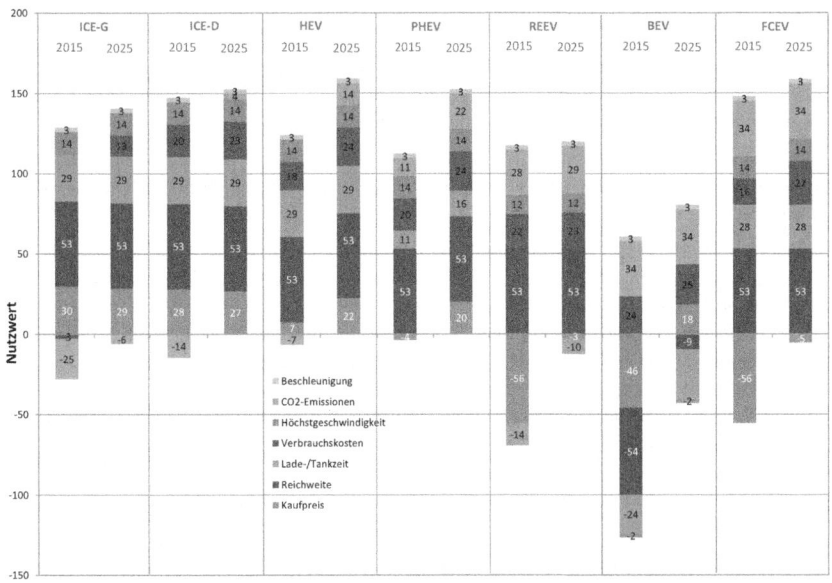

Abbildung 49: Kumulierter Kundennutzen[510]

2. Eine Erhöhung des Kundenutzens bei Privatkunden durch einen gezielten Nachteilsausgleich von Kaufpreis und Ladezeit. Das kann durch eine Kaufpreisincentivierung und/oder der Möglichkeit einer schnelleren Ladung der Batterien durch höhere Stromstärken bzw. der Ladebetriebsart Gleichstromladung erfolgen. Diese Optionen werden im nächsten Kapitel mit dem für diese Arbeit entwickelten Modell untersucht. Das Ziel dabei ist zu identifizieren, wie der Kundennutzen von PHEV, REEV und BEV schon heute auf ein Niveau gehoben werden kann, sodass diese Fahrzeuge für die hier untersuchte Kundengruppe von Interesse sind.[511]

Bis zum Jahr 2025 verbessert sich der Nutzwert aller hier untersuchten Antriebe, weil der Anschaffungspreis sinkt, die Effizienz steigt und die Reichweite sich vergrößert. HEV, PHEV, ICE-G und FCEV sind dann die Antriebe mit dem höchsten Nutzwert, vorausgesetzt die bis dahin schon im mehrstelligen Millionenbereich abgesetzten Stückzahlen der alternativen Antriebe aus Abbildung 24 (und die damit verbundene Kostendegression des Antriebstrangs) werden erreicht. HEV punkten hier vor allem durch ihre hohe Reichweite (500 km), den relativ niedrigen Anschaffungskosten (27.250 EUR) und den dann immer noch akzeptablen TtW-CO_2-Emissionen (70 gCO_2/km). FCEV sind bis 2025 sogar nach HEV zusammen mit ICE-D die Antriebe mit dem zweithöchsten Nutzwert.

---

[510] Eigene Berechnung aus Tabelle 46 bis Tabelle 52 und Abbildung 47. Zwischenwerte linear interpoliert.
[511] Dabei werden u. a. die folgenden Stellhebel bewertet: Kaufpreisincentivierung, Mineralölsteueranpassung, Schnellladung.

5.4 Zusammenfassung und Diskussion der Forschungsfragen

In diesem Punkt werden die Untersuchungsergebnisse des Kapitels noch einmal zusammenfassend dargestellt. Dabei werden die Forschungsfragen aus dem Beginn des Kapitels wieder aufgenommen und in Form von Stichpunkten beantwortet.

1. *Nach welchen Kriterien werden Pkw gekauft und welcher Nutzen ergibt sich aus den Pkw-Eigenschaften für den Käufer?*

   - Der hier dargestellte Zusammenhang zwischen den Nutzenebenen (funktionale/ rationale, ökonomische, ökologische, emotional- und soziale Ebene) eines Pkw und den Bewertungskriterien der Neuwagenkäufer zeigt die Komplexität von Entscheidungsvorgängen beim Kauf eines Pkw. Das Kosten-Nutzen-Verhältnis und die Zeitersparnis scheint den Neuwagenkäufern besonders wichtig zu sein. Obwohl dieses Ergebnis zu erwarten war, zeigt es aber auch, dass die Eigenschaften, womit die alternativen Antriebe in Verbindung gebracht werden (Fahrspaß, Umweltverträglichkeit, Status), den Neuwagenkäufern derzeit noch weniger wichtig sind. Das bestätigt auch die hier durchgeführte CBC-Analyse, wobei die Einschränkungen durch die Reichweite und die Lade-/Tankzeit sowie der hohe Preis von den Kunden mit Abstand als die größten Nachteile bewertet wurden.

   - Bei der Analyse der Early Adopter (Privatkunden) der alternativen Antriebe fällt auf, dass sich der Verkauf bisher besonders auf eine Käufergruppe konzentriert hat. Diese war vorwiegend männlich, Mitte 50, vollzeit-berufstätig, in Klein- oder mittleren Städten lebend, mit einer Pkw-Laufleistung > 10.000 km/a und einem überdurchschnittlichen Bildungs- und Einkommensniveau. Interessanterweise sind in dieser Kundengruppe auch in der Schweiz und den USA die Early-Adopter-Privatkunden der alternativen Antriebe zu finden.

2. *Wie lässt sich der Kundennutzen der verschiedenen alternativen Antriebssysteme messen, und welche Unsicherheiten ergeben sich durch das Erhebungsdesign?*

   - Die hier durchgeführte CBC-Analyse hat den Vorteil, dass der Proband bewusst in das Dilemma geführt wird, bei dem es kein Produkt zu seiner vollsten Zufriedenheit auf dem Markt gibt. Dieses würde nämlich entweder zu teuer sein oder zu wenig seine Erwartung an eine bestimmte Eigenschaftenausprägung (beispielsweise Reichweite) erfüllen. Bei der CBC-Analyse wird aus den empirischen Gesamturteilen der Probanden die relative Wichtigkeit der einzelnen Eigenschaften und ihrer Ausprägung ermittelt. Aus dieser Untersuchung lassen sich im Ergebnis die folgenden Mindestanforderungen an die alternativen Antriebe ablesen: Kaufpreis: < 30.000 EUR, Reichweite: > 200 km, Lade-/Tankzeit: < 1 h, Verbrauchskosten: < 100 EUR/Monat, CO_2-Emissionen: < 100 gCO_2/km, Höchstgeschwindigkeit: mindestens 130 km/h, Beschleunigung: < 15 s von 0 bis 100 km/h. Ist eines dieser Kriterien nicht erfüllt, muss dieser Nachteil, wenn möglich, durch einen Zusatznutzen (zum Beispiel kostenloses Parken) wieder ausgeglichen werden.

   - Eine große Unsicherheit geht davon aus, dass die Probanden ein Produkt bewerten, was sie in ihrer Einschränkung noch nicht erfahren haben. Das erfordert beträchtli-

5.4 Zusammenfassung und Diskussion der Forschungsfragen

chen Anspruch an die Befragten, da diese sich in eine(n) hypothetische(n) Welt bzw. Markt versetzen müssen. Zudem ist der Satz der angebotenen Alternativen oft kleiner als in der Realität, was zu unrealistischen Entscheidungssituationen und damit verzerrten Entscheidungsverhalten führen kann.[512]

3. *Welche Antriebsarten weisen unter welchen Rahmenbedingungen den höchsten Kundennutzen auf?*

- Die hier angestellten Untersuchungen basieren auf der Befragung von 408 Privatkunden im C/D-Segment, unterschiedlichen Alters und an verschiedenen Orten in Deutschland. Die Erwartungen dieser Kunden an ein Fahrzeug erscheinen sehr homogen. Die Ergebnisse zeigen deutlich, dass BEV, PHEV und REEV heute (2015) für die hier befragte Kundengruppe noch nicht wettbewerbsfähig sind, was vor allem an dem hohen Kaufpreis, der geringen Reichweite und den langen Ladezeiten liegt.

- Anhand der Präferenzurteile der hier befragten Kunden haben HEV heute und zukünftig ein sehr hohes Potenzial. Bis zum Jahr 2025 punkten diese vor allem durch ihre hohe Reichweite (500 km), den relativ niedrigen Anschaffungskosten (27.250 EUR) und den dann immer noch akzeptablen TtW-CO_2-Emissionen (70 gCO_2/km). FCEV weisen in dieser Analyse einen von Beginn an sehr hohen Kundennutzen auf. In der Realität steht diesem aber der hohe Kaufpreis und die noch lückenhafte H_2-Infrastruktur entgegen.

4. *Weiterer Forschungsbedarf*

- Bisher erst in den Anfängen erforscht ist die Frage, wie hoch die Reichweite oder die Infrastrukturabdeckung sein muss, um den Kundennutzen für eine Käufergruppe so zu gestalten, dass am Ende der Pkw auch gekauft wird. In diesem Zusammenhang kann auch die Integration von Zusatznutzen (zum Beispiel durch Mobilitätspakete, welche den Käufern von BEV Zugriff auf einen Pkw mit Verbrennungsmotor für Langstrecken gibt) den Kundennutzen erhöhen. Forschungen zum Mobilitätsverhalten von Pkw-Fahrern in Deutschland von Chlond et al. belegen, dass im Durchschnitt ein Pkw nur an 13,3 Tagen/a mehr als 100 km fährt.[513]

- Aufbauende Kundennutzenuntersuchungen mit erhöhter Fallzahl und mehreren Subgruppen (zum Beispiel Flottenkunden oder Zweitwagenkunden) sind künftig wünschenswert, um eine breitere und differenziertere Sicht auf die Kunden von alternativen Antrieben zu erlangen. So kommt Schühle in seiner Doktorarbeit bei ähnlichem Untersuchungsdesign auf eine elektrische Mindestreichweite von 350 km bei BEV, während in dieser Untersuchung 200 km als ausreichend befunden wurde.[514] In diesen Untersuchungen sollte auch die Validität der Ergebnisse mittels geeigneter Gütemaße bestimmt werden.

---

[512] Vgl. Axhausen und Sammer (2001), S. 5.
[513] Vgl. Chlond, Weiss, et al. (2014).
[514] Vgl. Schühle (2014), S. 188f.

- Aktuell diskutierte Maßnahmen wie der Aufbau einer flächendeckenden Ladeinfrastruktur (AC, DC) oder die Maßnahmen des Elektromobilitätsgesetz der Bundesregierung: Ausweisen von Parkflächen und Ermäßigungen oder kostenbefreites Parken und die Freigabe von sonst beschränkten Fahrspuren (Busspuren) oder das Zulassen von Straßen mit Durchfahrtverbot[515] sollten vor ihrer Einführung auf den Kundennutzen überprüft werden.

---

[515] DeutscherBundestag (2014), § 3 Bevorrechtigungen.

6 Modellentwicklung und Bewertung der Modellergebnisse

Forschungsfragen:

1. *Wie können die vorher beschriebenen technischen, ökonomischen und sozialen Einflussparameter, die auf die alternativen Antriebe wirken, in ein Modell integriert werden, um deren Wechselwirkungen zu untersuchen?*
2. *Welchen Einfluss haben veränderte Fahrzeugparameter (zum Beispiel Energiedichte und Kosten von Batterien, Einsatz von Kohlefaser als Chassis) auf die Bewertungsgrößen des Modells?*
3. *Welchen Einfluss haben veränderte externe Umfeldparameter (zum Beispiel Kraftstoffpreise, Kaufpreisincentivierung, Schnellladeinfrastruktur) auf die Bewertungsgrößen des Modells?*

6.1 Modellentwicklung

Das im Folgenden beschriebene Modell wurde für zwei Anwendungsbereiche konzipiert: Zum einen soll das Modell helfen, die optimale Auslegung der alternativen Antriebe, noch vor der Entwicklung, zu simulieren, und zum anderen soll es in der Lage sein, diverse Forschungsfragen zur Markteinführung der alternativen Antriebe durch die Veränderung von Fahrzeug- und externen Umfeldparametern zu beantworten.

In den vorherigen Kapiteln wurden die vier Bewertungsgrößen TCO, WtW-Energieeffizienz, WtW-CO_2-Emissionen und der Kundennutzen für die Charakterisierung der alternativen Antriebe ausführlich analysiert, beschrieben und auf ihre Eignung zur Technologiebewertung diskutiert. Sie werden nun in ein Modell (TECK-Modell) integriert. Die genauen In- und Output-Parameter der Modellentwicklung sind im Anhang dargestellt (vgl. Tabelle 54). Der Erkenntnisgewinn durch die Anwendung des Modells entsteht in der Kombination der verschiedenen Einflussparameter unter Berücksichtigung derer Wechselwirkungen. Einige der Input-Parameter beeinflussen die Bewertungsgrößen in mehr oder weniger starker Abhängigkeit. Zu Ihnen zählt zum Beispiel der Kraftstoffverbrauch der Fahrzeuge, welcher sich auf die TCO, die Energieeffizienz, die CO_2-Emissionen und indirekt auch auf den Kundennutzen auswirkt. Der Bruttolistenpreis, welcher über die Herstellkosten modellendogen stark mit der produzierten Stückzahl korreliert, hat wiederum auch einen Einfluss auf den Kundennutzen der Fahrzeuge.[516]

Grundsätzlich besteht die Möglichkeit, die vier Bewertungsgrößen zu einer oder zwei Größen zusammenzufassen. Das könnte zum Beispiel der Kundennutzen im Verhältnis zu den TCO [in NE/EUR] sein. Diese Relation müsste aus Kundensicht so groß wie möglich sein, wenn man unterstellt, dass der Kunde das Fahrzeug wählt, das ihm den meisten Nutzen für das wenigs-

---

[516] Vgl. die Untersuchungen in 3.3.1 Berechnung der Fahrzeugkosten und 5.2.3 Ergebnisse der Choice-Based-Conjoint-Analyse

te Geld bietet. Eine weitere Kennzahl könnten die WtW-CO_2-Emissionen im Verhältnis zu den TCO [in gCO_2/EUR] sein. Hier wäre aus Sicht besonders umweltbewusster Kunden ein möglichst kleines Verhältnis wünschenswert. Da das TECK-Modell aber nicht für eine zentrale Fragestellung (beispielsweise die Kaufentscheidung der Kunden) entwickelt wurde, wird hier im weiteren von dieser Art von Zusammenführung der Bewertungsgrößen abgesehen.

6.1.1 Technische Umsetzung

Das TECK-Modell existiert in zwei Varianten. Die erste Variante ist eine im C++ Builder der Firma Embarcadero programmierte Software mit einer grafischen Benutzeroberfläche (GUI). Die technische Umsetzung der Software erfolgte von zwei Studenten unter Anleitung des Autors. Die zur Erstellung der Software verwendete C++-Programmiersprache hat den Vorteil, dass sie als offener Standard sehr vielseitig einsetzbar ist und zum Beispiel Schnittstellen zu MS-Visual-Studio besitzt. Für eine ausführliche Dokumentation der programmiertechnischen Hintergründe wird hier aus Gründen der Übersichtlichkeit auf die Arbeit von F. Israel verwiesen.[517] Die C++-Software kann auf mehreren Rechnern betrieben werden, welche alle auf den gleichen, autorisierten Datensatz zugreifen. Dieser Datensatz kann auch mit einer SQL-Datenbank verwaltet und ständig aktualisiert werden. Diese Variante des TECK-Modells soll vorrangig in der Fahrzeugvorentwicklung eingesetzt werden.

Die zweite Variante ist ein vom Autor in MS-Excel umgesetztes Modell, welches auch als Vorlage für die C++-Programmierung oben gedient hat. Diese Variante ist flexibler, weil nicht alle Berechnungs- und Auswertungsschritte bei veränderten Fragestellungen im Quellcode der Embarcadero-Software angepasst werden müssen. Beide Varianten berechnen ihre Ergebnisse nach den in Tabelle 54 dargestellten In- und Output-Parametern.

Ablaufschema

Die in Tabelle 54 (Anhang) dargestellten Formeln und Berechnungsschemata werden nun in das Modell integriert. Dabei findet eine Unterteilung in Fahrzeug-Parameter (Abbildung 50, links) und externe Parameter (Abbildung 50, rechts) statt, da diese in der weiteren Analyse getrennt voneinander verändert werden sollen. In der Mitte der Abbildung sind die vier Ergebnisparameter zu sehen. Die Abbildung zeigt schematisch (blaue gestrichelte Linie), wie mithilfe des Modells ein Fahrzeug sukzessive von den technischen Parametern über die Kosten „aufgebaut" und in der Fahrzeug-Datenbank abgelegt wird, bevor dann zum Beispiel eine TCO-Berechnung vorgenommen werden kann (rote gestrichelte Linie). Die Modellstruktur und Berechnungsschritte wurden vom Autor erdacht. Ebenso erfolgte die Befüllung der für diese Arbeit relevanten Daten in die Datenbanken und Module des Modells ausschließlich durch den Autor.

Das Modell wird aus den folgenden vier zentralen Datensätzen/Modulen gespeist:

Fahrzeug-Datenbank: In dieser Datenbank sind die zu untersuchenden Fahrzeuge in ihren technischen und Kostenparametern beschrieben. Wahlweise kann dort auch ein Fahrzeug „aufgebaut" werden. Dabei wird es im ersten Schritt anhand seiner technischen Parameter (Antriebsart, Leistung, Gewicht, Verbrauch etc.) definiert, um dann seine Kosten auf Grundlage der Komponentenkosten aus der EU-Coalition-Studie und den hier angestellten Überlegungen zur 2-Faktor-Erfahrungskurve zu bestimmen. Neben allen der hier zugrundelie-

---

[517] Zur Dokumentation der TECK-Softwareentwicklung siehe Israel (2012).

6.1 Modellentwicklung

den EUCAR-V4-Referenz-Fahrzeuge sind in der Fahrzeug-Datenbank auch aktuelle und real am Markt erhältliche Fahrzeuge geführt.

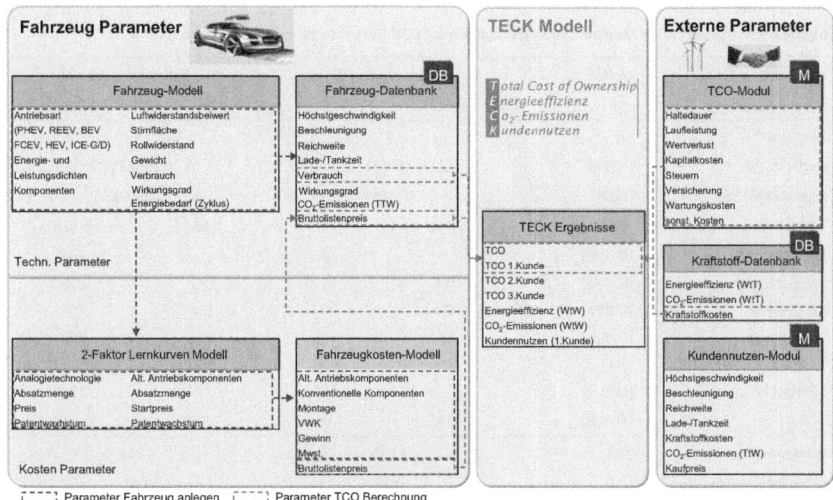

Abbildung 50: Vereinfachtes Ablaufschema des TECK-Modells

TCO-Modul: In diesem Modul werden alle für die TCO relevanten Kostenarten wie der Wertverlust, die Kapitalkosten, Steuern, Versicherung und die Wartungs- und Reparaturkosten anhand der in den vorherigen Kapiteln erarbeiteten Formeln berechnet. Grundlage bilden die technische Beschreibung und der BLP der Fahrzeuge aus der Fahrzeug-Datenbank. Ferner können hier die Zinsen, die Laufleistung oder die Haltedauer der Fahrzeuge variiert werden.

Kraftstoff-Datenbank: Hier sind alle Kraftstoffoptionen aus dem aktuellen WtT-Teil der JEC-Studie geführt, welche auch für diese Arbeit zugrunde liegen.[518] Die Kraftstoffe sind dort, wie in Tabelle 33 zu sehen ist, anhand ihres bei der Herstellung anfallenden kumulierten Energieaufwands und ihrer THG-Emissionen beschrieben. Zusätzlich sind in der Kraftstoff-Datenbank Prognosen zur Preisentwicklung der Kraftstoffe hiterlegt.

Kundennutzen-Modul: In diesem Modul wird der Nutzwert der Fahrzeuge aus der Fahrzeug-Datenbank inklusive den im TCO-Modul beschriebenen Rahmenbedingungen sowie der Kraftstoffpreise aus der Kraftstoff-Datenbank bestimmt. Grundlage bilden die normierten Teilnutzwerte der 408 befragten Probanden aus Kapitel 5.

Modellevaluation

Üblicherweise dient die Modellevaluation der rückblickenden Wirkungskontrolle der generierten Modellergebnisse, um ein Verständnis der Gültigkeitsgrenzen des Modells zu erlan-

---
[518] JEC (2014a).

gen. Anhand der Evaluationsdaten können die untersuchten Prozesse anschließend angepasst und optimiert werden. Nachfolgend werden einzelne Berechnungsmodule des TECK-Modells auf ihre Vergleichbarkeit mit ähnlichen Datensätzen geprüft.

Tabelle 39: Vergleich ADAC-Autokostendatenbank mit TECK-Berechnungen für das Jahr 2015

Parameter	Einheit	VW e-Golf (85 kW)		VW Golf 1,6 TDI (81 kW)	
		ADAC [a]	TECK [b]	ADAC [a]	TECK [b]
Haltedauer	[a]	4		4	
Laufleistung	[km/a]	15.000		15.000	
Bruttolistenpreis	[EUR]	34.900		24.650	
Wertverlust	[EUR/a]	5.712	4.711	4.584	3.328
Kapitalkosten	[EUR/a]		191		135
Kraftstoffkosten	[EUR/a]	744	696	972	852
Kfz-Steuern	[EUR/a]	56	0	166	166
Versicherung	[EUR/a]	1.131	350	853	350
Wartung- und Reparatur	[EUR/a]	504	900	564	1.050
Sonstige Kosten	[EUR/a]		200		200
TCO	[EUR/a]	8.147	7.048	7.139	6.081
Leergewicht [c]	[kg]	1.585		1.313	
Luftwiderstandsbeiwert [c]	[-]	0,27		0,27	
Stirnfläche [c]	[m^2]	2,19		2,19	
Rollwiderstandsbeiwert [c]	[kg]	0,007		0,01	
Verbrauch im NEFZ [c]	[kWh,l/100km]	12,7		3,9	
Energiebedarf im NEFZ [d]	[kWh/100km]	-	11,53	-	11,24
Wirkungsgrad im NEFZ [d]	[%]	-	91	-	29

[a] ADAC-Autokostenrechner: Stromkosten = 0,26 EUR/kWh, Diesel = 1,20 EUR/l. Vollkasko R4, 100 %, 500 EUR SB. Nachfüllkosten für Motoröl sowie Pauschalen für Wagenwäsche und Pflege sind Teil der Kraftstoffkosten. ADAC (2015g) und ADAC (2015i).
[b] Eigene Berechnung mit TECK-Modell. Ergänzende Annahmen: Versicherung = 150 EUR/a Haftpflicht, 200 EUR/a Vollkasko. Für Wartung- und Reparatur u. sonst. Kosten siehe Abschnitt Fixkosten in 3.1.2 Unterhaltskosten.
[c] AMS (2015).
[d] Eigene Berechnung mit dem TECK-Modell.

Tabelle 39 zeigt in einer Stichprobe den Vergleich der TCO-Berechnung mithilfe des TECK-Modells (und der dort angenommenen Basis-Parameter) mit den Daten aus der ADAC-Autokostendatenbank. Hierzu wurden mit dem TECK-Modell die $TCO_{4a,15.000km/a}^{2015}$ eines VW e-Golf und eines VW Golf 1,6 l TDI berechnet. Im Ergebnis ist der VW e-Golf bei den Berechnungen des ADAC rund 1.000 EUR/a bzw. 13 Prozent teurer als die Ergebnisse des TECK-Modells. Das liegt vor allem an dem höheren Wertverlust in den ADAC-Daten. Ferner ergeben sich große Unterschiede in den Annahmen für Versicherung und Steuern. Die Kraftstoffkosten sind auf einem vergleichbaren Niveau. Beim Vergleich des VW Golf 1,6 l TDI zeigt sich, dass auch hier ein höherer Wertverlust vom ADAC-Autokostenrechner angenommen wird als im TECK-Modell.

Das ist auf den relativ geringen Wertverlust des Toyota Prius zurückzuführen, der hier für alle TECK-Berechnungen zugrunde liegt. Da für die hier untersuchten Fahrzeuge VW e-Golf und VW Golf 1,6 l TDI noch keine statistisch signifikante Datenbasis zum Wertverlust vorliegt, wird diese Unsicherheit akzeptiert. Sensitivitätsanalysen mit alternativen Haltedauern und Reichweiten bestätigen die obigen Ergebnisse.

Der Kraftstoffverbrauch der Fahrzeuge müsste optimalerweise mit jeder Veränderung der Leistungsparameter der Komponenten (zum Beispiel Energie- und Leistungsdichte) des Antriebsstrangs neu simuliert werden. Hier wird im Weiteren vereinfachend davon ausgegangen, dass der Fahrzeugwirkungsgrad bei Änderung der Energiedichte der Batterie konstant bleibt, sodass mithilfe des minimalen Energiebedarfs im NEFZ (E_{min}) der Kraftstoffverbrauch ermittelt werden kann. Tabelle 39 (unten) zeigt wie mithilfe der Fahrzeugparameter (m, c_w, A, f_R) E_{min} für die beiden VW Golf im TECK-Modell errechnet wurde. Volkswagen macht selbst keine Angaben zum Wirkungsgrad des VW e-Golf. Der hier erreichte Wert von 91 Prozent ist jedoch sehr hoch, im Vergleich zum EUCAR-V4-BEV. Er ist nur mit Leichtlaufreifen und einer sehr langsamen Ladung ohne hohe Ladeverluste zu erzielen.

Die Berechnungen zum WtW-Energieverbrauch und der WtW-CO_2-Emissionen erfolgen im TECK-Modell analog dem Berechnungsschema der JEC-WtW-Studie.[519] Tests mit dem TECK-Modell bestätigen die dort publizierten Zahlen.

6.1.2 Einordnung, Modellgüte und Ausbaupotenziale TECK-Modell

Das TECK-Modell ist in seinem Aufbau ein Szenario-Modell, welches sich auf plausible und begründbare Annahmen stützt. Der Erkenntnisgewinn durch die Anwendung des Modells entsteht durch Kombination und Variation aktueller und zukünftiger Daten und ihres wahrscheinlichen Einflusses auf die zu prognostizierenden Größen.[520] In seiner derzeitigen Form richtet sich das TECK-Modell in erster Linie an Automobilhersteller, welche durch den Einsatz des Modells die verschieden möglichen Fahrzeugantriebe auf ihre Kunden- und Umweltwirkung noch vor der eigentlichen Fahrzeugentwicklung simulieren können. Da für die Auslegung der alternativen Antriebe noch keine Erfahrungswerte vorliegen, sollen durch die Modellanwendung Fehlentscheidungen in der Produkt- und Modellpolitik vermieden werden. Die im Weiteren vorgestellten Ausbaupotenziale wurden in der vorliegenden Version noch nicht umgesetzt, sie stellen aber weitere interessante Forschungsfelder dar, die zu einem höheren Erkenntnisgewinn führen können.

Modellgüte

Bei der Modellgüte muss in die Modellgüte der errechneten TECK-Inputparmter (zum Beispiel aus der 2-Faktor-Erfahrungskurve, dem Fahrzeugverbrauch oder der CBC-Analyse) und der Modellgüte der errechneten TECK-Bewertungsgrößen (TCO, Energieeffizienz, CO_2-Emissionen und Kundennutzen) unterschieden werden.

Für die TECK-Inputparmter wird üblicherweise am Anschluss der Modellberechnungen eine Reihe statistischer Tests durchgeführt, um die Aussagefähigkeit dieser Modelle zu überprüfen. Mit dem Bestimmtheitsmaß (R^2) und dem F-Test wurde in dieser Arbeit schon die Mo-

---

[519] JEC (2014b).
[520] Vgl. Proff, Fojcik, et al. (2014), S. 35.

dellgüte der 2-Faktor-Erfahrungskurve getestet.[521] Ähnliche Untersuchungen sind generell auch für die Ergebnisse der CBC-Analyse aus Kapitel 5 durchführbar. Hierzu wird in der Literatur der Likelihood-Ratio-Test empfohlen.[522] Diese Untersuchungen wurden hier nicht durchgeführt. Ferner wurde die Güte der errechneten Fahrzeugverbräuche bei der veränderten Fahrzeugmasse nicht untersucht. Hier sind zukünftig weitere Untersuchungen wünschenswert.

Die Modellgüte des TECK-Modells kann zukünftig durch zwei Stellhebel erhöht werden: (I) Durch das Hinzufügen weiterer Datensätze in die bestehende Modellstruktur wie Nutzenfunktionen von Flottenkunden oder weitere WtT-Kraftstoffpfade mit den dazugehörigen Kosten. (II) Die Erhöhung der Modellgenauigkeit durch realitätsnähere Berechnungen, zum Beispiel Kostenprognosen für weitere alternative Antriebskomponenten mithilfe der 2-Faktor-Erfahrungskurve oder durch die Anbindung einer Simulationssoftware für den Fahrzeugverbrauch. Die Notwendigkeit zur Erhöhung der Modellgüte zeigt sich unter anderem auch in den verschiedenen Annahmen zum Wertverlust aus Tabelle 39. Dieser hat als größter TCO-Hebel einen signifikanten Einfluss auf die Wirtschaftlichkeit der alternativen Antriebe. Hier könnte, wie in der kritischen Diskussion in 3.4 vorgeschlagen, eine differenzierte Formel als derzeit verwendet zur Restwertbestimmung von Pkw Abhilfe leisten.

Optimierungsmethoden

Die optimale Auslegung der alternativen Antriebe kann als „Multi-objective optimization problem" gesehen werden. Diese Vorgehensweise hat das Ziel, für mehrere meist konkurrierende Eigenschaftenausprägungen eine Optimum zu bestimmen. In der Luftfahrt wird damit bereits die optimale Auslegung von Flugzeugen nach den Kriterien Kosten, Reichweite, Gewicht, Kerosinverbrauch und Return on Investment (ROI) berechnet.[523]

In weiterführenden Analysen könnte mit den Datensätzen dieser Arbeit die optimale Batteriegröße unter Berücksichtigung der Tagesfahrtlänge, Verfügbarkeit und Preis von Schnellladeoptionen, dem Batteriepreis bzw. dem Batteriegewicht sowie dem Fahrzeugverbrauch bestimmt werden. Dabei sollte die Relation aus Kundennutzen und TCO so hoch wie möglich sein.[524]

6.2 Modellanwendung

Der Schwerpunkt der Modellanwendungen soll auf der Veränderung der Energiedichte und der Kosten für HE-Batterien liegen. Weiterhin sollen verschiedene externe Parameter (Kraftstoffpreise, Kaufpreisincentivierung und Kosten für Schnellladeinfrastruktur) gegenüber den Basis-Annahmen aus den vorherigen Kapiteln verändert werden. Der Untersuchungszeitraum ist heute (2015) und 2020, da in dieser Zeit der Markthochlauf erfolgen und diese Arbeit Möglichkeiten der Unterstützung aufzeigen soll. Im Folgenden wird beschrieben, warum welche Parameter in welcher Höhe (auf Basis von Literaturwerten und eigenen Annahmen) verändert werden.

---

[521] Vgl. 3.2.5 Modellanwendung und Modellergebnisse.
[522] Vgl. Günthel, Sturm, et al. (2009), S. 20.
[523] Vgl. Alfaris (2010).
[524] Für weiterführende Informationen zur Optimierung siehe Burke und Kendall (2013) und Pourabdollah (2015).

6.2.1 Basis-Parameter

Tabelle 40 zeigt die Basis-Parameter der Fahrzeuge, die von der technologischen Entwicklung von HE-Batterien betroffen sind (zum Beispiel Energieinhalt Batterie → Kosten Batterie → BLP; Energiedichte Batterie → Gewicht → Verbrauch). Ferner sind in Tabelle 40 die externen Parameter zu sehen, die in die TCO-Berechnung mit eingehen. Nicht dargestellt sind die Kraftstoffkosten (siehe dazu Tabelle 44). WtT-Energieverbrauch und CO_2-Emissionen zur Kraftstoffherstellung werden gegenüber den Annahmen aus der JRC/EUCAR/CONCAWE Studie nicht verändert. Die Nutzenfunktionen aus Kapitel 5 werden ebenfalls nicht verändert. Die Ergebnisse der TECK-Berechnung mit den Basis-Parametern zeigt Abbildung 51.

Tabelle 40: Basis-Parameter für 2015 und 2020

Parameter 2015/2020	Einheit	ICE-G	ICE-D	HEV	PHEV	REEV	BEV	FCEV
BLP [a]	[EUR]	24.889/ 25.512	25.409/ 26.048	29.782/ 28.508	31.334/ 28.972	43.426/ 34.398	38.710/ 32.357	55.777/ 35.716
Verbrauch [b]	[kWh/ 100km]	56,6/ 39,6	45,0/ 32,8	39,7/ 26,1	32,4/ 21,6	21,3/ 16,7	14,5/ 10,6	20,8/ 15,0
Batterie				HP	HE	HE	HE	HP
Energieinhalt [b]	[kWh]			1,4/ 1	3,7/ 2,7	14,9/ 11,8	17,8/ 22,1	1,4/ 1
Gewicht [b]	[kg]			34/ 26	80/ 59	165/ 95	200/ 175	34/ 26
Spez. Energiedichte [b]	[Wh/kg]			-	46/ 46	90/ 124	89/ 126	-
Ext. Parameter [c]								
Haltedauer	[a]				4			
Laufleistung	[km/a]				14.111			
Restwert	[EUR]				$RW_{t,l} = 0{,}8632^t * 0{,}9999^l * BLP$			
Zinsen	[%]				3			
Kfz-Steuern	[EUR/a]	88/48	152/152	28/26	28/28	28/24	0/0	0/0
Versicherung	[EUR/a]				350			
Wartung- und Reparatur	[EUR/km]	0,07	0,07	0,07	0,07	0,05	0,06	0,07
Haupt-/Abgasuntersuchung, Pflege, Parken	[EUR/a]				200			

[a] Eigene Berechnung aus 3.3.1 Berechnung der Fahrzeugkosten
[b] JEC (2013)
[c] Eigene Berechnung/Annahmen aus 2.2.2 Fahrleistung, 3.1.1 Fahrzeugkosten und 3.1.2 Unterhaltskosten

6.2.2 Szenarien Fahrzeug-Parameter

Im Folgenden werden die Szenarien, die für die Modellanwendung verwendet werden, beschrieben. Das Energie-Dichte-Szenario geht davon aus, dass sich die Energiedichte von HE-Batterien im Vergleich zu den Werten aus der JEC-Studie verdoppelt. Für das Jahr 2015 ergeben sich somit 178 Wh/kg bzw. 252 Wh/kg für das Jahr 2020, bezogen auf das Batteriesystem (vgl. Tabelle 41). Zukünftig könnten diese Werte zum Beispiel mit Lithium-Schwefel-Batterien erreicht werden. Mit Lithium-Schwefel-Batteriezellen werden derzeit schon Energiedichten von 350 Wh/kg erreicht. Erwartet werden sogar 400 bis 600 Wh/kg.[525] Neben der Energiedichte kann sich aber auch der Preis der Traktionsbatterien, entgegen der Prognose aus 3.2 Kostenprognosen mittels der 2-Faktor-Erfahrungskurve, verändern. Nykvist und Nilsson analysieren dazu über 80 verschiedene Veröffentlichungen zur Batteriekostenentwicklung von 2007 bis 2014 und kommen zu dem Schluss, dass bereits heute (2015) 300 USD/kWh erreicht werden.[526] Für das Batterie-Kosten-Szenario dieser Arbeit werden daher 300 EUR/kWh für 2015 und 150 EUR/kWh für 2020 angenommen. In dem Szenario Energie-Dichte + Batterie-Kosten wird beides unterstellt (vgl. Tabelle 41). Im CFK-Szenario wird angenommen, dass ein Teil der BEV-Karosserie aus CFK besteht. Mit dem Einsatz von etwa 100 kg CFK werden beim BMW i3 rund 300 kg an Gewicht eingespart.[527] Diese Gewichtseinsparung wird hier auch angenommen.

Tabelle 41: Szenarien BEV-Fahrzeug-Parameter

Fzg.	Szenario	Jahr	Batterie					Fahrzeug				
			Energie-inhalt	Gewicht	spez. Energie-Dichte	spez. Kosten	Gewicht	CD-Mode	CS-Mode	Elektr. Reichw.	BLP
			[kWh]	[kg]	[Wh/kg]	[EUR/kWh]	[kg]	[kWh,l/100km]		[km]	[EUR]
BEV	Basis[a]	2015	17,8	200	89	582	1.490	14,5	-	120	38.710
		2020	22,1	175	126	326	1.355	10,6	-	200	32.357
BEV	Energie-Dichte[b]	2015	35,6	200	178	582	1.490	14,5	-	240	38.710
		2020	44,2	175	252	326	1.355	10,6	-	400	32.357
BEV	Batterie-Kosten[c]	2015	17,8	200	89	300	1.490	14,5	-	120	32.737
		2020	22,1	175	126	150	1.355	10,6	-	200	27.729
BEV	Energie-Dichte + Batterie-Kosten[d]	2015	35,6	200	178	300	1.490	14,5	-	240	32.737
		2020	44,2	175	252	150	1.355	10,6	-	400	27.729
BEV	CFK[e]	2015	17,8	200	89	582	1.190	12,6	-	140	38.710
		2020	22,1	175	126	326	1.055	9,1	-	240	32.357

[a] Techn. Parameter aus JEC (2013). Batteriekosten aus 3.2 Kostenprognosen mittels der 2-Faktor-Erfahrungskurve. BLP aus 3.3.1 Berechnung der Fahrzeugkosten.
[b] Verdopplung der Energiedichte im Vergleich zu JEC (2013) zu gleichen Kosten.
[c] Batteriekosten fallen auf 300 EUR/kWh im Jahr 2015 und 150 EUR/kWh im Jahr 2020.
[d] Energiedichte verdoppelt sich analog [b] und Batteriekosten fallen analog [c].
[e] Leichtbau durch Einsatz von CFK -300 kg analog BMW i3 aus Wiwo (2013). Verbrauch: Eigene Berechnung aus 4.3→2015 = 9,96 kWh/100km/0,79. 2020 = 7,91 kWh/100km/0,87. Reichweite=Energieinhalt/Verbrauch.

---

[525] Vgl. Althues (2014), Brünglinghaus (2015), Gerssen-Gondelach und Faaij (2012) sowie VDMA (2014), S. 23.
[526] Nykvis und Nilsson (2015). Hier wird im Weiteren von einem Wechselkurs 1 USD = 1 EUR ausgegangen.
[527] Wiwo (2013).

6.2 Modellanwendung

Den Mehrkosten durch den Einsatz von CFK stehen Einsparungen bei der Auslegung des Antriebsstrangs gegenüber, welcher durch die Gewichtseinsparung entsprechend kleiner (bei gleicher Performance) ausgelegt werden kann. In dieser Arbeit wird davon ausgegangen, dass die Komponenten E-Motor und Batterie nicht kleiner ausgelegt werden, sodass die Gewichtseinsparungen die Reichweite erhöhen (vgl. Tabelle 41). Über die Kosten von CFK im Automobilbau wurden hier keine Studien ausgewertet. Der BLP bleibt im CFK-Szenario durch die fehlende Analyse also konstant. Hierzu sind aufbauende Untersuchungen wünschenswert. Ferner wird für Produktion und Recycling von CFK auch mehr Energie benötigt als beim Einsatz von Stahl oder Aluminium im Karosseriebau. Der Primärenergie-verbrauch für die Herstellung von Kohlefasern ist signifikant höher als bei Stahl (7x) oder Aluminiumwerkstoffen (2,5x). Das würde auch zu erheblich höheren THG- und Schadstoffemissionen in der Herstellung führen, welche sich dramatisch auf die Ökobilanz des Fahrzeugs auswirken würden.[528] Deshalb lässt BMW den energie- und kostenintensiven Teil der CFK-Chassisproduktion auch mit regenerativ erzeugtem und vergleichsweise günstigem Strom in den USA durchführen. Laut Umweltzertifikat des BMW i3 werden dadurch sogar 30 bis 50 Prozent an THG über den Lebenszyklus eingespart.[529] In dieser Arbeit werden hierzu keine weiteren Analysen vorgenommen.

Für die PHEV-Szenarien werden die gleichen Überlegungen wie die zuvor erläuterten bei BEV zugrunde gelegt. Das vordergründige Ziel der Maßnahmen ist hierbei jedoch nicht, wie bei BEV, die elektrische Reichweite zu erhöhen, sondern durch die Gewichtseinsparung den Verbrauch zu verringern, um dadurch die Batterie entsprechend kleiner auszulegen.

Tabelle 42 zeigt, wie im Energiedichte-Szenario das Gewicht der HE-Batterie um die Hälfte auf 40 kg im Jahr 2015 bzw. 30 kg im Jahr 2020 gesenkt werden kann. Durch das geringere Gewicht sinkt der Zyklusverbrauch geringfügig. Die Batterie kann dadurch auch ein wenig kleiner ausgelegt werden. Diese Maßnahme wirkt sich aber fast nicht auf den BLP aus. Der BLP kann erst durch die Annahmen im Batterie-Kosten-Szenario um vier Prozent im Jahr 2015 und zwei Prozent im Jahr 2020 gesenkt werden. Insgesamt ist aber festzustellen, dass sowohl die Verdopplung der Energiedichte als auch eine sehr optimistische Preisentwicklung von HE-Batterien keine sonderlich großen Auswirkungen auf den Verbrauch und den BLP von PHEV mit einer kleinen Reichweite (hier $R_{CD} = 20\ km$) hätten.

---

[528] Fraunhofer (2013), S. 22ff.
[529] BMW (2015). Weiterhin Verwendung von Sekundäraluminium und Produktionsstrom aus vier Windrädern.

Tabelle 42: Szenarien PHEV-Fahrzeug-Parameter

Fzg.	Szenario	Jahr	Batterie					Fahrzeug			
			Energie-inhalt	Gewicht	spez. Energie-Dichte	spez. Kosten	Gewicht	CD-Mode	CS-Mode	Elektr. Reichw.	BLP
			[kWh]	[kg]	[Wh/kg]	[EUR/kWh]	[kg]	[kWh,l/100km]	[km]		[EUR]
PHEV	Basis [a]	2015	3,7	80	46	582	1.604	9,25 / 1,5	4,49	20	31.334
		2020	2,7	59	46	326	1.458	6,14 / 0,93	3,02	20	28.972
PHEV	Energie-Dichte [b]	2015	3,6	40	92	582	1.564	9,02 / 1,46	4,38	20	31.264
		2020	2,6	30	92	326	1.428	6,01 / 0,91	2,96	20	28.934
PHEV	Batterie-Kosten [c]	2015	3,7	80	46	300	1.604	9,25 / 1,5	4,49	20	30.092
		2020	2,7	59	46	150	1.458	6,14 / 0,93	3,02	20	28.406
PHEV	Energie-Dichte + Batterie-Kosten [d]	2015	3,6	40	92	300	1.564	9,02 / 1,46	4,38	20	30.056
		2020	2,6	30	92	150	1.428	6,01 / 0,91	2,96	20	28.388

[a] Techn. Parameter aus JEC (2013). Batteriekosten aus 3.2 Kostenprognosen mittels der 2-Faktor-Erfahrungskurve. BLP aus 3.3.1 Berechnung der Fahrzeugkosten.
[b] Verdopplung der Energiedichte im Vergleich zu JEC (2013) zu gleichen Kosten. Ziel ist die Senkung des BLP bei konst. R_{CD}. Verbrauch verbessert sich um 2,5 % bzw. 2,1 % analog der Gewichtseinsparung.
[c] Batteriekosten fallen auf 300 EUR/kWh im Jahr 2015 und 150 EUR/kWh in 2020.
[d] Energiedichte verdoppelt sich analog [b] und Batteriekosten fallen analog [c].

Wird die Energiedichte von HE-Batterien verdoppelt, führt das bei den hier untersuchten REEV zu einem Batteriegewicht von 83 kg im Jahr 2015 bzw. 48 kg im Jahr 2020. Gleichzeitig kann durch das geringere Gewicht der Stromverbrauch im CD-Mode um drei Prozent im Jahr 2015 und zwei Prozent im jahr 2020 gesenkt werden. Auf den Bruttolistenpreis hat die kleinere Batterie wiederum kaum einen Einfluss. Die Senkung der Batteriekosten auf 300 EUR/kWh bzw. 150 EUR/kWh hat durch die relativ große Batterie der REEV einen großen Einfluss auf den BLP (vgl. Tabelle 43). Werden beide Szenarien kombiniert, die Energiedichte erhöht und die Kosten der Batterien gleichzeitig gesenkt, kann der BLP im Jahr 2015 um zwölf Prozent bzw. um sieben Prozent im Jahr 2020 reduziert werden. Zusammenfassend ist somit festzustellen, dass bei REEV die beinahe Halbierung der Batteriepreise eine größere BLP-Wirkung erzielen würde als die Verdopplung der Energiedichte.

Der Einsatz von CFK wird bei PHEV und REEV hier nicht berücksichtigt, obwohl mit dem BMW i3 schon ein REEV REX existiert. Der Erkenntnissgewinn würde in diesem Fall auch erst eintreten, wenn die Kosten für den Einsatz von CFK im Automobilbau näher untersucht würden und in die Berechnung mit einbezogen werden.

6.2 Modellanwendung

Tabelle 43: Szenarien REEV-Fahrzeug-Parameter

Fzg.	Szenario	Jahr	Batterie				Fahrzeug				
			Energie-inhalt	Gewicht	spez. Energie-Dichte	spez. Kosten	Gewicht	CD-Mode	CS-Mode	Elektr. Reichw.	BLP
			[kWh]	[kg]	[Wh/kg]	[EUR/kWh]	[kg]	[kWh,l/100km]	[kWh,l/100km]	[km]	[EUR]
REEV	Basis [a]	2015	14,9	165	90	582	1.673	15,23	4,54	80	43.426
		2020	11,8	95	124	326	1.481	12,0	3,54	80	34.398
REEV	Energie-Dichte [b]	2015	14,4	83	180	582	1.591	14,73	4,39	80	43.079
		2020	11,5	48	248	326	1.434	11,74	3,46	80	34.282
REEV	Batterie-Kosten [c]	2015	14,9	165	90	300	1.673	15,23	4,54	80	38.426
		2020	11,8	95	124	150	1.481	12,0	3,54	80	31.920
REEV	Energie-Dichte + Batterie-Kosten [d]	2015	14,4	83	180	300	1.591	14,73	4,39	80	38.247
		2020	11,5	48	248	150	1.434	11,74	3,46	80	31.867

[a] Techn. Parameter aus JEC (2013). Batteriekosten aus 3.2 Kostenprognosen mittels der 2-Faktor-Erfahrungskurve. BLP aus 3.3.1 Berechnung der Fahrzeugkosten.
[b] Verdopplung der Energiedichte im Vergleich zu JEC (2013) zu gleichen Kosten. Ziel ist die Senkung des BLP bei konst. R_{CD}. CD-Mode-Verbrauch Eigene Berechnung aus 4.3 →2015 = 11,98 kWh/100km/0,81. 2020 = 9,61 kWh/100km/0,82. CS-Mode: 2015 = 11,98 kWh/100km/0,31. 2020 = 9,61 kWh/100km/0,31
[c] Batteriekosten fallen auf 300 EUR/kWh im Jahr 2015 und 150 EUR/kWh im Jahr 2020.
[d] Energiedichte verdoppelt sich analog [b] und Batteriekosten fallen analog [c].

6.2.3 Szenarien externe Parameter

Im Weiteren werden drastische Veränderungen der externen Parameter vorgenommen, um ihren Einfluss auf die TECK-Bewertungsgrößen zu simulieren. Der Wahrheits- bzw. Wahrscheinlichkeitswert des Eintretens dieser Annahmen wurde dabei nicht berücksichtigt. In Tabelle 44 sind die externen Basis-Parameter und ihre extreme Veränderung in einem Pro-EV-Szenario dargestellt. Ein ContraEV-Szenario wird nicht betrachtet, weil die derzeitigen Kraftstoffpreise und fehlenden Kaufanreize in Deutschland im Basis-Szenario in der Vergangenheit schon wenig Impulse für den Markt geben konnten.

Bei Benzin- und Dieselpreisen wird davon ausgegangen, dass diese sich im ProEV-Szenario im Vergleich zu den Basisannahmen verdoppeln. Dabei ist anzumerken, dass die Kraftstoffpreise in den Basisannahmen durch den von 06/2014 bis 01/2015 andauernden massiven Einbruch des Rohölpreises im 04/2015 ca. 0,30 EUR/l günstiger waren als in Tabelle 44 dargestellt. Durch die Volatilität des Ölmarkts wird hier dennoch an den Basisannahmen für 2015 und 2020 aus 3.1.2 festgehalten. In der kritischen Diskussion wird dieser Sachverhalt wieder aufgegriffen. Bei den Strom- und Wasserstoffpreisen wird davon ausgegangen, dass die Mehrwertsteuer für diese Kraftstoffe im ProEV-Szenario erlassen wird. Diese Maßnahme hätte im ersten Schritt auch keinen Einfluss auf die Anbieter von Strom und Wasserstoff, da die Mehrwertsteuer vom Endkunden gezahlt werden muss. Allerdings müsste der Staat dann auf die Einnahmen aus der Mehrwertsteuer dieser Kraftstoffe verzichten. Um den Kundennutzen zu erhöhen, wird im ProEV-Szenario davon ausgegangen, dass eine flächendeckende

Schnellladeinfrastruktur (auch für privates Laden) zur Verfügung steht. Diese würde auch, wie in Tabelle 44 zu sehen ist, den Kunden zu keinerlei Mehrkosten überlassen werden. Die Kunden zahlen damit an allen hier untersuchten Ladebetriebsarten (vgl. Tabelle 17) den Preis in kWh wie an ihrer heimischen Steckdose. Von wem diese indirekte Subvention übernommen werden kann, wird an dieser Stelle nicht weiter ausgeführt.

Als letzte Maßnahme im ProEV-Szenario wird hier davon ausgegangen, dass der Staat eine Kaufpreisincentivierung in Form einer Neuzulassungsprämie in Höhe von 5.000 EUR für PHEV, REEV, BEV und FCEV gewährt. Diese Prämie könnte in ähnlicher Art und Weise, wie die Umweltprämie an die Entsorgung, an die Ersetzung eines Pkw mit besonders hohen CO_2-Emissioenen (beispielsweise > 150 gCO_2/km) geknüpft werden. Generell kann die Kaufpreisincentivierung auch von den Herstellern in Form eines Rabatts gewährt werden. Analog zu den Fahrzeug-Parametern werden die Externen-Parameter aus Tabelle 44 in der weiteren Analyse im ersten Schritt einzeln und im nächsten Schritt in Kombination gegenüber den Basis-Parametern verändert.

Tabelle 44: Basis-Annahmen und veränderte externe Parameter im ProEV-Szenario

Parameter	Einheit	2015		2020	
		Basis	ProEV	Basis	ProEV
Benzinpreis [a]	[EUR/l]	1,62	3,24	1,70	3,4
Dieselpreis [a]	[EUR/l]	1,46	2,92	1,54	3,08
Strompreis [b]	[EUR/kWh]	0,29	0,24	0,33	0,28
Schnellladeinfrastruktur (50 kW DC)	[EUR/kWh]	0,16-0,22	0	0,16-0,22	0
Wasserstoffpreis [b]	[EUR/kg]	11,8	9,92	7,8	6,55
Kaufpreisincentivierung	[EUR]	Keine	5.000	Keine	5.000

[a] Verdopplung der Preise im ProEV-Szenario
[b] Entfall der Mehrwertsteuer im ProEV-Szenario

6.3 Modellergebnisse

Abbildung 51 zeigt das Ergebnis der TECK-Berechnungen im vorher beschriebenen Basis-Szenario. Eine Zeile stellt ein Fahrzeug mit seiner Kraftstoffvorkette, der Haltedauer (t), der jährlichen Laufleistung (l) und seinem errechneten BLP dar. So können die unterschiedlichen Fahrzeugantriebe untereinander, und wie im Folgenden durchgeführt, auf veränderte Fahrzeug- und externen Umfeld-Parameter(n) in den vier TECK-Bewertungsgrößen simuliert werden. Der BLP und die TCO in Abbildung 51 entsprechen dabei den errechneten Ergebnissen aus Abbildung 24 und Abbildung 26. Der WtW-Energieverbrauch und die WtW-CO_2-Emissionen sind entgegen Abbildung 40 und Abbildung 42 mit den NEFZ-Werten berechnet, um im Weiteren den Einfluss des Unterschiedes zwischen NEFZ- und Realverbrauch auf die TECK-Bewertungsgrößen einzuschätzen.

Unter den Basisannahmen haben ICE-G/D und HEV im Jahr 2015 die niedrigsten BLP und TCO. Gleichzeitig weisen diese Fahrzeugantriebe einen sehr hohen Kundennutzen auf. BLP, TCO und Kundennutzen sind bei REEV, BEV und FCEV im Jahr 2015 für die hier befragten

6.3 Modellergebnisse

Probanden noch nicht wettbewerbsfähig. PHEV haben im Jahr 2015 schon einen vergleichsweise hohen Kundennutzen, was auch die neuerlichen Modellankündigungen der OEM erklärt. Im Jahr 2020 ändert sich an dem niedrigen Kundennutzen von REEV und BEV wenig, selbst unter der Annahme des massiven Stückzahlwachstums (vgl. Abbildung 24) dieser Antriebe. Die BLP und TCO sind dann auch immer noch höher (wenn auch geringfügig) als bei den konventionellen Antrieben. FCEV weisen in 2015 und 2020 schon einen sehr hohen Kundennutzen auf. Dem liegt aber die Annahme geringer BLP (durch hohe Stückzahlen) und einer von den Probanden vorausgesetzten flächendeckenden H_2-Inftrastruktur zugrunde. Die WtW-CO_2-Emissionen (im NEFZ) können im Jahr 2015 und 2020 durch den Einsatz von REEV, BEV und FCEV im Vergleich zu ICE-G in etwa halbiert werden. Der WtW-Energieverbrauch kann mit ihnen um etwa 40 Prozent reduziert werden. Die Auswirkungen der Verwendung von ausschließlich regenerativ erzeugtem Strom und Wasserstoff auf die TECK-Bewertungsgrößen wird an dieser Stelle nicht weiter untersucht.

Szenario	Fzg. Jahr	Kraftstoff- vorkette	t [a]	l [km/a]	BLP [EUR]	TCO [EUR]	EV WtW [MJ/100km]	CO_2 WtW [gCO_2/km]	NE [-]
Basis	2015 ICE-G	Rohöl	4	14.111	24.889	26.151	241	178	101
Basis	2015 ICE-D	Rohöl	4	14.111	25.409	24.632	195	145	133
Basis	2015 HEV	Rohöl	4	14.111	29.782	26.907	169	126	117
Basis	2015 PHEV	Rohöl, DE-Mix	4	14.111	31.334	27.449	160	112	109
Basis	2015 REEV	Rohöl, DE-Mix	4	14.111	43.426	32.704	153	95	48
Basis	2015 BEV	DE-Mix	4	14.111	38.710	30.131	140	80	-66
Basis	2015 FCEV	Erdgas	4	14.111	55.777	41.360	141	81	92
Basis	2020 ICE-G	Rohöl	4	14.111	25.512	24.789	168	125	136
Basis	2020 ICE-D	Rohöl	4	14.111	26.408	24.126	142	106	152
Basis	2020 HEV	Rohöl	4	14.111	28.508	24.923	111	83	154
Basis	2020 PHEV	Rohöl, DE-Mix	4	14.111	28.972	25.037	106	74	146
Basis	2020 REEV	Rohöl, DE-Mix	4	14.111	34.398	27.501	129	75	92
Basis	2020 BEV	DE-Mix	4	14.111	32.357	26.046	102	59	11
Basis	2020 FCEV	Erdgas	4	14.111	35.716	28.021	101	58	134

Abbildung 51: Modellergebnisse mit den Basisparametern im NEFZ

6.3.1 Sensitivitätsanalysen Fahrzeugparameter

Abbildung 52 zeigt, wie die in 6.2.2 beschriebenen veränderten Fahrzeugparameter auf die TECK-Bewertungsgrößen wirken. Dabei werden wieder die Jahre 2015 und 2020 unterschieden, da diese maßgeblich für einen erfolgreichen Markthochlauf sind.

Szenario	Fzg. Jahr	Kraftstoff-vorkette	t [a]	l [km/a]	BLP [EUR]	TCO [EUR]	EV WtW [MJ/100km]	CO_2 WtW [gCO_2/km]	NE [-]
Basis	2015	ICE-G Rohöl	4	14.111	24.889	27.541	298	220	80
Basis	2015	ICE-D Rohöl	4	14.111	25.409	25.528	241	178	113
Basis	2015	HEV Rohöl	4	14.111	29.782	27.885	209	154	92
Basis	2015	FCEV Erdgas	4	14.111	55.777	42.259	171	98	82
Basis	2015	PHEV Rohöl, DE-Mix	4	14.111	31.334	28.495	204	143	84
ED	2015	PHEV Rohöl, DE-Mix	4	14.111	31.264	28.340	199	141	87
BK	2015	PHEV Rohöl, DE-Mix	4	14.111	30.092	27.803	204	143	93
ED + BK	2015	PHEV Rohöl, DE-Mix	4	14.111	30.056	27.667	199	141	95
Basis	2015	REEV Rohöl, DE-Mix	4	14.111	43.426	32.782	201	121	41
ED	2015	REEV Rohöl, DE-Mix	4	14.111	43.079	32.536	194	117	43
BK	2015	REEV Rohöl, DE-Mix	4	14.111	38.426	29.998	201	121	53
ED + BK	2015	REEV Rohöl, DE-Mix	4	14.111	38.247	29.846	194	117	54
Basis	2015	BEV DE-Mix	4	14.111	38.710	31.177	189	108	-72
ED	2015	BEV DE-Mix	4	14.111	38.710	31.177	189	108	-33
BK	2015	BEV DE-Mix	4	14.111	32.737	27.851	189	108	-37
ED + BK	2015	BEV DE-Mix	4	14.111	32.737	27.851	189	108	1
CFK	2015	BEV DE-Mix	4	14.111	38.710	30.651	164	94	-58
Basis	2020	ICE-G Rohöl	4	14.111	25.512	25.803	209	154	110
Basis	2020	ICE-D Rohöl	4	14.111	26.408	24.811	176	130	138
Basis	2020	HEV Rohöl	4	14.111	28.508	25.593	138	102	142
Basis	2020	FCEV Erdgas	4	14.111	35.716	28.451	123	71	134
Basis	2020	PHEV Rohöl, DE-Mix	4	14.111	28.972	25.763	135	95	137
ED	2020	PHEV Rohöl, DE-Mix	4	14.111	28.934	25.668	132	93	138
BK	2020	PHEV Rohöl, DE-Mix	4	14.111	28.406	25.448	135	95	137
ED + BK	2020	PHEV Rohöl, DE-Mix	4	14.111	28.388	25.364	132	93	142
Basis	2020	REEV Rohöl, DE-Mix	4	14.111	34.398	27.557	158	96	89
ED	2020	REEV Rohöl, DE-Mix	4	14.111	34.282	27.469	155	93	90
BK	2020	REEV Rohöl, DE-Mix	4	14.111	31.920	26.177	158	96	100
ED + BK	2020	REEV Rohöl, DE-Mix	4	14.111	31.867	26.124	155	93	101
Basis	2020	BEV DE-Mix	4	14.111	32.357	26.901	138	79	6
ED	2020	BEV DE-Mix	4	14.111	32.357	26.901	138	79	49
BK	2020	BEV DE-Mix	4	14.111	27.729	24.324	138	79	37
ED + BK	2020	BEV DE-Mix	4	14.111	27.729	24.324	138	79	80
CFK	2020	BEV DE-Mix	4	14.111	32.357	26.438	119	68	22

Abbildung 52: Modellergebnisse mit veränderten Fahrzeugparametern (Realverbrauch)

6.3 Modellergebnisse

Der Vergleich der Werte aus Abbildung 51 und Abbildung 52 zeigt, dass die TCO im Basisszenario mit Realverbrauch bei ICE-G rund fünf Prozent höher ausfallen als im NEFZ. Bei allen anderen Antrieben liegt dieser Unterschied bei 0,8 bis 3,6 Prozent. Größeren Einfluss hat der Realverbrauch auf den WtW-Energieverbrauch und die WtW-CO_2-Emissionen, wo der Unterschied zum NEFZ bei den 24 bis 35 Prozent aus Tabelle 36 liegt. Durch die höheren Verbrauchskosten und CO_2-Emissionen mit Realverbrauch sinkt generell der Kundennutzen. Auf die relativen Kundennutzen-Unterschiede zwischen den Antrieben hat der Realverbrauch jedoch so gut wie keinen Einfluss. Im Weiteren werden die veränderten Fahrzeugparameter aus 6.2.2 je Fahrzeugantrieb diskutiert. Dabei liegt der Schwerpunkt auf der Wirkung der Maßnahmen Energiedichte erhöhen (ED), der Senkung der Batteriekosten (BK) und der Kombination beider Maßnahmen (ED+BK) für HE-Batterien.

PHEV profitieren im Jahr 2015 und 2020 bezüglich BLP und TCO nicht sonderlich von der Erhöhung der Energiedichte oder der Senkung der Batteriekosten. Der geringere Fahrzeugverbrauch, durch die leichtere Batterie, wirkt sich ebenfalls kaum auf den WtW-Energieverbrauch und die WtW-CO_2-Emissionen aus. Der Kundenutzen kann durch die Senkung der Batteriekosten jedoch gesteigert werden (2015: +9 NE). Im Jahr 2020 weisen PHEV im ED+BK-Szenario neben HEV den höchsten Kundennutzen aller untersuchten Pkw auf. Durch den generell schon sehr hohen Kundennutzen von PHEV sind durch die Maßnahmen im ED- und BK-Szenario kurzfristig wenig Extra-Impulse auf die Attraktivität von PHEV für die hier untersuchten Probanden zu erwarten. REEV haben mit rund 15 bzw. zwölf kWh eine vergleichsweise große und damit teure Batterie. Die Senkung der Batteriekosten im BK-Szenario wirkt sich im Jahr 2015 mit 5.000 EUR bzw. 2.500 EUR im Jahr 2020 signifikant auf den BLP der Fahrzeuge aus. Die Wirkung auf die TCO ist durch den dann höheren Wertverlust nicht ganz so hoch. Der Kundennutzen kann durch die Maßnahmen im ED- bzw. BK-Szenario zwar generell erhöht werden, insgesamt bleibt er im Vergleich zu ICE-G/D, HEV, PHEV und FCEV jedoch auf einem niedrigen Niveau. Für die hier untersuchte Kundengruppe sind REEV heute und zukünftig somit wahrscheinlich von keinem großen Interesse.

Mit einer Einsparung von rund 7.000 EUR (2015) und 5.000 EUR (2020) im BLP profitieren BEV am stärksten von der Senkung der Batteriekosten. Dadurch können ihre TCO im BK und ED+BK-Szenario im Bereich von ICE-G und HEV im Jahr 2015 und im Jahr 2020 sogar günstiger als diese werden. BEV mit Strom aus dem deutschen Strommix emittieren im Jahr 2015 nur rund 25 Prozent weniger WtW-CO_2-Emissionen als HEV bei rund acht Prozent geringerem WtW-Energieverbrauch. Dieses Ergebnis unterstreicht die aus ökologischer Sicht vorhandene Notwendigkeit der Verwendung von regenerativ erzeugtem Strom für die Elektromobilität. Der Einsatz von CFK für BEV bringt im Jahr 2015 durch den geringeren Verbrauch einen TCO-Vorteil von 526 EUR bzw. 1,6 Prozent und im Jahr 2020 von 463 EUR bzw. 1,7 Prozent (ohne Berücksichtigung der Kosten für den Einsatz von CFK im Automobilbau). Der Kundennutzen von BEV kann durch die Maßnahmen im ED+BK-Szenario, durch die Erhöhung der Reichweite und die Senkung des BLP, deutlich verbessert werden (2015: +73 NE, 2020: +74 NE). Im Vergleich zu allen anderen hier untersuchten Antrieben ist der Nutzennachteil durch die langen Ladezeiten jedoch noch erheblich. Der Einsatz von CFK verbessert den Kundennutzen in den Jahren 2015 und 2020, durch die Erhöhung der Reichweite und der Senkung der Verbrauchskosten, allerdings nur geringfügig (2015: +14 NE, 2020: +16 NE).

6.3.2 Sensitivitätsanalysen externe Parameter

Abbildung 53 zeigt, wie die in 6.2.3 beschriebenen veränderten externen Parameter auf die TECK-Bewertungsgrößen wirken. Durch die Verdopplung der Kraftstoffpreise für Benzin und Diesel (entgegen den Basisannahmen) und dem Entfall der Mehrwertsteuer für Strom und Wasserstoff im Kraftstoff-Szenario werden die TCO von PHEV, REEV und BEV schon 2015 günstiger als bei ICE-G. Bei den konventionellen Antrieben ICE-G und ICE-D steigen die $TCO\ _{4a,14.111km/a}^{2015,2020}$ durch diese Annahme um rund 7.000 bzw. 5.000 EUR. Der Mehrwertsteuererlass für Strom und Wasserstoff schlägt sich mit minus 500 bis minus 800 EUR kaum auf die TCO von REEV, BEV und FCEV nieder. Der Kundennutzen verschlechtert sich bei ICE-D, PHEV und HEV durch die hohen Kraftstoffpreise um rund 30 bis 40 NE im Jahr 2015 und 2020. ICE-G sind von den verdoppelten Benzinpreisen im ProEV-Szenario methodenbedingt nicht ganz so stark betroffen, da die Nutzwertskala der Verbrauchskosten aus Kapitel 5 bei 160 EUR/Monat endet. Mit ihren 254 EUR/Monat im Jahr 2015 dürften ihre Nutzwerte in der Realität aber deutlich schlechter ausfallen.

Die Annahme einer zu Haushaltsstrompreisen und überall verfügbaren Schnellladeinfrastruktur im LIS-Szenario bewirkt keinen sonderlich großen TCO-Vorteil im Vergleich zu den Basisannahmen mit den höheren Preisen. 2015 können PHEV-Nutzer dadurch rund 200 EUR, REEV 750 EUR und BEV 900 EUR in vier Jahren sparen.[530] Auf den Kundennutzen von BEV hat diese Maßnahme aber einen signifikanten Einfluss, da damit die Nutzennachteile der langen Ladezeiten beseitigt werden. Ihr Kundennutzen kann dadurch um mehr als 40 NE zulegen. Die Mehrkosten für den 50-kW-DC-Lader im Fahrzeug wurden dabei allerdings nicht berücksichtigt. Im Vergleich zu den anderen Fahrzeugen sind BEV für die hier befragten Probanden auch mit vorhandener Schnellladeinfrastruktur noch nicht wettbewerbsfähig.

Die Kaufpreisincentivierung von 5.000 EUR erhöht den Kundennutzen von PHEV, REEV, BEV und FCEV um 30 bis35 NE. Dadurch sind PHEV für die Probanden dieser Untersuchung im Jahr 2015 schon attraktiver als ICE-G. Die $TCO\ _{4a,14.111km/a}^{2015}$ sind durch den dann niedrigeren Wertverlust nur um etwa 2.700 EUR günstiger als ohne Kaufpreisincentivierung. Der Kundennutzen von FCEV profitiert in allen Szenarien von den dortigen Maßnahmen. Wie vorher schon mehrfach erwähnt ist dieser hohe Kundennutzen jedoch durch die Annahme der Probanden zu einer flächendeckenden und funktionierenden H_2-Infrastruktur geschuldet.

Die hier diskutierten Maßnahmen haben keinen Einfluss auf den WtW-Energieverbrauch und die WtW-CO_2-Emissionen, darum sind sie gegenüber den Basisannahmen konstant. Der geringere Ladewirkungsgrad bei der Schnellladung, der korrekterweise den Stromverbrauch verschlechtern würde, wurde dabei allerdings nicht berücksichtigt.

---

[530] Unter der Annahme aus 3.3.2: 60 % aller Ladungen an privater Ladeinfrastruktur (AC 3,7 kW), 20 % halböffentlich (AC bis 22 kW, DC bis 50kW) und 20 % öffentlich (AC bis 22 kW, DC bis 50kW) und dem Entfall der Infrastrukturkosten aus Tabelle 17.

6.3 Modellergebnisse

Szenario	Fzg. Jahr	Kraftstoff-vorkette	t [a]	l [km/a]	BLP [EUR]	TCO [EUR]	EV WtW [MJ/100km]	CO_2 WtW [gCO$_2$/km]	NE [-]
Basis	2015 ICE-G	Rohöl	4	14.111	24.889	27.541	298	220	80
Basis	2015 ICE-D	Rohöl	4	14.111	25.409	25.528	241	178	113
Basis	2015 HEV	Rohöl	4	14.111	29.782	27.885	209	154	92
Basis	2015 PHEV	Rohöl, DE-Mix	4	14.111	31.334	28.495	204	143	84
Basis	2015 REEV	Rohöl, DE-Mix	4	14.111	43.426	32.782	201	121	41
Basis	2015 BEV	DE-Mix	4	14.111	38.710	31.177	189	108	-72
Basis	2015 FCEV	Erdgas	4	14.111	55.777	42.259	171	98	82
Kraftstoff	2015 ICE-G	Rohöl	4	14.111	24.889	34.718	298	220	67
Kraftstoff	2015 ICE-D	Rohöl	4	14.111	25.409	30.170	241	178	74
Kraftstoff	2015 HEV	Rohöl	4	14.111	29.782	32.923	209	154	58
Kraftstoff	2015 PHEV	Rohöl, DE-Mix	4	14.111	31.334	32.172	204	143	51
Kraftstoff	2015 REEV	Rohöl, DE-Mix	4	14.111	43.426	33.297	201	121	37
Kraftstoff	2015 BEV	DE-Mix	4	14.111	38.710	30.658	189	108	-69
Kraftstoff	2015 FCEV	Erdgas	4	14.111	55.777	41.452	171	98	92
LIS	2015 PHEV	Rohöl, DE-Mix	4	14.111	31.334	28.284	204	143	102
LIS	2015 REEV	Rohöl, DE-Mix	4	14.111	43.426	32.017	201	121	78
LIS	2015 BEV	DE-Mix	4	14.111	38.710	30.310	189	108	-30
KPI	2015 PHEV	Rohöl, DE-Mix	4	14.111	26.334	25.711	204	143	113
KPI	2015 REEV	Rohöl, DE-Mix	4	14.111	38.426	29.998	201	121	75
KPI	2015 BEV	DE-Mix	4	14.111	33.710	28.393	189	108	-41
KPI	2015 FCEV	Erdgas	4	14.111	50.777	39.474	171	98	116
Basis	2020 ICE-G	Rohöl	4	14.111	25.512	25.803	209	154	110
Basis	2020 ICE-D	Rohöl	4	14.111	26.408	24.811	176	130	138
Basis	2020 HEV	Rohöl	4	14.111	28.508	25.593	138	102	142
Basis	2020 PHEV	Rohöl, DE-Mix	4	14.111	28.972	25.763	135	95	137
Basis	2020 REEV	Rohöl, DE-Mix	4	14.111	34.398	27.557	158	96	89
Basis	2020 BEV	DE-Mix	4	14.111	32.357	26.901	138	79	6
Basis	2020 FCEV	Erdgas	4	14.111	35.716	28.451	123	71	134
Kraftstoff	2020 ICE-G	Rohöl	4	14.111	25.512	31.085	209	154	78
Kraftstoff	2020 ICE-D	Rohöl	4	14.111	26.408	28.374	176	130	102
Kraftstoff	2020 HEV	Rohöl	4	14.111	28.508	29.076	138	102	107
Kraftstoff	2020 PHEV	Rohöl, DE-Mix	4	14.111	28.972	28.329	135	95	112
Kraftstoff	2020 REEV	Rohöl, DE-Mix	4	14.111	34.398	27.925	158	96	86
Kraftstoff	2020 BEV	DE-Mix	4	14.111	32.357	26.498	138	79	8
Kraftstoff	2020 FCEV	Erdgas	4	14.111	35.716	28.066	123	71	134
LIS	2020 PHEV	Rohöl, DE-Mix	4	14.111	28.972	25.623	135	95	150
LIS	2020 REEV	Rohöl, DE-Mix	4	14.111	34.398	26.953	158	96	120
LIS	2020 BEV	DE-Mix	4	14.111	32.357	26.267	138	79	50
KPI	2020 PHEV	Rohöl, DE-Mix	4	14.111	23.972	22.979	135	95	156
KPI	2020 REEV	Rohöl, DE-Mix	4	14.111	29.398	24.772	158	96	118
KPI	2020 BEV	DE-Mix	4	14.111	27.357	24.117	138	79	38
KPI	2020 FCEV	Erdgas	4	14.111	30.716	25.667	123	71	159

Abbildung 53: Modellergebnisse mit externen Parameter im ProEV-Szenario (Realverbrauch)

6.3.3 Reale Fahrzeuge aus dem Jahr 2015

In diesem Abschnitt wird das TECK-Modell mit Fahrzeugen, die im Jahr 2015 bereits am Markt erhältlich sind, gespeist (vgl. Tabelle 45). Dabei wurden Fahrzeuge ausgewählt, die von ihrer Größe und Performance in etwa dem hier zugrunde liegenden EUCAR-V4-Basis-Pkw entsprechen. FCEV wurden nicht untersucht, da heute (2015) noch keine FCEV in Deutschland frei verkäuflich sind. Tabelle 45 zeigt, dass die PHEV-, REEV- und BEV-Modelle der verschiedenen Hersteller in ihrem BLP sehr dicht beieinander liegen. Das ist wahrscheinlich nicht den realen Herstellkosten geschuldet, sondern der noch fehlenden Erfahrung der OEM zur Zahlungsbereitschaft der Kunden. Generell liegen die BLP der realen PHEV in etwa 5.000 EUR höher als bei den PHEV dieser Arbeit (vgl. Abbildung 51). REEV und BEV sind dagegen in der Realität um rund 4.800 EUR bzw. 3.800 EUR günstiger. Ob das an gesunkenen Batteriepreisen oder der Bereitschaft der Hersteller, ihre Fahrzeuge mit einem Verlust zu verkaufen, liegt, kann an dieser Stelle nicht beantwortet werden, da die Kostenstruktur der alternativen Antriebe von den Herstellern aus Wettbewerbsgründen nicht veröffentlicht wird. Deshalb wird im Weiteren auch keine Veränderung der Fahrzeugparameter wie in 6.3.1 vorgenommen. Stattdessen wird in Abbildung 54 die Veränderung der externen Parameter im ProEV-Szenario auf die TECK-Bewertungsgrößen der realen Fahrzeuge simuliert. Entgegen der Ergebnisse aus Abbildung 53, wo die TCO bei PHEV, REEV und BEV im Kraftstoff-Szenario der EUCAR-V4-Pkw günstiger werden als bei den konventionellen Fahrzeugen, bleiben hier im Kraftstoff-Szenario die $TCO_{4a,14.111km/a}^{2015}$ der alternativen Antriebe noch höher.

Tabelle 45: Reale Fahrzeuge aus dem Jahr 2015

Antriebsart	Fahrzeug	Leistung [kW]	Gewicht [kg]	Energie-Inhalt Batt. [kWh]	Elektr. Reichw. [km]	Lade-/Tankzeit [min]	Beschl. 0-100 km/h [s]	Höchst-geschw. [km/h]	CD-Mode ECE-R101 [kWh+l/100km]	CS-Mode ECE-R101	CO_2-Emissionen [g/km]	BLP [EUR]
ICE-G	VW Golf 1,2 TSI [a]	81	1.210	-	-	3	9,9	195	-	4,9	114	20.275
ICE-D	VW Golf 1,6 TDI [b]	81	1.317	-	-	3	10,5	195	-	3,9	102	24.650
HEV	Toyota Prius 1,8 [c]	73	1.445	1,3	-	3	10,4	180	-	3,9	89	26.800
PHEV	VW Golf GTE 1,4 TSI [d]	110	1.599	8,7	50	141	7,6	217	11,4	1,5	35	36.900
	Toyota PI Prius 1,8 [e]	100	1.500	4,4	25	71	10,8	180	5,2	2,1	49	36.550
REEV	Opel Ampera [f]	111	1.732	16	80	259	9,0	161	13,5	1,2	27	38.620
	BMW i3 REX [g]	125	1.390	18,8	150	305	7,9	150	13,5	0,6	13	39.450
BEV	VW e-Golf [h]	85	1.585	24,2	190	392	10,4	140	12,7	-	0	34.900
	BMW i3 [i]	125	1.270	18,8	160	305	7,2	150	12,9	-	0	34.950

[a] ADAC (2015h)
[b] ADAC (2015j)
[c] ADAC (2015d)
[d] ADAC (2015k)
[e] ADAC (2015e)
[f] ADAC (2015c)
[g] ADAC (2015b)
[h] ADAC (2015f)
[i] ADAC (2015a)

6.3 Modellergebnisse

Ferner würde eine Kaufpreisincentivierung von 5.000 EUR im Jahr 2015 noch nicht den gewünschten TCO-Effekt erzielen. Das liegt in erster Linie an den in 2015 noch sehr hohen BLP der alternativen Antriebe, welcher hier einen höheren Wertverlust bedingen.

Szenario	Fzg.	Typ	Kraftstoff-vorkette	t [a]	l [km/a]	BLP [EUR]	TCO [EUR]	EV WtW [MJ/100km]	CO_2 WtW [gCO_2/km]	NE [-]
Basis	ICE-G	VW	Rohöl	4	14.111	20.275	22.274	186	136	138
Basis	ICE-D	VW	Rohöl	4	14.111	24.650	23.691	168	124	156
Basis	HEV	TOY	Rohöl	4	14.111	26.800	24.752	148	106	147
Basis	PHEV	VW	Rohöl, DE-Mix	4	14.111	36.900	30.548	167	105	77
Basis	PHEV	TOY	Rohöl, DE-Mix	4	14.111	36.550	30.354	130	87	84
Basis	REEV	Opel	Rohöl, DE-Mix	4	14.111	38.620	30.214	176	107	49
Basis	REEV	BMW	Rohöl, DE-Mix	4	14.111	39.450	30.127	153	91	8
Basis	BEV	VW	DE-Mix	4	14.111	34.900	27.640	123	70	-4
Basis	BEV	BMW	DE-Mix	4	14.111	34.950	27.709	124	72	-6
Kraftstoff	ICE-G	VW	Rohöl	4	14.111	20.275	26.754	186	136	97
Kraftstoff	ICE-D	VW	Rohöl	4	14.111	24.650	26.912	168	124	126
Kraftstoff	HEV	TOY	Rohöl	4	14.111	26.800	28.318	148	106	112
Kraftstoff	PHEV	VW	Rohöl, DE-Mix	4	14.111	36.900	33.339	167	105	56
Kraftstoff	PHEV	TOY	Rohöl, DE-Mix	4	14.111	36.550	33.144	130	87	70
Kraftstoff	REEV	Opel	Rohöl, DE-Mix	4	14.111	38.620	31.003	176	107	41
Kraftstoff	REEV	BMW	Rohöl, DE-Mix	4	14.111	39.450	30.368	153	91	7
Kraftstoff	BEV	VW	DE-Mix	4	14.111	34.900	27.303	123	70	-2
Kraftstoff	BEV	BMW	DE-Mix	4	14.111	34.950	27.367	124	72	-4
LIS	PHEV	VW	Rohöl, DE-Mix	4	14.111	36.900	30.260	167	105	112
LIS	PHEV	TOY	Rohöl, DE-Mix	4	14.111	36.550	30.065	130	87	115
LIS	REEV	Opel	Rohöl, DE-Mix	4	14.111	38.620	29.307	176	107	92
LIS	REEV	BMW	Rohöl, DE-Mix	4	14.111	39.450	29.221	153	91	52
LIS	BEV	VW	DE-Mix	4	14.111	34.900	26.740	123	70	44
LIS	BEV	BMW	DE-Mix	4	14.111	34.950	26.795	124	72	37
KPI	PHEV	VW	Rohöl, DE-Mix	4	14.111	31.900	27.764	167	105	101
KPI	PHEV	TOY	Rohöl, DE-Mix	4	14.111	31.550	27.569	130	87	109
KPI	REEV	Opel	Rohöl, DE-Mix	4	14.111	33.620	27.429	176	107	79
KPI	REEV	BMW	Rohöl, DE-Mix	4	14.111	34.450	27.343	153	91	40
KPI	BEV	VW	DE-Mix	4	14.111	29.900	24.856	123	70	24
KPI	BEV	BMW	DE-Mix	4	14.111	29.950	24.925	124	72	22

Abbildung 54: TECK-Modellergebnisse reale Fzge. + ext. Parameter im Jahr 2015 (NEFZ)

Der Kundennutzen ist bei den derzeit am Markt erhältlichen alternativen Antrieben ähnlich gering wie bei den vorher untersuchten aus der EUCAR-V4-Studie. Eine Verdopplung der Benzin- und Dieselpreise und der günstigere Strom im Kraftstoff-Szenario kann den Kundennutzen der alternativen Antriebe nicht signifikant verbessern gegenüber den Verbrennern.

Eine größere Kundennutzenwirkung hat die verfügbare und kostengünstige Schnellladeinfrastruktur im LIS-Szenario. Diese steigert für die hier untersuchten Probanden den Kundennutzen sogar noch mehr als die Kaufpreisincentivierung von 5.000 EUR (vgl. Abbildung 54). Zusammenfassend kann gesagt werden, dass keiner der hier untersuchten Stellhebel aus Tabelle 44 (Kraftstoffpreise, Schnellladeinfrastruktur, Kaufpreisincentivierung) für sich alleine wirkmächtig genug ist, um die im Jahr 2015 bereits am Markt erhältlichen alternativen Antriebe zu einem TCO- oder Kundennutzenvorteil im Vergleich zu ICE-G/D und HEV zu verhelfen.

Zusammenfassung und kritische Diskussion der Ergebnisse

Im Folgenden wird eine zusammenfassende Bewertung der verschiedenen Maßnahmen aus den Szenarien auf die Messgröße Kundennutzen (KN) vorgenommen, weil davon ausgegangen wird, dass die Fahrzeuge mit dem höchsten Kundennutzen von den Kunden später auch gekauft werden. Da nicht jede Maßnahme in gleicher Höhe auf die verschiedenen Antriebsarten wirkt (zum Beispiel durch unterschiedliche Batteriegrößen), wird im Weiteren die Interpretation je Antriebsart vorgenommen (vgl. Abbildung 55).

Bei PHEV haben die Kosteneinsparungen durch die Verdopplung der Energiedichte oder die Halbierung der Batteriekosten (geringerer Kraftstoffverbrauch bzw. BLP) keinen signifikanten Einfluss auf den Kundennutzen. Das liegt an ihrer relativ kleinen Batterie (3,7 kWh im Jahr 2015 und 2,7 kWh im Jahr 2020). Bei der Kombination der Kaufpreisincentivierung von 5.000 EUR mit den Annahmen zur Schnellladeinfrastruktur können PHEV (2015: 131 NE, 2020: 170 NE) allerdings zu den attraktivsten Antrieben für die hier untersuchte Kundengruppe werden.

Obwohl REEV mit rund 15 bzw. zwölf kWh eine relativ große und teure Batterie haben, kann ihr Kundenutzen nicht sonderlich von den veränderten Batterieeigenschaften profitieren. Wie bei PHEV erzielt bei REEV die Senkung der Batteriekosten eine höhere KN-Wirkung. Die größte KN-Wirkung bei REEV erreicht die Kombination von Schnellladeinfrastruktur und Kaufpreisincentivierung (2015: 112 NE, 2020: 149 NE). BEV können durch keine der hier untersuchten Maßnahmen ihre Reichweitenachteile wettmachen. Ihr Kundennutzen liegt im Schnellladeinfrastruktur+KPI-Szenario im Jahr 2015 bei null NE und im Jahr 2020 bei 82 NE. Von der Verdopplung der Energiedichte oder der Halbierung der Batteriekosten profitieren sie jedoch erwartungsgemäß am stärksten.

Zusammenfassend muss aber gesagt werden, dass BEV für die hier untersuchte Kundengruppe auch unter sehr extremen Veränderungen der Fahrzeug- und externen Umfeldparameter nicht wettbewerbsfähig werden. Über alle Fahrzeuge ist zu beobachten, dass signifikant höhere Kraftstoffpreise für Benzin und Diesel und um die Mehrwertsteuer vergünstigten Preise für Strom und Wasserstoff keine sonderlich großen KN-Unterschiede zwischen alternativen und konventionellen Antrieben bewirken würden. Kurzfristig geht auch keine große KN-Wirkung von der Verdopplung der Energiedichte und der Halbierung der Batteriekosten aus. Ein aus Kundensicht vielversprechender Weg scheint das Vorhandensein von einer flächendeckenden und kostengünstigen Schnellladeinfrastruktur in Kombination mit der Kaufpreisincentivierung von 5.000 EUR.

6.3 Modellergebnisse

Szenario	ICE-G 2015	ICE-G 2020	ICE-D 2015	ICE-D 2020	HEV 2015	HEV 2020	PHEV 2015	PHEV 2020	REEV 2015	REEV 2020	BEV 2015	BEV 2020	FCEV 2015	FCEV 2020
Basis	80	110	113	138	92	142	84	137	41	89	-72	6	82	134
Verdopplung ED (ED)							87	138	43	90	-33	49		
Halbierung BK (BK)							93	137	53	100	-37	37		
CFK											-58	22		
Kraftstoff	67	78	74	102	58	107	51	112	37	86	-69	8	92	134
Schnellladeinfrastruktur							102	150	78	120	-30	50		
Kaufpreisincentivierung (KPI)							113	156	75	118	-41	38	116	159
ED + BK							95	142	54	101	-58	80		
Schnellladeinfrastruktur + KPI							131	170	112	149	0	82		

Abbildung 55: Veränderung des Kundennutzens in den verschiedenen Szenarien

Diese Variante ist aber auch mit erheblichen Kosten für Errichtung und Betrieb der Ladeinfrastruktur verbunden. Ferner würde eine Kaufpreisincentivierung von dem Träger der Kosten (zum Beispiel Staat oder OEM) zu einem erheblichen finanziellen Aufwand führen.

Aus dem hier gewählten Modellansatz und der Auswahl der Basis- und Szenarioparameter ergeben sich eine Reihe weiterer Unsicherheiten, die im Folgenden diskutiert werden:

1. *Systematische Unsicherheiten*: Die Kraftstoffpreise im Kraftstoff-Szenario und die Höhe der Kaufpreisincentivierung im KPI-Szenario wurden mehr oder weniger zufällig gewählt. Derzeit ist es nicht absehbar, dass eine dieser Annahmen eintritt.

2. *Unsicherheiten aus der Datenlage*: Die der Arbeit zugrundeliegenden JEC-Studienfahrzeuge sind generische Fahrzeuge. Der Vergleich zu den realen Fahrzeugen aus 6.3.3 zeigt teilweise Parallelen in der technischen Ausgestaltung und der Kosten. So liegt der BLP- und NEFZ-Verbrauch bei den realen ICE-D und HEV im Jahr 2015 sehr dicht bei den EUCAR-V4-Pkw. ICE-G sind in der Realität rund 4.000 EUR günstiger und verbrauchen rund 25 Prozent weniger Benzin im NEFZ als die EUCAR V4 ICE-G. Dadurch wurden ICE-G in Teilen der Arbeit systematisch schlechter bewertet, als sie in der Realität sind. PHEV sind im Jahr 2015 in der Realität deutlich teurer (+5.000 EUR), REEV (-4.800 EUR) und BEV (-3.800 EUR) sind dagegen deutlich günstiger zu erwerben als hier aus den EUCAR-V4-Fahrzeugen berechnet. Eine Ursache könnte in der Skalierbarkeit der alternativen Antriebskomponenten liegen. Spezifische Kosten (wie EUR/kWh oder EUR/kW) sind nur bedingt zur Kostenbestimmung eines Bauteils geeignet. In der Realität bestimmen zum Beispiel der zur Verfügung stehende Bauraum, die Kühlung oder einkaufstrategische Überlegungen auch die tatsächlichen Kosten eines Bauteils. Hier kann durch validere Zahlen aus dem Fahrzeugcontrolling die Ergebnisgenauigkeit erhöht werden. Ferner wirken in der Realität Kaufpreisprämien in der Regel restwertmindernd, weil die Preisdifferenz zwischen Neu- und Gebrauchtfahrzeug sinkt. Ein prominentes Beispiel ist der Nissan Leaf in den USA, der durch Hersteller- und staatliche Rabatte in ein Restwertloch gefallen ist, was wiederum seine Anschaffung erschwert.[531] Diese Effekte sind in den Szenarien nicht abgebildet.

---

[531] Vgl. Rogers (2015).

3. Modell/Methodenbedingte Unsicherheiten: Die Ergebnisse der Modellevaluation für die TCO-Berechnungen haben gezeigt, dass der Wertverlust eine große Fehlerquelle darstellt. Ferner sind aufgrund der knappen Abstände und der Unsicherheiten durch die Bestimmung der Nutzenfunktion aus der Conjoint-Analyse in Kapitel 5 alle Rankingaussagen bezüglich Der Wirkung der hier untersuchten Maßnahmen auf den Kundennutzen bzw. der Marktattraktivität der Fahrzeuge mit Vorsicht zu interpretieren. Dennoch gibt der veränderte Kundennutzen einen ersten und systematisch nachvollziehbaren Indikator über die mögliche Wirkung der Maßnahmen.

Die Datenbasis für die Einschätzung des Kundennutzens war die Befragung von 408 Privatkunden im C/D-Segment. Es ist zu erwarten, dass zum Beispiel Dienstwagen- oder Sportwagen-Kunden den Kundennutzen der verschiedenen Fahrzeugantriebe signifikant unterschiedlich bewerten. Auch dürfte die Unterscheidung in Erst- und Zweitwagennutzer bei den Probanden einen deutlichen KN-Unterschied aufweisen. Die hier getroffen Aussagen über die Wirkung der verschiedenen Maßnahmen zur Förderung der Elektromobilität gelten somit nicht für den Gesamtmarkt.

6.4 Zusammenfassung und Diskussion der Forschungsfragen

In diesem Punkt werden die Untersuchungsergebnisse des Kapitels noch einmal zusammenfassend dargestellt. Dabei werden die Forschungsfragen aus dem Beginn des Kapitels wieder aufgenommen und in Form von Stichpunkten beantwortet.

1. Wie können die vorher beschriebenen technischen, ökonomischen und sozialen Einflussparameter, die auf die alternativen Antriebe wirken, in ein Modell integriert werden, um deren Wechselwirkung zu untersuchen?

- Das in dieser Arbeit entwickelte Szenario-Modell (TECK) ermöglicht es, verschiedene Antriebsarten anhand der Bewertungsgrößen TCO, WtW-Energieeffizienz, WtW-CO_2-Emissionen und Kundennutzen zu untersuchen. Die Inputparameter sind vielfältig und stehen in wechselseitiger Abhängigkeit zu den Modellergebnissen. Eine Veränderung des Fahrzeugverbrauchs wirkt sich zum Beispiel auf alle vier Bewertungsgrößen aus. Eine Veränderung des BLP, welcher stark mit der produzierten Stückzahl korreliert, hat neben der TCO-Wirkung wiederum auch einen Einfluss auf den Kundennutzen der Fahrzeuge.

- Der nächste Schritt, die Entwicklung eines leistungsfähigen und zuverlässigen Marktmodells wird aus den Erkenntnissen dieser Arbeit als sehr ambitioniert eingeschätzt. Gängige Marktmodelle für den deutschen Pkw-Markt wie VECTOR 21 vom DLR oder ALADIN vom Fraunhofer ISI berechnen ihre Flottendiffusion anhand generischer Fahrzeuge und unter Annahmen zur Mehrpreisbereitschaft der Neuwagenkäufer für die verschiedenen alternativen Antriebe. Die bisher am Markt erhältlichen alternativen Antriebe weichen vom BLP jedoch erheblich von den errechneten BLP der generischen Fahrzeuge dieser Arbeit ab, obwohl die Berechnung sehr detailliert durchgeführt wurde. Ferner wurde gezeigt, dass der Kundennutzen-Nachteil der realen alternativen Antriebe gegenüber ICE-G/D auch unter extremen Veränderungen der externen Rahmenbedingungen bestehen bleibt. Selbst unter der Annahme von

6.4 Zusammenfassung und Diskussion der Forschungsfragen

vorwiegend gewerblichen Nutzern, bleiben die offenen Fragestellungen zum Wertverlust und der Integration der realen Verkaufszahlen von ICE-CNG, BEV und PHEV zur Modellevaluation der Marktmodelle unabdingbar in der Zukunft. Ob die hier gewählte Methode der CBC-Analyse zur Bestimmung des Kundennutzens als Kaufkriterium der Neuwagenkäufer herangezogen werden kann, bleibt offen. Kritisch in diesem Zusammenhang sind die methodischen Schwächen der CBC-Analyse, welche ihre Nachteile vor allem bei sehr komplexen Produkten wie Pkw hat. Auch müsste eine sehr große Menge an Probanden befragt werden, um den gesamten Pkw-Markt abzubilden. Ob diese „virtuellen" Entscheidungen dann auch mit denen in der Realität übereinstimmen, bleibt fraglich.

2. *Welchen Einfluss haben veränderte Fahrzeugparameter (zum Beispiel Energiedichte und Kosten von Batterien, Einsatz von Kohlefaser als Chassis) auf die Bewertungsgrößen des Modells?*

- Die Ergebnisse zeigen, dass selbst mit einer Verdopplung der Energiedichte und der Halbierung der Kosten von HE-Batterien im Jahr 2015 und 2020 BEV und REEV keinen höheren Kundennutzen als ICE-G/D, HEV, PHEV und FCEV erreichen können, obwohl ihre BLP dann schon teilweise günstiger sind. Das liegt vor allem an der dann immer noch vorhandenen Reichweitenproblematik und den langen Ladezeiten, die von den Probanden als große Nachteile bewertet wurden.

- Für einen Markterfolg in naher Zukunft stellen HEV und PHEV sehr attraktive alternative Antriebe dar, welche ohne hohe Kosten in bestehende verbrennungsmotorische Fahrzeugkonzepte integriert werden können, mit einen von Beginn an sehr hohen Kundennutzen. Ferner bieten diese Antriebe die Möglichkeit, den Energieverbrauch und die CO_2-Emissionen signifikant zu senken, ohne der Notwendigkeit einer öffentlichen Lade- bzw. Tankstelleninfrastruktur.

- Der Einsatz von CFK führt zu einer messbaren Verbrauchsverbesserung bei BEV. Hier wurde für die Gewichtseinsparung von 300 kg eine Senkung des NEFZ-Verbrauchs von 13 Prozent im Jahr 2015 und 14 Prozent im Jahr 2020 errechnet. Diese Verbrauchsverbesserung wurde zur Steigerung der elektrischen Reichweite eingesetzt, welche dadurch 2015 von 120 auf 140 km und 2020 von 200 auf 240 km gesteigert werden konnte. Auf den Kundennutzen hat diese Steigerung jedoch keine große Wirkung, da die Nachteile des hohen BLP und der langen Ladezeiten sehr gewichtig sind. Da keine Studien über die Kosten und zum Energie- und Ressourcenaufwand von CFK im Automobilbau ausgewertet wurden, können in dieser Arbeit auch keine Aussagen über die Kosteneffizienz oder die Umweltwirkung getroffen werden.

3. *Welchen Einfluss haben veränderte externe Umfeldparameter (zum Beispiel Kraftstoffpreise, Schnellladeinfrastruktur, Kaufpreisincentivierung) auf die Bewertungsgrößen des Modells?*

- Unter der Annahme von doppelt so hohen Kraftstoffpreisen für Benzin und Diesel und um die Mehrwertsteuer vergünstigten Preise für Strom und Wasserstoff haben die EUCAR V4 PHEV, REEV und BEV bereits 2015 einen TCO $_{4a,14.111km/a}^{2015}$ Vorteil gegenüber ICE-G. Dieses Ergebnis konnte mit den im Jahr 2015 real am Markt erhältlichen Fahrzeugen jedoch nicht bestätigt werden. Das liegt zum einen an den deutlich höheren Preisen für PHEV (+5.000 EUR) und zum anderen an dem in der Realität höheren BLP-Unterschied zwischen den konventionellen und alternativen Antrieben. Dadurch haben es die alternativen Antriebe deutlich schwerer, die höheren Wertverluste durch ihre Betriebskostenvorteile wettzumachen.

- Die derzeit viel diskutierte Schnellladeinfrastruktur erhöht den Kundennutzen für PHEV, REEV und BEV um etwa 40 NE. Das ist in etwa so viel wie ICE-G/D und HEV durch die Verdopplung der Benzin- und Dieselpreise verlieren würden. Der dann immer noch vorhandene Kundennutzennachteil von PHEV und REEV, im Vergleich zu ICE-G/D und PHEV, kann mit einer Kaufpreisincentivierung ausgeglichen werden. BEV werden auch unter den hier getroffenen extremen Annahmen nicht interessant für die untersuchte Gruppe der Privatkunden.

- Zusammenfassend kann gesagt werden, dass keiner der hier untersuchten externen Stellhebel aus Tabelle 44 (Kraftstoffpreise, Schnellladeinfrastruktur, Kaufpreisincentivierung) für sich alleine wirkmächtig genug ist, um die im Jahr 2015 bereits am Markt erhältlichen alternativen Antriebe zu einem signifikanten TCO oder Kundennutzenvorteil im Vergleich zu ICE-G/D und HEV zu verhelfen. Dabei wird an dieser Stelle noch einmal auf die ausschließliche Analyse der 408 Privatkunden für die Bestimmung des Kundennutzens hingewiesen. Die hier getroffenen Aussagen über die Wirkung der verschiedenen Maßnahmen zur Förderung der Elektromobilität gelten somit nicht für den Gesamtmarkt.

4. *Weiterer Forschungsbedarf*

- Es ist zu erwarten, dass eine signifikante Erhöhung der Kraftstoffpreise für Benzin und Diesel zu weiteren hier noch nicht abgebildeten Effekten führen wird. Das kann zum Beispiel die psychologische Wirkung von schnell steigenden Kraftstoffpreisen sein, die die Kunden nach günstigeren Mobilitätsalternativen suchen lässt, die ihre Betriebskosten kurzfristig senken können. Das kann wiederum zu einer verstärkten Nachfrage nach neuen und gebrauchten Elektrofahrzeugen führen, was die Restwerte steigen lässt. Es ist somit zu erwarten, dass sich der Wertverlust der alternativen Antriebe bei steigenden Kraftstoffpreisen verringert. Das hat wiederum auch einen Einfluss auf die TCO, die sich dadurch verringern.

- Die Analysen mit dem TECK-Modell zeigen anschaulich, dass für sich alleine keiner der hier untersuchten Stellhebel (Energiedichte, Batteriekosten, Kraftstoffpreise, Schnellladeinfrastruktur und Kaufpreisincentivierung) wirkungsvoll genug ist, um den Kundennutzen der alternativen Antriebe PHEV, REEV, BEV und FCEV signifikant im Vergleich zu ICE-G/D zu erhöhen. In weiteren Forschungen sollte daher die Kombination dieser und weiterer Stellhebel (zum Beispiel Privilegien wie kostenloses Parken oder das Bereitstellen von ICE-G/D für Langstrecken) untersucht werden. Dabei spielt wahrscheinlich auch die zeitliche Reihenfolge der gewählten Stellhebel eine entscheidende Rolle.

- Der Fokus der KN-Untersuchung lag ausschließlich auf Privatkunden. Es ist zu erwarten, dass das verhältnismäßig schlechte Abschneiden von BEV und REEV in den Sze-

6.4 Zusammenfassung und Diskussion der Forschungsfragen

narien bei einer anderen Kundengruppe so nicht zu beobachten gewesen wäre. Gewerbliche Flotten (zum Beispiel Post oder soziale Dienste) haben in der Regel feste Routen und die Möglichkeit der Ladung auf dem Betriebshof, womit ihre Anforderungen an die Reichweite und Ladezeit wahrscheinlich nicht so hoch sind. Bei ihnen müssten zudem andere hier noch nicht diskutierte Stellhebel untersucht werden. Diese sind zum Beispiel eine Sonderabschreibung von Elektrofahrzeugen als gewinnmindernde Investitionen durch die Absetzung für Abnutzung (AfA) oder vergünstigte Kredite für die Anschaffung eines Elektrofahrzeugs durch die Kreditanstalt für Wiederaufbau (KfW). Erste Studien weisen diesen Stellhebeln ein hohes Potenzial für gewerbliche Flotten aus.[532]

- FCEV wurden in den Szenarien nur am Rande beleuchtet. Bei der Bewertung des Kundennutzens mussten die Probanden eine flächendeckende H_2-Infrastruktur voraussetzen, um die Ergebnisse der Conjoint-Analyse nicht zu verfälschen. Dadurch weisen FCEV einen von Beginn sehr hohen Kundennutzen auf dem Niveau von PHEV auf. Dieser kann durch die Kaufpreisincentivierung noch einmal deutlich verbessert werden. Sobald erste FCEV am Markt erhältlich sind, könnten diese mit dem TECK-Modell und weiterführenden Kundenbefragungen auf effiziente Fördermöglichkeiten überprüft werden. Das Bereitstellen von ICE-G/D für Langstrecken, wo noch keine H_2-Infrastruktur vorhanden ist, kann dafür auch hier von Interesse sein.

---

[532] Siehe dazu Plötz, Gnann, et al. (2015) und Hacker, Waldenfels, et al. (2015).

7 Zusammenfassung, Schlussfolgerungen und Ausblick

7.1 Zusammenfassung und Schlussfolgerungen

Die Idee zu der vorliegenden Doktorarbeit ist im Jahr 2010 entstanden, kurz nach dem von der Bundesregierung postulierten Ziel von einer Mio. Elektrofahrzeuge bis zum Jahr 2020 auf Deutschlands Straßen. Diesem Ziel sind zahlreiche Studien und wissenschaftliche Veröffentlichungen vorausgegangen, welche die Erreichung ambitionierter Kosten- und Performanceziele für Batterien und Brennstoffzellen in Aussicht gestellt haben. Die zahlreichen Modellankündigungen der Hersteller waren in der Folge ebenfalls ein Beleg dafür. Die Einführung von alternativen Antrieben ist dadurch überhaupt erst in den Bereich des Möglichen gerückt. Durch die höhere Energieeffizienz der alternativen Antriebe und der Möglichkeit der nahezu emissionslosen Mobilität wurden alternative Antriebe zunehmend auch in die Diskussion zur Reduktion von Energieverbrauch und CO_2-Emissionen im Verkehr mit einbezogen. Der Zeithorizont vieler Untersuchungen lag mit Ausblick auf die Jahre 2030 und 2050 nicht selten sehr weit in der Zukunft.

Im Unklaren blieben jedoch oftmals die kurzfristigen Stellhebel und Wirkzusammenhänge, die den Markthochlauf der alternativen Antriebe überhaupt erst ermöglichen. Deshalb werden in dieser Arbeit besonders die ökonomischen und ökologischen Fragestellungen zur Einführung der alternativen Antriebe in Deutschland von 2010 bis 2030 in den Fokus der Untersuchung gestellt. Ferner wird die Kundenakzeptanz als eine der zentralen Erfolgsfaktoren gesehen und in die Untersuchungen mit einbezogen. Die Arbeit folgt dabei den folgenden drei zentralen Forschungsfragen: (I) Welche Stellhebel und Wirkzusammenhänge existieren, um den Markthochlauf von alternativen Antrieben kurzfristig zu unterstützen, und unter welchen Umständen ist ihr ökologischer Vorteil gegeben? (II) Unter welchen Bedingungen sind die ambitionierten Kostenziele der alternativen Antriebe zu erreichen? und (III) Wie gestaltet sich ihr Kundennutzen durch die anfangs noch hohen Kosten, geringen Reichweiten und langen Ladezeiten, und wie lässt er sich messen?

Die wissenschaftlichen Schwerpunkte der Arbeit liegen auf der Entwicklung und Anwendung einer Methode, die es erlaubt, die ambitionierten Kostenziele der alternativen Antriebskomponenten zu bewerten (Frage II). Hierzu wurde das bestehende Wissen zur 2-Faktor-Erfahrungskurve erweitert und für die Untersuchung von Schlüsseltechnologien der Elektromobilität angewendet. Weiterhin wurden die Präferenzen beim Kauf von Elektrofahrzeugen anhand eine Conjoint-Analyse von 408 Probanden ermittelt (Frage III). Diese Erkenntnisse sind dann auch in die Modellentwicklung mit eingeflossen.

Die eben genannten Forschungsfragen und methodischen Schwerpunkte der Arbeit werden im Weiteren anhand der Erkenntnisse aus den vorherigen Kapiteln zusammenfassend beantwortet.

(I) Welche Stellhebel und Wirkzusammenhänge existieren, um den Markthochlauf von alternativen Antrieben kurzfristig zu unterstützen, und unter welchen Umständen ist ihr ökologischer Vorteil gegeben?

Politik

In der Vergangenheit wurden durch die geringere Besteuerung von Diesel-Kraftstoff im Vergleich zu Benzin und durch sich verschärfende Emissionsgrenzwerte der Euro-Abgasnormen für Pkw wichtige Impulse für die technologische Entwicklung von Diesel-Pkw gegeben, sodass diese letztlich immer attraktiver für die Kunden geworden sind. Die Analyse der Fahrleistung nach der Kraftstoffart hat ergeben, dass Diesel-Pkw auch signifikant mehr Kilometer zurücklegen als Benzin-Pkw (11.800 km/a im Vergleich zu 21.100km/a). Die Entscheidung für einen Diesel-Pkw wird somit bewusst von Vielfahrern getroffen, weil durch die geringeren Kraftstoffkosten die höheren Anschaffungs- und Kfz-Steuerausgaben kompensiert werden. 2014 entfielen unter Einwirkung der beschriebenen Stellhebel rund 50 Prozent der Pkw-Neuzulassungen in Deutschland auf Diesel-Pkw, bei einem Diesel-Pkw-Bestand von 31 Prozent.

Für die alternativen elektrischen Antriebe fehlen diese Art von Impulsen bisher in Deutschland, bis auf die fast wirkungslose Kfz-Steuerermäßigung und die Mehrfachanrechnung bei den EU-Flottengrenzwerten von Fahrzeugen, die weniger als 50 gCO_2/km emittieren. Als wichtige Impulse der Politik, die die weltweite Entwicklung von alternativen Antrieben beschleunigt hat, wurde die ZEV-Gesetzgebung in Kalifornien und die monetäre Förderung von Demonstrationsvorhaben und F&E-Aktivitäten in Wissenschaft und Industrie identifiziert.[533]

Es wurde gezeigt, dass der Kraftstoffverbrauch von Pkw im NEFZ vom Jahr 2002 bis zum Jahr 2011 kontinuierlich gesunken ist. Die Pkw-Realverbräuche sind dagegen im gleichen Zeitraum nur geringfügig gesunken. Gleichzeitig hat sich die Pkw-Fahrleistung vergrößert. Der Energieverbrauch im Pkw-Verkehr blieb dadurch in den letzten Jahren nahezu konstant.[534] Mit einer Verringerung des NEFZ-Kraftstoffverbrauchs sinken somit nicht automatisch der Energieverbrauch und die Treibhausgasemissionen im Pkw-Verkehr. Um die ambitionierten Zielsetzungen der Bundesregierung hinsichtlich Energieeinsparung und THG-Emissionsreduktionen zu erreichen, wird der Einsatz von energieeffizienteren alternativen Antrieben als sehr großer Stellhebel bewertet.[535] Wie die Ergebnisse der Ökobilanzierung gezeigt haben, ist die Nutzungsphase entscheidend für die CO_2-Bilanz aller Antriebe. So kann bei der Verwendung von regenerativ erzeugtem Strom bzw. Wasserstoff die CO_2-Bilanz für Herstellung, Betrieb und Recycling von BEV, REEV und FCEV im Vergleich zu ICE-G um etwa 2/3 reduziert werden.[536] Für PHEV und REEV hat der Gesetzgeber zur einheitlichen Deklaration der Umweltwirkung dieser Fahrzeuge eine Vorschrift (UN/ECE-R101) erlassen, die die Aufteilung in verbrennungsmotorische und elektrische Fahranteile genau regelt. Die Analyse dieser Berechnungsvorschrift zeigt Defizite in ihrer Realitätsnähe. Sie setzt voraus, dass die Fahrzeuge vor jeder Tagesfahrt vollgeladen und im Tagesverlauf auch nicht wieder nachgeladen werden. Ferner entspricht die zugrunde liegende mathematische Aufteilung in der UN/ECE-R101 nicht dem Fahrverhalten der deutschen Autofahrer (aus der MiD 2008), was dazu

---

[533] Vgl. DLR und Wuppertal-Institut (2015), S. 367ff.
[534] BMVBS (2013), S. 297. MIV: 1991 = 1.507 PJ, 2000 = 1.514 PJ, 2010 = 1.435 PJ.
[535] Weiterführende Informationen dazu in Kreyenberg, Lischke, et al. (2015).
[536] Fahrzeuge aus dem Jahr 2010, bei einer Gesamtfahrleistung von 150.000 km/Pkw.

7.1 Zusammenfassung und Schlussfolgerungen

führt, dass bei elektrischen Reichweiten < 35 km ein höherer elektrischer Fahranteil und bei elektrischen Reichweiten von > 35 km ein niedrigerer elektrischer Fahranteil ausgewiesen wird, als in der MiD 2008 zu beobachten ist. Sollten in Zukunft dort reale Fahranteile zugrunde gelegt werden, hätte das wiederum Auswirkung auf die rechnerische Umweltwirkung und wahrscheinlich auch Auswirkungen auf die Auslegung von PHEV und REEV. Die Anzahl an Fahrzeugen, die unter die Mehrfachanrechnung der 50 gCO_2/km-Grenze bei den EU-Flottenemissionen fallen, würde sich nach den hier ausgewerteten MiD-2008-Daten auch verändern.

Die Untersuchungen zeigen damit, dass die Politik durch Schaffung von geeigneten und langfristigen Rahmenbedingungen die Entwicklung und Auslegung von alternativen Antrieben aktiv vorantreiben kann. Diese sind aber nicht nur für Pkw-Hersteller wichtig, sondern betreffen auch Infrastrukturbetreiber und Kunden, die für ihre Investitionen eine möglichst lange Planungssicherheit benötigen. Ferner sollte die Politik darauf achten, dass Ladeinfrastruktur und Wasserstofftankstellen mit regenerativ erzeugtem Strom und Wasserstoff versorgt werden müssen.

Hersteller bzw. Anbieter von Fahrzeugen

Um die technologische Reife der verschiedenen Fahrzeugantriebe und deren Komponenten bis zum Jahr 2030 zu bewerten, wurde eine umfangreiche Literaturrecherche auf Basis der EUCAR-V4-Studie[537] durchgeführt. Die Untersuchung der Leistungsdichte von Antriebstrang und Gesamtfahrzeug der 2020+ EUCAR-V4-Fahrzeuge zeigten auch zukünftig erhebliche technische Unterschiede zwischen den verschiedenen Fahrzeugantrieben. So sind BEV heute und zukünftig die energieeffizientesten Antriebe; aufgrund der geringen gravimetrischen Energiedichte der Traktionsbatterien werden ihre Reichweiten aber auch in Zukunft nicht mit denen von Diesel und Benzin Pkw zu vergleichen sein, wenngleich in Zukunft durch den Einsatz von Lithium-Schwefel oder optimierten Lithium-Ionen-Batteriezellen noch einmal signifikante Steigerungen der Energiedichte (bis zu 350 Wh/kg) zu erwarten sind. Im Vergleich zu den 12.000 Wh/kg von Diesel ist dieser Wert jedoch auch bei dem deutlich schlechteren Wirkungsgrad von ICE-D noch sehr gering. Bei BEV und REEV, welche die Energie für die Klimatisierung der Fahrgastzelle aus der Traktionsbatterie entnehmen, ist die Klimatisierung ein großer Energieverbraucher. Wie die Berechnungen mit dem für diese Arbeit entwickelten Fahrzeug-Verbrauchsmodell gezeigt haben, überschreitet die Heizenergie im Stadtbetrieb den benötigten Energiebedarf für die Bewegung des Fahrzeugs deutlich. Brennstoffzellenfahrzeuge haben durch die reaktionsbedingte Wärmeentwicklung in den Brennstoffzellen, welche auch für die Klimatisierung der Fahrgastzelle genutzt wird, dort deutliche Vorteile. Sensitivitätsanalysen mit dem Fahrzeug-Verbrauchsmodell haben die Reduzierung vom Fahrzeuggewicht und die Erhöhung der Effizienz des Antriebsstrangs als die größten Einzelstellhebel ausgemacht, um Energie im NEFZ zu sparen.

Neben der technologischen Reife spielen für die Kunden aber auch wirtschaftliche Überlegungen bei der Wahl eines Pkw eine Rolle. Hierzu wurde eine umfangreiche TCO-Analyse der

---

[537] Die EUCAR-Tank-to-Wheel-Studie V4 wurde von Experten der europäischen Automobilindustrie in einem Projekt unter Leitung der Firma AVL durchgeführt. Ziel der Untersuchungen des Konsortiums war es, wie schon in den vorherigen Versionen, die verschiedenen Antriebe von ihrer Performance möglichst vergleichbar auszulegen. Das dort modellierte Referenzfahrzeug entspricht der Größe eines VW Golf. JEC (2013).

EUCAR-V4-Fahrzeuge (mit den spezifischen Kosten der EU-Coalition-Studie[538]) für die Jahre 2015, 2020 und 2030 durchgeführt. Im Ergebnis dieser Analyse wurde der Wertverlust für alle Fahrzeuge als der entscheidende Kostenfaktor identifiziert. Ob die Kunden bereit sind, das eventuell höhere Restwertrisiko der alternativen Antriebe zu tragen, ist fraglich und wurde in dieser Arbeit nicht untersucht. Anbieter von alternativen Antrieben könnten durch Garantien auf die neuen Komponenten den Fahrzeug-Restwert im Markt stützen, was sich wiederum positiv auf den Absatz der Fahrzeuge auswirken sollte. Die Kraftstoff- und Infrastrukturkosten machen bei allen Antrieben nur einen Bruchteil (zehn bis 20 Prozent) der TCO aus. Dafür ist die Well-to-Tank-Kraftstoffvorkette maßgeblich für die ökologische Wirkung der Fahrzeuge im Betrieb verantwortlich.

In den letzten Jahren sind die Fahrzeuge aufgrund zunehmend technischer Möglichkeiten und damit einhergehend steigender Kundenanforderungen nach mehr Sicherheit und Komfort immer schwerer geworden. Im Ergebnis der Ökobilanzierung wurde gezeigt, dass Pkw durch diese Anforderungen auch mehr Materialen zur Herstellung benötigten. Durch E-Motor, BZ-Stack und den Batterien ergibt sich für die alternativen Antriebe ein höherer Bedarf an seltenen Erdmetallen sowie stofflich knapper Ressourcen von Kobalt, Lithium und Platin. Im Vergleich zu konventionellen Antrieben liegen die CO_2-Emissionen bei der Pkw-Herstellung von alternativen Antrieben um das 1,5- bis 1,8-fache höher. Hersteller können durch Vermeidung oder das gezielte Recycling dieser Materialien Engpässe vorbeugen.

Kunden

Um das Mobilitätsbedürfnis der Kunden zu verstehen, wurde am Anfang der vorliegenden Arbeit die Motivation zur Verkehrsmittelwahl der Verkehrsteilnehmer näher analysiert. Die Verkehrsmittelwahl hängt dabei von Faktoren wie den Reisekosten, der Länge des Wegs, dem Reisezweck, der Transportaufgabe und dem gewünschten Reisekomfort ab. Die individuelle Mobilität einer Person ist eng verbunden mit der jeweiligen Lebenssituation, der vorliegenden Siedlungsstruktur und dem dort verfügbaren Angebot an öffentlichen Verkehrsmitteln. Bei der Betrachtung der fahrtzweckspezifischen Verkehrsleistung über alle Bevölkerungsgruppen und Verkehrsmittel wurde festgestellt, dass in der Freizeit die mit Abstand meisten Personenkilometer zurückgelegt werden, gefolgt von Berufs- und Dienstwegen. Bei fast zwei Dritteln aller von Pkw zurückgelegten Inlandswege sitzt dabei nur der Fahrer im Auto. Eine Erhöhung des Pkw-Besetzungsgrades stellt somit, schon ohne die Elektrifizierung von Pkw, einen signifikanten Stellhebel zur Reduktion von Energieverbrauch und THG-Emissionen im Verkehr dar.

Bei der Nutzung von alternativen Antrieben sollten umweltbewusste Kunden unbedingt darauf achten, dass der Strom und Wasserstoff aus regenerativen Energien hergestellt werden, da die Nutzungsphase aller Pkw die meisten Ressourcen, Energieverbräuche und THG-Emissionen verursacht.

Die in dieser Arbeit durchgeführten TCO-Analysen belegen, dass die Unterhaltskosten von allen alternativen Antrieben von Beginn an günstiger sind als für konventionell angetriebene Pkw. Allerdings ist der Anschaffungspreis für die Kunden, sollte er nicht von den OEM oder

---

[538] Die EU-Coalition-Studie „A portfolio of power-trains for Europe" wurde unter Leitung der Unternehmensberatung McKinsey in Zusammenarbeit mit verschiedenen Automobilherstellern erstellt, um u. a. die ambitionierten Kostenzielkosten der alternativen Antriebe zu bewerten. EU-Coalition (2010).

7.1 Zusammenfassung und Schlussfolgerungen

der Politik subventioniert werden, noch so hoch, dass er nur durch hohe Fahrleistungen kompensiert werden kann, was in Anbetracht der noch fehlenden Lade- bzw. Wasserstoff-Infrastruktur unrealistisch erscheint. Kunden von alternativen Antrieben sollten ihre mit dem Fahrzeug geplante Laufleistung vor der Anschaffung von daher genau kennen, damit der Betriebskostenvorteil auch möglichst schnell den höheren Anschaffungspreis kompensieren kann.

(II) Unter welchen Bedingungen sind die ambitionierten Kostenziele der alternativen Antriebskomponenten zu erreichen?

Um die zukünftigen Kosten der alternativen Antriebskomponenten zu bewerten, wurde in dieser Arbeit ein neuartiger 2-Faktor-Erfahrungskurvenansatz entwickelt, der die bisherigen Schwachstellen literaturgängiger 2-Faktor-Ansätze vermeidet bzw. minimiert. Darauf aufbauend wurde auf Basis dieses neuen Ansatzes die Frage beantwortet, ob und unter welchen Umständen die ambitionierten Kostenziele der alternativen Antriebskomponenten Brennstoffzellen-Stack, Energie- und Leistungs-Li-Ionen-Batterien bis zum Jahr 2020 erreicht werden können. Die Zielkosten stammen aus der EU-Coalition-Studie. Für die Entwicklung des Modells wurden fünf zentrale Ursachen für die Kostendegression von technischen Produkten in Großserienproduktion untersucht. Diese sind (I) Fixkostendegression, (II) Economies of Scale, (III) Stückkostendegression, (IV) Prozessoptimierung und (V) Technischer Fortschritt, wobei die Untersuchungen ergeben haben, dass die Ursachen (I) bis (IV) einen Zusammenhang mit der produzierten Menge und der technische Fortschritt einen Zusammenhang mit der Anzahl der veröffentlichten Patente aufweisen. Das entwickelte Modell zur Kostenprognose wurde daraufhin so aufgebaut, dass die zu prognostizierenden Stückkosten, in Abhängigkeit von den Lernraten sowie den angenommenen produzierten Mengen- und Patentwachstumsraten, abgeleitet werden können. Die Lernraten wurden in dieser Untersuchung auf Basis von Analogietechnologien berechnet, was gewisse Unsicherheiten bedeutet, aber auch nach bestem Wissen des Autors ein Novum in der verwendeten Methode darstellt. Im Ergebnis dieser Untersuchung wurde festgestellt, dass die zentrale Voraussetzung, um die in der EU-Coalition-Studie dargestellten Zielkosten für das Jahr 2020 (Brennstoffzellen-Stack = 43 EUR/kW, Energie-Batterie = 300 EUR/kWh, Leistungs-Batterie = 32 EUR/kW) zu erreichen, ein Mengenwachstum von 85 Prozent pro Jahr für den Brennstoffzellen-Stack und die Leistungs-Batterie und 26 Prozent pro Jahr für die Energie-Batterie (inklusive Consumermarkt für Notebooks etc.) notwendig ist. Sollten diese hohen Werte im Jahr 2020 signifikant unterschritten werden, wären die obigen Kostenschätzungen nur durch ein unrealistisch hohes Patentwachstum zu erreichen.

Anhand der technischen Auslegung der EUCAR-V4-Fahrzeuge wurde anschließend mithilfe der spezifischen Komponentenkosten aus der EU-Coalition-Studie und den eigenen Analysen zur 2-Faktor-Erfahrungskurve der Fahrzeugpreis in Abhängigkeit von der produzierten Stückzahl und den veröffentlichten Patenten von Brennstoffzellen-Stack und Leistungs- und Energie-Batterien ermittelt. In dieser Untersuchung wurde gezeigt, dass bis zu einer kumulierten Produktionsmenge von etwa 100.000 Fahrzeugen signifikante Kostendegressionen für REEV, BEV und FCEV zu erwarten sind. Für Pkw-Hersteller bieten sich daher Kooperationen mit anderen Pkw-Herstellern oder Zulieferern an, um diese Kostenreduktionen schneller zu erreichen. Damit die Kosten in die Nähe der konventionellen Antriebe gelangen, sind allerdings erheblich höhere Stückzahlen, im Bereich von einer Mio. Fahrzeuge (kumuliert für Europa), erforderlich. Angesichts des weltweiten Pkw-Wachstums scheinen diese Stückzahlen aber nicht unerreichbar.

Zusammenfassend kann festgestellt werden, dass sich sowohl die produzierte Menge als auch F&E-Aktivität (mit einer Zeitverzögerung) auf die Kostendegression neuer Technologien auswirkt. Demonstrationsvorhaben und F&E-Aktivitäten wirken sich somit nicht nur kurzfristig absatzfördernd, sondern auch langfristig positiv auf die Bezahlbarkeit der alternativen Antriebe aus. Direkt absatzfördernde Maßnahmen wie die Incentivierung vom Pkw-Kauf oder die Nutzung gesonderter Fahrspuren wirken in ähnlicher Art und Weise.

(III) Wie gestaltet sich ihr Kundennutzen durch die anfangs noch hohen Kosten, geringen Reichweiten und langen Ladezeiten, und wie lässt er sich messen?

Entgegen dem in der Literatur oft unterstellten „homo oeconomicus" als Kunden der alternativen Antriebe, wurde in dieser Arbeit versucht, die verschiedene Leistungsfähigkeit der unterschiedlichen Antriebsarten in eine Bewertung zu integrieren. Nach einer Diskussion verschieden möglicher Methoden fiel die Wahl auf die Verwendung einer auswahlbasierten Conjoint-Analyse (CBC), weil sie einfach und verständlich für die Befragten zu handhaben ist und einer realen Kaufentscheidung deutlich näher kommt als andere Methoden. Der Kunde bewertet bei der CBC nicht ein Merkmal (beispielsweise die Reichweite oder die Ladedauer), sondern das Produkt als Ganzes, wie in der Realität als Trade-off zwischen den Produkteigenschaften und dem Preis. Durch diese Ähnlichkeit fühlen sich die Befragten in eine echte Entscheidungssituation versetzt, womit realistischere Antworten gegeben werden, im Vergleich zur Abfrage einzelner Fahrzeugeigenschaften.

In der vorliegenden Untersuchung wurden 408 potenzielle Käufer, die sich den Kauf eines Pkw im C/D-Segment (Mittelklasse) mit alternativem Antrieb grundsätzlich vorstellen können und bereits Neuwagenkäufer in diesem Segment waren bzw. die Anschaffung eines Pkw in dieser Größe planen, befragt. Die Befragung wurde im November 2011 in den deutschen Großstädten Hamburg, Frankfurt und Leipzig durchgeführt. Dazu wurden den Kunden verschiedene Fahrzeuge unterschiedlichster Merkmalausprägungen von Kaufpreis, Reichweite, Lade-/Tankzeit, Verbrauchskosten, Höchstgeschwindigkeit, CO_2-Ausstoß und Beschleunigung zur Auswahl gestellt. Mithilfe der Marktanalyse-Software Sawtooth SMRT wurde dann der Nutzen der Eigenschaftenausprägung aus den individuellen Entscheidungen pro Kunde berechnet. Mittels der errechneten Nutzenwerte wurde anschließend für jedes Merkmal eine Nutzenfunktion ermittelt.

Anhand der Steigung der Nutzenfunktionen wurde der Kaufpreis, die Reichweite und die Ladedauer als die wichtigsten Merkmale für diese 408 Kunden identifiziert. Die Höchstgeschwindigkeit und die Beschleunigung spielen für die befragten Probanden keine so große Rolle. Dadurch wird deutlich, dass die heutigen alternativen elektrischen Antriebe durch ihre geringe Reichweite, die langen Ladezeiten und den höheren Kaufpreis einen signifikant geringeren Kundennutzen für die untersuchte Kundengruppe aufweisen. Das gilt insbesondere für BEV und REEV, die hauptsächlich elektrisch betrieben werden. FCEV haben für diese Kunden große Vorteile durch ihre höhere Reichweite und die kurze Tankzeit. Die Infrastruk-

7.1 Zusammenfassung und Schlussfolgerungen

turverfügbarkeit von Ladesäulen und Wasserstofftankstellen konnte methodenbedingt nicht untersucht werden.

Neben der reinen Bestimmung des Kundennutzens pro Fahrzeugantrieb bietet die hier erarbeitete Methode Automobilherstellern und Komponentenentwicklern eine Möglichkeit, sich bei der Fahrzeugentwicklung mehr an den Wünschen der potenziellen Kunden zu orientieren. Aufbauende Kundennutzenuntersuchungen mit erhöhter Fallzahl und mehreren Subgruppen (zum Beispiel Flottenkunden oder Zweitwagenkunden) sind künftig wünschenswert, um eine breitere und differenziertere Sicht auf die Kunden von alternativen Antrieben zu erlangen. Dennoch zeigen die hier vorgestellten Ergebnisse schon anschaulich, dass es bei Fahrzeugen mit alternativen Antrieben wichtiger denn je ist, die potenziellen Kunden genau zu kennen, um den jeweiligen Fahrzeugantrieb mit der richtigen Stückzahl und dem entsprechenden Zusatznutzen am Markt zu platzieren.[539]

Erkenntnisse aus der TECK-Modellanwendung

Im Verlauf der Arbeit wurden die Bewertungsgrößen TCO, WtW-Energieeffizienz, WtW-CO_2-Emissionen und der Kundennutzen für die geeignetsten Untersuchungsparameter für die Modellentwicklung befunden. Das für diese Arbeit entwickelte TECK-Modell wurde daraufhin für zwei Anwendungsbereiche konzipiert. Zum einen soll das Modell helfen, die optimale Auslegung der alternativen Antriebe noch vor der Entwicklung zu simulieren, und zum anderen sollte es in der Lage sein, diverse Forschungsfragen zur Markteinführung der alternativen Antriebe durch die Veränderung von Fahrzeug- und externen Umfeldparametern zu beantworten. In dieser Arbeit lag der Fokus der Modellanwendung auf der Bewertung verschiedener Stellhebel, die den Markthochlauf von alternativen Antrieben in Deutschland in den Jahren 2015 und 2020 unterstützen sollen.

Die Modellergebnisse zeigen, dass selbst mit einer Verdopplung der Energiedichte und der Halbierung der Kosten von Energie-Batterien in den Jahren 2015 und 2020 BEV und REEV keinen höheren Kundennutzen als ICE-G/D, HEV, PHEV und FCEV erreichen können, obwohl ihre Bruttolistenpreise dann schon teilweise günstiger sind. Das liegt vor allem an der dann immer noch vorhandenen Reichweitenproblematik und den langen Ladezeiten, die von den Probanden als große Nachteile bewertet werden.

Unter der Annahme von doppelt so hohen Kraftstoffpreisen für Benzin und Diesel und um die Mehrwertsteuer vergünstigten Preise für Strom und Wasserstoff haben die EUCAR V4 PHEV, REEV und BEV bereits 2015 einen TCO-Vorteil gegenüber ICE-G (4a Haltedauer, 14.111 km/a). Dieses Ergebnis konnte mit den im Jahr 2015 real am Markt erhältlichen Fahrzeugen jedoch nicht bestätigt werden. Das liegt zum einen an den deutlich höheren Preisen für PHEV (+5.000 EUR) und zum anderen an dem in der Realität höheren Preisunterschied zwischen den konventionellen und alternativen Antrieben. Dadurch haben es die alternativen Antriebe deutlich schwerer, die höheren Wertverluste durch ihre Betriebskostenvorteile wettzumachen.

---

[539] Kreyenberg, Wind, et al. (2013).

Die derzeit viel diskutierte Schnellladeinfrastruktur erhöht den Kundennutzen für PHEV, REEV und BEV um etwa 40 Nutzeneinheiten.[540] Das ist in etwa so viel, wie ICE-G/D und HEV durch die Verdopplung der Benzin- und Dieselpreise verlieren würden. Der dann immer noch vorhandene Kundennutzennachteil von PHEV und REEV, im Vergleich zu ICE-G/D und PHEV, kann mit einer Kaufpreisincentivierung ausgeglichen werden. BEV werden auch unter den hier getroffenen extremen Annahmen nicht interessant für die untersuchte Gruppe der Privatkunden.

Zusammenfassend kann gesagt werden, dass keiner der untersuchten Stellhebel (Energiedichte der Batterien verdoppeln, Batteriekosten halbieren, Kraftstoffpreise verdoppeln, flächendeckende Schnellladeinfrastruktur oder eine Kaufpreisincentivierung von 5.000 EUR) für sich alleine wirkmächtig genug ist, um die in 2015 bereits am Markt erhältlichen elektrischen Antriebe (PHEV, REEV, BEV) zu einem signifikanten TCO- oder Kundennutzenvorteil im Vergleich zu ICE-G/D und HEV zu verhelfen. Dabei wird an dieser Stelle noch einmal auf die ausschließliche Analyse der 408 Privatkunden für die Bestimmung des Kundennutzens hingewiesen. Die hier getroffenen Aussagen über die Wirkung der verschiedenen Maßnahmen zur Förderung der Elektromobilität gelten somit nicht für den Gesamtmarkt.

7.2 Ausblick

Die alternativen Antriebe können anfangs ohne staatliche Förderung nicht zu einem wettbewerbsfähigen Preis-Leistungsverhältnis von den Automobilherstellern dargestellt werden. Der Gesetzgeber tritt bereits als Impulsgeber durch finanzielle Anreize (zum Beispiel Forschungsförderung, Kfz-Steuerermäßigung) und Abgasregulationen auf, jedoch stellt sich die Frage, wo wird zukünftig, wie am effektivsten und nachhaltigsten für Umwelt, Wirtschaft und Gesellschaft gefördert: Beim Automobilhersteller, beim Energieversorger oder beim Endkunden? In zukünftigen Forschungen bieten sich eine Bewertung möglicher Förderinstrumente nach den Bewertungskriterien (I) Effektivität (II) Effizienz und (III) Praktikabilität an.[541] Ein effektives Instrument würde zum Beispiel die Anzahl von zusätzlich abgesetzten Elektrofahrzeugen oder die Menge der durch das Instrument vermiedenen THG-Emissionen[542] messbar verändern. Mit dem Kriterium der Effizienz könnte man dann ermitteln, mit welchen Instrumenten diese Ziele am effizientesten, also mit den geringsten Mitteleinsätzen (zum Beispiel EUR pro eingesparte Menge an THG-Emissionen) erreicht werden können.

Letztlich muss der Einsatz möglicher Förderinstrumente auf ihre politische und gesellschaftliche Praktikabilität und Akzeptanz regelmäßig geprüft werden. In diese Bewertung sollten auch Instrumente zur Verkehrsvermeidung und zum effizienteren Personentransport (beispielsweise durch die Erhöhung des Pkw-Besetzungsgrades) mit den bereits bestehenden Verkehrsträgern einbezogen werden. Um den Einsatz der verschiedenen regulatorischen und fiskalpolitischen Instrumente vor ihrer Einführung adäquat abzubilden und auf ihren Einsatz in Deutschland zu simulieren, könnte aufbauend auf den hier aufgezeigten TCO- und Kundennutzenbetrachtungen ein Pkw-Nachfragemodell entwickelt und mit einem bereits

---

[540] Die Einheit Nutzeneinheiten sind kundenspezifische normierte Teilnutzwerte, welche durch die Sawtooth SMRT (CBC/HB) Software errechnet werden.
[541] Vgl. dazu auch Enzensberger und Wietschel (2003), S. 36ff.
[542] Denkbar wären auch andere Emissionen, z. B. Stickoxide oder Feinstaub.

7.2 Ausblick

bestehenden Energie- und Emissionsmodell für Pkw-Flotten (zum Beispiel TREMOD) gekoppelt werden. Gegenstand dieser Untersuchung sollten dann auch gewerbliche Halter sein. Hierzu wären die Haltedauer, steuerliche Abschreibungsmöglichkeiten und reale Fahr- und Ladeprofile der jeweiligen gewerblichen Haltergruppen von besonderem Interesse.

Für die Weiterentwicklung der hier vorgestellten 2-Faktor-Erfahrungskurve sollten, sobald die Serienproduktion der zu untersuchenden Komponenten angelaufen ist und eine solide Datenbasis zur Verfügung steht, die realen Lernraten ermittelt werden. Ferner könnten, um die Prognose-Güte des hier vorgestellten Erfahrungskurven-Ansatzes noch weiter zu verfeinern, zusätzlich unabhängige Variablen (zum Beispiel Rohstoffpreise) in die Erfahrungskurven-Funktion integriert werden.

Das für diese Arbeit entwickelte TECK-Modell erlaubt die Bewertung von alternativen Antrieben in den Dimensionen TCO, WtW-Energieeffizienz, WtW-CO_2-Emissionen und Kundennutzen. Mit differenzierteren Kundennutzendaten (zum Beispiel gewerblichen Haltern oder Zweitwagen-Haltern) könnten OEM die Fahrzeuge gezielter für die Bedürfnisse dieser Kundengruppen entwickeln. Dabei sei an dieser Stelle noch einmal auf die ausschließliche Analyse der 408 Privatkunden für die Bestimmung des Kundennutzens und der in Kapitel 6 getroffenen Aussagen zur Wirksamkeit der Stellhebel hingewiesen. Um umfassendere Aussagen für den Gesamtmarkt zu erlangen, müssen zwangsläufig differenziertere Kundennutzendaten vorliegen.

Im Folgenden werden eine Reihe von Forschungsfragen aufgezählt, die im Verlauf der Arbeit noch nicht berücksichtigt werden konnten:

- Für PHEV und REEV sollte die Aufteilung nach elektrischer und verbrennungsmotorisch gefahrener Strecke nach dem realen Kundenverhalten mit diesen Fahrzeugen ermittelt werden. Diese Fahrprofile müssten mit der derzeitigen ECE-R101-Norm und der in dieser Arbeit erarbeiteten Methode abgeglichen werden. Das Ziel sollte dabei eine realitätsnähere Aufteilung von elektrischer und verbrennungsmotorisch gefahrener Wegstrecke für PHEV und REEV sein. Diese wird sich höchstwahrscheinlich mit zunehmender Infrastrukturverfügbarkeit von Ladesäulen im Laufe der Zeit zu einer höheren elektrischen Wegstrecke verändern.

- Der Wertverlust von alternativen Antrieben sollte, als größter TCO-Hebel, in einer komplexeren Formel abgebildet werden, die neben der Haltedauer und Laufleistung der Fahrzeuge auch die exogenen und endogenen Faktoren, die den Wertverlust bedingen, berücksichtigt. Allerdings wären dazu die „realen" Wertverluste von alternativen Antrieben im Markt zu erfassen. Diese wiederum könnten in den nächsten Jahren durch die Verkaufspreise von gebrauchten alternativen Antrieben und deren technischen Merkmalen, zum Beispiel bei Autoscout24.de oder Mobile.de, ermittelt werden.

- LPG, CNG und CNG-Hybrid-Pkw wurden in dieser Arbeit nicht untersucht. Für sie sprechen die geringeren Schadstoffemissionen im Vergleich zu Benzin- und Diesel-Pkw und die schon heute relativ weit entwickelte Infrastruktur.

- Die Auswirkungen der Infrastrukturverfügbarkeit auf den Kundennutzen wurden nicht untersucht. Dieser ist wahrscheinlich, gerade im Vergleich zu der Benzin- und Diesel-Tankstellendichte, von zentraler Bedeutung. Hier könnten Parallelen zu dem bereits bestehenden LPG- und CNG-Tankstellennetz gezogen werden. Ferner wirkt sich eine flächendeckende Ladeinfrastruktur wahrscheinlich auch auf die elektrischen Fahranteile von PHEV und REEV aus.

- Neben der globalen Verschmutzung durch THG-Emissionen (vor allem im Betrieb der Pkw) sollten auch lokale Umweltwirkungen wie SO_2, NOx, Feinstaub, Sommersmog und Eutrophierung, die maßgeblich bei der Pkw-Herstellung anfallen, adressiert werden.

- Die Kraftstoffverfügbarkeit und der Preis von Strom und Wasserstoff kann sich mit zunehmendem Ausbau von erneuerbaren Energien verändern. Sollten Strom und Wasserstoff in Zukunft signifikant günstiger als Benzin- oder Diesel-Kraftstoff für den Verkehr bereitstehen, wird das sicherlich auch positive Effekte auf den Absatz der alternativen Antriebe haben.

Anhang

Tabelle 46: Technische Parameter und Kosten ICE-G 2010-2030

ICE-G Benzin-Verbrenner	Formel- zeichen	Einheit	2010	2015	2020	2025	2030	Quelle
Techn. Parameter								
Hubraum	H	[l]	1,4	1,4	1,4	1,4	1,4	
Leistung VKM	P^{VKM}	[kW]	90	90	85	85	85	
Luftwiderstandsbeiwert	c_w	[-]	0,3	0,3	0,24	0,24	0,24	
Stirnfläche	A	[m²]	2,2	2,2	2,2	2,2	2,2	JEC (2013)
Rollwiderstandsbeiwert	f_R	[-]	0,007	0,007	0,005	0,005	0,005	
Leergewicht (inkl. Fahrer und 90 % Kraftstoff)	m	[kg]	1.310	1.310	1.200	1.200	n.B.	
Energiebedarf im NEFZ	E_{min}	[kWh/100km]	11,19	11,19	9,12	9,12	n.B	e.B.
Wirkungsgrad im NEFZ	η	[%]	19,8	19,8	23,0	23,0	n.B.	
Verbrauch im NEFZ	$v_{ICE-G}^{K\ NEFZ}$	[l/100km]	6,3	6,3	4,4	4,4	4,0	
TtW-CO_2-Emissionen	E_{ICE-G}^{CO2}	[gCO_2eq./km]	150	150	105	105	95	
Höchstgeschwindigkeit	v_{max}	[km/h]	180	180	180	180	180	JEC (2013)
Reichweite	R_{ICE-G}	[km]	500	500	500	500	500	
Beschleunigung (0-100 km/h)	a_{0-100}	[s]	11	11	11	11	11	
Lade-/Tankzeit	$t_{ICE-G}^{Tank/Lade}$	[min]	3	3	3	3	3	e.A.
Kosten Baugruppe								
Powertrain	k_{ICE-G}^{PT}	[EUR]	2.293	2.607	2.703	2.703	2.703	
Effizienzsteigerungs-maßnahmen	k_{ICE-G}^{ESM}	[EUR]	2.268	2.579	2.674	2.479	2.299	
Konventionelle Teile	k_{ICE-G}^{KT}	[EUR]	7.900	8.983	9.315	9.315	9.315	EU-Coalition [a]
Montage	k_{ICE-G}^{M}	[EUR]	2.665	2.665	2.665	2.665	2.665	
Vertriebs- und Verwaltungskosten	VWK	[EUR]	2.741	2.741	2.741	2.741	2.741	
Gewinn	G	[EUR]	1.341	1.341	1.341	1.341	1.341	
Nettolistenpreis	NLP_{ICE-G}	[EUR]	19.207	20.915	21.439	21.244	21.064	
MwSt.	$MwSt$	[%]	19%	19%	19%	19%	19%	e.B.
Bruttolistenpreis	BLP	[EUR]	22.856	24.889	25.512	25.281	25.066	

[a] EU-Coalition (2010): Kosten analog den Basisdaten für ICE-Benzin im C/D-Segment im Conventional Szenario.
e. B. eigene Berechnung, e. A. eigene Annahme, n. B. nicht berechnet

Tabelle 47: Technische Parameter und Kosten ICE-D 2010-2030

ICE-D Diesel-Verbrenner	Formel- zeichen	Einheit	2010	2015	2020	2025	2030	Quelle
Techn. Parameter								
Hubraum	H	[l]	1,6	1,6	1,6	1,6	1,6	
Leistung VKM	P^{VKM}	[kW]	85	85	85	85	85	
Luftwiderstandsbeiwert	c_w	[-]	0,3	0,3	0,24	0,24	0,24	
Stirnfläche	A	[m²]	2,2	2,2	2,2	2,2	2,2	JEC (2013)
Rollwiderstandsbeiwert	f_R	[-]	0,007	0,007	0,005	0,005	0,005	
Leergewicht (inkl. Fahrer und 90 % Kraftstoff)	m	[kg]	1.370	1.370	1.260	1.260	n.B.	
Energiebedarf im NEFZ	E_{min}	[kWh/100km]	11,49	11,49	9,39	9,39	n.B.	e.B.
Wirkungsgrad im NEFZ	η	[%]	25,5	25,5	28,6	28,6	n.B.	
Verbrauch im NEFZ	$v_{ICE-D}^{K\,NEFZ}$	[l/100km]	4,5	4,5	3,3	3,3	3,0	
WtT-CO2-Emissionen	E_{ICE-D}^{CO2}	[gCO$_2$eq./km]	120	120	88	88	79	
Höchstgeschwindigkeit	v_{max}	[km/h]	190	190	190	190	190	JEC (2013)
Reichweite	R_{ICE-D}	[km]	500	500	500	500	500	
Beschleunigung (0-100 km/h)	a_{0-100}	[s]	11	11	11	11	11	
Lade-/Tankzeit	$t_{ICE-D}^{Tank/Lade}$	[min]	3	3	3	3	3	e.A.
Kosten Baugruppe								
Powertrain	k_{ICE-D}^{PT}	[EUR]	3.409	3.622	3.755	3.755	3.755	
Effizienzsteigerungs-maßnahmen	k_{ICE-D}^{ESM}	[EUR]	1.828	1.943	2.014	1.867	1.731	
Konventionelle Teile	k_{ICE-D}^{KT}	[EUR]	8.509	9.041	9.373	9.373	9.373	EU-Coalition [a]
Montage	k_{ICE-D}^{M}	[EUR]	2.665	2.665	2.665	2.665	2.665	
Vertriebs- und Verwaltungskosten	VWK	[EUR]	2.741	2.741	2.741	2.741	2.741	
Gewinn	G	[EUR]	1.341	1.341	1.341	1.341	1.341	
Nettolistenpreis	NLP_{ICE-D}	[EUR]	20.493	21.352	21.889	21.743	21.607	
MwSt.	$MwSt$	[%]	19%	19%	19%	19%	19%	e.B.
Bruttolistenpreis	BLP	[EUR]	24.387	25.409	26.048	25.874	25.712	

[a] EU-Coalition (2010): Kosten analog den Basisdaten für ICE-Diesel im C/D-Segment im Conventional Szenario.
e. B. eigene Berechnung, e. A. eigene Annahme, n. B. nicht berechnet

Tabelle 48: Technische Parameter und Kosten HEV 2010-2030

HEV Benzin-Hybrid	Formelzeichen	Einheit	2010	2015	2020	2025	2030	Quelle
Techn. Parameter								
Hubraum	H	[l]	1,4	1,4	1,3	1,3	1,3	
Leistung VKM	P^{VKM}	[kW]	90	90	70	70	70	
Leistung HP-Batterie	P^{HP-B}	[kW]	30	30	30	30	30	
Leistung E-Motor	$P^{E-Motor}$	[kW]	24	24	24	24	24	
Luftwiderstandsbeiwert	c_w	[-]	0,3	0,3	0,24	0,24	0,24	JEC (2013)
Stirnfläche	A	[m^2]	2,2	2,2	2,2	2,2	2,2	
Rollwiderstandsbeiwert	f_R	[-]	0,007	0,007	0,005	0,005	0,005	
Leergewicht (inkl. Fahrer und 90 % Kraftstoff)	m	[kg]	1.417	1.417	1.288	1.288	n.B.	
Energiebedarf im NEFZ	E_{min}	[kWh/100km]	11,73	11,73	9,51	9,51	n.B.	e.B.
Wirkungsgrad im NEFZ	η	[%]	29,5	29,5	36,4	36,4	n.B.	
Verbrauch im NEFZ	$v_{HEV}^{K\_NEFZ}$	[l/100km]	4,4	4,4	2,9	2,9	2,6	
TtW -CO$_2$-Emissionen	E_{HEV}^{CO2}	[gCO$_2$eq./km]	106	106	70	70	63	
Höchstgeschwindigkeit	v_{max}	[km/h]	180	180	180	180	180	JEC (2013)
Reichweite	R_{HEV}	[km]	500	500	500	500	500	
Beschleunigung (0-100 km/h)	a_{0-100}	[s]	11	11	11	11	11	
Lade-/Tankzeit	$t_{HEV}^{Tank/Lade}$	[min]	3	3	3	3	3	e.A.
Kosten Baugruppe								
HP-Batterie	k_{HEV}^{HP-B}	[EUR]	7.290	2.760	1.260	630	300	e.B. Basis FCEV
Powertrain	k_{ICE-G}^{PT}	[EUR]	2.293	2.607	2.703	2.703	2.703	
Effizienzsteigerungsmaßnahmen	k_{ICE-G}^{ESM}	[EUR]	2.268	2.579	2.674	2.479	2.299	e.A. = ICE-G
Hybridmodul	k_{HEV}^{HM}	[EUR]	4.700	1.351	1.257	1.025	857	e.B. Basis FCEV
Konventionelle Teile	k_{ICE-G}^{KT}	[EUR]	7.900	8.983	9.315	9.315	9.315	
Montage	k_{ICE-G}^{M}	[EUR]	2.665	2.665	2.665	2.665	2.665	
Vertriebs- und Verwaltungskosten	VWK	[EUR]	2.741	2.741	2.741	2.741	2.741	e.A. = ICE-G
Gewinn	G	[EUR]	1.341	1.341	1.341	1.341	1.341	
Nettolistenpreis	NLP_{HEV}	[EUR]	31.197	25.027	23.956	22.899	22.221	
MwSt.	$MwSt$	[%]	19%	19%	19%	19%	19%	e.B.
Bruttolistenpreis	BLP	[EUR]	37.125	29.782	28.508	27.250	26.443	

Fahrzeugkosten wurden mit eigenen Annahmen aus EU-Coalition konfiguriert, da nicht in EU-Coalition-Basisdaten
e. B. eigene Berechnung, e. A. eigene Annahme, n. B. nicht berechnet

Tabelle 49: Technische Parameter und Kosten PHEV 2010-2030

PHEV Benzin Plug-In Hybrid	Formelzeichen	Einheit	2010	2015	2020	2025	2030	Quelle
Techn. Parameter								
Hubraum	H	[l]	1,4	1,4	1,4	1,4	1,4	
Leistung VKM	P_{PHEV}^{VKM}	[kW]	90	90	70	70	70	
Leistung E-Motor	$P_{PHEV}^{E-Motor}$	[kW]	40	40	38	38	38	
Energieinhalt HE-Batterie	E_{PHEV}^{HE-B}	[kWh]	3,7	3,7	2,7	2,7	2,7	
Luftwiderstandsbeiwert	c_w	[-]	0,3	0,3	0,24	0,24	0,24	JEC (2013)
Stirnfläche	A	[m²]	2,2	2,2	2,2	2,2	2,2	
Rollwiderstandsbeiwert	f_R	[-]	0,007	0,007	0,005	0,005	0,005	
Leergewicht (inkl. Fahrer und 90 % Kraftstoff)	m	[kg]	1.479	1.479	1.333	1.333	n.B.	
Energiebedarf im NEFZ	E_{min}	[kWh/100km]	12,04	12,04	9,72	9,72	n.B.	
Wirkungsgrad im NEFZ (CD + CS Mode)	η	[%]	37,2	37,2	37,2	37,2	n.B.	
Verbrauch im NEFZ (CS-Mode)	$v_{CS\,PHEV}^{K\,NEFZ}$	[l/100km]	4,49	4,49	3,02	3,02	n.B.	
Verbrauch im NEFZ (CD-Mode)	$v_{CD\,PHEV}^{K\,NEFZ}$	[l/100km]	1,5	1,5	0,93	0,93	n.B.	e.B.
Verbrauch im NEFZ (CD-Mode)	$v_{CD\,PHEV}^{S\,NEFZ}$	[kWh/100km]	9,25	9,25	6,14	6,14	n.B.	
Utility Factor	UF_{PHEV}	-	0,44	0,44	0,44	0,44	n.B.	
TtW-CO₂-Emissionen im NEFZ	E_{PHEV}^{CO2}	[gCO₂eq./km]	75	75	50	50	n.B.	
Höchstgeschwindigkeit	v_{max}	[km/h]	180	180	180	180	180	
Reichweite elektrisch	$R_{CD\,PHEV}$	[km]	20	20	20	20	22	
Reichweite verbrennermotorisch	$R_{CS\,PHEV}$	[km]	480	480	480	480	480	JEC (2013)
Beschleunigung (0-100km/h)	a_{0-100}	[s]	11	11	11	11	11	
Lade-/Tankzeit	$t_{PHEV}^{Tank/Lade}$	[min]	29	29	22	22	n.B.	e.B.
Kosten Baugruppe								
HE-Batterie	k_{PHEV}^{HE-B}	[EUR]	3.223	2.153	880	551	389	e.B. 2-EFK
E-Motor + Leistungselektronik + Lader	$k_{PHEV}^{E-Motor,LE}$	[EUR]	8.432	2.270	1.658	1.352	1.132	e.B. Basis BEV
Powertrain	k_{ICE-G}^{PT}	[EUR]	2.293	2.607	2.703	2.703	2.703	e.A. = ICE-G
Effizienzsteigerungsmaßnahmen	k_{ICE-G}^{ESM}	[EUR]	2.268	2.579	2.674	2.479	2.299	e.A. = ICE-G
Konventionelle Teile	k_{FCEV}^{KT}	[EUR]	12.997	9.974	9.683	9.643	9.603	e.A. = FCEV
Montage	k_{PHEV}^{M}	[EUR]	2.665	2.665	2.665	2.665	2.665	
Vertriebs- und Verwaltungskosten	VWK	[EUR]	2.741	2.741	2.741	2.741	2.741	EU-Coalition [a]
Gewinn	G	[EUR]	1.341	1.341	1.341	1.341	1.341	
Nettolistenpreis	NLP_{PHEV}	[EUR]	35.959	26.331	24.346	23.476	22.872	
MwSt.	$MwSt$	[%]	19%	19%	19%	19%	19%	e.B.
Bruttolistenpreis	BLP	[EUR]	42.791	31.334	28.972	27.936	27.218	

Fahrzeugkosten wurden mit eigenen Annahmen aus EU-Coalition konfiguriert, da nicht in EU-Coalition-Basisdaten
[a] EU-Coalition (2010): Kosten analog den Basisdaten alle Pkw im C/D-Segment im Conventional Szenario.
e. B. eigene Berechnung, e. A. eigene Annahme, n. B. nicht berechnet

Tabelle 50: Technische Parameter und Kosten REEV 2010-2030

REEV Benzin Range-Extended-Electric-Vehicle	Formelzeichen	Einheit	2010	2015	2020	2025	2030	Quelle
Techn. Parameter								
Energieinhalt HE-Batterie	E_{REEV}^{HE-B}	[kWh]	14,9	14,9	11,8	11,8	11,8	
Hubraum	H	[l]	1,4	1,4	1,2	1,2	1,2	
Leistung VKM	P_{REEV}^{VKM}	[kW]	55	55	47	47	47	
Leistung E-Motor	$P_{REEV}^{E-Motor}$	[kW]	90	90	75	75	75	
Leistung Generator	$P_{REEV}^{Generator}$	[kW]	57	57	50	50	50	JEC (2013)
Luftwiderstandsbeiwert	c_w	[-]	0,3	0,3	0,24	0,24	0,24	
Stirnfläche	A	[m2]	2,2	2,2	2,2	2,2	2,2	
Rollwiderstandsbeiwert	f_R	[-]	0,007	0,007	0,005	0,005	0,005	
Leergewicht (inkl. Fahrer und 90 % Kraftstoff)	m	[kg]	1.548	1.548	1.356	1.356	n.B.	
Energiebedarf im NEFZ	E_{min}	[kWh/100km]	12,39	12,39	9,82	9,82	n.B.	
Wirkungsgrad im NEFZ (CD + CS Mode)	η	[%]	58,2	58,2	58,8	58,8	n.B.	
Verbrauch im NEFZ (CS-Mode)	$v_{CS\,REEV}^{K\,NEFZ}$	[l/100km]	4,54	4,54	3,54	3,54	n.B.	e.B.
Verbrauch im NEFZ (CD-Mode)	$v_{CD\,REEV}^{S\,NEFZ}$	[kWh/100km]	15,23	15,23	12,0	12,0	n.B.	
Utility-Faktor	UF_{REEV}	-	0,76	0,76	0,76	0,76	n.B.	
TtW-CO2-Emissionen im NEFZ	E_{REEV}^{CO2}	[gCO2eq./km]	26	26	20	20	n.B.	
Höchstgeschwindigkeit	v_{max}	[km/h]	160	160	160	160	160	
Reichweite elektrisch	$R_{CD\,PHEV}$	[km]	80	80	80	80	80	JEC (2013)
Reichweite verbrennermotorisch	$R_{CS\,PHEV}$	[km]	420	420	420	420	420	
Beschleunigung (0-100 km/h)	a_{0-100}	[s]	11	11	11	11	11	
Lade-/Tankzeit	$t_{REEV}^{Tank/Lade}$	[min]	187	187	148	148	n.B.	e.B.
Kosten Baugruppe								
HE-Batterie	k_{BEV}^{HE-B}	[EUR]	12.978	8.672	3.852	2.407	1.699	e.B. 2-EFK
E-Motor + Leistungselektronik + Lader	$k_{PHEV}^{E-Motor,LE,}$	[EUR]	21.080	5.676	3.928	3.203	2.680	e.A. = BEV
Verbrennungsmotor	k_{REEV}^{PT}	[EUR]	2.083	2.214	2.076	2.076	2.076	e.B. Basis ICE-G
Generator	k_{REEV}^{G}	[EUR]	11.163	3.209	2.619	2.136	1.786	e.B. Basis FCEV
Konventionelle Teile	k_{FCEV}^{KT}	[EUR]	12.997	9.974	9.683	9.643	9.603	e.A. = FCEV
Montage	k_{PHEV}^{M}	[EUR]	2.665	2.665	2.665	2.665	2.665	
Vertriebs und Verwaltungskosten	VWK	[EUR]	2.741	2.741	2.741	2.741	2.741	EU-Coalition [a]
Gewinn	G	[EUR]	1.341	1.341	1.341	1.341	1.341	
Nettolistenpreis	NLP_{REEV}	[EUR]	67.049	36.492	28.906	26.212	24.592	e.B.
MwSt.	$MwSt$	[%]	19%	19%	19%	19%	19%	e.B.
Bruttolistenpreis	BLP	[EUR]	79.788	43.426	34.398	31.193	29.264	

Fahrzeugkosten wurden mit eigenen Annahmen aus EU-Coalition konfiguriert, da nicht in EU-Coalition-Basisdaten
[a] EU-Coalition (2010): Kosten analog den Basisdaten alle Pkw im C/D-Segment im Conventional Szenario.
e. B. eigene Berechnung, e. A. eigene Annahme, n. B. nicht berechnet

Tabelle 51: Technische Parameter und Kosten BEV 2010-2030

BEV Battery Electric Vehicle	Formelzeichen	Einheit	2010	2015	2020	2025	2030	Quelle
Techn. Parameter								
Energieinhalt HE-Batterie	E_{BEV}^{HE-B}	[kWh]	17,8	17,8	22,1	22,1	22,1	
Leistung E-Motor	$P_{BEV}^{E-Motor}$	[kW]	100	100	90	90	90	
Luftwiderstandsbeiwert	c_w	[-]	0,3	0,3	0,24	0,24	0,24	
Stirnfläche	A	[m²]	2,2	2,2	2,2	2,2	2,2	JEC (2013)
Rollwiderstandsbeiwert	f_R	[-]	0,007	0,007	0,005	0,005	0,005	
Leergewicht (inkl. Fahrer und 90 % Kraftstoff)	m	[kg]	1.365	1.365	1.230	1.230	n.B.	
Energiebedarf im NEFZ	E_{min}	[kWh/100km]	11,47	11,47	9,26	9,26	n.B.	e.B.
Wirkungsgrad im NEFZ	η	[%]	79,1	79,1	87,4	87,4	n.B.	
Verbrauch im NEFZ (electr.)	$v_{BEV}^{S\,NEFZ}$	[kWh/100km]	14,5	14,5	10,6	10,6	9,5	
TtW-CO$_2$-Emissionen	E_{BEV}^{CO2}	[gCO$_2$eq./km]	0	0	0	0	0	
Höchstgeschwindigkeit	v_{max}	[km/h]	130	130	130	130	130	JEC (2013)
Reichweite im NEFZ	R_{BEV}	[km]	120	120	200	200	200	
Beschleunigung (0-100 km/h)	a_{0-100}	[s]	11	11	11	11	11	
Lade-/Tankzeit	$t_{BEV}^{Tank/Lade}$	[min]	289	289	358	358	n.B.	e.B.
Kosten Parameter								
HE-Batterie	k_{BEV}^{HE-B}	[EUR]	15.504	10.360	7.205	4.508	3.182	e.B. 2-EFK
E-Motor + Leistungselektronik + Lader	$k_{BEV}^{E-Motor,LE,L}$	[EUR]	21.080	5.676	3.928	3.203	2.680	
Konventionelle Teile	k_{BEV}^{KT}	[EUR]	11.384	9.747	9.311	9.270	9.232	
Montage	k_{BEV}^{M}	[EUR]	2.665	2.665	2.665	2.665	2.665	EU-Coalition [a]
Vertriebs- und Verwaltungskosten	VWK	[EUR]	2.741	2.741	2.741	2.741	2.741	
Gewinn	G	[EUR]	1.341	1.341	1.341	1.341	1.341	
Nettolistenpreis	NLP_{BEV}	[EUR]	54.715	32.530	27.191	23.728	21.841	e.B.
MwSt.	$MwSt$	[%]	19%	19%	19%	19%	19%	e.B.
Bruttolistenpreis	BLP	[EUR]	65.111	38.710	32.357	28.237	25.991	

[a] EU-Coalition (2010): Kosten analog den Basisdaten BEV im C/D-Segment im Conventional Szenario.
e. B. eigene Berechnung, e. A. eigene Annahme, n. B. nicht berechnet

Tabelle 52: Technische Parameter und Kosten FCEV 2010-2030

FCEV Brennstoffzellenfahrzeug	Formelzeichen	Einheit	2010	2015	2020	2025	2030	Quelle
Techn. Parameter								
Leistung BZ-Stack	$P_{FCEV}^{BZ-Stack}$	[kW]	70	70	55	55	55	
Leistung HP-Batterie	P_{FCEV}^{HP-B}	[kW]	30	30	30	30	30	
Leistung E-Motor	$P_{FCEV}^{E-Motor}$	[kW]	85	85	70	70	70	
Tankinhalt	T_{H2}	[kgH$_2$]	3	3	2,3	2,3	2,3	JEC (2013)
Luftwiderstandsbeiwert	c_w	[-]	0,3	0,3	0,24	0,24	0,24	
Stirnfläche	A	[m^2]	2,2	2,2	2,2	2,2	2,2	
Rollwiderstandsbeiwert	f_R		0,007	0,007	0,005	0,005	0,005	
Leergewicht (inkl. Fahrer und 90 % Kraftstoff)	m	[kg]	1.458	1.458	1.278	1.278	n.B.	
Energiebedarf im NEFZ	E_{min}	[kWh/100km]	11,94	11,94	9,47	9,47	n.B.	e.B.
Wirkungsgrad im NEFZ	η	[%]	44	47	50	52,5	n.B.	
Verbrauch im NEFZ (elektr.)	$v_{FCEV}^{S\,NEFZ}$	[kWh/100km]	20,8	20,8	14,9	14,9	n.B.	
Verbrauch im NEFZ (H$_2$)	$v_{FCEV}^{H2\,NEFZ}$	[kgH$_2$/100km]	0,62	0,62	0,45	0,45	n.B.	
TtW-CO$_2$-Emissionen	E_{FCEV}^{CO2}	[gCO2eq./km]	0	0	0	0	0	EUCAR/CONCAWE/JRC (2013)
Höchstgeschwindigkeit	v_{max}	[km/h]	180	180	180	180	180	
Reichweite	R_{FCEV}	[km]	500	500	500	500	500	
Beschleunigung (0-100 km/h)	a_{0-100}	[s]	11	11	11	11	11	
Lade-/Tankzeit	$t_{FCEV}^{Tank/Lade}$	[min]	5	5	5	5	5	e.A.
Kosten Parameter								
BZ-Stack	$k_{FCEV}^{BZ-Stack}$	[EUR]	35.000	9.030	2.365	1.210	660	e.B. 2-EFK
BZ-Peripherie	$k_{FCEV}^{BZ-Periph.}$	[EUR]	38.565	9.516	3.804	3.101	2.595	EU-Coalition [a]
HP-Batterie	k_{FCEV}^{HP-B}	[EUR]	7.290	2.760	1.260	630	300	e.B. 2-FLK
H2-Tank	$k_{FCEV}^{H2-Tank}$	[EUR]	10.923	4.058	2.488	2.203	2.023	
E-Motor + Leistungselektronik	$k_{FCEV}^{E-Motor,LE}$	[EUR]	16.647	4.786	3.667	2.990	2.501	
Konventionelle Teile	k_{FCEV}^{KT}	[EUR]	12.997	9.974	9.683	9.641	9.603	EU-Coalition [a]
Montage	k_{FCEV}^{M}	[EUR]	2.665	2.665	2.665	2.665	2.665	
Vertriebs- und Verwaltungskosten	VWK	[EUR]	2.741	2.741	2.741	2.741	2.741	
Gewinn	G	[EUR]	1.341	1.341	1.341	1.341	1.341	
Nettolistenpreis	NLP_{FCEV}	[EUR]	128.170	46.871	30.014	26.522	24.429	e.B.
MwSt.	$MwSt$	[%]	19%	19%	19%	19%	19%	e.B.
Bruttolistenpreis	BLP	[EUR]	152.522	55.777	35.716	31.561	29.070	

[a] **EU-Coalition (2010):** Kosten analog den Basisdaten FCEV im C/D-Segment im Conventional Szenario.
e. B. eigene Berechnung, e. A. eigene Annahme, n. B. nicht berechnet

Tabelle 53: Normierte Teilnutzenwerte nach der Rescaling Method: Zero-Centered-Diffs

	Ausprägung	Gesamt	Männer	Frauen	31-45 J.	46-65 J.	Hamburg	Leipzig	Frankfurt
Kaufpreis	20.000 EUR	36,76	34,34	40,75	39,02	31,14	40,33	23,11	40,33
	24.000 EUR	32,50	30,56	35,70	34,02	28,45	31,14	28,02	31,14
	28.000 EUR	20,15	21,82	17,41	20,83	17,79	20,98	15,02	20,98
	32.000 EUR	-8,41	-8,11	-8,91	-9,43	-4,96	-9,66	-0,44	-9,66
	36.000 EUR	-25,50	-23,99	-27,98	-26,77	-21,52	-27,24	-18,72	-27,24
	40.000 EUR	-55,50	-54,61	-56,98	-57,66	-50,91	-55,56	-46,98	-55,56
Reichweite	100 km	-64,91	-67,23	-61,06	-61,97	-75,84	-72,90	-57,18	-72,90
	150 km	-38,30	-42,34	-31,63	-35,44	-49,17	-44,46	-35,36	-44,46
	200 km	-9,33	-14,16	-1,37	-7,90	-14,33	-9,24	-8,49	-9,24
	250 km	6,30	3,94	10,21	7,92	-0,35	5,43	9,53	5,43
	400 km	45,17	50,99	35,58	41,82	56,31	53,28	37,44	53,28
	600 km	61,06	68,81	48,27	55,57	83,38	67,88	54,06	67,88
Lade-/Tankzeit	3 min	29,21	26,52	33,64	28,76	29,79	26,75	32,08	26,75
	10 min	23,39	19,41	29,94	23,10	22,79	24,53	24,67	24,53
	30 min	10,85	9,45	13,16	10,07	12,87	11,89	10,39	11,89
	1 h	-0,65	1,04	-3,45	-0,68	0,72	-0,10	-3,32	-0,10
	4 h	-19,40	-15,91	-25,15	-19,03	-20,19	-18,88	-20,07	-18,88
	8 h	-43,39	-40,51	-48,15	-42,22	-45,99	-44,19	-43,74	-44,19
Verbrauchskosten	40 EUR/m	27,22	23,39	33,55	28,04	26,54	24,55	27,40	24,55
	70 EUR/m	18,97	18,97	18,98	18,94	17,80	17,39	20,00	17,39
	100 EUR/m	-1,02	-2,42	1,29	-1,25	0,43	-1,89	-0,28	-1,89
	130 EUR/m	-16,55	-16,02	-17,42	-17,10	-15,08	-13,98	-17,99	-13,98
	160 EUR/m	-28,64	-23,92	-36,41	-28,62	-29,69	-26,07	-29,12	-26,07
Höchstgeschwindig.	100 km/h	-21,16	-20,22	-22,70	-20,65	-22,96	-25,24	-19,86	-25,24
	120 km/h	-8,53	-9,68	-6,63	-8,53	-7,10	-10,46	-9,43	-10,46
	140 km/h	3,88	3,36	4,73	4,76	0,01	7,76	3,06	7,76
	160 km/h	11,91	10,91	13,57	11,03	15,50	13,65	11,17	13,65
	180 km/h	13,90	15,64	11,03	13,39	14,55	14,29	15,06	14,29
CO_2-Emissionen	0 g/km	34,34	28,99	43,15	34,43	36,56	29,67	51,63	29,67
	60 g/km	19,53	18,91	20,55	20,02	16,46	18,81	27,98	18,81
	95 g/km	-0,34	0,88	-2,36	0,17	-1,38	-4,02	1,35	-4,02
	130 g/km	-20,09	-18,67	-22,42	-20,22	-20,34	-15,28	-30,46	-15,28
	180 g/km	-33,44	-30,11	-38,92	-34,39	-31,30	-29,18	-50,51	-29,18
Beschleunigung 0-100 km/h	5 s	9,34	10,28	7,80	9,63	7,13	6,05	11,72	6,05
	8 s	4,51	9,14	-3,13	3,22	8,59	2,84	6,05	2,84
	11 s	2,59	3,59	0,96	2,02	2,84	4,00	2,43	4,00
	14 s	3,54	1,69	6,59	4,53	0,69	4,65	2,99	4,65
	17 s	-12,56	-13,42	-11,13	-12,54	-10,99	-10,06	-15,80	-10,06
	20 s	-7,43	-11,27	-1,09	-6,86	-8,27	-7,48	-7,39	-7,48
	None	-55,82	-53,11	-60,29	-60,76	-37,41	-31,83	-81,57	-55,17

Tabelle 54: Formeln und Berechnungsschema des TECK-Modells

Beschreibung	Input [a]	Output
Komponenten kosten	$k_t = KumP_{t-Vt}^b * KumX_t^c * k_1$	
NLP ICE-G	$NLP_{ICE-G} = k_{ICE-G}^{PT} + k_{ICE-G}^{ESM} + k_{ICE-G}^{KT} + k_{ICE-G}^{M} + VWK + G$	
NLP ICE-D	$NLP_{ICE-D} = k_{ICE-D}^{PT} + k_{ICE-D}^{ESM} + k_{ICE-D}^{KT} + k_{ICE-D}^{M} + VWK + G$	
NLP HEV	$NLP_{HEV} = k_{ICE-G}^{PT} + k_{ICE-G}^{ESM} + k_{ICE-G}^{KT} + k_{HEV}^{HP-B} + k_{HEV}^{HM} + k_{ICE-G}^{M} + VWK + G$	
NLP PHEV	$NLP_{PHEV} = k_{ICE-G}^{PT} + k_{ICE-G}^{ESM} + k_{FCEV}^{KT} + k_{PHEV}^{HE-B} + k_{PHEV}^{E-Motor,LE,L} + k_{PHEV}^{M} + VWK + G$	
NLP REEV	$NLP_{REEV} = k_{REEV}^{PT} + k_{REEV}^{G} + k_{FCEV}^{KT} + k_{REEV}^{HE-B} + k_{BEV}^{E-Motor,LE,L} + k_{PHEV}^{M} + VWK + G$	Total Cost of Ownership (TCO)
NLP BEV	$NLP_{BEV} = k_{BEV}^{KT} + k_{BEV}^{HE-B} + k_{BEV}^{E-Motor,LE,L} + k_{PHEV}^{M} + VWK + G$	$TCO_{A,t,l} = k_A^{Fzg} + k_A^{Kap} + k_A^K + k_A^S + k_A^{H2} + k_A^{W+R} + k_A^{S+V} + k^{So}$
NLP FCEV	$NLP_{FCEV} = k_{FCEV}^{KT} + k_{FCEV}^{HP-B} + k_{FCEV}^{E-Motor,LE,L} + k_{FCEV}^{BZ-Stack} + k_{FCEV}^{BZ-Periph.} + k_{FCEV}^{H2-Tank} + k_{FCEV}^{M} + VWK + G$	
Kapitalkosten	$k_A^{Kap} = \frac{(BLP_{t,P,X} + RW_{A,t,l})}{2} * i$	
Wertverlust	$RW_{t,l} = \alpha^t * \beta^l * BLP$	
Kraftstoffkosten Benzin/Diesel	$k_A^K = v_A^K * k^K * l_A$	
Kraftstoffkosten Strom	$k_A^S = v_A^S * k^{S,H} * l_A + k^{S,I}$	
Kraftstoffkosten Wasserstoff	$k_A^{H2} = v_A^{H2} * k^{H2,P+D} * l_A * MwSt + k^{H2,I}$	
Gewichteter Verbrauch	$X_{UN/ECE} = UF * X_{CD} + (1 - UF) * X_{CS}$	
Fahrzeug Verbrauch	$W_R = \int F_R * d_S = \int f_R * m * g * d_S$ $W_L = \int F_L * d_S = \int c_W * A * \rho * \frac{v^2}{2} * d_S$ $W_B = \int F_B * d_S = \int m * a_B * d_S$ $W_{ges} = W_R + W_L + W_B = E_{min}$ $\eta_{A,Z} = \frac{E_{min}}{\sum v_A^{K,Strom,H2}}$	WtW Energieverbrauch und CO_2-Emissionen $EV_{A,WtW} = EV_{K,WtT} + v_{A,TtW}^K$ $E_{A,WtW}^{CO2} = (E_{K,WtT}^{CO2} * v_{A,TtW}^K) + E_{A,TtW}^{CO2}$
Kundennutzen	$U_i = \sum_{k=1}^{K} \sum_{l=1}^{L} \beta_{kl} * x_{ikl}$	Nutzeneinheiten

Nicht dargestellt: Kosten für Wartung und Reparatur, Steuern und Versicherung und sonstige Kosten
[a] Der zeitliche Bezug des Fzg.-Preises wird über die Auswahl der Inputparameter aus Tab. 46-52 sichergestellt.

Literatur

ACEA (2013a): *The Automobile Industrie Pocket Guide*. European Automobile Manufactures Association.

ACEA (2013b): *Overview of purchase and tax incentives for electric vehicles in the EU*. European Automobile Manufactures Association.

ADAC (2012): ADAC Autokosten-Rechner. url: http://www.adac.de/infotestrat/autodatenbank/auto kosten/autokosten-rechner/default.a, zuletzt zugegriffen am 05.06.2012.

ADAC (2013a): *ADAC Autokosten 2013*. Kostenübersicht für über 1.800 aktuelle Neuwagen-Modelle.

ADAC (2013b): *Finanzierung oder Leasing*. Juristische Zentrale – Verbraucherschutz Recht. Allgemeiner Deutscher Automobil-Club e.V. (ADAC).

ADAC (2015a): BMW i3. url: https://www.adac.de/infotestrat/autodatenbank/autokosten/, zuletzt zugegriffen am 14.06.2015.

ADAC (2015b): BMW i3 (inkl. Range Extender). url: https://www.adac.de/info-testrat/autodatenbank/autokosten/, zuletzt zugegriffen am

ADAC (2015c): Opel Ampera E-REV. url: https://www.adac.de/infotestrat/autodatenbank/autokosten/, zuletzt zugegriffen am 14.06.2015.

ADAC (2015d): Toyota Prius 1,8 Hybrid. url: https://www.adac.de/infotestrat/autodaten-bank/autokosten/, zuletzt zugegriffen am 14.06.2015.

ADAC (2015e): Toyota Prius Plug-In Hybrid Life. url: https://www.adac.de/infotestrat/autodatenbank/autokosten/, zuletzt zugegriffen am 14.06.2015.

ADAC (2015f): VW e-Golf. url: https://www.adac.de/infotestrat/autodatenbank/autokosten/, zuletzt zugegriffen am 14.06.2015.

ADAC (2015g): VW e-Golf ADAC Autokosten-Rechner. url: https://www.adac.de/infotestrat/autodatenbank/detail.aspx?KFZID=240387&activeTab=3&info=VW+e-Golf+, zuletzt zugegriffen am 22.04.2015.

ADAC (2015h): VW Golf 1,2 TSI BMT Trendline. url: https://www.adac.de/infotestrat/autodatenbank/autokosten/, zuletzt zugegriffen am 14.06.2015.

ADAC (2015i): VW Golf 1,6 TDI ADAC Autokosten-Rechner. url: https://www.adac.de/infotestrat/autodatenbank/detail.aspx?KFZID=240901&activeTab=3&info=VW+Golf+1.6+TDI+BMT+Trendline+DSG+(7-Gang), zuletzt zugegriffen am 22.04.2015.

ADAC (2015j): VW Golf 1,6 TDI BMT Trendline DSG (7-Gang). url: https://www.adac.de/infotestrat/autodatenbank/autokosten/, zuletzt zugegriffen am 14.06.2015.

ADAC (2015k): VW Golf GTE DSG. url: https://www.adac.de/infotestrat/autodatenbank/autokosten/, zuletzt zugegriffen am 14.06.2015.

Adolf, J., Fehrenbach, H., Fritsche, U. und Liebig, D. (2013): Welche Rolle können Biokraftstoffe im Verkehrssektor spielen? In: *Wirtschaftsdienst* 93 (2):S. 124-131. doi: 10.1007/s10273-013-1496-2.

Aicher, Blum und Specht (2004): Wasserstoffgewinnung aus Erdgas – Anlagenentwicklung und Systemtechnik. In: *FSV*:S. 60-64.

AKA (2010): *AKA Kennzahlen 2010-2009*. Arbeitskreis der Banken und Leasinggesellschaften der Automobilwirtschaft.

Albers, S., Becker, J., Clement, M., Papies, D. und Schneider, H. (2007): Messung von Zahlungsbereitschaften und ihr Einsatz für die Preisbündelung - Eine anwendungsorientierte Darstellung am Beispiel digitaler TV-Programme. In: *Marketing ZFP* Heft 1:S. 7-23.

Alfaris, A. (2010): *Multiobjective Optimization (I)*. Multidisciplinary System Design Optimization (MSDO). Massachusetts Institute of Technology (MIT) - Prof. de Weck and Prof. Willcox. Engineering Systems Division and Dept. of Aeronautics and Astronautics.

Althues, H. (2014): Was man über Lithium-Schwefel-Akkus wissen muss. elektroniknet.de. url: http://www.elektroniknet.de/power/energiespeicher/artikel/105459/, zuletzt zugegriffen am 14.04.2015.

AMS (2010): Diese Autos mobilisierten die Ostdeutschen. url: http://m.auto-motor-und-sport.de/news/autos-in-der-ddr-diese-autos-mobilisierten-die-ostdeutschen-1463442.html, zuletzt zugegriffen am 07.03.2014.

AMS (2011): Mercedes F-Cell World Drive Ein Tag am Meer. url: http://www.auto-motor-und-sport.de/news/mercedes-f-cell-world-drive-ein-tag-am-meer-und-neuer-minimalverbrauch-3434039.html, zuletzt zugegriffen am 18.12.2014.

AMS (2014): Reichweitentest. In: *Auto-Motor-und-Sport* 16/2014:S. 96-100.

AMS (2015): Technische Daten: VW Golf VII. url: http://www.auto-motor-und-sport.de/news/vw-golf-vii-die-technischen-daten-des-neuen-golf-5642207.html, zuletzt zugegriffen am 22.04.2015.

Angerer, G., Erdmann, L., Marscheider-Weidemann, F., Schrap, M., Lüllmann, A., Handke, V. und Marwede, M. (2009): *Rohstoffe für Zukunftstechnologien*. Fraunhofer ISI.

Arnold, D. (2005): Die SIGMA Milieus - das globale Zielgruppen- und Trendsystem der BMW Group. url: http://www.sigma-online.com/de/Articles and Reports/Planung Analyse/, zuletzt zugegriffen am 03.03.2015.

Autobild (2014): Kälte ist der Feind des Elektro-Autos. url: http://www.bild.de/auto/autonews/elektroauto/wintertetst-reichweite-34053450.bild.html, zuletzt zugegriffen am 08.01.2015.

AVERE (2012): Norwegian Parliament extends electric car iniatives until 2018. url: http://www.avere.org/www/newsMgr.php?action=view&frmNewsId=611&section=&type=&SGLSESSID=tqiice0pmjdclt7l4q0s3s1o27, zuletzt zugegriffen am 18.11.2013.

Axhausen, K. W. und Sammer, G. (2001): *„stated responses": Überblick, Grenzen, Möglichkeiten*. Arbeitsbericht 73 Verkehrs- und Raumplanung. IVT Institut für Verkehrsplanung, Transporttechnik, Strassen und Eisenbahnbau an der ETH-Zürich.

Backhaus, K., Erichson, B., Plinke, W. und Weiber, R. (2011a): *Fortgeschrittene Multivariate Analysemethoden: Eine anwendungsorientierte Einführung* Springer, Heidelberg. ISBN: 978-3-642-15248-1.

Backhaus, K., Erichson, B., Plinke, W. und Weiber, R. (2011b): *Multivariate Analysemethoden. Eine anwendungsorientierte Einführung*. Springer, Heidelberg. ISBN: 978-3-642-16490-3.

BAFA (2009): *Richtlinie zur Förderung des Absatzes von Personenkraftwagen*. Bundesamt für Wirtschaft und Ausfuhrkontrolle.

Literatur

Balderjahn, I., Hedergott, D. und Peyer, M. (2009): *Choice-Based Conjointanalyse*. In: *Conjointanalyse*, edited by D. Baier und Brusch, M.: Springer Berlin Heidelberg, 129-146, ISBN: 978-3-642-00753-8.

BASt (2002): *Fahrleistungserhebung 2002*. Bundesanstalt für Straßenwesen.

BBE (2010): *Auto Finance*. BBE Retail Experts.

BCG (2013): *Trendstudie 2030+*. The Boston Consulting Group.

BDEW (2013): *BDEW-Strompreisanalyse Mai 2013*. BDEW Bundesverband der Energie- und Wasserwirtschaft e.V.

BDL (2013): *Fahrzeugleasing*. Bundesverband Deutscher Leasing-Unternehmen.

Becker, U. J., Becker, T. und Gerlach, J. (2013): *Externe Autokosten in der EU-27 Überblick über existierende Studien*. T. Dresden. Fakultät Verkehrswissenschaften „Friedrich List", Institut für Verkehrsplanung und Straßenverkehr.

Berdichevsky, G., Kelty, K., Straubel, J. und Toomre, E. (2006): The Tesla Roadster Battery System. url: http://webarchive.teslamotors.com/display_data/TeslaRoadsterBattery-System.pdf, zuletzt zugegriffen am 02.12.2011.

Berkel, M. (2013): Abschied von seltenen Erden. In: *Technology Review*:S. 10-11.

BGBl (2012): *Hauptuntersuchung und Sicherheitsprüfung der Fahrzeuge*. Anlage VIII (§ 29 Absatz 1 bis 4, 7, 9, 11 und 13).

Biedermann, P., Birnbaum, K. U., Grube, T., Höhlein, B., Linßen, J., Lokurlu, A., Menzer, R., Walbeck, M., Hake, J.-F. und Stolten, D. (2002): *Brennstoffzellensysteme für mobile Anwendungen*. Forschungszentrum Jülich GmbH - Programmgruppe Systemforschung und Technologische Entwicklung.

BMU (2011): *Erfahrungsbericht 2011 zum Erneuerbare-Energien-Gesetz (EEG-Erfahrungsbericht)*. gemäß § 65 EEG.

BMU (2012): *Informationen zur Kalkulation der EEG-Umlage für das Jahr 2012*. Bundesministerium für Umwelt, Naturschutz und Reaktorsicherheit (BMU).

BMU (2013): *Erneuerbare Energien 2012*. Daten des Bundesministeriums für Umwelt, Naturschutz und Reaktorsicherheit zur Entwicklung der erneuerbaren Energien in Deutschland im Jahr 2012 auf der Grundlage der Angaben der Arbeitsgruppe Erneuerbare Energien-Statistik (AGEE-Stat).

BMVBS (2000): *Verkehr in Zahlen 2000*. DIW Berlin, Berlin. ISBN: 978-3-871-54259-6.

BMVBS (2011): *Roadmap zur Kundenakzeptanz - Zentrale Ergebnisse der sozialwissenschaftlichen Begleitforschung in den Modellregionen*. Technologie-Roadmapping am Fraunhofer ISI. Konzepte - Methoden - Praxisbeispiele Nr. 3.

BMVBS (2013): *Verkehr in Zahlen 2012/2013*. DIW Berlin, Berlin. ISBN: 978-3-871-54473-6.

BMVI (2013): *Sozio-ökonomische und verkehrspolitische Rahmenbedingungen der Verkehrsprognose*. im Rahmen der Verkehrsverflechtungsprognose 2030 sowie Netzumlegungen auf die Verkehrsträger.

BMW (2015): *Enviromental Certification BMW i3*.

BMWI (2012): *Energiedaten*. Bundesministerium für Wirtschaft und Technologie.

BMWI (2013a): *Energie in Deutschland: Trends und Hintergründe zur Energieversorgung*. Bundesministerium für Wirtschaft und Technologie.

BMWI (2013b): *Energiedaten: Gesamtausgabe*. Bundesministerium für Wirtschaft und Technologie.

Böcker, J. (2011): *Antriebe für umweltfreundliche Fahrzeuge*. Universität Paderborn - Fachgebiet Leistungselektronik und Elektrische Antriebstechnik.

Böhler, H. und Scigliano, D. (2009): *Traditionelle Conjointanalyse*. In: *Conjointanalyse*, edited by D. Baier und Brusch, M.: Springer Berlin Heidelberg, 101-112, ISBN: 978-3-642-00753-8.

BP (2008): *Erdöl bewegt die Welt - Von der Quelle bis zum Verbraucher*. Deutsche BP Aktiengesellschaft.

Braess, H.-H. und Seiffert, U. (2011): *Handbuch Kraftfahrzeugtechnik*. Vieweg+Teubner, Wiesbaden. ISBN: 978-3-834-81011-3.

Breitinger, M. (2014): *Die Schweizer, ein Volk von Carsharern*. Die Zeit.

Bruchof, D. (2012): *Möglichkeiten und Grenzen alternativer Kraftstoffe und Antriebe in Deutschland und der EU-27*, Institut für Energiewirtschaft und Rationelle Energieanwendung, Universität Stuttgart, Stuttgart.

Brünglinghaus, C. (2015): Wie sich die Batterietechnik für Elektroautos entwickelt. Springer Professional. url: http://www.springerprofessional.de/wie-sich-die-batterietechnik-fuer-elektroautos-entwickelt/5695218.html, zuletzt zugegriffen am 24.04.2015.

Buchert, M., Jenseit, W., Dittrich, S., Hacker, F., Schüler-Hainsch, E., Ruhland, K., Knöfel, S., Goldmann, D., Rasenack, K. und Treffer, F. (2011): *Ressourceneffizienz und ressourcenpolitische Aspekte des Systems Elektromobilität*. Arbeitspaket 7 des Forschungsvorhabens OPTUM: Optimierung der Umweltentlastungspotenziale von Elektrofahrzeugen.

Buchmann, I. (2011): Battery Statistics. url: www.batteryuniversity.com/learn/article/battery_statistics, zuletzt zugegriffen am 04.10.2011.

Bundesrat (2013): *Gesetz zur Umsetzung der Amtshilferichtlinie sowie zur Änderung steuerlicher Vorschriften (Amtshilferichtlinie-Umsetzungsgesetz-AmtshilfeRLUmsG)*.

Bundesregierung (2010): Energiekonzept für eine umweltschonende, zuverlässige und bezahlbare Energieversorgung: bmwi, bmu.

Burke, E. K. und Kendall, G. (2013): *Search Methodologies: Introductory Tutorials in Optimization and Decision Support Techniques*. Imprint: Springer, ISBN: 978-1-461-46940-7.

CEP (2013): *Gemeinsame Pressemitteilung vom 14. März 2013*. Umweltminister Franz Untersteller weiht „autarke" Wasserstoff-Tankstelle in Stuttgart ein. Clean Energy Partnership.

Chlond, B., Weiss, C., Heilig, M. und Vortisch, P. (2014): Hybrid Modeling Approach of Car Uses in Germany on Basis of Empirical Data with Different Granularities. In: *Transportation Research Record: Journal of the Transportation Research Board* 2412 (-1):S. 67-74. doi: 10.3141/2412-08.

Coenenberg, A. G., Fischer, T. M. und Günther, T. (2009): *Kostenrechnung und Kostenanalyse*. Schäffer-Poeschel, Stuttgart. ISBN: 978-3-791-02844-6.

Continental (2012): *Neue Generation der Leistungselektronik von Continental macht elektrisches Fahren noch effizienter*. Pressemitteilung.

Daimler (2012): *Umwelt-Zertifikat für die neue B-Klasse*. Abteilung: Umweltgerechte Produktentwicklung (GR/PZU) in Zusammenarbeit mit Globale Produktkommunikation Mercedes-Benz Cars (COM/MBC).

Daimler (2014): Umweltzertifikat. url: http://www.daimler.com/nachhaltigkeit/produkt-verantwortung, zuletzt zugegriffen am 09.10.2014.

DAT-Report (2014): Markt- und Konsumforschung für die Automobilwirtschaft. url: http://www.dat.de/angebote/verlagsprodukte/dat-report.html, zuletzt zugegriffen am 13.02.2014.

DAT (2005): *DAT-Report Autohaus*. Deutsche Automobil Treuhand GmbH.

DAT (2013): *DAT-Report 2013 Autohaus*. Deutsche Automobil Treuhand GmbH.

DAT (2015): *DAT-Report 2015 Autohaus*. Deutsche Automobil Treuhand GmbH.

Davis, J. (2014): *How Assumptions About Consumers Influence Estimates of Electric Vehicle Miles Traveled of Plug-in Hybrid Electric Vehicles: A Review of PHEV Use Data and Possible Implications for the SAEJ2841 Utility Factor (UF) Standard*. Research Report – UCD-ITS-RR-14-03. Institute of Transportation Studies.University of California, Davis.

de Haan, P., Müller, M. G. und Peters, A. (2007): *Anreizsysteme beim Neuwagenkauf: Wirkungsarten, Wirksamkeit und Wirkungseffizienz*. Bericht zum Schweizer Auto-kaufverhalten Nr. 14. ETH Zürich, IED-NSSI, report EMDM1561.

de Haan, P. und Peters, A. (2005): *Charakteristika und Beweggründe von Käufern des Toyota Prius 2*. Forschungsbericht zum Projekt Hybridfahrzeuge. ETH Zürich.

DEKRA/IFA (2008): *Das Management der Cost of Ownership*. Dekra und Institut für Automobilwirtschaft.

Denkena, B., Blümel, P. und Lorenzen, L. E. (2007): Total Benefits of Ownership. In: *wt Werkstattstechnik online* 7/8:S. 560-566.

Denkena, B., Rudzio, H., Eikötter, M. und Blümel, P. (2009): Total Cost and Benefit of Ownership Technologiebewertung mittels Lebenszykluskosten- und - Nutzenbetrachtung. In: *Industrie Management* 25:S. 35-38.

DeutscherBundestag (2014): *Elektromobilitätsgesetz – EmoG Entwurf eines Gesetzes zur Bevorrechtigung der Verwendung elektrisch betriebener Fahrzeuge. Stand 03.12.2014*. Deutscher Bundestag 18. Wahlperiode. Drucksache 18/3418.

DieWelt (2009): Schwacke-Chef über die Folgen der Abwrackprämie. url: http://www.welt.de/motor/article3520777/Schwacke-Chef-ueber-die-Folgen-der-Abwrackpraemie.html?config=print, zuletzt zugegriffen am 01.03.2014.

DieWelt (2014): Stromproduktion aus Kohle klettert auf Rekordwert. url: http://www.welt.de/wirtschaft/article123614018/Stromproduktion-aus-Kohle-klettert-auf-Rekordwert.html?config=print, zuletzt zugegriffen am 11.11.2014.

DIN-EN-ISO (2006): Ökobilanz – Anforderungen und Anleitungen (ISO 14044:2006).

DLR und Wuppertal-Institut (2015): *Begleitforschung zu Technologien, Perspektiven und Ökobilanzen der Elektromobilität (STROMbegleitung). Abschlussbericht im Rahmen der Förderung des Themenfeldes „Schlüsseltechnologien für die Elektromobilität (STROM)" an das Bundesministerium für Bildung und Forschung (BMBF)*. Stuttgart, Wuppertal, Berlin.

Dudenhöffer, K. (2013): Lärmemissionen von Elektroautos. In: *HZwei* 01/2013:S. 40-41.

Duschl, A., Mauch, W., Boermans, T., Fritsche, U. und Patyk, A. (2003): *Kumulierter Energieverbrauch (KEV) – ein praktikabler Bewertungs- und Entscheidungsindikator für nachhaltige Produkte und Dienstleistungen*. Umweltbundesamt.

EEA (2013): *Monitoring CO2 emissions from new passenger cars in the EU: summary of data for 2012*. European Environment Agency.

EEG (2000): *Gesetz für den Vorrang Erneuerbarer Energien (Erneuerbare-Energien-Gesetz - EEG)*.

EG (2013): *Verordnung 715/2007*. über die Typgenehmigung von Kraftfahrzeugen hinsichtlich der Emissionen von leichten Personenkraftwagen und Nutzfahrzeugen (Euro 5 und Euro 6) und über den Zugang zu Reparatur- und Wartungsinformationen für Fahrzeuge.

Ehrlenspiel, K., Kiewert, A. und Lindemann, U. (2007): *Kostengünstig Entwickeln und Konstruieren*. Springer, Berlin Heidelberg. ISBN: 978-3-540-74222-7.

Ehrlenspiel, K., Kiewert, A. und Lindemann, U. (2010): *Cost-Efficient Design*. Springer, Berlin Heidelberg New York. ISBN: 978-3-540-34647-0.

Eichlseder, H. und Klell, M. (2008): *Wasserstoff in der Fahrzeugtechnik*. Vieweg+Teubner, Wiesbaden. ISBN: 978-3-834-80478-5.

Ellram, L. M. (1994): *Total Cost Modeling in Purchasing*. National Association of Purchasing Management, Tempe-Arizona. ISBN: 0-945968-17-5.

Ellram, L. M. (1995): Total cost of ownership - An analysis approach for purchasing. In: *International Journal of Physical Distribution & Logistics Management* 25 No.8:S. 4-23.

Emmermann, R. (2008): *Klimawandel: Ursachen und Verursacher, Klimawandel schafft Wirtschaftsklima*. Management Engineers - Klimawandel schafft Wirtschaftsklima - Zukunftsszenarien für Ökologie und Ökonomie: Forum, Berlin.

EnergieStG (2012): *Energiesteuergesetz (EnergieStG)*. Ausfertigungsdatum: 15.07.2006.

Enzensberger, N. und Wietschel, M. (2003): *Klassifizierung umweltpolitischer Instrumente und Bewertungskriterien*. Ecomed Verlagsgesellschaft, Karlsruhe. ISBN: 978-3-527-62555-0.

EPA (2011): Espacenet. url: http://www.epo.org/searching/free/espacenet_de.html, zuletzt zugegriffen am 18.10.2011-14.11.2011.

ERGO (2014): *ERGO Versicherungsbedingungen*. für Pkw Haftpflicht- und Kaskoversicherung.

EStG (2013): *Einkommensteuergesetz (EStG)*. Bundesministeriums der Justiz. zuletzt geändert durch Art. 1 G v. 15.7.2013 I 2397.

EU-Coalition (2010): *The role of Battery Electric Vehicles, Plug-in Hybrids and Fuel Cell Electric Vehicles*. www.zeroemissionvehicles.eu.

EU (2009a): *Richtlinie 2009/28/EG*. zur Förderung der Nutzung von Energie aus erneuerbaren Quellen und zur Änderung und anschließenden Aufhebung der Richtlinien 2001/77/EG und 2003/30/EG.

EU (2009b): *Richtlinie 2009/30/EG*. zur Änderung der Richtlinie 98/70/EG im Hinblick auf die Spezifikationen für Otto-, Diesel- und Gasölkraftstoffe und die Einführung eines Systems zur Überwachung und Verringerung der Treibhausgasemissionen sowie zur Änderung der Richtlinie 1999/32/EG des Rates im Hinblick auf die Spezifikationen für von Binnenschiffen gebrauchte Kraftstoffe und zur Aufhebung der Richtlinie 93/12/EWG.

Literatur

EU (2009c): *Zur Festsetzung von Emissionsnormen für neue Personenkraftwagen im Rahmen des Gesamtkonzepts der Gemeinschaft zur Verringerung der CO2-Emissionen von Personenkraftwagen und leichten Nutzfahrzeugen.* 443/2009.

EUCAR/CONCAWE/JRC (2011): *Well-to-Tank (WTT) Report, Version 3c.*

Eurostat (2010): *Europa in Zahlen.* Eurostat Jahrbuch 2010, ISBN: 978-92-79-14883-5.

Fabian, S. (2005): *Wettbewerbsforschung und Conjoint-Analyse: Bestimmung der Präferenzen von Managern mittels Conjoint-Analyse zur Erklärung ihres Verhaltens im Wettbewerb, insbesondere ihres Reaktionsverhaltens bei Konkurrenzaktionen.* Deutscher Universitätsverlag, Wiesbaden. ISBN: 978-3-824-48205-4.

Finkbeiner, M. (2012): From the 40s to the 70s—the future of LCA in the ISO 14000 family. In: *The International Journal of Life Cycle Assessment* 18 (1):S. 1-4. doi: 10.1007/s11367-012-0492-x.

Fischer, R. (2004): *Elektrische Maschinen.* Carl Hanser Verlag, München, Wien. ISBN: 978-3-446-22693-7.

Flottenmanagement (2010): Der klägliche Rest(wert). In: *Flottenmanagement* 02/2010 (Special Kauffuhrpark):S. 68-71.

Franke, T. und Krems, J. F. (2013): What drives range preferences in electric vehicle users? In: *Transport Policy* 30:S. 56-62. doi: 10.1016/j.tranpol.2013.07.005.

Fraunhofer-ISI (2012): *Technologie-Roadmap Energiespeicher für die Elektromobilität.* Schriftreihe des Fraunhofer ISI.

Fraunhofer (2013): *Leichtbau in Mobilität und Fertigung - Ökologische Aspekte.* e-mobil BW GmbH – Landesagentur für Elektromobilität und Brennstoffzellentechnologie Baden-Württemberg. Ministerium für Finanzen und Wirtschaft Baden-Württemberg. Ministerium für Wissenschaft, Forschung und Kunst Baden-Württemberg. Fraunhofer-Institut für Produktionstechnik und Automatisierung IPA. Fraunhofer-Institut für Bauphysik IBP. Fraunhofer-Institut für Toxikologie und Experimentelle Medizin ITEM.

Frenzel, I., Jarass, J., Trommer, S. und Lenz, B. (2015): *Erstnutzer von Elektrofahrzeugen in Deutschland. Nutzerprofile, Anschaffung, Fahrzeugnutzung.* Berlin: Deutsches Zentrum für Luft- und Raumfahrt e. V. (DLR).

Friedrich, H. E. (2013): *Leichtbau in der Fahrzeugtechnik.* Springer Vieweg, Wiesbaden. ISBN: 978-3-834-81467-8.

Frietsch, R. (2007): *Patente in Europa und der Triade. Strukturen und deren Veränderung.* Fraunhofer ISI, Berlin.

Frischknecht, R. (2009): *Umweltverträgliche Technologien: Analyse und Beurteilung.* ETH Zürich - Studiengang Umweltnaturwissenschaften.

Genose, F. und Wietschel, M. (2011): Großtechnische Stromspeicher im Vergleich. In: *Energiewirtschaftliche Tagesfragen* 61, No.6:S. 26-31.

Geo Forschungs Zentrum (2012): Erde im Klimawandel. In: *bild der wissenschaft research GFZ*:S. 4-8.

Gerl, B. (2002): *Innovative Automobilantriebe.* Verlag Moderne Industrie, Landsberg/Lech. ISBN: 3-478-93275-0.

Gerssen-Gondelach, S. J. und Faaij, A. P. C. (2012): Performance of batteries for electric vehicles on short and longer term. In: *Journal of Power Sources* 212:S. 111-129. doi: 10.1016/j.jpowsour.2012.03.085.

Gnann, T., Plötz, P., Kühn, A. und Wietschel, M. (2014): *Modelling Market Diffusion of Electric Vehicles with Real World Driving Data - German Market and Policy Options.* Working Paper Sustainability and Innovation. No. S 12/2014. Fraunhofer ISI. Karlsruhe.

Gnann, T., Plötz, P., Zischler, F. und Wietschel, M. (2012): *Elektromobilität im Personenwirtschaftsverkehr – eine Potenzialanalyse.* Fraunhofer ISI.

Griffin, A. (1993): Metrics for Measuring Product Development Cycle Time. In: *Journal of Product Innovation Management* 10 (2):S. 112-125.

GTAI (2012): *Frankreich verschärft Bonus-Malus-System beim Autokauf.* Germany Trade & Invest.

Günthel, D., Sturm, L. und Gärtner, C. (2009): *Anwendung der Choice-Based-Conjoint-Analyse zur Prognose von Kaufentscheidungen im ÖPNV.* TU Dresden. Institut für Wirtschaft und Verkehr.

Hacker, F., Waldenfels, R. v. und Mottschall, M. (2015): *Wirtschaftlichkeit von Elektromobilität in gewerblichen Anwendungen.* Abschlussbericht. IKT für Elektromobilität.

Hahn, C. (1997): *Conjoint- und Discrete Choice-Analyse als Verfahren zur Abbildung von Präferenzstrukturen und Produktauswahlentscheidungen. Ein theoretischer und computergestützter empirischer Vergleich.* LIT Verlag, Münster. ISBN: 978-3-825-83361-9.

Haken, K. L. (2008): *Grundlagen der Kraftfahrzeugtechnik.* Hanser, München. ISBN: 978-3-446-22812-2.

Hampel, M. (2012): *Einfluss zukünftiger energetischer Standards auf die Ergebnisse der Ökobilanz (LCA) und Lebenszykluskosten (LCC) am Beispiel Einfamilienhaus,* Lehrstuhl für Bauphysik (LBP), Universität Stuttgart.

Hampl, N. und Loock, M. (2012): Sustainable Development in Retailing: What is the Impact on Store Choice? Institute for Economy and the Environment, University of St Gallen, St Gallen, Switzerland. In: *Business Strategy and the Environment* 22:S. 202-216. doi: 10.1002/bse.1748.

Handelsblatt (2013): *Der Diesel-Porsche ist eine Bank.* url: http://www.handelsblatt.com/auto/ratgeber-service/die-autos-mit-dem-besten-werterhalt-der-diesel-porsche-ist-eine-ba, zuletzt zugegriffen am 07.03.2014.

Haupt, C. (2013): *Ein multiphysikalisches Simulationsmodell zur Bewertung von Antriebs- und Wärmemanagementkonzepten im Kraftfahrzeug,* Lehrstuhl für Verbrennungskraftmaschinen, TU München.

Heidt, Lambrecht, Hardinghaus, Knitschky, Schmidt, Weindorf, Naumann, Majer, Müller-Langer und Seiffert (2013): *CNG und LPG – Potenziale dieser Energieträger auf dem Weg zu einer nachhaltigeren Energiever-sorgung des Straßenverkehrs.* Studie im Rahmen der Wissenschaftlichen Begleitung, Unterstützung und Beratung des BMVI in den Bereichen Verkehr und Mobilität mit besonderem Fokus auf Kraftstoffen und Antriebstechnologien sowie Energie und Klima.

Helms, H., Jöhrens, J., Hanusch, J., Höpfner, U., Lambrecht, U. und Pehnt, M. (2011a): *UMBReLA - Ergebnisbericht.* Umweltbilanzen Elektromobilität. IFEU.

Helms, H., Jöhrens, J., Hanusch, J., Höpfner, U., Lambrecht, U. und Pehnt, M. (2011b): *UMBReLA - Grundlagenbericht.* IFEU.

Helms, H., Lambrecht, U., Jöhrens, J., Pehnt, M., Liebich, A., Weiß, U. und Kämper, C. (2013): *Ökologische Begleitforschung zum Flottenversuch Elektromobilität "Twin Drive".* IFEU.

Literatur

Henderson, B. D. (1984): *Die Erfahrungskurve in der Unternehmensstrategie*. Campus Verlag, Frankfurt/New York. ISBN: 3-593-32086-X.

Herfurth, K., Peters, A. und de Haan, P. (2007): *Wer wählt welche Autoklasse?* Bericht zum Schweizer Autokaufverhalten Nr. 15. ETH-Zürich.

Hermann, C. (2010a): *Ganzheitliches Life Cycle Management*. Springer, Berlin Heidelberg. ISBN: 978-3-642-01420-8.

Hermann, C. (2010b): *Kapitel 5 Lebensphasenübergreifende Disziplinen*. doi: 10.1007/978-3-642-01421-5_5.

Hoffman, G. A. (1969): Future electric Automobiles. In: *Technological Forecasting*:S. 173 - 183.

Hofmann, P. (2010): *Hybridfahrzeuge*. Springer, Wien. ISBN: 978-3-211-89190-2.

Höpfner, U., Hanusch, J. und Lambrecht, U. (2009): *Abwrackprämie und Umwelt – eine erste Bilanz*. IFEU.

Hurtig, O. (2013): *Techno-ökonomischer Vergleich des Einsatzes von Strom, SNG und FT-Diesel aus Waldrestholz im Pkw-Bereich*, Fakultät für Maschinenbau, Karlsruher Institut für Technologie (KIT).

IEA (2012): *Energy Technology Perspectives 2012*. International Energy Agency, Paris. ISBN: 978-9-264-17488-7.

IEA (2013): *Hybrid and Electric Vehicles*. Implementing Agreement for co-operation on Hybrid and Electric Vehicle Technologies and Programmes.

IEA/OECD (2000): *Experience curves for energy technology policy*. International Energy Agency.

IFA (2010): *Droht dem Auto-Leasing die „Restwertfalle"?* Institut für Automobilwirtschaft. Presseinformation.

Igelspacher, R. (2006): *Methode zur integrierten Bewertung von Prozessketten am Beispiel der Ethanolerzeugung aus Biomasse*, Lehrstuhl für Energiewirtschaft und Anwendungstechnik, TU München.

IHK (2013): *Energie- und Stromsteuer, Ermäßigungen für das produzierende Gewerbe*. Merkblatt. Industrie- und Handelskammer Ulm.

imug (2011): *Ergebnisse der Untersuchung*. Conjoint-Analyse im Auftrag der Daimler AG.

infas und DLR (2008): *Mobilität in Deutschland 2008*. Ergebnisbericht.

IPCC (2013a): *Fünfter Sachstandsbericht des IPCC*. Teilbericht 1 (Wissenschaftliche Grundlagen).

IPCC (2013b): Über IPCC (Intergovernmental Panel on Climate Change). url: http://www.de-ipcc.de/de/119.php, zuletzt zugegriffen am 03.10.2013.

ISO (2013): ISO 14000 - Environmental management. url: http://www.iso.org/iso/home/standards/management-standards/iso14000.htm, zuletzt zugegriffen am 24.04.2013.

Israel, F. (2012): *TECK Praxisbericht*. Programmieren einer Software zur ganzheitlichen Bewertung von Fahrzeugtechnologien. Hochschule Esslingen.

IVT (2004): *Anhang Fahrleistungserhebung 2002. Teil: Begleitung und Auswertung*. Band 1: Inländerfahrleistung 2002.

Jarass, J., Frenzel, I. und Trommer, S. (2014): Early Adopter der Elektromobilität - Wer sie sind und wie sie fahren In: *Internationales Verkehrswesen* 66 (2):S. 70-72.

JEC (2013): *Tank-to-Wheels (TTW) Report, Version 4*. Joint Research Centre.

JEC (2014a): *WELL-TO-TANK Appendix 4 - Version 4a*. E. Jrc, Concawe. Well-to-Wheels analysis of future automotive fuels and powertrains in the european context.

JEC (2014b): *WELL-TO-WHEELS Report Version 4.a*. JEC - Joint Research Centre - EUCAR - CONCAWE.

Jones, P. D., New, M., Parker, D. E., Martin, S. und Rigor, I. G. (1999): Surface air temperature and its changes over the past 150 years. In: *Reviews of Geophysics* 37,2:S. 173-199.

Jossen, A. und Weydanz, W. (2006): *Moderne Akkumulatoren richtig einsetzen*. www.batteriebuch.de, Leipheim und München. ISBN: 3-9375360-10-9.

JRC (2014a): *WELL-TO-TANK Appendix 1 - Version 4a*. E. Jrc, Concawe. Conversion factors and fuel properties.

JRC (2014b): *WELL-TO-TANK Appendix 4 - Version 4a*. E. Jrc, Concawe. Well-to-Wheels analysis of future automotive fuels and powertrains in the european context.

Kahouli-Brahmi, S. (2008): Technological learning in energy–environment–economy modelling: A survey. In: *Energy Policy* 36 (1):S. 138-162. doi: 10.1016/j.enpol.2007.09.001.

KBA (2012): *Jahresbericht 2012*. Kraftfahrtbundesamt.

KBA (2013a): *Fahrzeugzulassungen (FZ) Neuzulassungen von Kraftfahrzeugen und Kraft-fahrzeuganhängern* Monatsergebnisse Juni.

KBA (2013b): Jahresbilanz der Neuzulassungen 2012. url: http://www.kba.de/nn_125398/ DE/Statistik/Fahrzeuge/Neuzulassungen/neuzulassungen__node.html?__nnn=true, zuletzt zugegriffen am 12.07.2013.

KBA (2014): *Bestand an Personenkraftwagen am 1. Januar 2014 gegenüber 1. Januar 2013 nach Segmenten und Modellreihen*. Kraftfahrt-Bundesamt.

KBA (2015a): Bestand an Pkw am 1. Januar 2015 nach ausgewählten Kraftstoffarten. Kraftfahrt-Bundesamt. url: http://www.kba.de/DE/Statistik/Fahrzeuge/Bestand/Umwelt/2014_b_umwelt_dusl_absolut.html?nn=663524, zuletzt zugegriffen am 31.03.2015.

KBA (2015b): *Methodische Erläuterungen zu Statistiken über Fahrzeugzulassungen*. Kraftfahrt-Bundesamt.

KBA (2015c): Neuzulassungen von Pkw im Jahr 2014 nach ausgewählten Kraftstoffarten. url: http://www.kba.de/DE/Statistik/Fahrzeuge/Neuzulassungen/Umwelt/2014_n_umwelt_dusl_ absolut.html?nn=652326, zuletzt zugegriffen am 31.03.2015.

Ketterer, B., Karl, U., Möst, D. und Ulrich, S. (2009): *Lithium-Ionen Batterien: Stand der Technik und Anwendungspotenzial in Hybrid-, Plug-In Hybrid- und Elektrofahrzeugen*. Institut für Materialforschung I. F. Karlsruhe,

KiD (2012): *Kraftfahrzeugverkehr in Deutschland 2010*. WVI, IVT, DLR, KBA. Erhebung zum motorisierten Wirtschaftsverkehr in Deutschland 2009/2010

KIT (2012): *Deutsches Mobilitätspanel (MOP)*. Bericht 2011/2012: Alltagsmobilität und Tankbuch. Karlsruher Institut für Technologie (KIT). Institut für Verkehrswesen.

Kley, F. (2011): *Ladeinfrastrukturen für Elektrofahrzeuge*, Fakultät für Wirtschafts-wissenschaften, Karlsruher Instituts für Technologie (KIT).

Kluge, P. D. J., Radtke, D. P., Wallentowitz, P. D. H. und Erdmann, P. D. G. (2006): *Drive - The future of Automotive Power*. McKinsey.

KOM (2011): *Fahrplan für den Übergang zu einer wettbewerbsfähigen CO2-armen Wirtschaft bis 2050*. Europäische Kommision.

Kotler, P. und Bliemel, F. (2001): *Marketing-Management: Analyse, Planung und Verwirklichung*. Schäffer-Poeschel, ISBN: 978-3-791-01689-4.

Kouvaritakis, N., Soria, A. und Isoard, S. (2000): Modelling energy technology dynamics: methodology for adaptive expectations models with learning by doing and learning by searching In: *Int. J. Global Energy Issues* 14:S. 104-115.

KraftStG (2012): *Kraftfahrzeugsteuergesetz (KraftStG)*. zuletzt geändert durch Art. 2 G v. 5.12.2012 I 2431.

Krämer, S. (2007): *Total Cost of Ownership*. VDM Verlag Dr. Müller, Saarbrücken. ISBN: 978-3-836-41933-8.

Kreyenberg, D., Lischke, A., Bergk, F., Duennebeil, F., Heidt, C., Knörr, W., Raksha, T., Schmidt, P., Weindorf, W., Naumann, K., Majer, S. und Müller-Langer, F. (2015): *Erneuerbare Energien im Verkehr- Potenziale und Entwicklungsperspektiven verschiedener erneuerbarer Energieträger und Energieverbrauch der Verkehrsträger*. Studie im Rahmen der Wissenschaftlichen Begleitung, Unterstützung und Beratung des BMVI in den Bereichen Verkehr und Mobilität mit besonderem Fokus auf Kraftstoffen und Antriebstechnologien sowie Energie und Klima.

Kreyenberg, D. und Wind, J. (2012): *Erneuerbare Energien für die Mobilität*. Tagungsband 5. Deutscher Wasserstoff Congress. Berlin, 8. und 9. Mai 2012.

Kreyenberg, D., Wind, J., Devries, J. und Fuljahn, A. (2013): Bewertung des Kundennutzens von Elektrofahrzeugen. In: *ATZ* 01/2013 (Entwicklung - Elektrische Antriebe):S. 42-74.

Kunert, U. und Radke, S. (2012): Personenverkehr in Deutschland – mobil bei hohen Kosten. In: *DIW Wochenbericht* 24:S. 3-13.

Laitko, H., Greif, S. und Parthey, H. (1998): *Wissenschaftsforschung*. BdWi, Marburg. ISBN: 3-924684-85-5.

Latif, M. (2012): *Globale Erwärmung*. UTB, Stuttgart. ISBN: 978-3-825-23586-4.

LBST (2012): *Assessment and documentation of selected aspects of transportation fuel pathways*. Ludwig-Bölkow-Systemtechnik GmbH.

Liebl, J., Lederer, M., Rohde-Brandenburger, K., Biermann, J.-W., Roth, M. und Schäfer, H. (2014): *Energiemanagement im Kraftfahrzeug*. Springer-Verlag, Wiesbaden. ISBN: 978-3-658-04451-0.

Lorenzen, L.-E., Rudzio, H. und Blümel, P. (2006): Die totale Kostenkontrolle. In: *wt Werkstattstechnik online* 7/8:S. 489-494.

Lucas, K. (2006): *Thermodynamik. Die Grundgesetze der Energie- und Stoffumwandlungen*. Springer, Berlin Heidelberg New York. ISBN: 978-3-540-26265-7.

Mauch, W., Corradini, R., Wiesemeyer, K. und Schwentzek, M. (2010): Allokationsmethoden für spezifische CO_2-Emissionen von Strom und Wärme aus KWK-Anlagen. In: *Energiewirtschaftliche Tagesfragen* 55. Jg. Heft 9:S. 12-14.

Mayer, T., Kreyenberg, D., Wind, J. und Braun, F. (2012): Feasibility study of 2020 target costs for PEM fuel cells and lithium-ion batteries: A two-factor experience curve approach. In: *International Journal of Hydrogen Energy* 37:S. 14463-14474. doi: 10.1016/j.ijhydene.2012.07.022.

Mehlin, M., Nobis, C., Gühnemann, A., Lambrecht, U., Knörr, W. und Schade, B. (2002): *Flottenverbrauch 2010*. Aktivierung des Reduktionspotentials und Beitrag zum Klimaschutz.

Merki, C. M. (2008): *Verkehrsgeschichte und Mobilität*. UTB, Stuttgart. ISBN: 978-3-825-23025-8.

Miketa, A. und Schrattenholzer, L. (2004): Experiments with a methodology to model the role of R&D expenditures in energy technology learning processes; first results. In: *Energy Policy* 32:S. 1679–1692. doi: 10.1016/S0301-4215(03)00159-9.

Mock, P. (2010): *Entwicklung eines Szenariomodells zur Simulation der zukünftigen Marktanteile und CO2-Emissionen von Kraftfahrzeugen (VECTOR21)*, DLR, Institut für Verbrennungsmotoren und Kraftfahrwesen der Universität Stuttgart, Stuttgart.

Mock, P., German, J., Bandivadekar, A., Riemersma, I., Ligterink, N. und Lambrecht, U. (2013): *From laboratory to road. A comparison of official and 'real-world' fuel consumption and CO2 values for cars in Europe and the United States*. ICCT, TNO, IFEU, SIDEKICK.

Mock, P. und Yang, Z. (2014): *Driving Electrification. A global comparison of fiscal incentive policy for electric vehicles*. The International Council of Clean Transportation (ICCT).

MTZ (2013): 15. Typgenehmigung von Pkw mit elektrifizierten Antrieben. In: *MTZ-Wissen* 74:S. 692-698.

Müller, H. (2012): Staatskosten am Strompreis auf Rekordniveau. Fuldaer Zeitung.

MWV (2004): *Preisbildung am Rohölmarkt*. Saphir Druck + Verlag. Mineralöl-wirtschaftsverband e. V.

MWV (2014a): Zusammensetzung des Verbraucherpreises für Dieselkraftstoff. url: http://www.mwv.de/index.php/daten/statistikenpreise/?loc=2&jahr=2013, zuletzt zugegriffen am 18.03.2014.

MWV (2014b): Zusammensetzung des Verbraucherpreises für Superbenzin (95 Oktan, E5). url: http://www.mwv.de/index.php/daten/statistikenpreise/?loc=1&jahr=2013, zuletzt zugegriffen am 18.03.2014.

Nagel, T., Friedrich, A. und Bächlin, W. (2013): *Luftschadstoffgutachten für die Neugestaltung des Bereichs Döppersberg in Wuppertal*. Ingenieurbüro Lohmeyer GmbH & Co. KG.

Nau, K. (2012): *An Empirical Analysis of Residual Value Risk in Automotive Lease Contracts*, Institut für Financial Management, Universiät Hohenheim.

NEEDS (2008): *Final report on technical data, costs and life cycle inventories of fuel cells*. Project no: 502687.

Niemann, J., Schuh, G., Baessler, E., Eigner, M., Stolz, M., Steinhilper, R., Janusz-Renault, G. und Hieber, M. (2009): *Management des Produktlebenslaufs*. Springer, Berlin.

Nobis, C. und Luley, T. (2005): *Bedeutung und gegenwärtiger Stand von Verkehrsdaten in Deutschland*. DLR.

NPE (2010): *Bericht der AG-2 Batterietechnologie*. Nationale Plattform Elektromobilität.

NPE (2011): *Zweiter Bericht der Nationalen Plattform Elektromobilität*. Nationale Plattform Elektromobilität.

NPE (2013): *Technischer Leitfaden Ladeinfrastruktur*. Nationale Plattform Elektromobilität.

Nykvis, B. und Nilsson, M. (2015): Rapidly falling costs of battery packs for electric vehicles. In: *Nature Climate Change* Vol. 5:S. 329 - 332. doi: 10.1038/nclimate2564.

Ohle, P. (2005): *Marktsegmentierung im Automobilmarkt unter besonderer Berücksichtigung der Milieu-Modelle*. GRIN Verlag, ISBN: 978-3-638-79566-1.

Literatur

Öko-Institut (2011): *Seltene Erden – Daten & Fakten.* Hintergrundpapier Seltene Erden.

OnStar (2015): Telemetrie Datenbank GM. url: https://www.onstar.com/us/en/home.html, zuletzt zugegriffen am 12.02.2015.

Oppenländer, K. H. (1984): *Patentwesen, technischer Fortschritt und Wettbewerb.* Duncker Humblot, Berlin. ISBN: 978-3-509-00772-5.

Peters, A., Doll, C., Kley, F., Möckel, M., Plötz, P., Sauer, A., Schade, W., Thielmann, A., Wietschel, M. und Zanker, C. (2012): *Konzepte der Elektromobilität und deren Bedeutung für Wirtschaft, Gesellschaft und Umwelt.* TAB Büro für Technikfolgenabschätzung beim deutschen Bundestag.

Piëch, F. (2013): Innovationsmanagement I: Entwicklung, Prozesse, Erfolgsfaktoren. In Vorlesung Innovationsmanagement WS 2013 / 2014. TU Wien.

Pillot, C. (2009): The worldwide rechargeable battery market 2008/2009-2020. In China Industrial Association of Power Sources Meeting. Beijing.

Plötz, P., Gnann, T., Kühn, A. und Wietschel, M. (2013): *Markthochlaufszenarien für Elektrofahrzeuge.* Studie im Auftrag von acatech – Deutsche Akademie der Technikwissenschaften und der Arbeitsgruppe 7 (AG 7) der Nationalen Plattform Elektromobilität (NPE).

Plötz, P., Gnann, T., Wietschel, M. und Ullrich, S. (2015): How to foster electric vehicle market penetration? – A model based assessment of policy measures and external factors. In: *ECEE Summer Study Procedings*:S. 843-853.

Plötz, P., Schneider, U., Globisch, J. und Dütschke, E. (2014): Who will buy electric vehicles? Identifying early adopters in Germany. In: *Transportation Research Part A: Policy and Practice* 67:S. 96-109. doi: 10.1016/j.tra.2014.06.006.

Pourabdollah, M. (2015): *Optimization of Plug-in Hybrid Electric Vehicles.* Chalmers University of Technology, Göteborg. ISBN: 978-9-175-97149-0.

Prein, G., Kluge, S. und Kelle, U. (1994): *Strategien zur Sicherung von Repräsentativität und Stichprobenvalidität bei kleinen Samples.* Arbeitspapier Nr. 18. Universität Bremen. Sonderforschungsbereich 186.

Prior, J., Landau, M. und Choukri-Benzaoui, S. (2013): *Messen, Bewerten, Verbessern der Weg zu effizienter Ladeinfrastruktur „TeBALE".* Fraunhofer-Institut für Windenergie und Energiesystemtechnik (IWES), Kassel.

Proff, H., Fojcik, T. M. und Sandau, J. (2014): *Management des Übergangs in die Elektromobilität: Radikales Umdenken bei tiefgreifenden technologischen Veränderungen.* Springer Fachmedien Wiesbaden, ISBN: 978-3-658-05143-3.

Propfe, B., Kreyenberg, D., Wind, J. und Schmid, S. (2013): Market penetration analysis of electric vehicles in the German passenger car market towards 2030. In: *International Journal of Hydrogen Energy* 38 (13):S. 5201-5208. doi: 10.1016/j.ijhydene.2013.02.049.

Propfe, B., Redelbach, M., Santini, D. J. und Friedrich, H. (2012): *Cost analysis of Plug-in Hybrid Electric Vehicles including Maintenance & Repair Costs and Resale Values.* EVS26 International Battery, Hybrid and Fuel Cell Electric Vehicle Symposium.

Propfe, B. und Schmid, S. (2011): Customer Suitability of Electric Vehicles based on Battery-state-of-charge Analysis. In International Advanced Mobility Forum (IAMF). Genf, Schweiz.

PWC, F.-F., Fraunhofer-LBF (2012): *Elektromobilität – Normen bringen die Zukunft in Fahrt.* Herausgegeben vom DIN Deutsches Institut für Normung e.V.

Redelbach, M. (2012): *Analyse der Fahrleistung und Flottenzusammensetzung im deutschen PKW-Markt.* DLR Analyse.

Redelbach, M., Özdemir, E. D. und Friedrich, H. E. (2014): Optimizing battery sizes of plug-in hybrid and extended range electric vehicles for different user types. In: *Energy Policy* 73:S. 158-168. doi: 10.1016/j.enpol.2014.05.052.

Reif, K., Noreikat, K. E. und Borgeest, K. (2012): *Kraftfahrzeug-Hybridantriebe. Grundlagen, Komponenten, Systeme, Anwendungen.* Springer Vieweg, Wiesbaden. ISBN: 978-3-834-82050-1.

Renault (2011): *Fluence and Fluence Z.E.* Life Cycle Assessment.

Ritthoff, M. und Schallaböck, K. O. (2012): *Ökobilanzierung der Elektromobilität Themen und Stand der Forschung.* Teilbericht im Rahmen der Umweltbegleitforschung Elektromobilität im Förderschwerpunkt „Modellregionen Elektromobilität".

Rogers, C. (2015): Resale Prices Tumble on Electric Cars. The Wall Street Journal. url: http://www.wsj.com/articles/resale-prices-tumble-on-electric-cars-1424977378, zuletzt zugegriffen am 25.06.2015.

Rudolph, C. (2015): *Einfluss von Anreizsystemen zur Förderung alternativer Antriebe auf Kaufentscheidungen und Verkehrsverhalten.* Dissertation. Institut für Verkehrsplanung und Logistik. TU Hamburg-Harburg.

SAE (2010): *J2841 Sept 2010.* Utility Factor Definitions for Plug-In Hybrid Electric Vehicles Using 2001 U.S. DOT National Houshold Travel Survey Data.

Sammer, G., Meth, D. und Gruber, C. J. (2008): Elektromobilität – Die Sicht der Nutzer. In: *e & i Elektrotechnik und Informationstechnik* 125 (11):S. 393-400. doi: 10.1007/s00502-008-0581-5.

Sammer, K. (2007): *Der Einfluss von Ökolabelling auf die Kaufentscheidung - Evaluation der Schweizer Energieetikette mittels Discrete-Choice-Experimenten.* Dissertation der Universität St.Gallen, Hochschule für Wirtschafts-, Rechts- und Sozialwissenschaften (HSG).

Sauer, A. und Thielmann, D. A. (2013): *Energiespeicher-Monitoring für die Elektromobilität (EMO-TOR).* Fraunhofer ISI.

Sawtooth (2009): *The CBC/HB System for Hierarchical Bayes Estimation Version 5.0 Technical Paper.* www.sawtoothsoftware.com.

Sawtooth (2012): CBC - Sawtooth Software url: https://www.youtube.com/watch?v=9_EkVOZYFNA, zuletzt zugegriffen am 11.03.2015.

Schachtschneider, U. (2013): *Verteilungswirkungen ökonomischer Instrumente zur Steuerung der Energiewende.* Im Auftrag der Rosa-Luxemburg-Stiftung Berlin.

Schäppi, B., Andreasen, M. M., Kirchgeorg, M. und Rademacher, F.-J. (2005): *Handbuch Produktentwicklung.* Hanser, München. ISBN: 978-3-446-22838-2.

Schmoch, U., Grupp, H., Mannsbart, W. und Schwitalla, B. (1988): *Technikprognosen mit Patentindikatoren. Zur Einschätzung zukünftiger industrieller Entwicklungen bei Industrierobotern, Lasern, Solargeneratoren und immobilisierten Enzymen.* TÜV Rheinland, Köln. ISBN: 3-88585-492-9.

Schühle, F. (2014): *Die Marktdurchdringung der Elektromobilität in Deutschland: Eine Akzeptanz-und Absatzprognose.* Rainer Hampp Verlag, ISBN: 978-3-957-10100-6.

Schwacke (2014): Alternativ angetriebene Fahrzeuge in Europa. url: http://www.schwackepro.de/ marktzahlen-und-studien/alternativ-angetriebene-fahrzeuge-in-europa, zuletzt zugegriffen am 07.03.2014.

Schwarzer, C. M. (2013): Deutschland bestraft das Elektroauto. url: http://www.zeit.de/mobilitaet/ 2013-10/elektroauto-subventionen-vergleich, zuletzt zugegriffen am 18.11.2013.

Sentker, A. (2012): Ein Sack voller Pläne. url: http://www.zeit.de/2012/05/Interview-Vogel, zuletzt zugegriffen am 11.03.2013.

Soderholm, P. und Sundqvist, T. (2007): Empirical challenges in the use of learning curves for assessing the economic prospects of renewable energy technologies☆. In: *Renewable Energy* 32 (15):S. 2559-2578. doi: 10.1016/j.renene.2006.12.007.

Stadler, K. (1993): Conjoint Measurement. In: *Planung und Analyse* 20/4:S. 32-38.

Stan, C. (2008): *Alternative Antriebe für Automobile.* Springer, Berlin Heidelberg. ISBN: 978-3-540-76372-7.

Statistisches Bundesamt (2009): *Energie auf einen Blick - Energieverbrauch Deutschland.* DESTATIS.

Statistisches Bundesamt (2013): *Verkehr auf einen Blick.* DESTATIS.

Stenner, F. (2010): *Handbuch Automobilbanken.* Springer, Berlin Heidelberg. ISBN: 978-3-642-01581-6.

Stenner, F. (2012): Das große Rechnen. In: *Automotive Agenda*:S. 71-73.

Stolzenburg, K., Hamelmann, R., Wietschel, M., Genoese, F., Michaelis, J., Lehmann, J., Miege, A., Stephan Krause, Sponholz, C., Donadei, S., Crotogino, F., Acht, A. und Horvath, P.-L. (2014): *Integration von Wind-Wasserstoff-Systemen in das Energiesystem.* Nationalen Organisation Wasserstoff- und Brennstoff-zellentechnologie (NOW).

StromStG (2012): *Stromsteuergesetz (StromStG).* Zuletzt geändert durch Art. 2 G v. 5.12.2012 I 2436, 2725.

Struwe, R. (2010): *Kundenpräferenzen im Spannungsfeld technologischer, wirtschaftlicher und gesellschaftlicher Herausforderungen am Anbeginn einer Zeitwende in der Automobilindustrie.* Universität Oldenburg, Logos Verlag Berlin GmbH. ISBN: 978-3-832-52873-7.

Stubinitzky, A. (2009): *Ökoeffizienzanalyse technischer Pfade für die regenerative Bereitstellung von Wasserstoff als Kraftstoff.* VDI-Verlag, Düsseldorf. ISBN: 978-3-183-58806-0.

Suck, G. und Spengler, C. (2014): Lösungen für das Wärmemanagement von Batteriefahrzeugen. In: *ATZ* 116.:S. 12-19.

TEHG (2011): *Gesetz über den Handel mit Berechtigungen zur Emission von Treibhausgasen.* Zuletzt geändert durch Art. 1 G v. 15.7.2013 I 2431. Treibhausgas-Emissions-handelsgesetz - TEHG.

Teichert, T. (2001): *Nutzenschätzung in Conjoint-Analysen: Theoretische Fundierung und empirische Aussagekraft.* Deutscher Universitätsverlag, ISBN: 978-3-824-49058-5.

Thöne, M., Diekmann, L., Gerhards, E., Klinski, S., Meyer, B. und Schmidt, S. (2011): *Steuerliche Behandlung von Firmenwagen in Deutschland.* FiFo Institute for Public Economics.

TNO, AEA, CE-Delft, Ökopol, TML, Ricardo und IHS-Global-Insight (2011): *Support for the revision of Regulation (EC) No 443/2009 on CO_2 emissions from cars.* Final report.

TRL (2009): *A reference book of driving cycles for use in the measurement of road vehicle emissions*. Published Project Report PPR354.

Trommer, S. (2014): *Early Adopter der Elektromobilität - Motivation, Nutzungsverhalten und Anforderungen an zukünftige Fahrzeuge.* 9. Dortmunder AutoTag. Deutsches Zentrum für Luft- und Raumfahrt. Institut für Verkehrsforschung, Berlin.

Turrentine, T. und Garas, D. M. (2014): *Regional Trends in Electromobility.* Regional study North America – STROM. PH&EV Research Center.University of California, Davis.

TÜV-Süd (2010): *Reichweitenermittlung von Elektrofahrzeugen.* www.tuev-sued.de/automotive.

UBA (1999): *Bewertung in Ökobilanzen.* Methode des Umweltbundesamtes zur Normierung von Wirkungsindikatoren, Ordnung (Rangbildung) von Wirkungskategorien und zur Auswertung nach ISO 14042 und 14043 (Version '99).

UBA (2000): *Hintergrundpapier „Handreichung Bewertung in Ökobilanzen".* Umwelt-bundesamt.

UBA (2011): *Häufig gestellte Fragen zum Thema Stickstoffoxide (NOx).* Umweltbundesamt.

UBA (2013): *Entwicklung der spezifischen Kohlendioxid-Emissionen des deutschen Strommix in den Jahren 1990 bis 2012.* Umweltbundesamt.

UBA (2014): *Umweltauswirkungen von Fracking bei der Aufsuchung und Gewinnung von Erdgas insbesondere aus Schiefergaslagerstätten.* Umweltbundesamt.

UN/ECE (2010): *ECE-R 101.* E/ECE/324-E/ECE/TRANS/505/Rev.2/Add.100/Rev.2.

UN/ECE (2012): R 101. Messung CO_2-Emissionen und Kraftstoffverbrauch. url: http://www.unece.org/trans/main/wp29/wp29wgs/wp29gen/wp29fdocstts.html, zuletzt zugegriffen am 12.01.2015.

UNO (2012): DHC-12th session. url: http://www.unece.org/trans/main/wp29/wp29wgs/wp29grpe/wltp_dhc12.html, zuletzt zugegriffen am 18.12.2014.

VDA (2013): *Jahresbericht 2013.* Verband der Automobilindustrie e. V.

VDMA (2014): *Roadmap Batterie-Produktionsmittel 2030.* VDMA, RWTH Aachen, Fraunhofer ISI.

VoltStats (2015): Group Management. url: http://www.voltstats.net/, zuletzt zugegriffen am 12.02.2015.

VW (2010): *Umweltprädikat – Hintergrundbericht.* Volkswagen AG.

Wachter, N. (2006): *Kundenwert aus Kundensicht.* Deutscher Universitäts-Verlag, Wiesbaden. ISBN: 978-3-835-00447-4.

Wallentowitz, H., Freialdenhoven, A. und Olschewski, I. (2010): *Strategien zur Elektrifizierung des Antriebstranges.* Vieweg+Teubner, Wiesbaden. ISBN: 978-3-834-80847-9.

Wansert, J. (2012): *Analyse von Strategien der Automobilindustrie zur Reduktion von CO_2-Flottenemissionen und zur Markteinführung alternativer Antriebe.* TU Braunschweig, Berlin. ISBN: 978-3-8349-4498-6.

Wenzl, H. (2007): *Korrosion - Degradation.* Institut für Energietechnik. TU Clausthal.

Wietschel, M. und Bünger, U. (2010): *Vergleich von Strom und Wasserstoff als CO_2-freie Endenergieträger.* Fraunhofer-Institut für System- und Innovationsforschung. Ludwig-Bölkow-Systemtechnik GmbH. Studie im Auftrag der RWE AG. Karlsruhe.

Literatur

Wietschel, M., Dütschke, E., Funke, S., Peters, A., Plötz, P. und Schneider, U. (2012): *Kaufpotenzial für Elektrofahrzeuge bei sogenannten „Early Adoptern"*. Fraunhofer-Institut für System- und Innovationsforschung (ISI) und IREES GmbH Institut für Ressourceneffizienz und Energiestrategien.

Wild, M. und Herges, S. (2000): Total Cost of Ownership (TCO) - Ein Überblick. In Lehrstuhl für allgemeine BWL und Wirtschaftsinformatik. Mainz: Universität Mainz.

Wiwo (2013): Mobilität: Der aufwendige Weg zum BMW Elektroauto i3. Wirtschaftswoche. url: http://green.wiwo.de/mobilitat-der-aufwendige-weg-zum-bmw-elektroauto-i3/, zuletzt zugegriffen am 15.04.2015.

Wright, T. P. (1936): Factors Affecting the Cost of Airplanes. In: *Journal of Aeronautical Sciences* 3:S. 122-128.

Wynstra, F. und Hurkens, K. (2005): *Total Cost and Total Value of Ownership*. Springer, Rotterdam.

Yoshio, M., Brodd, R. und Kozawa, A. (2009): *Lithium-Ion batteries*. Springer Science+Business Media, New York.

Zahoransky, R. A. (2007): *Energietechnik - Systeme zur Energieumwandlung*. Vieweg, Wiesbaden. ISBN: 978-3-834-80215-6.

Ziesing, H.-J., Görgen, R., Maaßen, U. und Nickel, M. (2012): *Energie in Zahlen: Arbeit und Leistungen der AG Energiebilanzen*. AGEB AG Energiebilanzen e.V.

The manufacturer's authorised representative in the EU is Springer Nature Customer Service Centre GmbH, Europaplatz 3, 69115 Heidelberg, Germany. If you have any concerns regarding our products, please contact ProductSafety@springernature.com

Printed and bound by CPI Group (UK) Ltd, Croydon, CR0 4YY

25/03/2026

02078194-0006